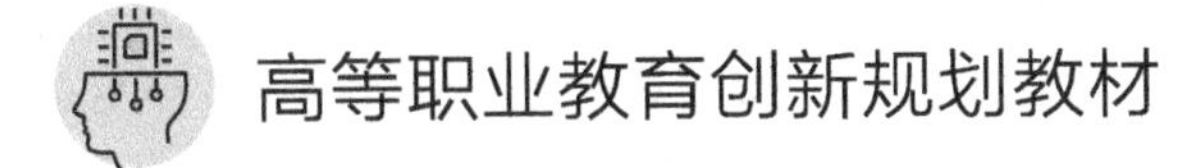

机械制图

冯邦军　主编
邓玲　易江平　副主编
周荃　主审

JIXIE
ZHITU

化学工业出版社
·北京·

内 容 简 介

本书结合当前我国高等职业教育“三教”（教师、教材、教法）改革精神，采用最新国家制图标准编写。全书主要内容包括制图基本知识、正投影法、基本体及表面交线、轴测图画法、组合体画法、机件的画法、标准件的画法、技术要求的标注、零件图与装配图的画法、零部件测绘。本书将机械制图的有关基本概念融入实例之中，部分典型例题增加了思考讨论环节，以拓展学生立体思维空间，学生在教师引领下，学、练、讨论结合，可以在短学时内快速完成学习目标和任务。

本书可作为高职院校机电一体化、机械制造、智能制造、数控技术、无人机、工业机器人、焊接、汽车等专业的教材，也可作为其他相关工科专业的教材，也可供自学用。

图书在版编目（CIP）数据

机械制图/冯邦军主编. —北京：化学工业出版社，2021.9（2023.9 重印）
高等职业教育创新规划教材
ISBN 978-7-122-39358-6

Ⅰ.①机… Ⅱ.①冯… Ⅲ.①机械制图-高等职业教育-教材 Ⅳ.①TH126

中国版本图书馆 CIP 数据核字（2021）第 118141 号

责任编辑：潘新文 甘九林　　装帧设计：王晓宇
责任校对：李 爽

出版发行：化学工业出版社（北京市东城区青年湖南街 13 号 邮政编码 100011）
印　　装：北京印刷集团有限责任公司
787mm×1092mm 1/16 印张 14½ 字数 380 千字 2023 年 9 月北京第 1 版第 2 次印刷

购书咨询：010-64518888　　售后服务：010-64518899
网　　址：http://www.cip.com.cn
凡购买本书，如有缺损质量问题，本社销售中心负责调换。

定　　价：49.00 元

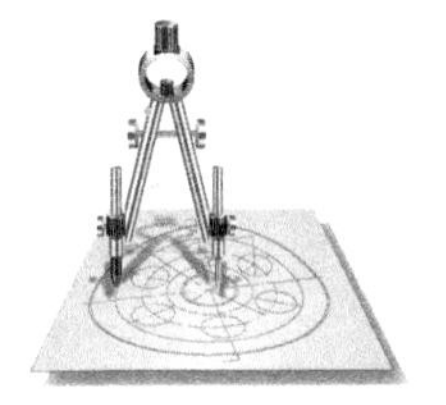

前言

PREFACE

机械图样识读和绘制是机械、机电领域工程技术人员必须掌握的技术技能，机械图样是机械加工与设计、机电设备安装等领域不可或缺的技术文件之一。机械制图课程是职业院校机电一体化、机械制造、数控技术、智能制造、汽车、无人机、工业机器人、焊接等专业的专业基础课程，通过学习，学生应掌握机械图样的绘制、识读基本知识和技能，为后续课程的学习奠定必要的基础。

本书结合当前我国高等职业教育“三教”改革精神，从提升高等职业院校相关专业学生的识图、制图基本技术技能出发，采用最新国家标准编写。全书内容精练，实用、易用、够用性突出。全书将机械制图的有关基本概念融入大量实例之中，学生通过实例，容易理解和掌握；书中部分典型例题增加了思考讨论环节，以拓展学生的立体思维空间，激发学生主动学习的积极性，学生在教师引领下，学、练、讨论结合，可以快速在短学时内完成学习目标和任务。

本书共分十章，主要内容包括制图基本知识、正投影法、基本体及表面交线、轴测图画法、组合体画法、机件的画法、标准件的画法、技术要求的标注、零件图与装配图的画法、零部件测绘，附录中列出了部分标准件的规格和公差标准。各节标星号部分为选学内容。

本书由冯邦军主编，邓玲、易江平任副主编，梁兴建参加编写，周荃主审。本书可作为职业院校机电一体化、机械制造、智能制造、数控技术、无人机、工业机器人、焊接、汽车等专业的教材，也可作为其他相关工科专业的教材，也可供自学用。

由于时间和精力有限，编者在编写过程中难免会出现一些疏漏，在此恳请广大读者批评指正，以便我们及时修正和完善。

编者

2021.5

目录
CONTENTS

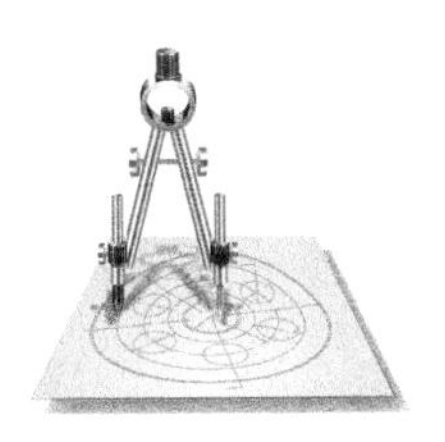

第一章

制图基本知识

第一节　机械制图国家标准规定

图样是现代工业生产中最基本的文件。为了正确地绘制和阅读工程图样，必须熟悉和掌握有关标准和规定。国家标准《技术制图》和《机械制图》是工程界重要的技术基础标准，是绘制和阅读工程图样的依据。需要注意的是，《机械制图》标准适用于机械图样，《技术制图》标准则普遍适用工程界各种专业技术图样。

中国国家标准（简称国标）的代号是“GB”。例如 GB/T 14689—2008，其中 GB/T 表示推荐性国标，14689 为发布顺序号，2008 是发布年号。

本节摘要介绍制图标准中的图纸幅面、比例、字体、图线等制图基本规定，其他标准将在有关章节中叙述。

一、图纸的幅面和格式（GB/T 14689—2008）

1. 图纸幅面尺寸

绘制图样时，应优先采用表 1-1 中规定的图纸基本幅面。必要时，也允许选用所规定的加长幅面。这些幅面的尺寸由基本幅面的短边成整数倍增加后得出。

表 1-1　图纸基本幅面尺寸

幅面代号	A0	A1	A2	A3	A4
$B\times L$	841×1189	594×841	420×594	297×420	210×297
a	25				
c	10			5	
e	20		10		

2. 图框格式

在图纸上必须用粗实线画出图框，其格式分为留有装订边和不留装订边两种，如图 1-1 所示。同一产品的图样只能采用一种格式。

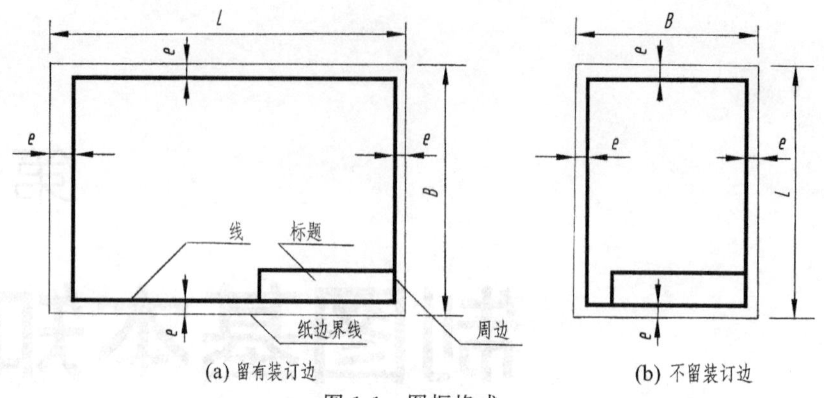

(a) 留有装订边　　(b) 不留装订边

图 1-1　图框格式

3. 标题栏的格式、方位及看图方向

GB/T 10609.1—2008 对标题栏的内容、格式与尺寸做了规定。制图作业的标题栏建议采用图 1-2 所示的格式。

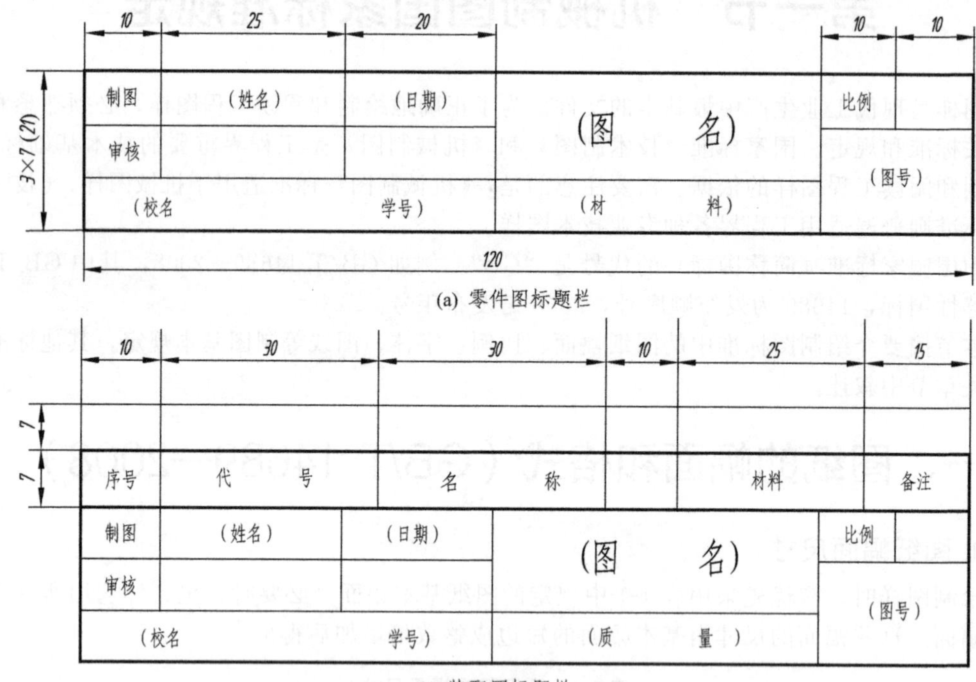

(a) 零件图标题栏

(b) 装配图标题栏

图 1-2　制图作业标题栏

标题栏应位于图纸的右下角，如图 1-1 所示。如果使用预先印制的图纸，允许将标题栏放在图纸的右上角。国标对看图方向的规定与标题栏的方位有关。当标题栏位于图纸右下角时，看图及绘图与看标题栏的方向一致；当标题栏位于图纸右上角时，看图及绘图方向以方向符号的指向为准。方向符号应位于图纸下边的对中符号处（图 1-3）。

二、比例（GB/T 14690—1993）

比例是指图样中图形与实物相应要素的线性尺寸之比。

绘制图样时，应根据图样的用途与所绘机件的复杂程度，从表 1-2 规定的系列中选取适

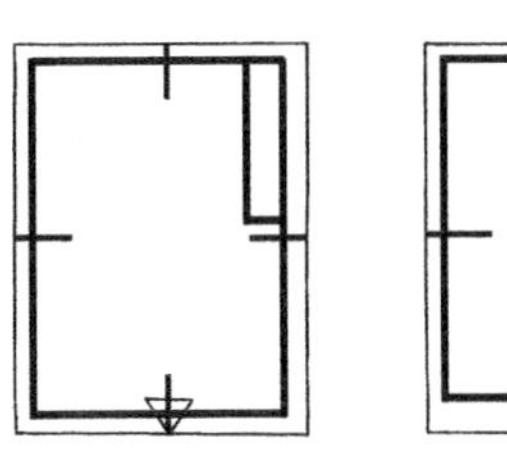
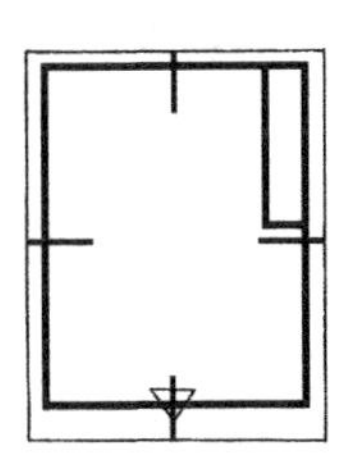
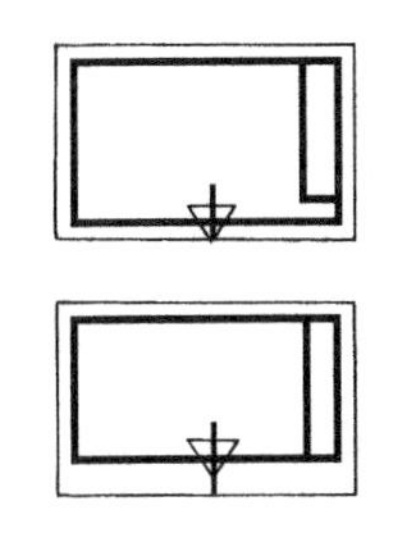
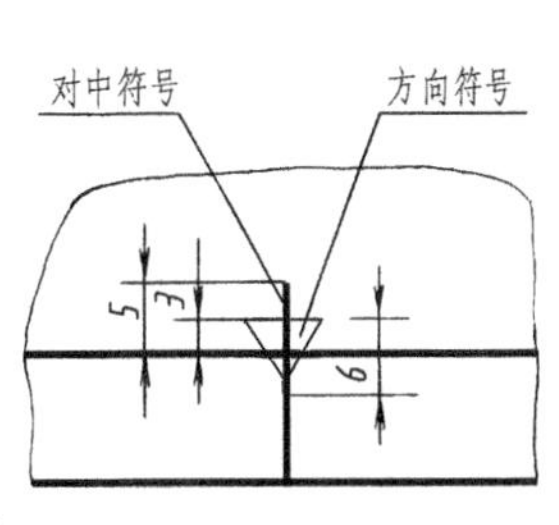

图 1-3　标题栏位于右上角时的看图方向

表 1-2　绘图的比例

种类	比例				
原值比例	1∶1				
放大比例	5∶1	2∶1	$5\times10^n:1$	$2\times10^n:1$	$1\times10^n:1$
缩小比例	1∶2	1∶5	$1:2\times10^n$	$1:5\times10^n$	$1:1\times10^n$

注：n 为整数。

当比例。

无论采用何种比例，图形中标注的尺寸数值必须是设计要求的机件真实大小，它与所用的比例无关。

三、字体（GB/T 14691—1993）

图样上除了表达机件形状的图形外，还要用文字或数字说明机件的大小、技术要求和其他内容。在图样中书写字体必须做到：字体工整、笔画清楚、间隔均匀、排列整齐。字体的号数即字体的高度（h），分为 20 号、14 号、10 号、7 号、5 号、3.5 号、2.5 号、1.8 号共八种。

汉字应写成长仿宋体，并采用国家正式公布推行的简化字，汉字高度不应小于 3.5mm，其字宽一般为 $h/\sqrt{2}$。

字母和数字可写成斜体或直体，常用的是斜体。斜体字的字头向右倾斜，与水平基准线成 75°。

字体示例

① 汉字字体如图 1-4 所示。为了使所写的汉字结构匀称，书写时应恰当分配各组成部分的比例，如图 1-5 所示。

10 号字

字体工整笔画清楚间隔均匀排列整齐

7 号字

横平竖直注意起落结构均匀填满方格

5 号字

技术制图机械电子汽车航空船舶土木建筑矿山井坑港口纺织服装

3.5 号字

螺纹齿轮端子接线飞行指导驾驶舱位挖填施工引水通风闸阀坝棉麻化纤

图 1-4　长仿宋体汉字示例

变 材 章 锻 符 塑 泵 锌

图 1-5 汉字及其结构分析示例

汉字的基本笔画为点、横、竖、撇、捺、挑、折、勾，其笔法可参阅表 1-3。

表 1-3 汉字的基本笔法

名称	点	横	竖	撇	捺	挑	折	勾
基本笔画及运笔法	尖点 垂点 撇点 上挑点	平横 斜横	竖	平撇 斜撇 直撇	斜捺 平捺	平挑 斜挑	左折 右折 斜折 双折	竖勾 左曲勾 右曲勾 平勾 竖弯勾 包勾 横折弯勾 竖折折勾
举例	方光 心活	左七 下代	十 上	千月 八床	术分 建超	均公 技线	凹 周 安 及	牙 子 代 买 孔 力 气 码

② 阿拉伯数字、拉丁字母及罗马数字，见图 1-6。

A型斜体拉丁字母示例：

ABCDEFGHIJKLMNO
PQRSTUVWXYZ
abcdefghijklmnopq
rstuvwxyz

A型斜体数字示例：

0123456789
I II III IV V VI VII VIII IX X

图 1-6 数字、字母示例

四、图线（GB/T 17450—1998、GB/T 4457.4—2002）

我国现行的图线专项标准有两项，即 GB/T 4457.4—2002《机械制图 图线》和 GB/T 17450—1998《技术制图 图线》。在绘制机械图样时，应在不违背 GB/T 17450—1998 的前提下，继续贯彻 GB/T 4457.4—2002 中的有关规定。

1. 线型

GB/T 17450—1998 规定了十五种基本线型及若干种基本线型的变形。工程图样中常用的图线型式和用途见表 1-4。

表 1-4 图线的型式和用途

名称	型式	宽度	主要用途
粗实线		d(0.5～2mm)	可见轮廓线
细实线		约 $d/2$	尺寸线、尺寸界线、剖面线、过渡线等
细虚线	1　2～6	约 $d/2$	不可见轮廓线
细点画线	≈3　15～30	约 $d/2$	轴线、对称中心线、孔系分布的中心线等
粗点画线		d	限定范围表示线
细双点画线	≈5　15～20	约 $d/2$	假想投影轮廓线、中断线、极限位置轮廓线
双折线		约 $d/2$	断裂处的边界线
波浪线		约 $d/2$	断裂处的边界线、视图和局部剖视的分界线
粗虚线		d	允许表面处理的表示线

2. 线宽

所有线型的图线宽度（d）按图样的类型和尺寸大小在 0.13～2mm 数系中选择。机械图样采用粗、细两种线宽，其比率为 2∶1。粗线宽度通常采用 d=0.5mm 或 0.7mm。

3. 图线画法

① 同一图样中，同类图线的宽度应基本一致。

② 虚线、点画线及双点画线的线段长度和间隔应各自大小相等。

③ 细虚线、细点画线与其他图线相交时，都应以画相交且应超出其他图线 2～5mm。当细虚线处于粗实线的延长线上时，细虚线与粗实线之间应有空隙。

④ 绘制圆的对称中心线时，圆心应为线段与线段的相交处。点画线和双点画线的首末两端应是线段而不是短画。

⑤ 在较小的图形上绘制点画线、双点画线有困难时，可用细实线代替。

图 1-7 所示为图线的用途示例。图 1-8 所示为图线在相交、相切处正确和错误的画法示例。

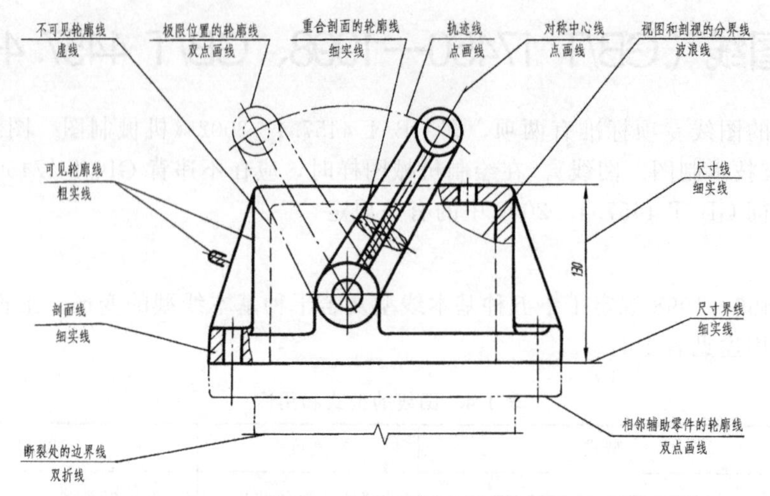

图 1-7　图线的用途示例

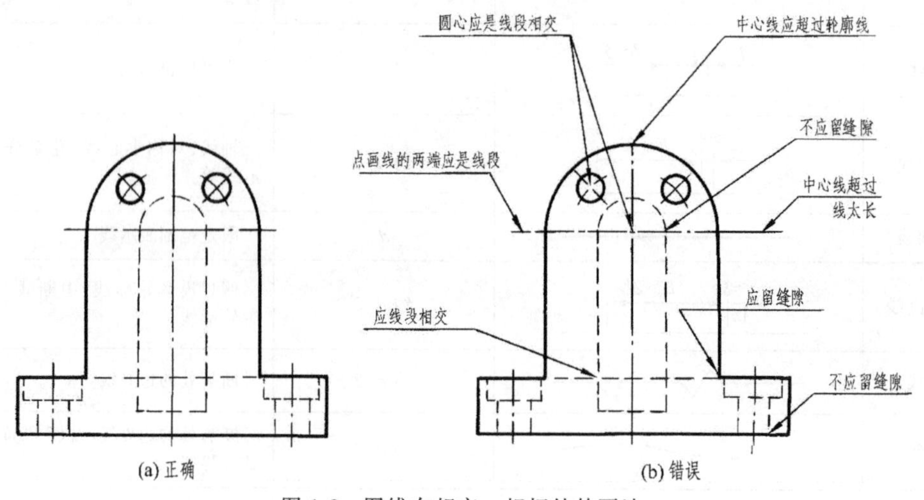

图 1-8　图线在相交、相切处的画法

*第二节　尺规绘图工具

正确使用绘图工具和仪器，是保证绘图质量和速度的前提。因此，必须熟练掌握绘图工具和仪器的使用方法。

一、图板、丁字尺、三角板

（1）图板　绘图时需将图纸平铺在图板上，所以图板的表面必须平整、光洁。图板的左侧作为导边，必须平直。

（2）丁字尺　用于绘制水平线，使用时将尺头内侧紧靠图板左侧导边上下移动，自左向右画水平线，如图 1-9(a) 所示。

(a) 水平线画法

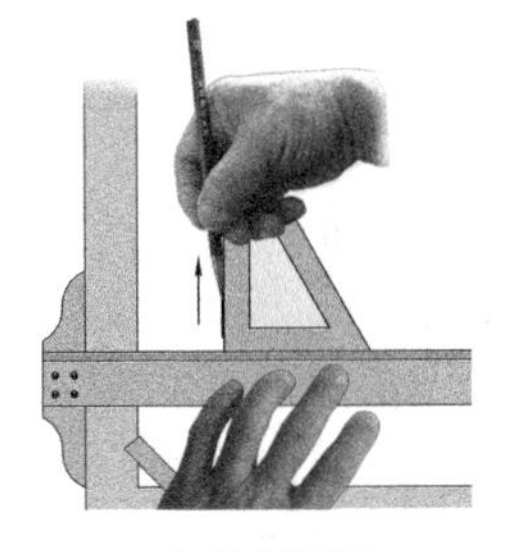

(b) 铅垂线画法

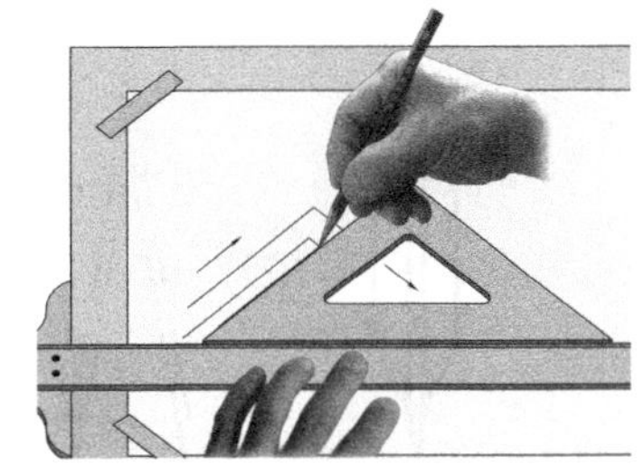

(c) 倾斜线画法

图 1-9　用丁字尺、三角板画线

(3) 三角板　一副三角板由 45°和 30°～60°各一块组成。三角板与丁字尺配合使用，可画垂直线以及与水平线成 30°、45°、60°的斜线，如图 1-9(b)、(c) 所示。用两块三角板可画与水平线成 15°、75°斜线，还可以画任意已知直线的平行线和垂直线，如图 1-10 所示。

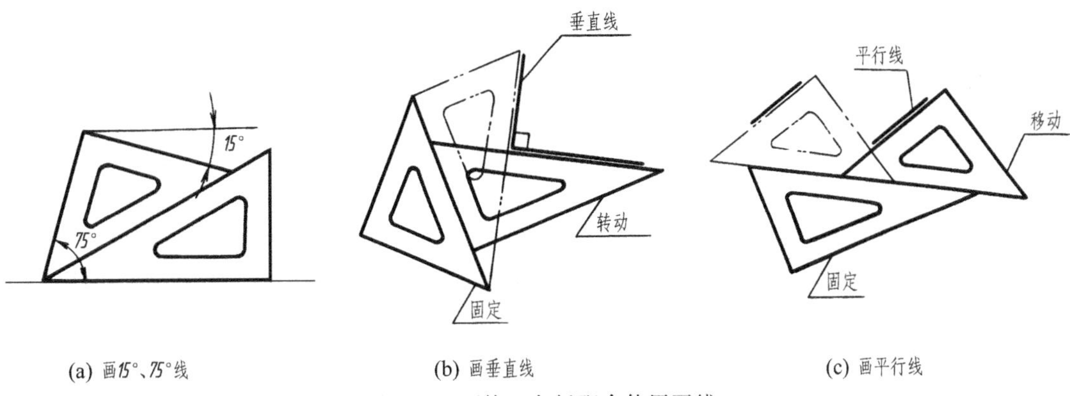

(a) 画15°、75°线　(b) 画垂直线　(c) 画平行线

图 1-10　两块三角板配合使用画线

二、圆规与分规

(1) 圆规　用来画圆和圆弧。圆规的一腿装有带台阶的钢针，用来固定圆心，另一腿装上铅心插脚或钢针（作分规用）。画圆时，当钢针插入图板后，钢针的台阶应与铅心尖端平齐，并使笔尖与纸面垂直，用右手转动圆规手柄，均匀地沿顺时针方向一笔画完，如图 1-11 所示。

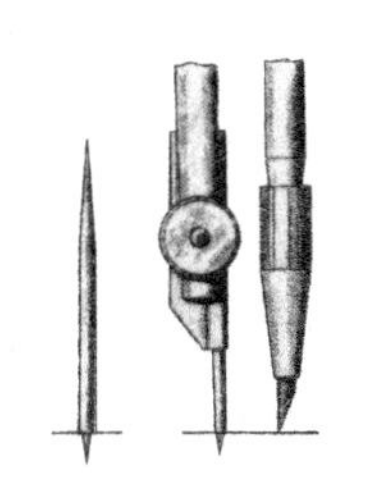

(a) 针脚应比铅心稍长

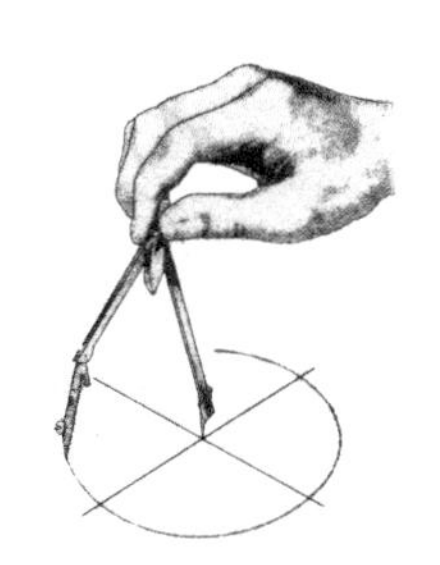

(b) 画较大圆时，应使两脚垂直纸面

图 1-11　圆规的用法

(2) 分规　用来量取尺寸和等分线段。使用前先并拢两针尖，检查是否平齐，用分规等

分线段的方法，如图 1-12 所示。

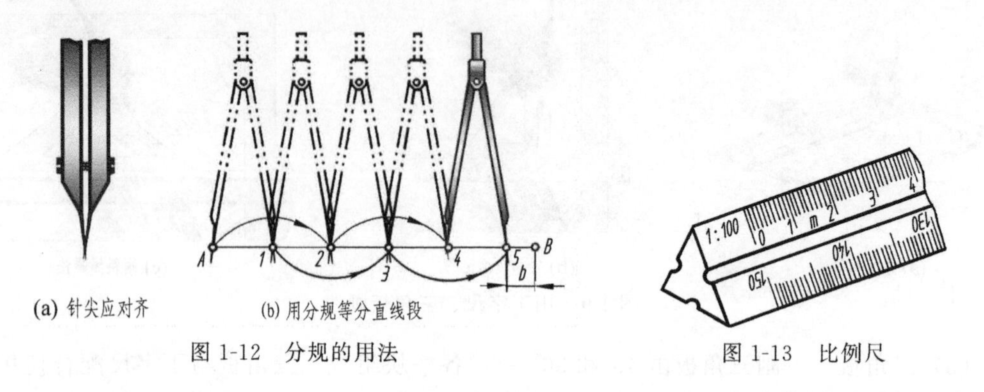

图 1-12　分规的用法

图 1-13　比例尺

三、比例尺

常用的比例尺为三棱尺（图 1-13），它有三个尺面，刻有六种不同比例的尺标，如 1∶100、1∶200、…、1∶600 等。当使用某一比例时，可直接按尺面上所刻的数值，截取或读出该线段的长度。例如按比例 1∶100 画图时，图上每 1cm 长度即表示实际长度为 100cm。

在绘制机械图样时，如图 1-14 所示，1∶100 可当作 1∶1 使用，每一小格刻度为 1mm。1∶200 可当作 1∶2 使用，每一小格刻度为 2mm；1∶500 可当作 2∶1 使用，由于 1∶500 与 2∶1 相比缩小了 1000 倍，所以 1∶500 的刻度用作 2∶1 时需放大 1000 倍，因此在图 1-14(c) 中的刻度 20m 上，可量得 20mm。

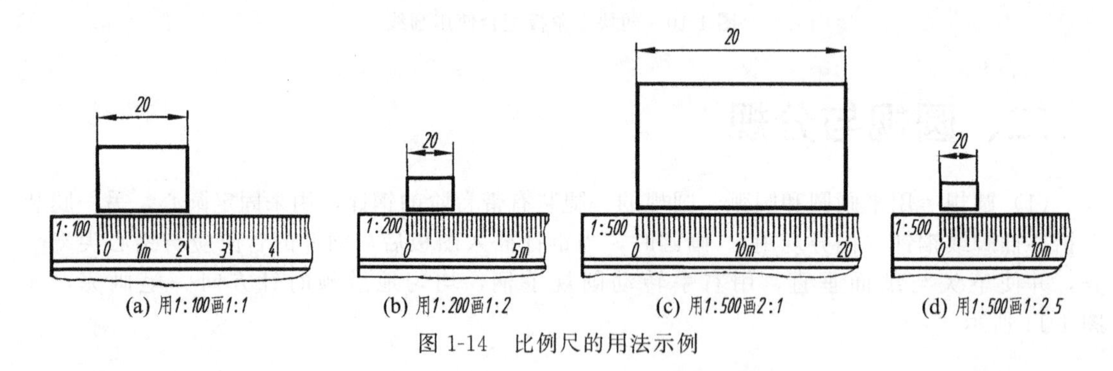

图 1-14　比例尺的用法示例

四、铅笔

绘图铅笔用“B”和“H”代表铅芯的软硬程度。“H”表示硬性铅笔，H 前面的数字越大，表示铅芯越硬；“B”表示软性铅笔，B 前面的数字越大，表示铅芯越软（黑）。HB 表示铅芯软硬适中。画粗实线常用 B 或 HB，写字用 HB 或 H，画细线用 H 或 2H。

除了上述工具仪器外，绘图时还需要备有削铅笔的小刀、磨铅芯的砂纸、固定图纸的胶带纸、橡皮等。有时为了画非圆曲线，要用到曲线板。如果需要描图，还要用直线笔（俗称鸭嘴笔）或针管笔。这些工具因不经常使用，所以不做详细介绍。

第三节　尺寸注法

图形只能表示物体的形状，而其大小则由标注的尺寸确定。标注尺寸时应做到正确、齐全、清晰。首先要严格遵守国家标准有关尺寸标注的规定。

一、基本规定

① 机件的真实大小应以图样上所注的尺寸数值为依据，与图形的大小以及绘图的准确度无关。

② 图样中的尺寸，以mm为单位时，不需标注计量单位的代号或名称，如果用其他单位，则必须注明相应的计量单位。

③ 图样中所标注的尺寸，为该图样所示机件的最后完工尺寸，否则应另加说明。

④ 机件的每一尺寸一般只标注一次，并应标注在反映该结构最清晰的图上。

二、尺寸标注的要素

一组完整的尺寸应包括尺寸界线、尺寸线（含箭头）、尺寸数字三个要素，如图1-15所示。

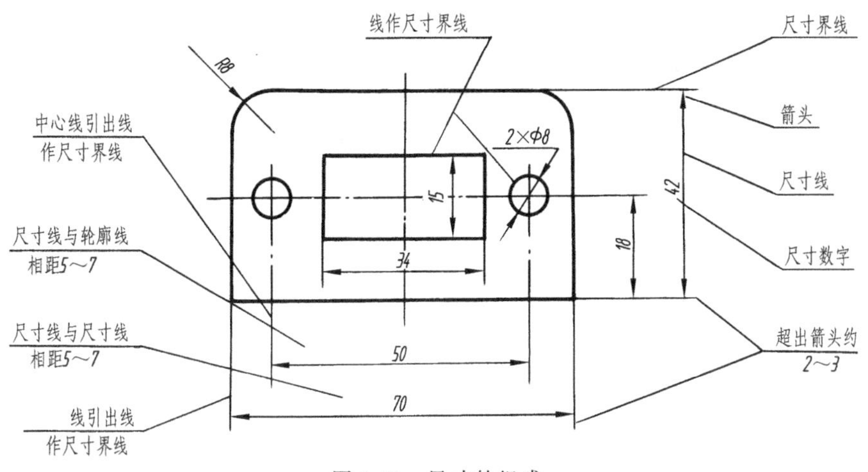

图1-15　尺寸的组成

1. 尺寸界线

尺寸界线用细实线绘制，并应由图形的轮廓、轴线或对称中心线引出，也可以利用轮廓线、轴线或对称中心线作为尺寸界线。尺寸界线一般应与尺寸线垂直，并超出尺寸线的终端2～3mm。

2. 尺寸线

尺寸线用细实线绘制，不能用其他图线代替，一般也不能与其他图线重合或画在其延长线上。标注线性尺寸时，尺寸线必须与所注的线段平行；当有几条互相平行的尺寸线时，大尺寸要注在小尺寸的外面，如图1-15中的70与50、42与18。在圆或圆弧上标注直径或半径尺寸时，尺寸线应通过圆心或延长线通过圆心。

尺寸线的终端有两种形式，如图 1-16 所示。箭头适用于各种类型的图样，图中 d 为粗实线的宽度。斜线用 45°细实线绘制，图中 h 为字体高度。圆的直径、圆弧半径指向圆弧的一端以及角度的尺寸线终端应画成箭头。

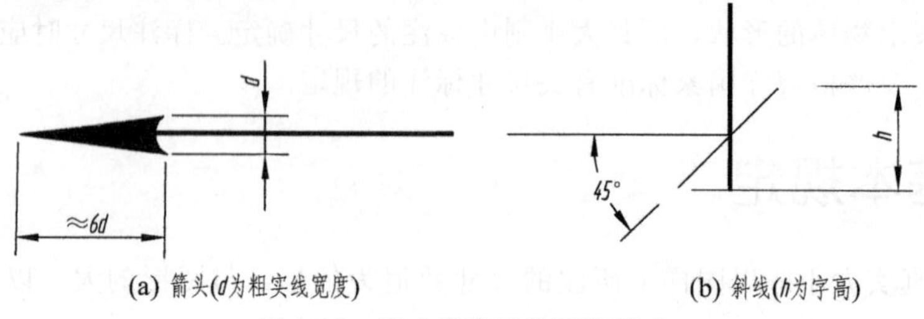

(a) 箭头(d为粗实线宽度)　　(b) 斜线(h为字高)

图 1-16　尺寸线终端的两种形式

3. 尺寸数字

水平线性尺寸的数字一般应注写在尺寸线的上方，也允许注写在尺寸线的中断处，数字由左向右书写，字头朝上；尺寸线为竖直位置时，数字应注写在尺寸线左侧或尺寸线中断处，由下向上书写，字头朝左；在倾斜的尺寸线上注写数字以及注写角度、圆、圆弧、小尺寸等数字的方式见表 1-5。

表 1-5　常用尺寸注法示例

标注内容	示例	说明
线性尺寸的数字方向		当尺寸线在左上图的 30°范围内时，可采用右图的形式标注，同一张图样中标注形式要统一 在不致引起误解时，对于非水平方向的尺寸，其数字可水平地注写在尺寸线的中断处
角度		尺寸界线应沿径向引出，尺寸线画成圆弧，圆心是角的顶点。尺寸数字应一律水平书写
圆		圆的直径尺寸一般应按这两个例图标注

续表

标注内容	示例	说明
圆弧	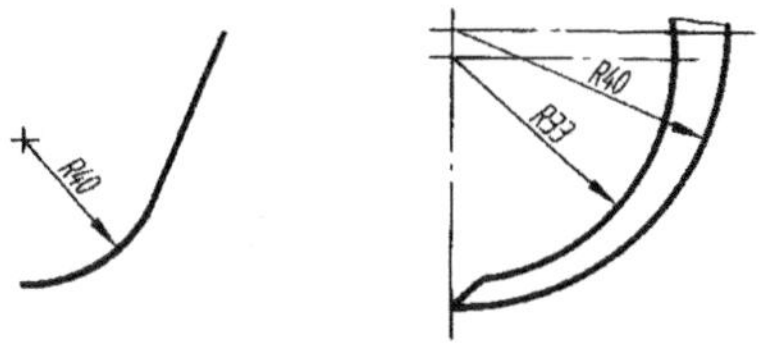	圆弧的半径尺寸一般应按这两个例图标注
大圆弧	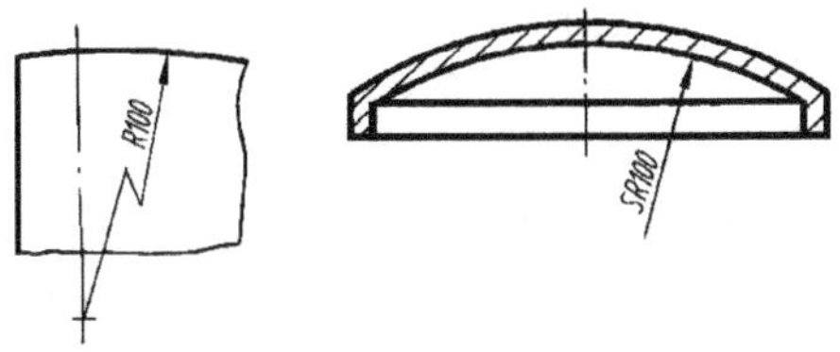	在图纸范围内无法标出圆心位置时，可按左图标注；不需标出圆心位置时，可按右图标注
小尺寸	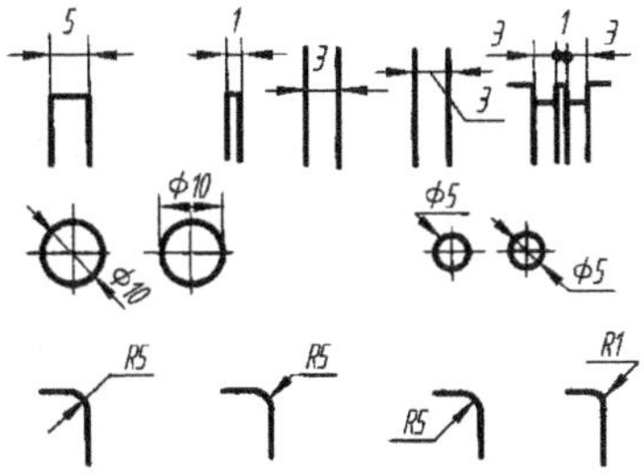	如上排例图所示，没有足够位置时，箭头可画在外面，或用小圆点代替两个箭头；尺寸数字也可写在外面或引出标注。圆和圆弧的小尺寸可按下两排例图标注
球面	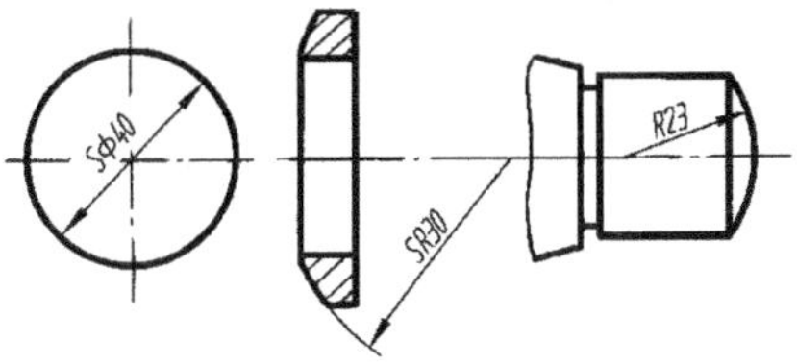	标注球面的尺寸，如左侧两图所示，应在 ϕ 或 R 前加注"S"。不致引起误解时，则可省略，如右图中的右端球面

标注圆的直径时，在尺寸数字前面加注符号"ϕ"；标注圆弧半径或直径时，应在尺寸数字前面加注符号"R"或"ϕ"；小于或等于半径的圆弧一般注半径，大于半圆的圆弧则注直径；标注球面的直径或半径时，应在符号"ϕ"或"R"前再加注符号"S"。

第四节　平面图形画法

机件的轮廓形状基本上都是由直线、圆弧和一些曲线组成的几何图形，因而在绘制图样时，经常要运用一些最基本的几何作图方法。

一、几何作图

1. 圆内接正多边形画法

(1) 圆内接正五边形　如图 1-17。作水平线 ON 的中点 M，以点 M 为圆心、MA 为半径作弧，交水平中心线于 H。以 AH 为边长，即可作出圆内接正五边形。

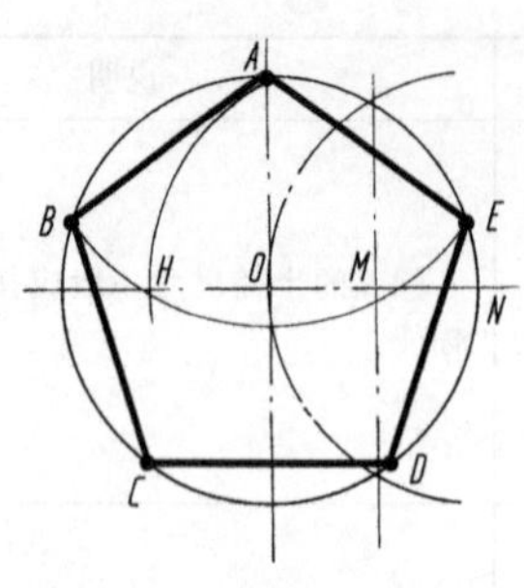

图 1-17　正五边形画法

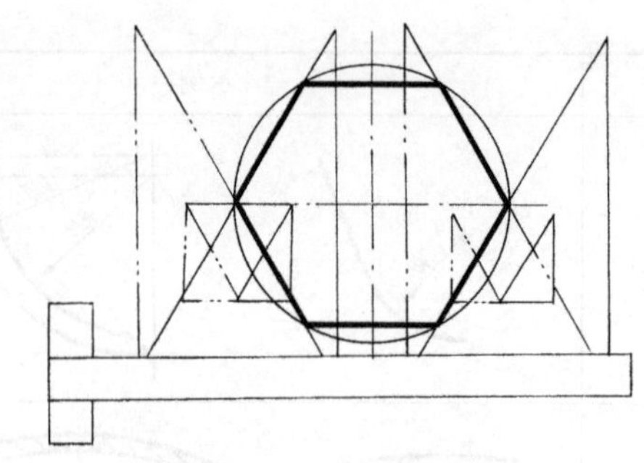

图 1-18　正六边形画法

（2）圆内接正六边形　如图 1-18。用 60°三角板配合丁字尺通过水平直径的端点作四条边，再以丁字尺作上下水平边，即可作出圆内接正六边形。

2. 斜度和锥度

斜度是指一直线对另一直线或一平面对另一平面的倾斜程度，在图样中以 1∶n 的形式标注。图 1-19 为斜度 1∶6 的作法：由点 A 在水平线 AB 上取六个单位长度得 D 点，过点 D 作 AB 的垂线 DE，取 DE 为一个单位长，连 A 和 E，即得斜度为 1∶6 的直线。

锥度是指正圆锥的底圆直径与圆锥高度之比，在图样中以 1∶n 的形式标注。图 1-20 为锥度 1∶6 的作法：由点 S 在水平线上取六个单位长得 O，由 O 作 SO 的垂线，分别向上和向下量取半个单位长度，得 A、B 两点，分别过 A、B 与点 S 相连，即得 1∶6 的锥度。

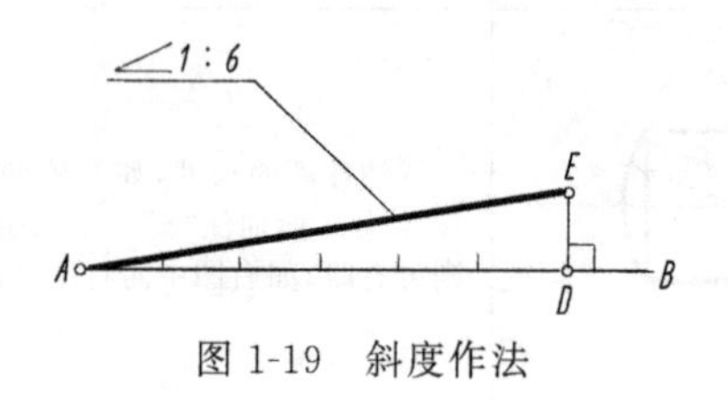

图 1-19　斜度作法

图 1-20　锥度作法

3. 圆弧连接

用一段圆弧光滑地连接相邻两条已知线段（直线或圆弧）的作图方法称为圆弧连接。要保证圆弧连接光滑，必须使线段与线段在连接处相切。因此，作图时应先求连接圆弧的圆心，再确定连接圆弧与已知线段的切点。

（1）用圆弧连接两已知直线　图 1-21 所示分别是圆弧与相交为直角、锐角、钝角的两直线相切的情况，它们的作图步骤如下。

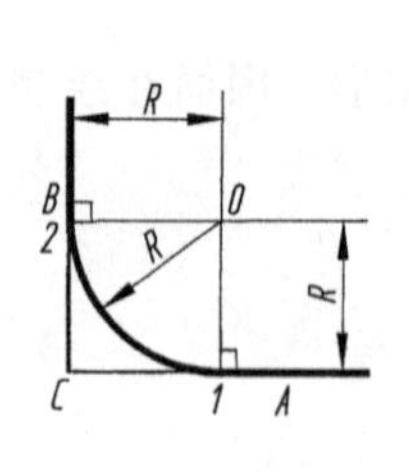

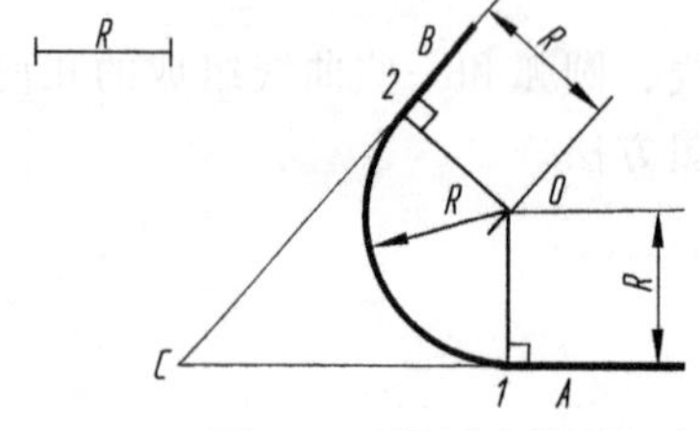

图 1-21　圆弧连接两相交直线

① 求连接圆弧的圆心。作与已知两直线分别相距为 R（已知连接圆弧半径）的平行线，交点 O 即为连接圆弧圆心。

② 求连接圆弧的切点。从圆心 O 分别向两直线作垂线，垂足 1、2 即为切点。

③ 以 O 为圆心，R 为半径在两切点 1、2 之间作圆弧，即为所求连接弧。

(2) 用圆弧连接两已知圆弧　图 1-22、图 1-23 所示分别是圆弧与两圆弧外连接和内连接的画法。它们的作图步骤如下。

外连接（外切），如图 1-22。

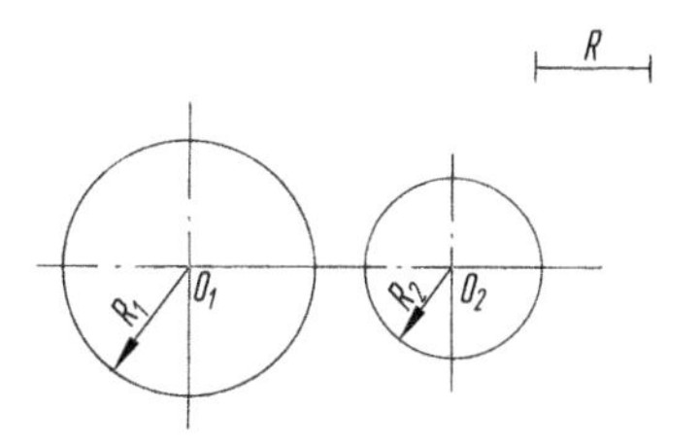

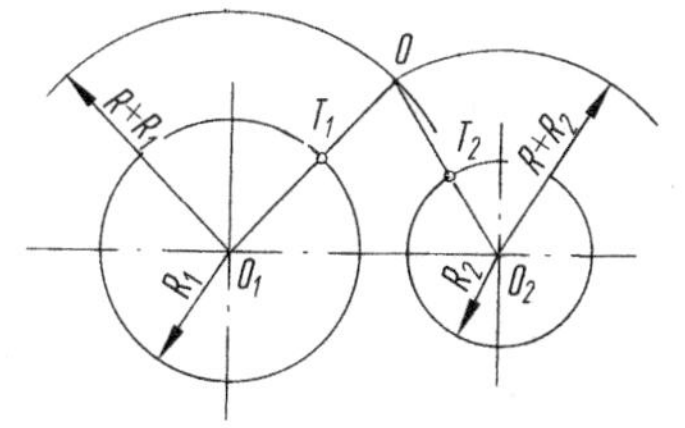

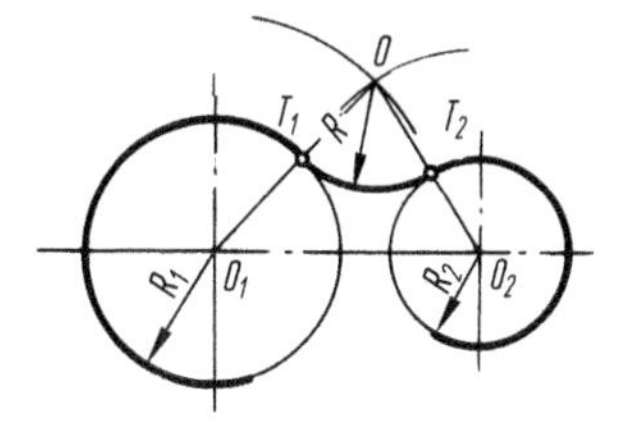

图 1-22　圆弧与两圆弧外连接画法

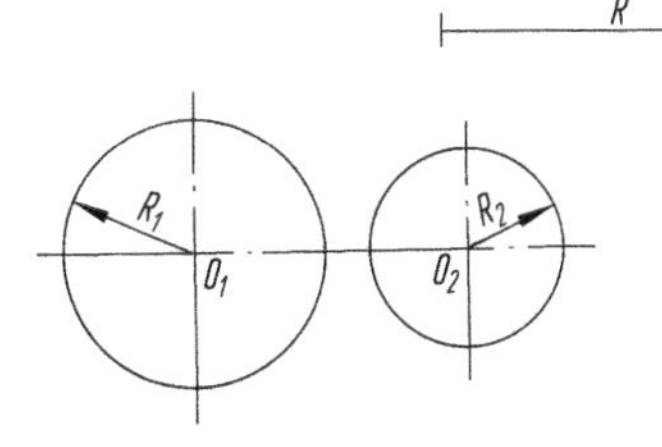

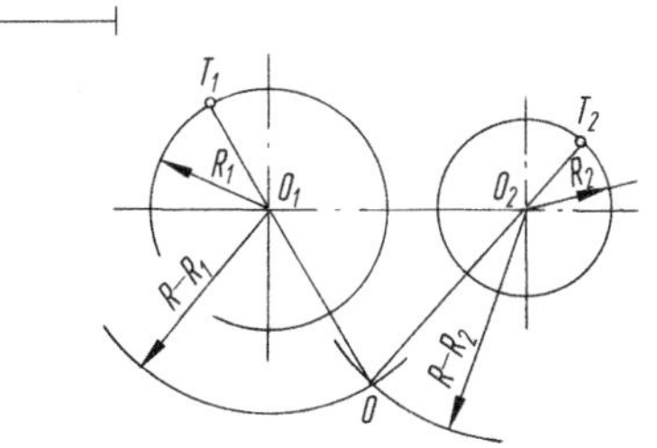

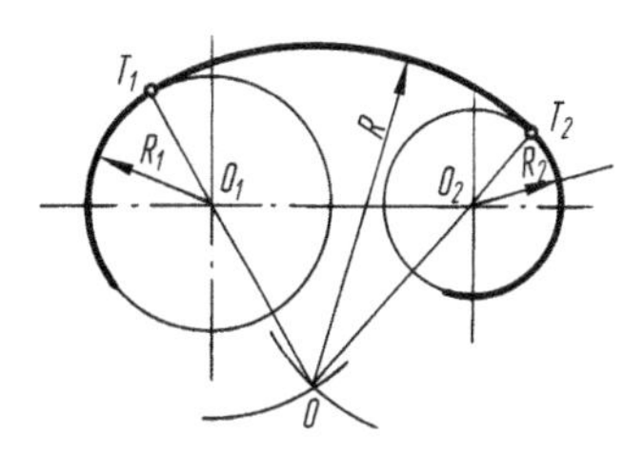

图 1-23　圆弧与两圆弧内连接画法

① 求连接弧圆心。以 O_1 为圆心，$R+R_1$ 为半径画弧，以 O_2 为圆心，$R+R_2$ 为半径画弧，两圆弧交点 O 即为连接弧圆心。

② 求连接弧切点。连 OO_1、OO_2 交已知弧于 T_1、T_2 即得切点。

③ 以 O 为圆心，R 为半径作圆弧 $\overset{\frown}{T_1T_2}$[1]，即为所求连接弧。

内连接（内切），如图 1-23。

① 求连接弧圆心。以 O_1 为圆心，$R-R_1$ 为半径画弧，以 O_2 为圆心，$R-R_2$ 为半径画弧，两圆弧交点 O 即为连接弧圆心。

② 求连接弧切点。连 OO_1、OO_2 交已知弧于 T_1、T_2 即得切点。

③ 以 O 为圆心，R 为半径作圆弧 $\overset{\frown}{T_1T_2}$ 即为所求连接弧。

(3) 用圆弧连接已知直线和圆弧　用半径为 R 的圆弧把圆心为 O_1、半径为 R_1 的圆弧和直线 L_1 连接，作图过程如图 1-24 所示。

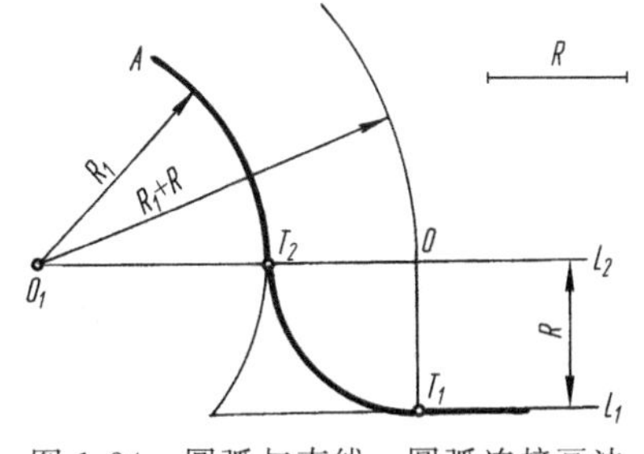

图 1-24　圆弧与直线、圆弧连接画法

① 求连接弧圆心。作直线 L_1 的平行线 L_2，两平行线间的距离为 R，以 O_1 为圆心，$R+R_1$ 为半径画弧，直线 L_2 与圆弧的交点 O 即为连接弧圆心。

② 求连接弧切点。从点 O 向直线 L_1 作垂线得垂足 T_1，连接 OO_1 与已知弧相交得交点

[1] 按国标 GB/T 445804—2003，圆弧的标注法为圆弧符号标在文字的左边。

T_2，即为连接弧切点。

③ 以 O 为圆心，R 为半径作圆弧$\overset{\frown}{T_1T_2}$即为所求连接弧。

4. 椭圆画法

椭圆的画法很多，这里仅介绍两种常用的椭圆近似画法。

① 同心圆法　如图 1-25(a)，已知长、短轴，以 O 为圆心、长半轴 OA 和短半轴 OC 为半径分别作圆。由 O 作若干射线与两圆相交，再由各交点分别作长、短轴的平行线，即可交得椭圆上各点，用曲线板连接各点即得椭圆。

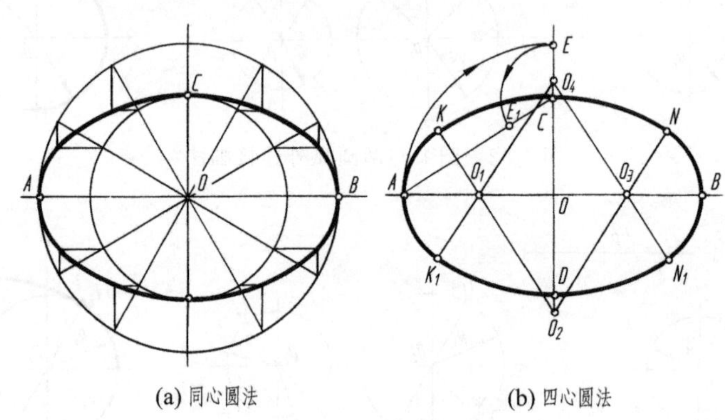

(a) 同心圆法　　(b) 四心圆法

图 1-25　椭圆近似画法

② 四心圆法　如图 1-25(b)，连接长、短轴的端点 A、C，取 $CE_1=CE=OA-OC$。作 AE_1 中垂线，与两轴交得点 O_1、O_2，再取对称点 O_3、O_4。分别以 O_1、O_2、O_3、O_4 为圆心，O_1A、O_2C、O_3B、O_4D 为半径作弧，即近似作出椭圆，切点为 K、N、N_1、K_1。

二、平面图形的作图

平面图形是由若干直线和曲线封闭连接组合而成。画平面图形时，应该从哪里着手一开始并不明确，所以要通过对这些直线或曲线的尺寸以及连接关系的分析，才能确定平面图形的作图步骤。

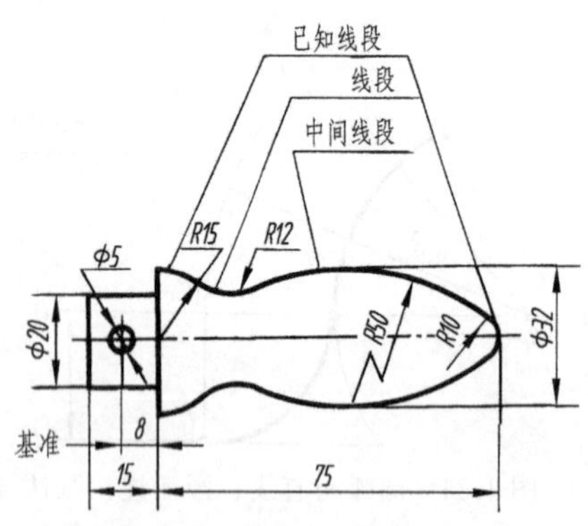

图 1-26　手柄的尺寸和线段分析

以图 1-26 手柄为例，说明平面图形的分析方法和作图步骤。

1. 尺寸分析

平面图形中所注尺寸按其作用可分为两类。

① 定形尺寸　确定手柄形状大小的尺寸。如图 1-26 中的 $\phi20$、$\phi5$、15、$R15$、$R50$、$R10$、$\phi32$ 等。

② 定位尺寸　确定手柄各组成部分之间相对位置的尺寸。如图 1-26 中的 8 是确定 $\phi5$ 小圆位置的定位尺寸。有的尺寸既有定形的作用，又有定位的作用，如图 1-26 中的 75，既是确定手柄长度的定形尺寸，又是 $R10$ 圆弧的定位尺寸。

标注定位尺寸时，必须先选定基准。标注尺寸时用以确定尺寸位置所依据的一些面、线或点，称为尺寸基准。在平面图形中，图形的长度方向和宽度方向各有一个主要基准。

2. 线段分析

平面图形中，有些线段具有完整的定形尺寸和定位尺寸，可根据标注的尺寸直接画出；有些线段的定形尺寸和定位尺寸并未完全注出，要根据已注出的尺寸和该线段与相邻线段的连接关系，通过几何作图才能画出。因此，通常按线段的尺寸是否标注齐全将线段分为三类。

① 已知线段　定形、定位尺寸全部注出的线段称为已知线段。对于直线来说，凡给出两已知点或一已知点并已知其方向的直线均为已知直线。对于圆和圆弧，凡给出圆弧半径（或圆的直径）以及圆心两个方向的定位尺寸均为已知圆弧。如图 1-26 中的 $\phi5$、$R10$、$R15$。

② 中间线段　注出定形尺寸和一个方向的定位尺寸，必须依靠与相邻线段间的连接关系才能画出的线段称为中间线段。过一已知点（或已知直线的方向）且与定圆（或定圆弧）相切的直线为中间直线，如图 1-26 中由 $\phi32$ 确定的与圆弧 $R50$ 相切的两直线。给出圆弧半径（或圆的直径）以及圆心的一个方向的定位尺寸的圆弧为中间圆弧。如图 1-26 中的 $R50$。

③ 连接线段　只注出定形尺寸，未注出定位尺寸的线段称为连接线段。若直线的两端都与定圆（或定圆弧）相切，它是通过几何关系定出而不需标注尺寸，这样的直线称为连接直线；对于圆弧，如果只注出半径（或直径），而没有注出圆心的定位尺寸，这样的圆弧称为连接圆弧，如图 1-26 中的 $R12$。

图 1-27 所示为手柄的作图步骤。

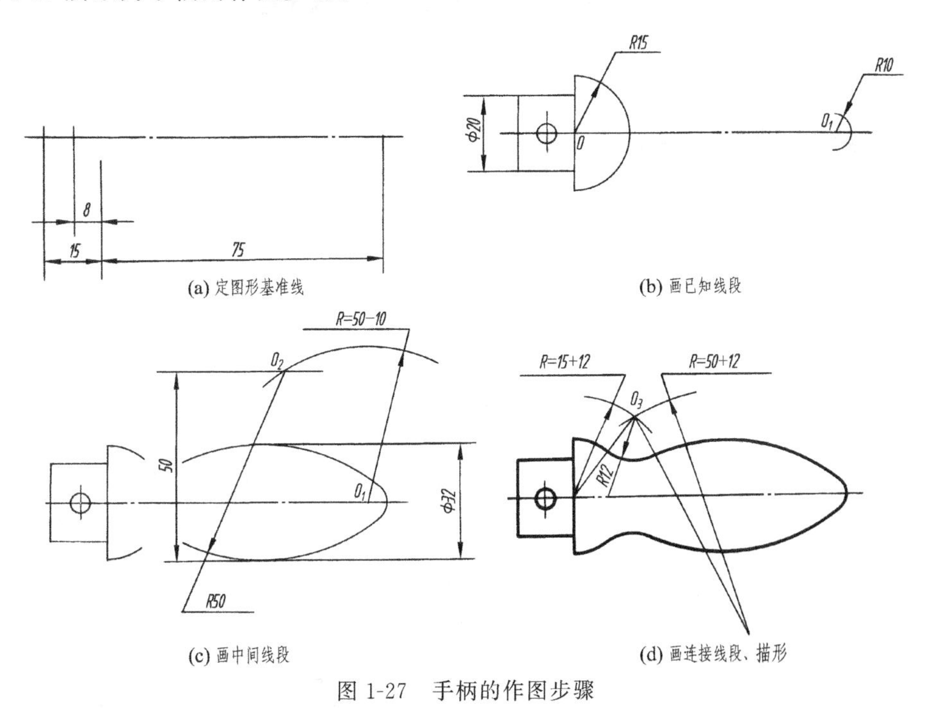

图 1-27　手柄的作图步骤

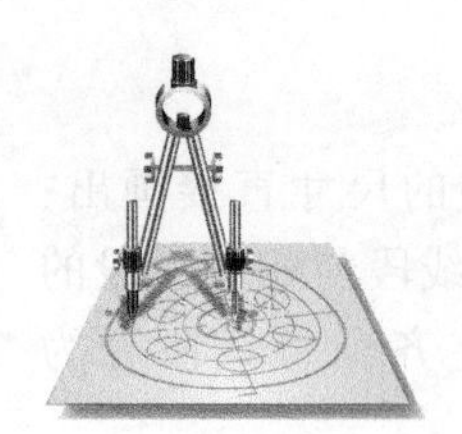

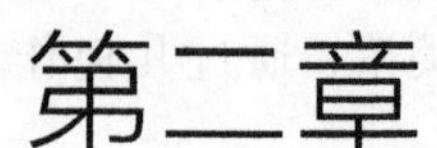

正投影法

正投影法能准确地表达物体的形状，而且度量性好，作图方便，所以在工程上得到广泛应用。机械图样主要是用正投影法绘制的。因此，正投影法原理是学习机械制图的理论基础，也是本课程学习的核心内容。

第一节　正投影法视图

一、正投影法基本特性

1. 真实性

当直线或平面平行于投影面时，直线的投影反映实长，平面的投影反映实形，如图 2-1(a)。

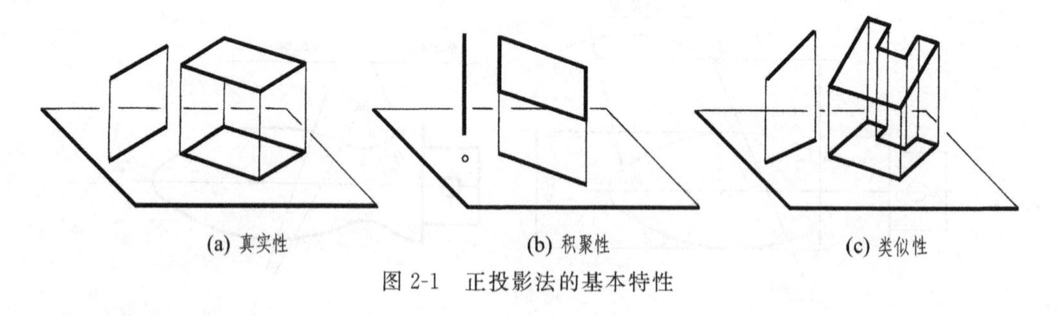

(a) 真实性　　(b) 积聚性　　(c) 类似性

图 2-1　正投影法的基本特性

2. 积聚性

当直线或平面垂直于投影面时，直线的投影积聚成点，平面的投影积聚成一直线，如图 2-1(b)。

3. 类似性

当直线或平面倾斜于投影面时，直线的投影仍为直线，但小于实长。平面图形的投影小于真实形状，但类似于空间平面图形（平面图形及其投影间对应直线保持定比，其边数、平行关系、凹凸、曲直等保持不变，如平行四边形的投影仍为平行四边形，凹形的投影仍为凹形，圆的投影为椭圆等）。如图 2-1(c) 所示。

二、三面视图的形成

在工程图样中，根据有关标准绘制的多面正投影图也称为视图。如图 2-2 所示，设一直立投影面，在投影面的前方放置一个垫块，使垫块的前面与投影面平行，然后向投影面垂直投射，在投影面上得到的图形，就是垫块的正投影，也是垫块在该投影面上的视图。

图 2-3 所示的两个不同形状的物体，在同一个投影面上的视图都相同。因此，如果不附加其他说明，只根据一个视图不能确定物体的形状。要反映物体的完整形状，必须增加由不同投射方向，在不同的投影面上所得到的几个视图，互相补充，才能把物体表达清楚，通常用三面视图[1]来表示。

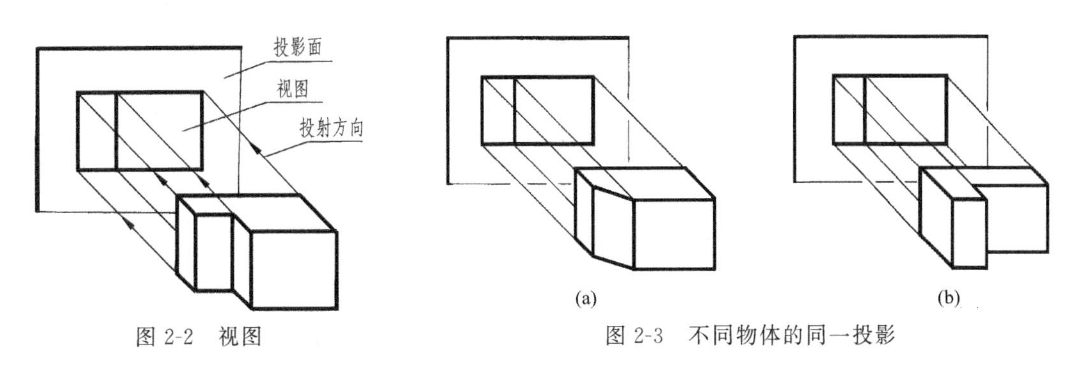

图 2-2　视图　　　　图 2-3　不同物体的同一投影

如图 2-4(a) 所示，首先将垫块由前向后向直立投影面（简称正面，用 V 表示）投射，在正面上得到一个视图，称为主视图；然后再增加一个与正面垂直的水平投影面（简称水平面，用 H 表示），并由垫块的上方向下投射，在水平面上得到第二个视图，称为俯视图，如图 2-4(b)；图 2-4(c) 所示是再增加一个与正面和水平面都垂直的侧立投影面（简称侧面，用 W 表示），从垫块的左方向右投射，在侧面上又得到第三个视图，称为左视图。这样，就得到垫块在三个互相垂直的投影面上的三个视图，从三个不同方向反映了垫块的完整形状。

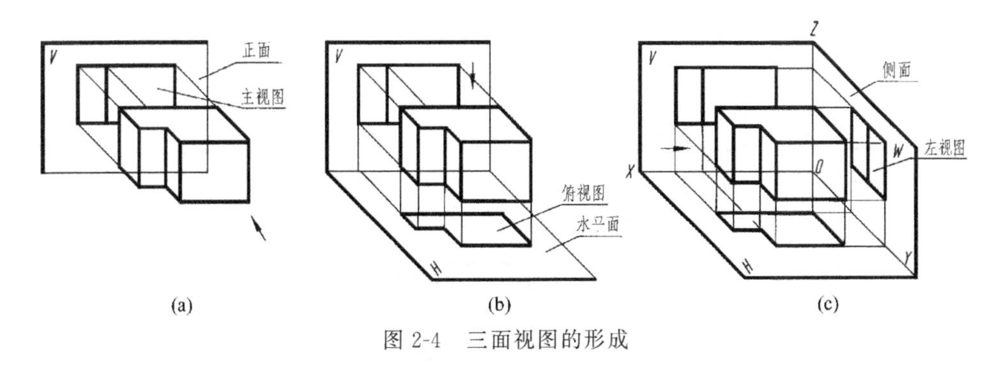

图 2-4　三面视图的形成

垫块的三个视图分别在三个互相垂直的投影面上，必须将它们展开，摊平在一个平面上，才便于画图和表达。展开的方法如图 2-5 所示。三个投影面的交线 OX、OY、OZ 也互相垂直，分别代表长、宽、高三个方向，称为投影轴。三个投影面展开时，如图 2-5(a) 所

[1] 国家标准规定基本视图共有六个（在第六章中介绍），三面视图是其中的三个基本视图。

示，规定正面不动，将水平面绕 OX 轴向下旋转 90°，侧面绕 OZ 轴向右旋转 90°，就得到图 2-5(b) 所示同一平面上的三面视图。这时，俯视图必定在主视图的下方，左视图必定在主视图的右方。由于画图时不必画出投影面的边框，所以去掉边框就得到图 2-5(c) 所示的三视图。

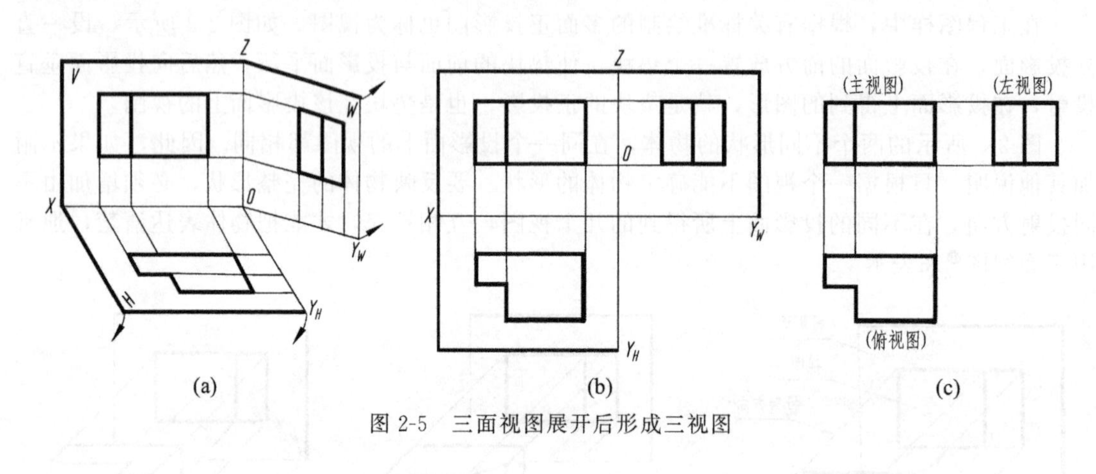

图 2-5　三面视图展开后形成三视图

三、三视图的投影关系

物体有长、宽、高三个方向的大小。通常规定：物体左右之间的距离为长（X）；前后之间的距离为宽（Y）；上下之间的距离为高（Z）。从图 2-6(a) 可看出，一个视图只能反映物体两个方向的大小。如主视图反映垫块的长和高；俯视图反映垫块的长和宽，左视图反映垫块的宽和高。由上述三个投影面展开的过程可知，俯视图在主视图的下方，且对应的长度相等，左右两端恰好对正，即主、俯视图相应部分的连线是互相平行的垂直于 OX 轴的直线。同样道理，左视图与主视图的高度相等，且对齐，即主、左视图相应部分在同一条与 OZ 轴垂直的直线上。左视图与俯视图都反映垫块的宽度，所以俯、左视图的宽度应相等，如图 2-6(b) 所示。

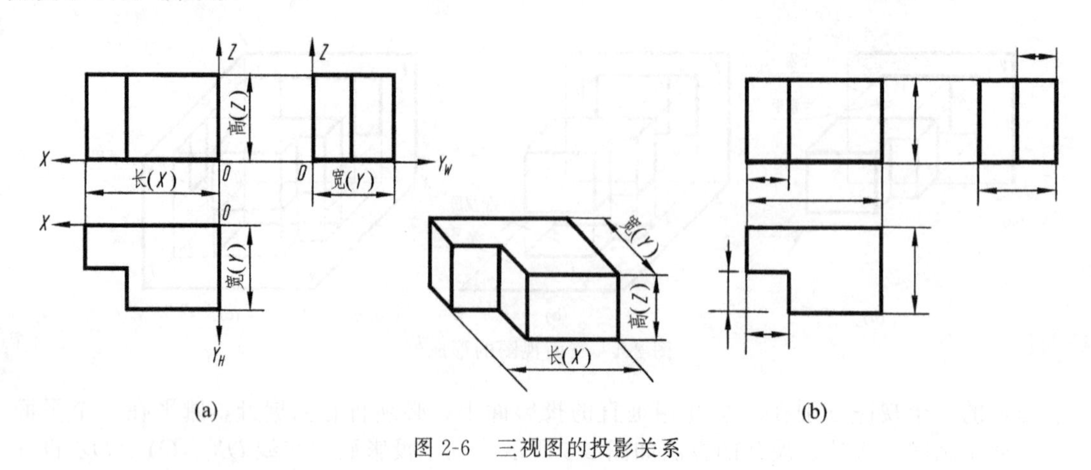

图 2-6　三视图的投影关系

根据上述三视图之间的投影关系，可归纳为以下三条投影规律：

① 主视图与俯视图都反映物体的长度——长对正；

② 主视图与左视图都反映物体的高度——高平齐；

③ 俯视图与左视图都反映物体的宽度——宽相等。
“长对正、高平齐、宽相等”的投影对应关系是三视图的重要特性，也是画图和读图的依据。

四、三视图与物体方位的对应关系

如图 2-7(a) 所示，物体有上、下、左、右、前、后六个方位。从图 2-7(b) 可看出：

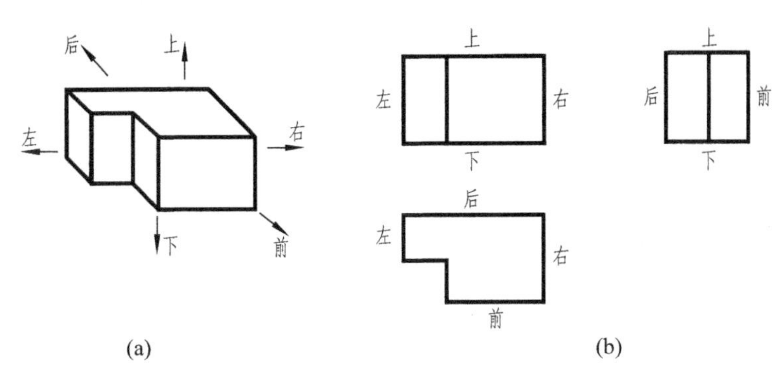

图 2-7　三视图的方位关系

主视图反映物体的上、下和左、右的相对位置关系；
俯视图反映物体的前、后和左、右的相对位置关系；
左视图反映物体的前、后和上、下的相对位置关系。

画图和读图时，要特别注意俯视图与左视图的前后对应关系。由于三个投影面在展开的过程中，水平面向下旋转时，原来向前的 OY 轴成为向下的 OY_H，即俯视图的下方实际上表示物体的前方，俯视图的上方则表示物体的后方。当侧面向右旋转时，原来向前的 OY 轴成为向右的 OY_W，即左视图的右方实际上表示物体的前方，左视图的左方则表示物体的后方。所以，物体的俯、左视图不仅宽度相等，还应保持前、后位置的对应关系。

【例 2-1】 根据图 2-8(a) 所示物体，绘制其三视图。

图中所示物体是底板左前方切角的直角弯板。为了呈现各物体表面的真形和作图方便，应使物体的主要表面尽可能与投影面平行。画三视图时，应先画反映物体形状特征的视图，然后再按投影规律画出其他视图。

① 量取弯板的长和高画出反映特征轮廓的主视图，按主、俯视图长对正的投影关系并量取弯板的宽度画出俯视图，如图 2-8(b)。

② 在俯视图上画出底板左前方切去的一角，再按长对正的投影关系在主视图上画出切角的图线，如图 2-8(c)。

③ 按主、左视图高平齐，俯、左视图宽相等的投影关系，画出左视图。必须注意：俯、

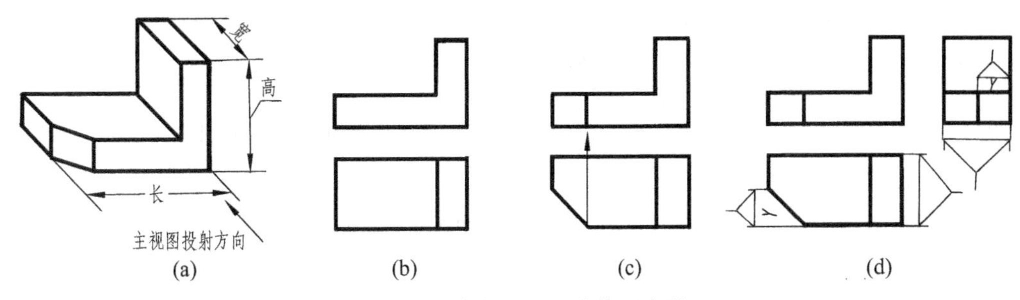

图 2-8　画弯板三视图的作图步骤

左视图上"Y"的前后对应关系，如图 2-8(d)。

检查无误，擦去多余作图线，描深。

第二节　点、直线、平面的正投影

任何平面立体的表面都包含点、直线和平面等基本几何元素，要完整、准确地绘制物体的视图，还需研究这些几何元素的投影特性和作图方法，对今后画图和读图具有重要意义。

一、点的投影

从图 2-9 所示的三棱锥可看出，它是由四个面、六条线和四个点组成。点是最基本的几何元素。下面分析锥顶 S 的投影规律。

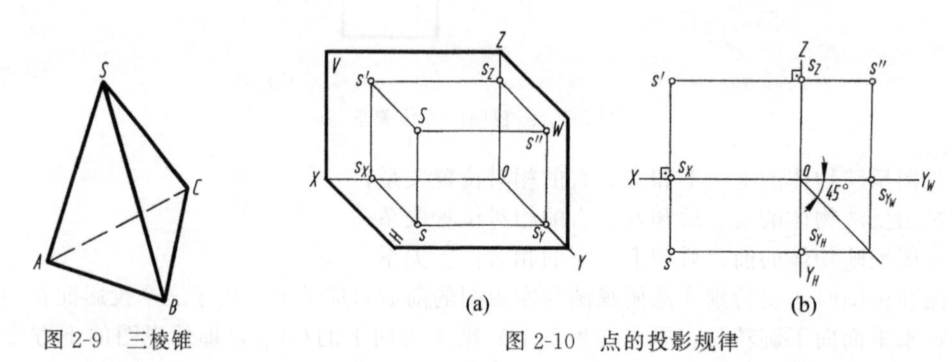

图 2-9　三棱锥　　图 2-10　点的投影规律

1. 点的投影规律

如图 2-10(a) 所示，将 S 点分别向 H 面、V 面、W 面投射，得到的投影[1]分别为 s、s'、s''。这里规定：空间点用大写拉丁字母表示，如 S、A、B…；H 面投影用相应的小写字母表示，如 s、a、b…；V 面投影用相应的小写字母加一撇表示，如 s'、a'、b'…；W 面投影用相应的小写字母加两撇表示，如 s''、a''、b''…。投影面展开后，得到图 2-10(b) 所示的投影图。由投影图可看出点的投影有以下规律：

① 点的 V 面投影和 H 面投影的连线垂直于 OX 轴，即 $ss' \perp OX$；

② 点的 V 面投影和 W 面投影的连线垂直于 OZ 轴，即 $s's'' \perp OZ$；

③ 点的 H 面投影至 OX 轴的距离等于其 W 面投影至 OZ 轴的距离，即 $ss_x = Os_{yH} = Os_{yW} = s''s_z$。

【例 2-2】 已知点 A 的 V 面投影 a' 和 W 面投影 a''，求作 H 面投影 a，如图 2-11(a)。

根据点的投影规律可知，$a'a \perp OX$，过 a' 作 OX 轴的垂线 $a'a_X$，所求 a 点必在 $a'a_X$ 的延长线上。同时，由于 $aa_X = a''a_Z$，可确定 a 点在 $a'a_X$ 延长线上的位置。

① 过 a' 作 $a'a_X \perp OX$，并延长，如图 2-11(b)。

② 量取 $aa_X = a''a_Z$，可求得 a 点，也可如图 2-11(c) 所示利用 45°线作图。

2. 点的投影及其坐标的关系

如图 2-12 所示，点的位置可由点到三个投影面的距离来确定。如果将三个投影面作为

---

[1] 工程图样主要采用正投影法绘制，今后就将"正投影"简称"投影"。

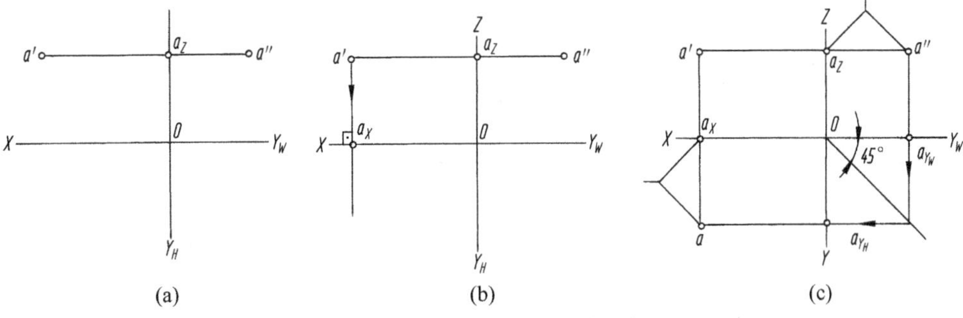

(a)　(b)　(c)

图 2-11　已知点的两投影求第三投影

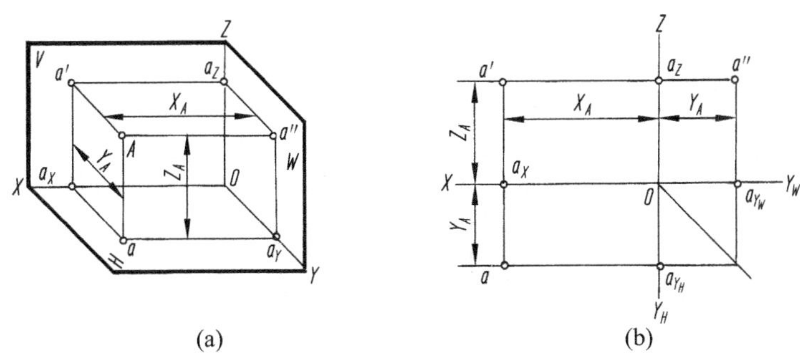

(a)　(b)

图 2-12　点的投影及其坐标关系

三个坐标面，投影轴作为坐标轴，则点的投影和点的坐标关系如下：

点 A 到 W 面的距离（X_A）为 $Aa''=a_XO=a'a_Z=aa_Y=X$ 坐标；

点 A 到 V 面的距离（Y_A）为 $Aa'=a_YO=a''a_Z=aa_X=Y$ 坐标；

点 A 到 H 面的距离（Z_A）为 $Aa=a_ZO=a''a_Y=a'a_X=Z$ 坐标。

空间一点的位置可由该点的坐标（X、Y、Z）确定。A 点三投影的坐标分别为 $a(X$、$Y)$，$a'(X$、$Z)$，$a''(Y$、$Z)$。任一投影都包含了两个坐标，所以一点的两个投影就包含了确定该点空间位置的三个坐标，即确定了点的空间位置。

【例 2-3】 已知空间点 B 的坐标为 $X=12$，$Y=10$，$Z=15$，也可写成 $B(12，10，15)$。单位为 mm（下同）。求作 B 点的三个投影。

已知空间点的三个坐标，便可作出该点的两个投影，也可作出该点的另一个投影。

① 画投影轴，在 OX 轴上从 O 点向左量取 12，定出 b_X，过 b_X 作 OX 轴的垂线，如图 2-13(a)。

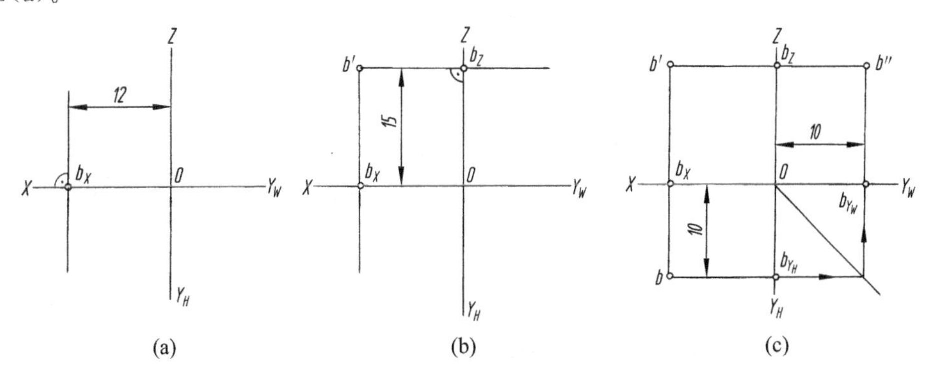

(a)　(b)　(c)

图 2-13　由点的坐标作三面投影图

② 在 OZ 轴上从 O 点向上量取 15，定出 b_Z，过 b_Z 作 OZ 轴垂线，两条线交点即为 b'，如图 2-13(b)。

③ 在 $b'b_X$ 的延长线上，从 b_X 向下量取 10 得 b；在 $b'b_Z$ 的延长线上，从 b_Z 向右量取 10 得 b''。b'、b、b''即为 B 点的三投影，如图 2-13(c)。

3. 两点的相对位置

在三投影面体系中，空间两点的相对位置，是由两点的坐标差决定的，可从它们的三面投影中反映出来。如图 2-14 所示，已知空间点 $A(X_A, Y_A, Z_A)$ 和 $B(X_B, Y_B, Z_B)$，两点的左右位置由 X 坐标差（X_A-X_B）决定，由于 $X_A>X_B$，点 A 在左，点 B 在右；两点的前后位置由 Y 坐标差（Y_A-Y_B）决定，由于 $Y_A>Y_B$，点 A 在前，点 B 在后；两点的上下位置由 Z 坐标差（Z_A-Z_B）决定，由于 $Z_A>Z_B$，点 A 在上，点 B 在下。

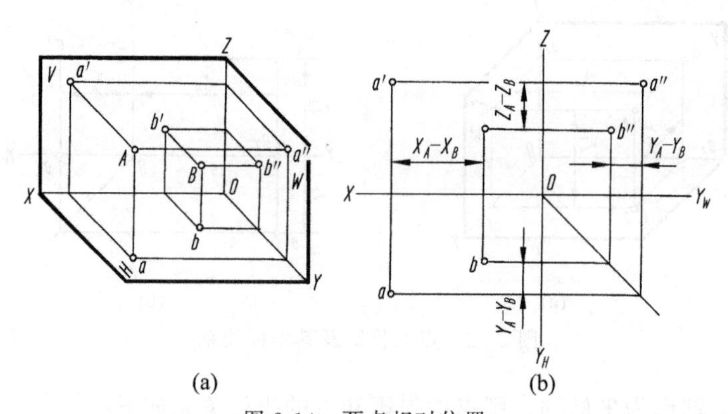

图 2-14　两点相对位置

【例 2-4】 已知空间点 $C(7, 12, 6)$，D 点在 C 点的左方 5，后方 6，上方 4。求作 D 点的三投影，如图 2-15。

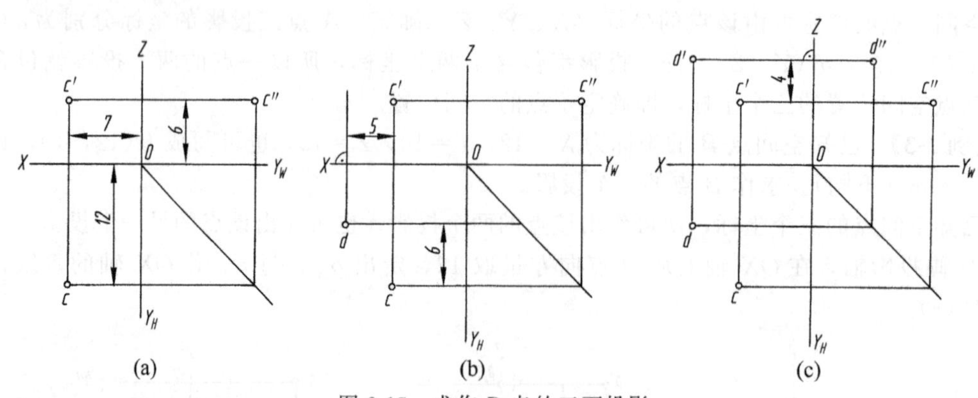

图 2-15　求作 D 点的三面投影

D 点在 C 点的左方和上方，说明 D 点的 X、Z 坐标大于 C 点的 X、Z 坐标；D 点在 C 点的后方，说明 D 点的 Y 坐标小于 C 点的 Y 坐标。可根据两点的坐标差作出 D 点的三投影。

① 根据 C 点的三坐标作出其三投影 c、c'、c''，如图 2-15(a)。

② 沿 X 轴方向量取 7+5=12 作 X 轴的垂线，沿 Y 轴方向量取 12−6=6 作 Y_H 轴的垂线，与 X 轴的垂线相交，交点为 D 点的 H 面投影 d，如图 2-15(b)。

③ 沿 Z 轴方向量取 6+4=10 作 Z 轴的垂线，与 X 轴的垂线相交，交点为 D 点的 V 面

投影 d'。再作出 d''，完成 D 点的三投影，如图 2-15(c)。

思考

(1) 在投影图上标出点 A、B 的三面投影见图 2-16(a)；

(2) 在立体图上标出点 C、D 和 E、F 的位置见图 2-16(b)、(c)。

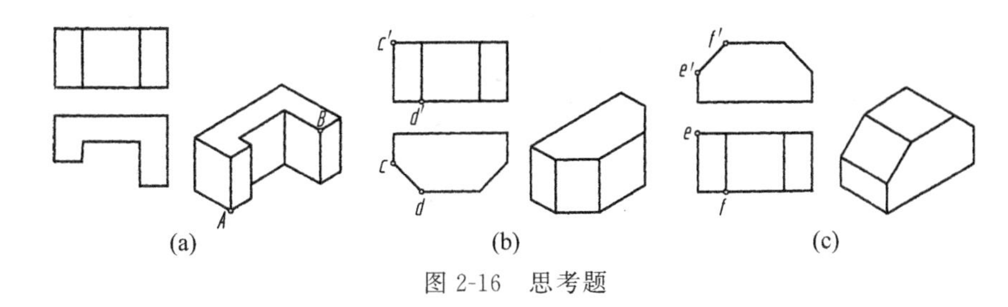

图 2-16　思考题

4. 重影点

空间两点在某一投影面上的投影重合称为重影。

如图 2-17 所示，如果 A 点和 B 点的 X、Y 坐标相同，只是 A 点的 Z 坐标小于 B 点的 Z 坐标，则 A、B 两点的 H 面投影 a 和 b 重合在一起，V 面投影 b' 在 a' 之上，且在同一条 OX 轴的垂线上，W 面投影 b'' 在 a'' 之上，且在同一条 OY_W 轴的垂线上。此时 B 点和 A 点的 H 面投影重合，称为 H 面的重影点。重影点在标注时，将坐标小的点加括号，如 A 点的 Z 坐标小，其水平投影为不可见，用 (a) 表示。

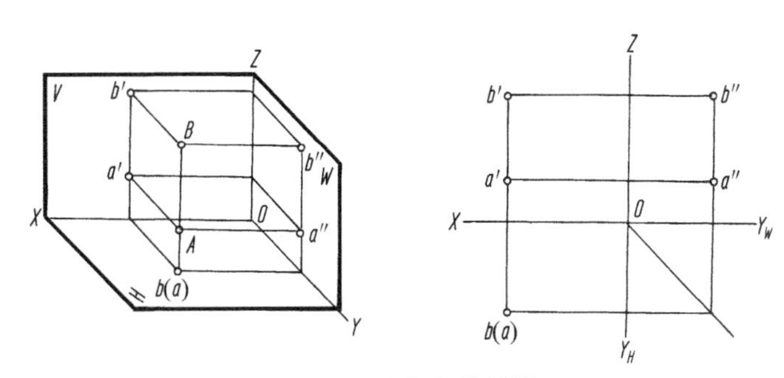

图 2-17　重影点的投影

二、直线的投影

直线对三个投影面不同的相对位置可分为三种：投影面平行线、投影面垂直线、一般位置直线。前两种又称为特殊位置直线。

1. 投影面平行线

如表 2-1 所示，只平行于一个投影面，倾斜于另外两个投影面的直线，称为投影面平行线。投影面平行线又有三种位置，即

(1) 正平线　平行于 V 面并与 H、W 面倾斜的直线。

(2) 水平线　平行于 H 面并与 V、W 面倾斜的直线。

(3) 侧平线　平行于 W 面并与 H、V 面倾斜的直线。

直线对投影面所夹的角即直线对投影面的倾角。α、β、γ 分别表示直线对 H、V、W 面的倾角。

表 2-1 投影面平行线

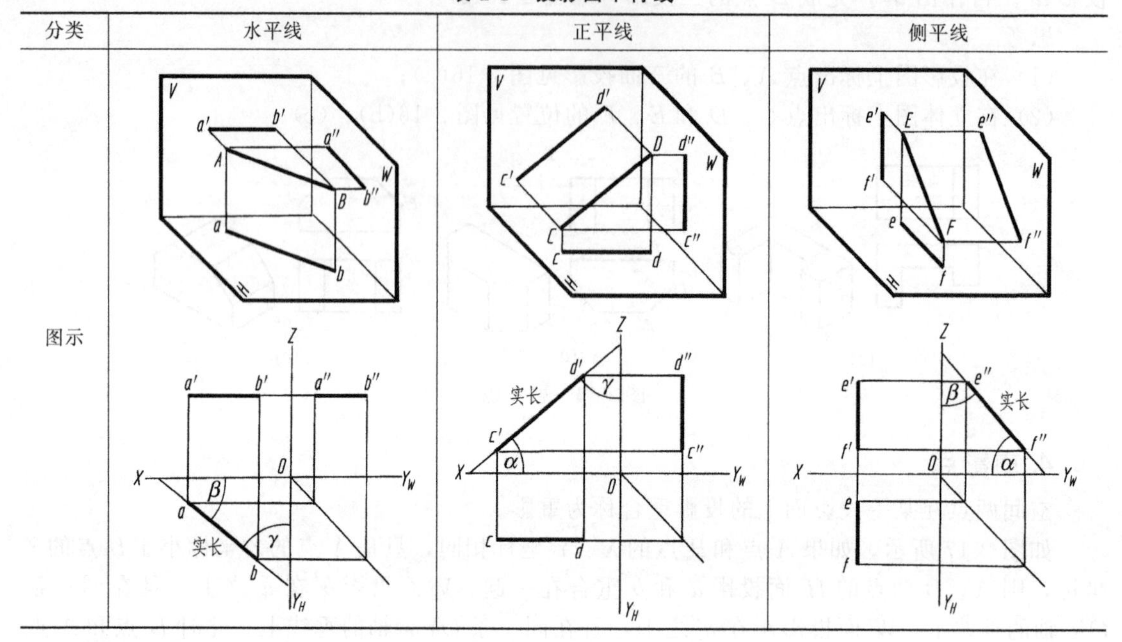

投影特性：

① 投影面平行线的三个投影都是直线，其中在与直线平行的投影面上的投影反映线段实长，而且与投影轴线倾斜，与投影轴的夹角等于直线对另外两个投影面的实际倾角；

② 另外两个投影都短于线段实长，且分别平行于相应的投影轴，其到投影轴的距离，反映空间线段到线段实长投影所在投影面的真实距离。

2. 投影面垂直线

如表 2-2 所示，垂直于一个投影面，与另外两个投影面平行的直线，称为投影面垂直线。投影面垂直线也有三种位置，即

表 2-2 投影面垂直线

分类	铅垂线	正垂线	侧垂线
图示	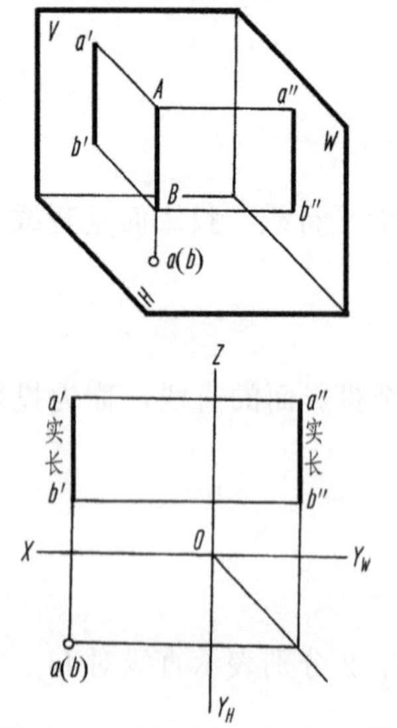	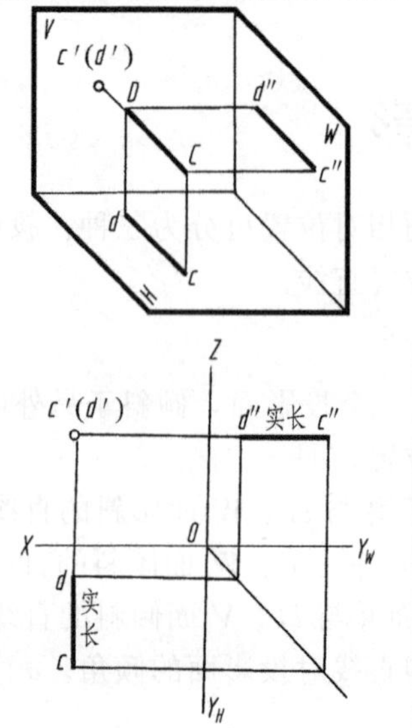	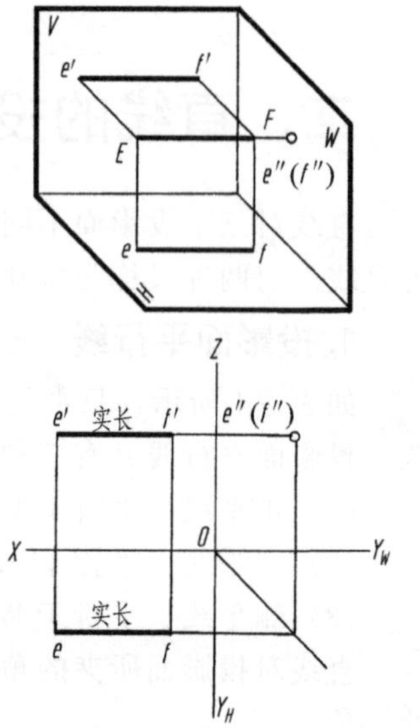

① 正垂线　垂直 V 面并与 H、W 面平行的直线。

② 铅垂线　垂直 H 面并与 V、W 面平行的直线。

③ 侧垂线　垂直 W 面并与 H、V 面平行的直线。

投影特性：

① 投影面垂直线在所垂直的投影面上的投影必积聚成为一个点；

② 另外两个投影都反映线段实长，且垂直于相应投影轴。

3. 一般位置直线

既不平行也不垂直于任何一个投影面，即与三个投影面都处于倾斜位置的直线，称为一般位置直线，如图 2-18 所示直线 AB，一般位置直线的投影特性如下：

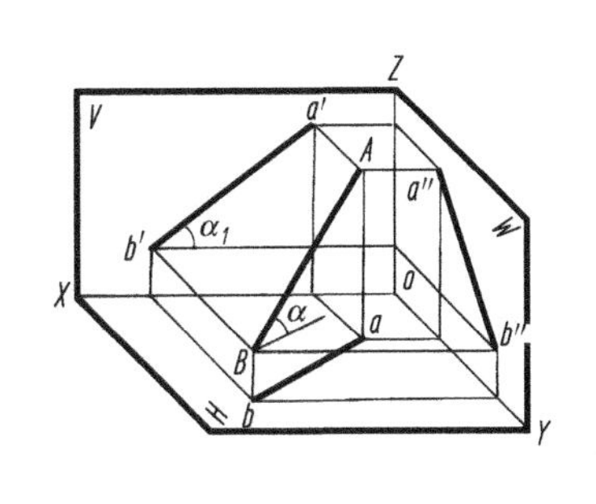

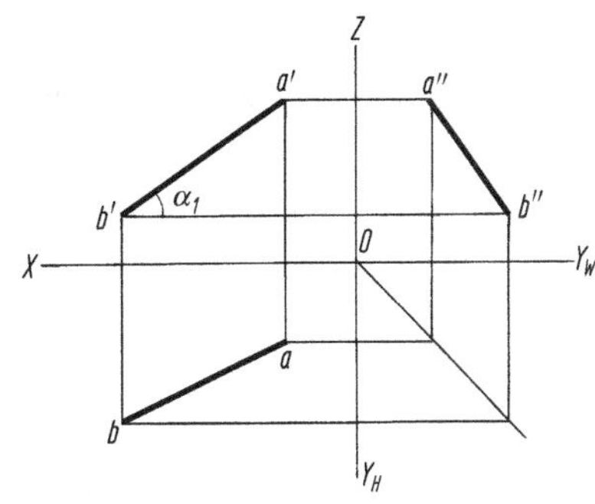

图 2-18　一般位置直线

① 三个投影均不反映实长；

② 三个投影均对投影轴倾斜。

必须注意，直线 AB 的 V 面投影 $a'b'$ 与 OX 轴的夹角 α_1，是倾角 α 在 V 面上的投影，由于 α 不平行于 V 面，所以 α_1 不等于 α。同理，直线与其他投影面的倾角也是如此。

【例 2-5】 分析正三棱锥各棱线与投影面的相对位置，如图 2-19。

① 棱线 SB 的 sb 和 $s'b'$ 分别平行于 OY_H 和 OZ，可确定 SB 为侧平线，侧面投影 $s''b''$ 反映实长，如图 2-19(a)。

② 棱线 AC 在侧面投影 $a''(c'')$ 重影，可判断 AC 为侧垂线，$a'c'=ac=AC$，如图 2-19(b)。

③ 棱线 SA 的三个投影 sa、$s'a'$、$s''a''$ 对投影轴均倾斜，所以必定是一般位置直线，如图 2-19(c)。

其他棱线与投影面的相对位置请读者自行分析。

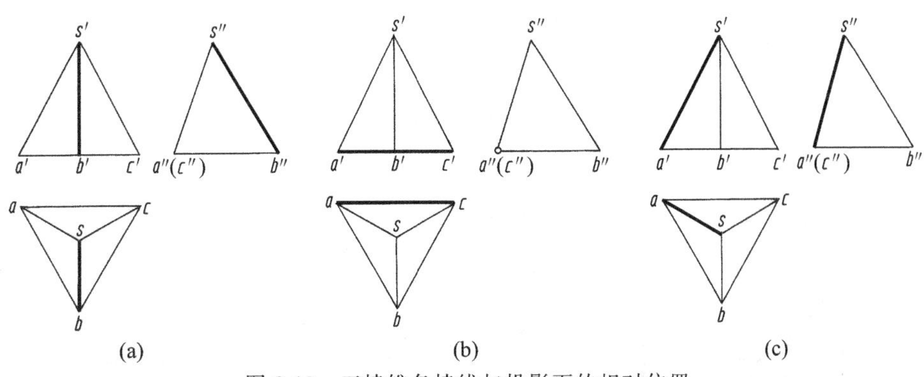

图 2-19　三棱锥各棱线与投影面的相对位置

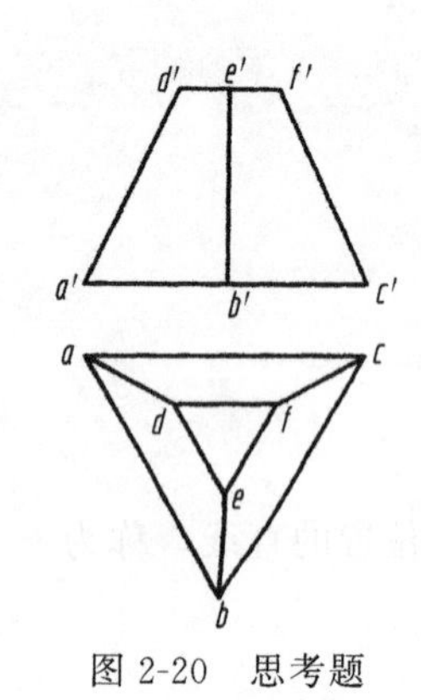

图 2-20　思考题

思考

分析图 2-20 所示三棱台的三视图中的图线，其中水平线有_____条，侧平线有_____条，侧垂线有_____条，一般位置直线有_____条。

三、平面的投影

平面对投影面的相对位置也有三种：投影面平行面、投影面垂直面、一般位置平面。前两种也称为特殊位置平面。

1. 投影面平行面（表 2-3）

平行于一个投影面，并垂直于另外两个投影面的平面，称为投影面平行面。投影面平行面有三种位置，即

① 水平面　平行于 H 面并垂直于 V、W 面的平面。

② 正平面　平行于 V 面并垂直于 H、W 面的平面。

③ 侧平面　平行于 W 面并垂直于 V、H 面的平面。

表 2-3　投影面平行面

分类	正平面	水平面	侧平面
图示	V, p', W, p'', p, H, p', p'', p	V, p', p'', W, p, p, H, p', p'', p	V, p', W, p, p'', p, H, p', p'', p

投影特性：

① 在与平面平行的投影面上，该平面的投影反映实形；

② 其余两个投影为水平线段或铅垂线段，都具有积聚性。

2. 投影面垂直面（表 2-4）

表 2-4　投影面垂直面

分类	正垂面	铅垂面	侧垂面
图示	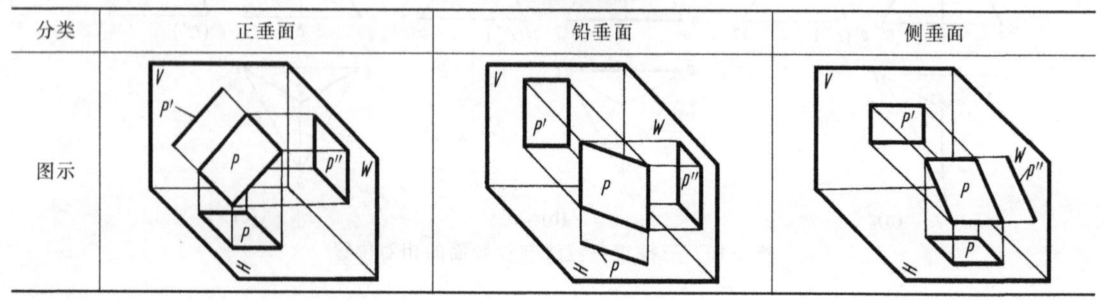		

续表

分类	正垂面	铅垂面	侧垂面
图示			

投影特性：

① 在与平面垂直的投影面上，该平面的投影为一倾斜线段，有积聚性，且反映与另两投影面的倾角；

② 其余两个投影都是缩小的类似形，不反映实形。

只垂直于一个投影面，倾斜于另外两个投影面的平面，称为投影面垂直面。投影面垂直面也有三种位置，即

① 铅垂面　垂直于 H 面并与 V、W 面倾斜的平面。

② 正垂面　垂直于 V 面并与 H、W 面倾斜的平面。

③ 侧垂面　垂直于 W 面并与 V、H 面倾斜的平面。

3. 一般位置平面

与三个投影面均倾斜的平面，称为一般位置平面。

如图 2-21 所示，$\triangle ABC$ 与 V、H、W 面都倾斜，所以在三个投影面上的投影 $\triangle a'b'c'$、$\triangle abc$、$\triangle a''b''c''$ 均为缩小了的类似形。三个投影面上的投影都不能直接反映该平面对投影面的倾角。

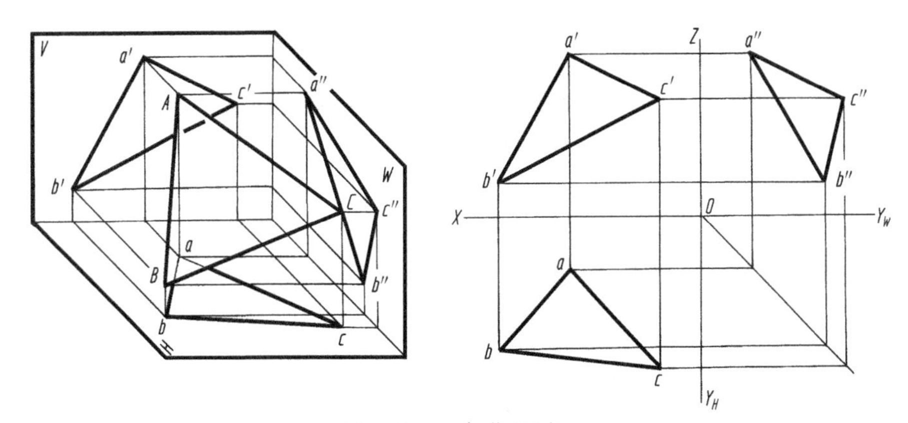

图 2-21　一般位置平面

【例 2-6】 分析正三棱锥各棱面与投影面的相对位置，如图 2-22。

① 底面 ABC 在 V 面和 W 面投影积聚为水平线，分别平行于 OX 轴和 OY_W 轴，可确定底面 ABC 是水平面，水平投影反映实形，如图 2-22(a)。

② 棱面 SAB 的三个投影 sab、$s'a'b'$、$s''a''b''$ 都没有积聚性，均为棱面 SAB 的类似形，可判断棱面 SAB 是一般位置平面，如图 2-22(b)。

③ 棱面 SAC 从 W 面投影中的重影点 $a''(c'')$ 可知，棱面 SAC 的一边 AC 是侧垂线。根据几何定理，一个平面上的任一直线垂直于另一平面，则两平面互相垂直。因此，可判断棱

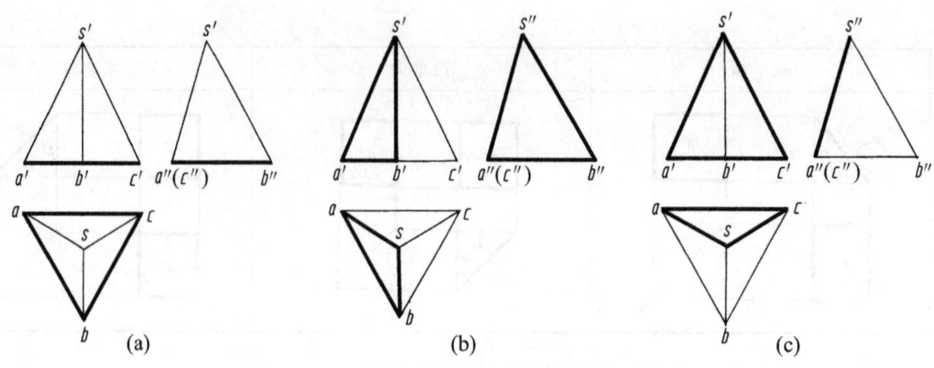

(a) (b) (c)

图 2-22　三棱锥各棱面与投影面的相对位置

面 SAC 是侧垂面，W 面投影积聚成一直线，如图 2-22(c)。

思考

如图 2-23 所示，对照立体图，分析并指出该物体上有______个水平面，______个正平面，______个侧平面，______个正垂面和______个侧垂面。

【例 2-7】 根据物体的三视图和立体图，回答下列问题，如图 2-24。

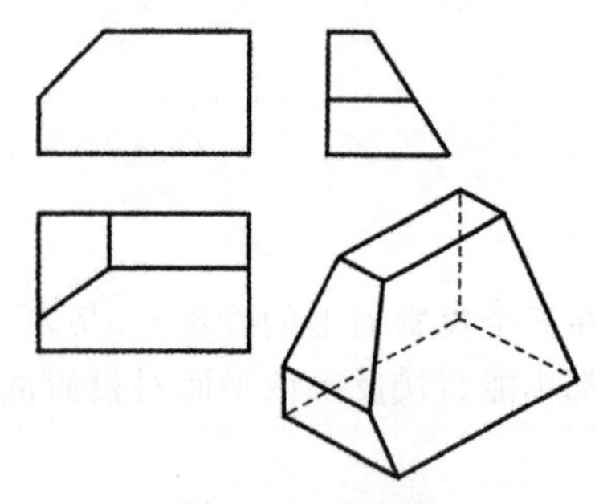
图 2-23　思考题

① 分析立体图上 L 形斜面垂直于哪个投影面？如图 2-24(a)。

从 V 面投影可看出，L 形斜面的 V 面投影是一条斜线，可判断该斜面垂直于 V 面。由于该斜面对 H、W 面都处于倾斜位置，所以该斜面的 H、W 面投影都不反映实形，但都是 L 形的类似形。

② 分析立体图上所示 AB 直线垂直于哪个投影面？如图 2-24(a)。

从 W 面投影可看出，AB 直线的 W 面投影重影成一点，可判断该直线是侧垂线。因为 AB 直线垂直于 W 面，则必平行于 V 面和 H 面，它在 V、H 面上的投影分别是两条水平线，并反映实长。

③ 分析立体图上两个表面 M 和 N 的相对位置，如图 2-24(b)。

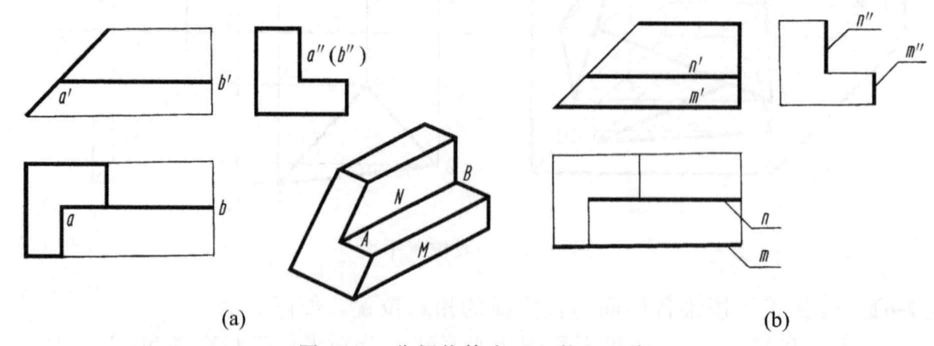

(a) (b)

图 2-24　分析物体表面上的面和线

对照立体图在 H、W 面投影中找到与两个表面 M 和 N 对应的两条水平线 m、n 和两条竖直线 m''、n''（图中粗线所示），可判断这两个平面都是正平面，它们的 V 面投影反映实形。再根据物体的方位关系，H 面投影的下方和 W 面投影的右方都是物体的前方，由此确定平面 M 在前，平面 N 在后。

同样方法可分析判断物体上各表面的上下和左右的相对位置。

第三节　点在直线和平面上的投影作图

一、点在直线上

1. 直线上任一点的投影必在该直线的同面投影上

如图 2-25 所示，C 点在直线 AB 上，则 C 点的三面投影 c、c'、c''必定分别在直线 AB 的同面投影（同一投影面上的投影）ab、$a'b'$、$a''b''$上。

2. 点分割线段成定比

如图 2-25 所示，C 点在直线 AB 上，把直线分为 AC 和 CB 两段，则线段及其投影之间有如下定比关系：$AC:CB=ac:cb=a'c':c'b'=a''c'':c''b''$。

【例 2-8】 已知侧平线 AB 的两投影和直线上 S 点的 V 面投影 s'，求 H 面投影 s（图 2-26）。

（1）方法一　由于 AB 是侧平线，因此不能由 s'直接求出 s，但根据点在直线上的投影性质，s''必定在 $a''b''$上，如图 2-26(a)。

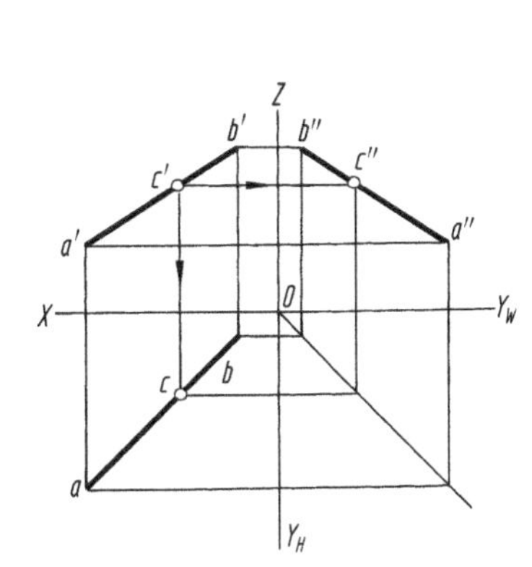

图 2-25　直线上点的投影

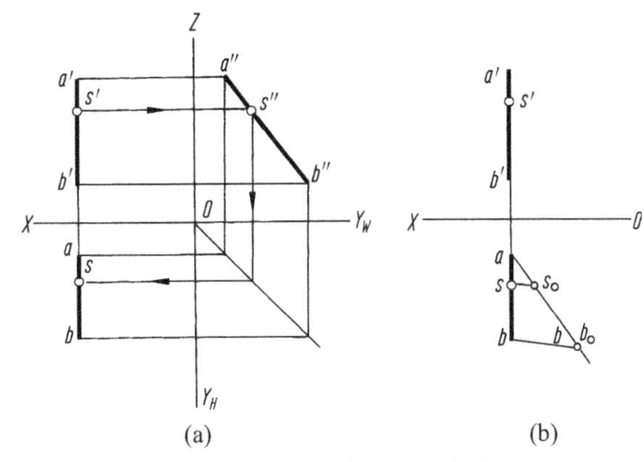

图 2-26　已知 s'求 H 面投影

① 求出 AB 的 W 面投影 $a''b''$，同时求出 S 点的 W 面投影 s''。

② 根据点的投影规律，由 s'、s''求出 s。

（2）方法二　因为 S 点在 AB 直线上，所以必定符合 $a's':s'b'=as:sb$ 的定比关系，如图 2-26(b)。

① 过 a 作任意辅助线，在辅助线上量取 $as_0=a's'$，$s_0b_0=s'b'$。

② 连接 b_0b，并由 $s_0s//b_0b$，交 ab 于 s 点，即为所求 H 面投影。

二、点在平面上

1. 点在特殊位置平面上

如图 2-27(a) 和（b）所示，已知正垂面上点 K 和 H 面投影 k，可利用平面的积聚性直

接作出点 K 的 V、W 面投影 k' 和 k''。

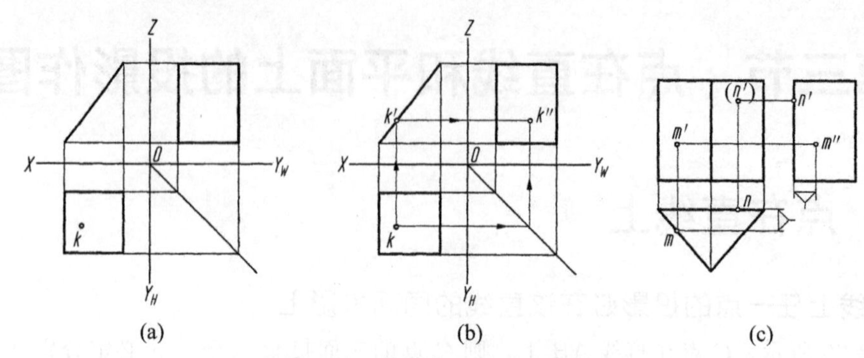

图 2-27 特殊位置平面上的点

如图 2-27(c) 所示，已知三棱柱棱面上点 M 的 V 面投影 m'，可直接作出 m 和 m''。已知另一点 N 的正面投影（n'），因为（n'）不可见，说明点 N 在三棱柱的后棱面上，又由于后棱面的 H、W 面投影都有积聚性，所以可由（n'）直接作出 n 和 n''。

2. 点在一般位置平面上

由于一般位置平面的投影没有积聚性，所以在求作平面上点的投影时不能直接作出，必须在平面上作一条辅助线。

如图 2-28(a) 所示，已知△ABC 上一点 K 的 V 面投影 k'，求作 k。

点在平面上的几何条件为：若一点在平面内的任一直线上，则此点必定在该平面上。因此，在求作平面上点的投影时，可先在平面上作辅助线，然后在辅助线的投影上求作点的投影。

作图方法如图 2-28(b) 所示，在 V 面投影中，过 a'、k' 作辅助线，与 $b'c'$ 交于 d'。由 d' 作 OX 轴的垂线，与 bc 交于 d，则 ad 即为辅助线的 H 面投影。再由 k' 作 OX 轴的垂线，与 ad 交于 k，即为点 K 的 H 面投影。

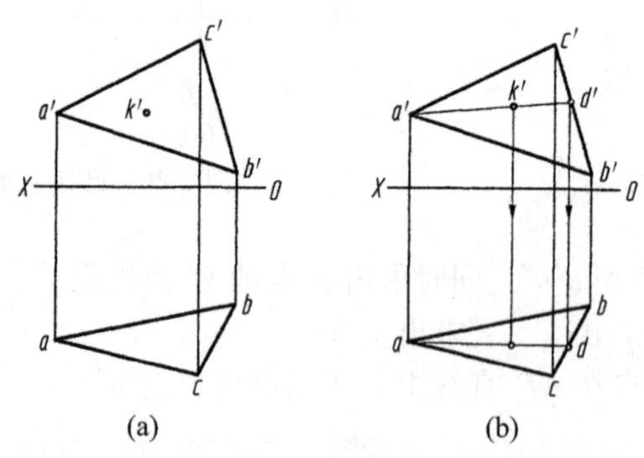

图 2-28 求作一般位置平面上点的投影

【例 2-9】 判断 A、B、C、D 四点是否在同一平面上，见图 2-29(a)。

空间两点可连成一直线，空间不在一直线上的三个点可确定一平面。如果空间有四个点，它们不一定在同一平面上。判断的方法可将其中三个点构成一个三角形，再检查另一点是否在这个三角形平面上。

(1) 连接 a'、b'，b'、c'，c'、a' 和 a、b，b、c，c、a，即得△ABC 的两面投影，见图 2-29(b)。

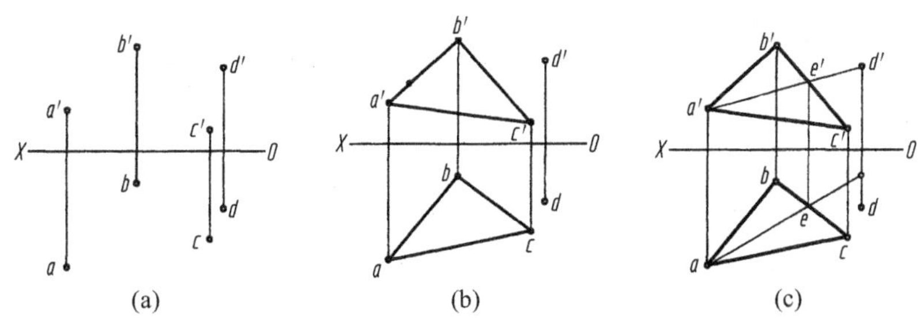

图 2-29　判断空间四点是否在同一平面上

(2) 连接 a'、d'，与 $b'c'$ 相交于 e'，作出 e，并连接 a、e。如果 ae 的延长线经过 d，则空间点 D 在直线 AE 上，即点 D 与点 A、B、C 在同一平面上。图 2-29(c) 所示 d 不在 ae 的延长线上，说明点 D 不在直线 AE 上，则 A、B、C、D 四点不在同一平面上。

思考

如图 2-30 所示，已知四边形 $ABCD$ 的水平投影 $abcd$ 及正面投影 $a'b'$ 和 $a'd'$，试完成四边形的正面投影。

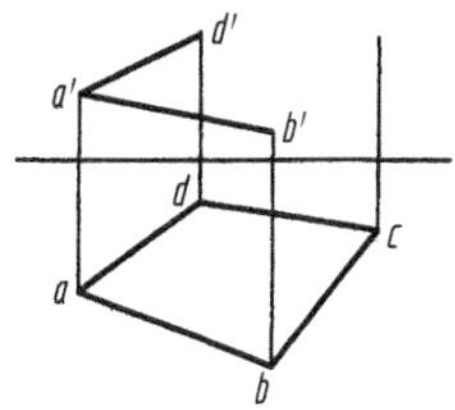

图 2-30　思考题

*第四节　求作直线的实长及投影面垂直面的实形

一、直线的实长及其对投影面的倾角

由于一般位置直线的投影在投影图上不反映直线的实长和对投影面的倾角，但在工程上常要求在投影图上用作图的方法解决这类度量问题。求作直线的实长和对投影面的倾角的方法有三种：直角三角形法；换面法；旋转法。

1. 直角三角形法

如图 2-31 所示，AB 是一般位置直线，过 A 作 $AB_0 /\!/ ab$，得一直角三角形 ABB_0，它的斜边 AB 为其实长，$AB_0 = ab$，BB_0 为两端点 A、B 的 Z 坐标差 $(Z_B - Z_A)$，AB 与 AB_0 的夹角 α 即为 AB 对 H 面的倾角。由此可见，根据一般位置直线 AB 的投影，求实长

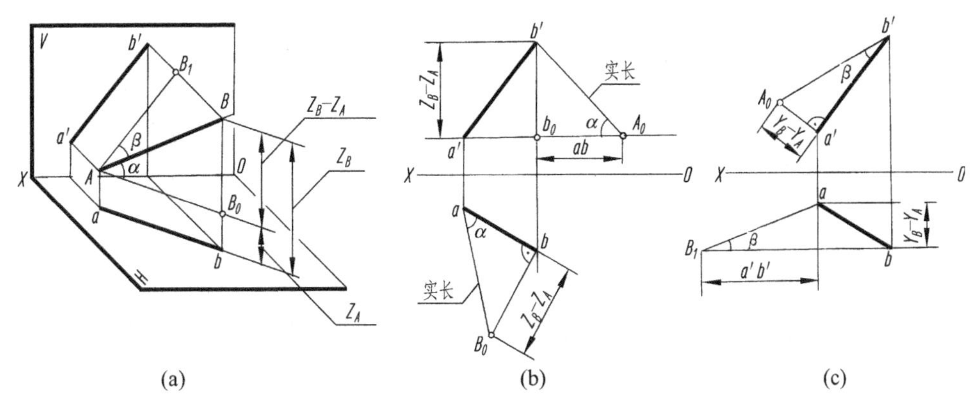

图 2-31　直角三角形法求实长和倾角

和对 H 面的倾角，实际上就是求直角三角形 ABB_0 的实形。

求作直线 AB 的实长和对 H 面的倾角 α 可用下列两种方法作图，如图 2-31(b)。

① 以 H 面投影 ab 为一直角边，过 b 作 ab 的垂线 bB_0，量取 $bB_0=Z_B-Z_A$，则 aB_0 即为所求直线 AB 的实长，$\angle B_0ab$ 为倾角 α。

② 过 a' 作 X 轴的平行线，与 $b'b$ 相交于 b_0($b'b_0=Z_B-Z_A$)，在 $a'b_0$ 的延长线上量取 $b_0A_0=ab$，则 $b'A_0$ 也是所求直线 AB 的实长，$\angle b'A_0b_0$ 为倾角 α。

同理，要求作直线 AB 对 V 面的倾角 β 时，过 A 作 $AB_1 /\!/ a'b'$，得另一直角三角形 ABB_1，如图 2-31(a)，一直角边 $AB_1=a'b'$，另一直角边 $BB_1=Y_B-Y_A$。可在 V 面投影上作出此直角三角形的实形 $a'b'A_0$，如图 2-31(c)。A_0b' 为直线 AB 的实长，$\angle a'b'A_0$ 为直线 AB 对 V 面的倾角 β。

【例 2-10】 已知直线 AB 的 V、H 面投影，求出直线 AB 上距 A 点 15mm 的 C 点的两投影（图 2-32）。

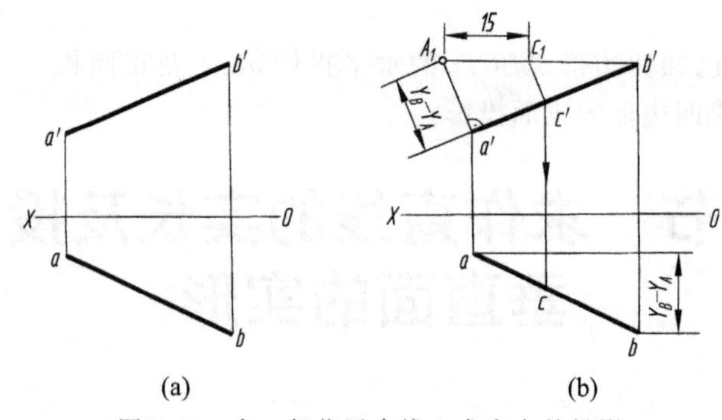

图 2-32　在一般位置直线上求定点的投影

因为 AB 为一般位置直线，不能在它的两面投影上直接确定 C 点，必须先作出 AB 的实长，在实长上定出 C 点，再返回到 AB 的两面投影上。

① 以 V 面投影 $a'b'$ 为一直角边，过 a' 作 $a'A_1 \perp a'b'$，取 $a'A_1=Y_B-Y_A$，连线 $A_1b'=AB$。

② 在 A_1b' 上自 A_1 量取 15mm 得 C_1 点。

③ 过 C_1 点作 A_1a' 的平行线与 $a'b'$ 交于 c'，并由 c' 作出 c。

2. 换面法

如图 2-33(a) 所示，一般位置直线 AB 的两面投影不反映实长，也不反映直线对投影面的倾角。如果用一个平行于 AB 直线的新投影面 V_1 代替原来的投影面 V，则 AB 在 V_1 面上就能反映实长和对 H 面的倾角 α。这种通过变换投影面使空间的直线或平面在新投影面上处于有利于解题的特殊位置的方法称为变换投影面法，简称换面法。

新投影面必须垂直于被保留的投影面 H，X_1 为新投影轴。这时，原来的投影 a、b 与 V_1 面上的新投影 a_1'、b_1' 的投影连线 $aa_1' \perp X_1$、$bb_1' \perp X_1$。并且 a_1'、b_1' 到 X_1 的距离等于被代替的投影 a'、b' 到被代替的投影轴 X 的距离，即 $a_1'a_{X_1}=a'a_X=Aa=Z_A$，$b'b_{X_1}=b'b_X=Bb=Z_B$。

用换面法求作一般位置直线的实长和对 H 面的倾角 α，作图步骤如图 2-33(b) 所示。

① 在适当位置作新投影轴 $X_1 /\!/ ab$。

② 分别过 a、b 作新投影轴 X_1 的垂线 aa_{X_1}、bb_{X_1}，并在其延长线上分别量取 $a_{X_1}a_1'=a'a_X$，$b_{X_1}b'=b'b_X$。

③ 连接 $a_1'b_1'$，即为直线 AB 在 V_1 面上的新投影。

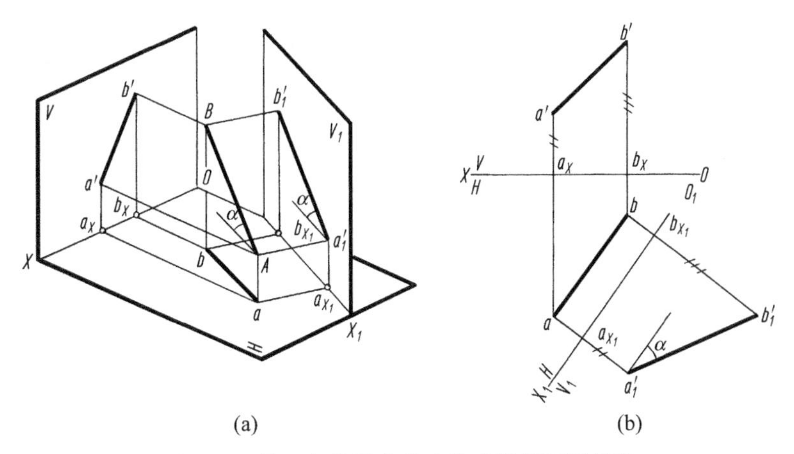

(a) (b)

图 2-33 将一般位置直线变换成投影面平行线

根据投影面平行线的投影特性可知，AB 的新投影 $a_1'b_1'$ 反映直线 AB 的实长，其与 X_1 轴的夹角反映 AB 对 H 面的倾角 α。

【例 2-11】 已知直线 CD 的两面投影 cd 和 $c'd'$，求作 CD 的实长及其对 V 面的倾角 β（图 2-34)。

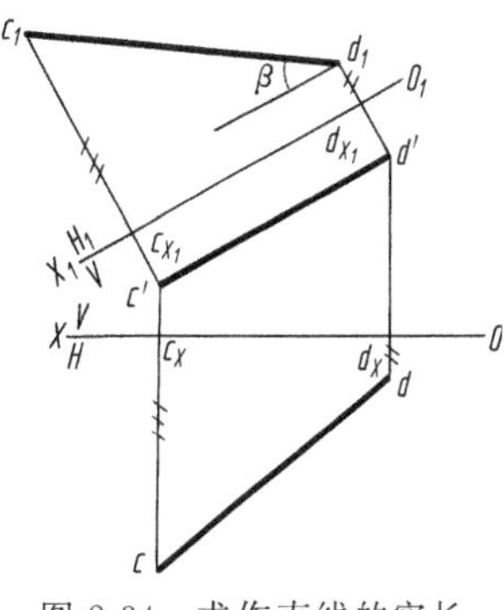

图 2-34 求作直线的实长及倾角

求作直线的实长及其对 V 面的倾角 β，可用变换 H 面的方法，即以 H_1 面代替 H 面，使 H_1 面垂直于 V 面，且平行 CD，则 CD 成为 H_1 面的平行线，其实长和倾角 β 可在 CD 的新投影中反映。

① 在适当位置作新投影轴 $X_1 /\!/ c'd'$。

② 分别过 c'、d' 作 X_1 轴的垂线，并量取 $c_{X_1}c_1=c_Xc$，$d_{X_1}d_1=d_Xd$。

③ 连接 c_1d_1，则 $c_1d_1=CD$，c_1d_1 与 X_1 轴的夹角即为所求倾角 β。

3. 旋转法

如果投影面保持不变，而将空间的直线或平面绕一指定轴旋转，使该直线或平面对投影面处于有利于解题的位置，这种投影变换的方法称为旋转法。这里仅介绍以投影面垂直线为旋转轴时的情况。

如图 2-35(a) 所示，以过 A 点的铅垂线为轴，将一般位置直线 AB 旋转到与 V 面平行的位置，这时 A 点的位置不变，将 B 点旋转到 B_1 的位置，使 AB_1 平行于 V 面，则 AB 在 V 面上的新投影 $a'b_1'$ 即为实长，$a'b_1'$ 与水平线的夹角为直线对 H 面的倾角 α。

必须注意：当 B 点绕铅垂线为轴旋转时，其轨迹为一水平圆。B 点的轨迹圆周在 H 面上的投影是以 a 为圆心，$ab=O_1B$ 为半径的一个圆，在 V 面上的投影为一平行于 X 轴的水平线。当 B 点旋转到 B_1 位置时，其 H 面投影是以 a 为圆心，ab 为半径的一段圆弧 $\overset{\frown}{bb_1}$，而其 V 面投影则沿平行于 X 轴的水平线上移动，由 b' 移动到 b_1' 的位置。

用旋转法求作一般位置直线 AB 的实长及对 H 面的倾角 α 的作图步骤如图 2-35(b) 所示。

① 以 a 为圆心，ab 为半径作圆弧，将 b 旋转到 b_1，使 $ab_1 /\!/ X$ 轴。

② 自 b_1 作 X 轴的垂线，自 b' 作 X 轴的平行线，相交得 b_1'。

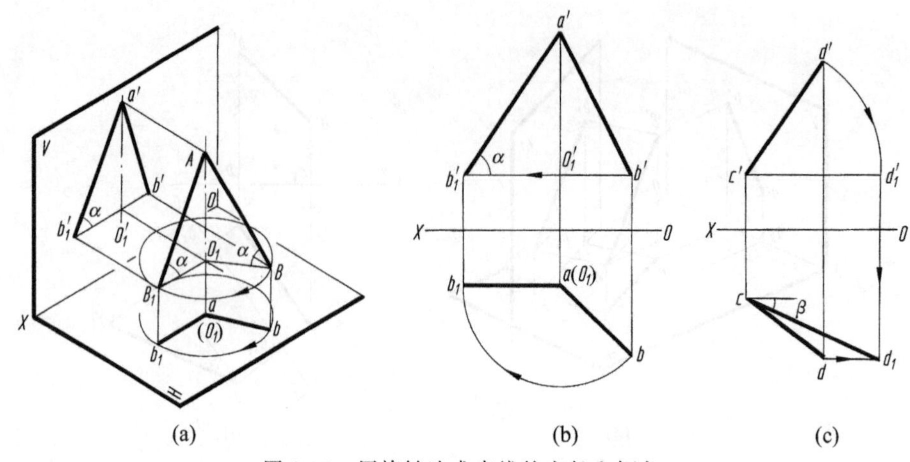

(a) (b) (c)

图 2-35　用旋转法求直线的实长和倾角

③ 连 $a'b_1'$ 即为 AB 的实长，$\angle a'b_1'b'=\alpha$。

图 2-35(c) 所示为过 C 点的正垂线为轴用旋转法求作直线 CD 的实长及其对 V 面的倾角 β 的作图方法。

二、求作投影面垂直面的实形

求作投影面垂直面的实形，可以用换面法或旋转法，如图 2-36(a) 所示，$\triangle ABC$ 为铅垂面，作新投影面 V_1 平行于$\triangle ABC$，则$\triangle ABC$ 在 V_1 面上的投影反映实形。由于已知平面垂直于 H 面，因此，所作新投影轴 X_1 必与已知平面的积聚性投影平行。作图步骤如图 2-36(b) 所示。

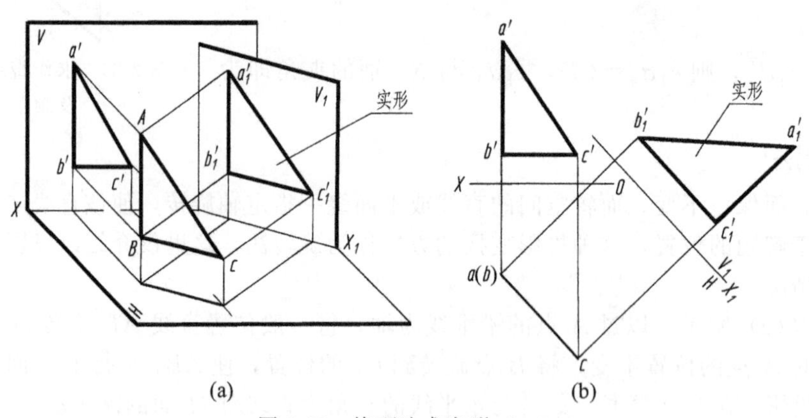

(a) (b)

图 2-36　换面法求实形（一）

① 在适当位置作新投影轴 $X_1 /\!/ \triangle abc$。

② 求出$\triangle ABC$ 各顶点的新投影 a_1'、b_1'、c_1'，并连成$\triangle a_1'b_1'c_1'$ 即为所求。

如果已知平面是正垂面，则应变换 H 面，在新投影面 H_1 上求作实形。图 2-37 所示为求作正垂面（圆）的实形的作图方法。

图 2-38 所示为圆柱被正垂面 P 截得椭圆 $ABCD$，长轴是正平线 AB，短轴是正垂线 CD。为了画出椭圆的实形，在正垂面 P 上，取过 B 点的正垂线作为旋转轴，将正垂面 P 旋转至水平面 P_1 上的位置，P_1 为水平线，P 面上的椭圆也旋转至 P_1 面上的 $A_1C_1BD_1$。

在 V 面上的新投影 $a_1'c_1'b'd_1'$ 积聚在 P_1 上，在 H 面上的新投影 $a_1c_1bd_1$ 反映实形。

作图步骤如图 2-38 所示。

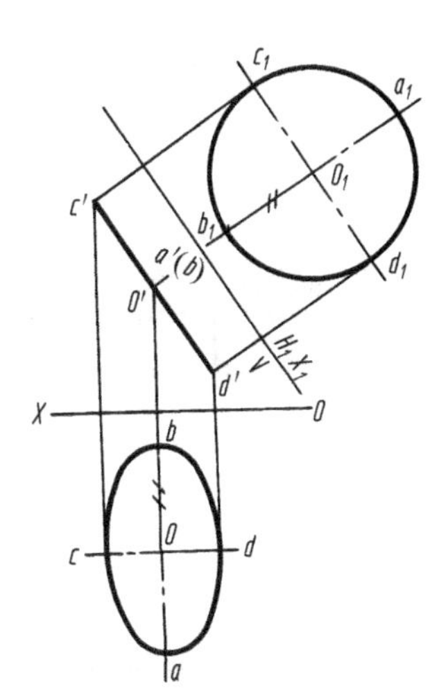

图 2-37　换面法求实形（二）

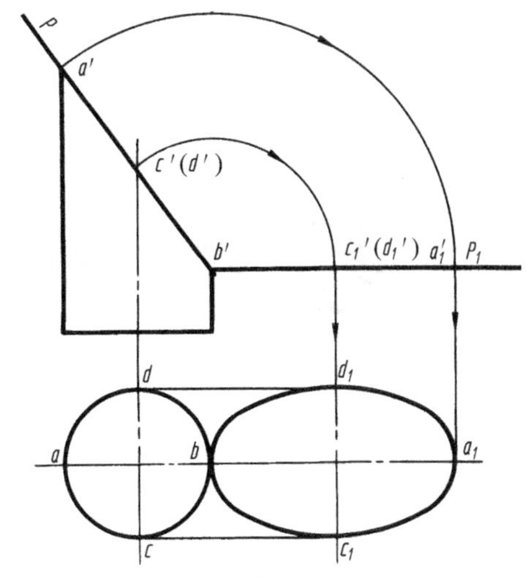

图 2-38　旋转法求实形

① 过 b' 作水平线 P_1，以 b' 为圆心，将 a'、$c'(d')$ 旋转到 P_1 上。

② 由 a、c、d 作水平线，并由 a_1'、$c_1'(d_1')$ 按投影关系在相应的水平线上作出 a_1、c_1、d_1，以 a_1b 为长轴，c_1d_1 为短轴作椭圆，即为椭圆实形。

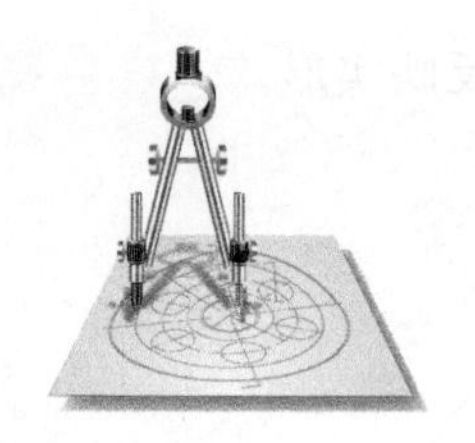

第三章 基本体及表面交线

任何物体都可以看成由若干基本体组合而成。基本体有平面体和曲面体两类。平面体的每个表面都是平面，如棱柱、棱锥；曲面体至少有一个表面是曲面，常见的曲面体为回转体如圆柱、圆锥、圆球和圆环等。

第一节　基本体及其表面上点的投影

一、棱柱

棱柱的棱线互相平行。常见的棱柱有三棱柱、四棱柱、五棱柱和六棱柱等。以图 3-1(a) 所示正五棱柱为例，分析其投影特征和作图方法。

1. 投影分析

图示正五棱柱的两端面（顶面和底面）平行于水平面，后棱面平行于正面，其余棱面均垂直于水平面。在这种位置下，五棱柱的投影特征是：顶面和底面的水平投影重合，并反映实形——正五边形。五个棱面的水平投影分别积聚为五边形的五条边。

2. 作图步骤

① 作五棱柱的对称中心线和底面基线，确定各视图的位置，先画出具有投影特征的视图——俯视图的正五边形，如图 3-1(b)。正五边形的作图方法如图 1-17。

② 按长对正的投影关系并量取五棱柱的高度画出主视图，不可见棱线的投影画虚线，按高平齐、宽相等的投影关系画出左视图，如图 3-1(c)。

3. 棱柱表面上点的投影

如图 3-1(d) 所示，已知五棱柱棱面 $ABCD$ 上点 M 的正面投影 m'，要求作点 M 的另外两投影 m、m''。由于点 M 所在棱面 $ABCD$ 是铅垂面，其水平投影积聚成直线 $abcd$，因此点 M 的水平投影 m 必在直线 $abcd$ 上，即可由 m' 直接作出 m，然后由 m' 和 m 作出 m''。由于棱面 $ABCD$ 的侧面投影为可见，所以 m'' 为可见。

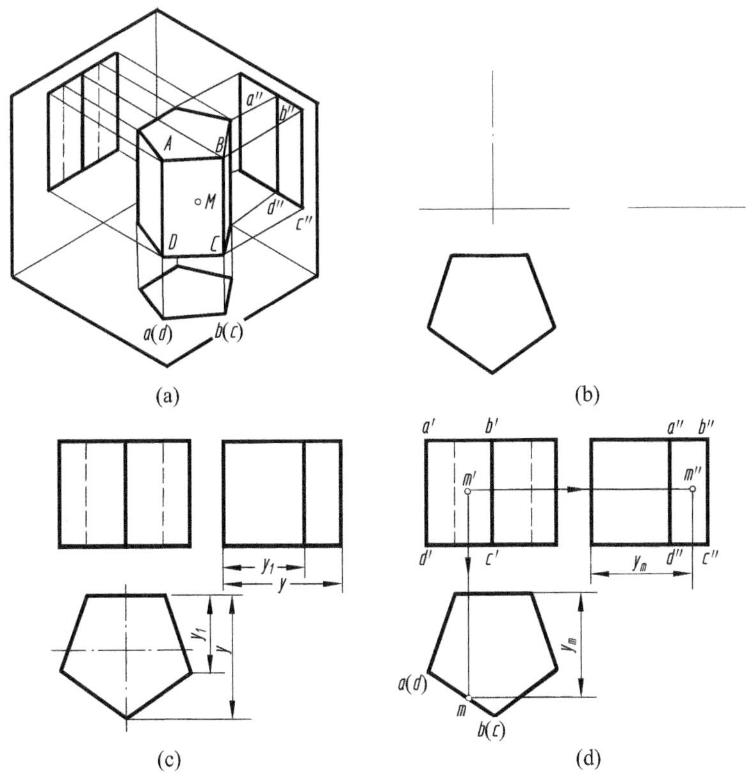

图 3-1　五棱柱三视图的作图步骤

二、棱锥

棱锥的棱线交于一点。常见的棱锥有三棱锥、四棱锥、五棱锥等。以图 3-2 所示的四棱锥为例，分析其投影特征和作图方法。

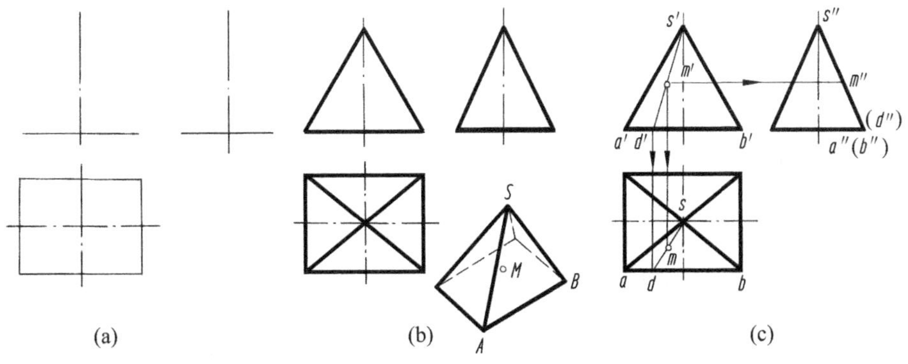

图 3-2　四棱锥三视图的作图步骤

1. 投影分析

立体图所示四棱锥的底面平行于水平面，其水平投影反映实形。左、右两个棱面垂直于正面，它们的正面投影积聚成直线。前、后两个棱面垂直于侧面，它们的侧面投影积聚成直线。与锥顶相交的四条棱线既不平行、也不垂直任何一个投影面，所以它们在三个投影面上的投影都不反映实长。

2. 作图步骤

① 作四棱锥的对称中心线和底面基线，画出底面的俯视图（四边形），如图 3-2(a)。

② 根据四棱锥的高度在主视图上定出锥顶的投影位置，然后在主、俯视图上分别过锥顶与底面各点的投影用直线连接，即得四条棱线的投影。由于是正四棱锥，其四条棱线的水平投影为底面投影矩形的两条对角线。再由主、俯视图作出左视图如图 3-2(b)。

3. 棱锥表面上点的投影

如图 3-2(c) 所示，已知四棱锥棱面 SAB 上点 M 的正面投影 m'，求作点 M 的另外两个投影 m 和 m''。用辅助线法由 s' 过 m' 作辅助线 $s'd'$，再由 $s'd'$ 作出 sd，在 sd 上定出 m。由于棱面 SAB 是侧垂面，可由 m' 直接作出 m''。

【例 3-1】 已知物体的主、俯视图，补画左视图，如图 3-3(a)。

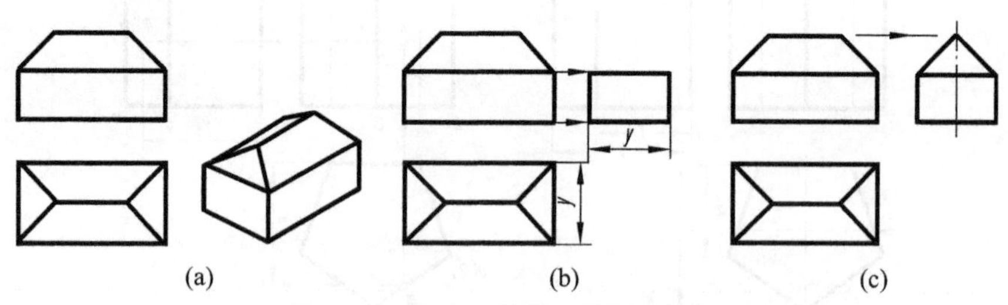

图 3-3　已知主、俯视图补画左视图

分析

从已知物体的主、俯视图（参照立体图）可以想象出，该物体由两部分组成：下部为四棱柱；上部为被正垂面左、右各切去一个斜面的三棱柱。三棱柱的棱线垂直于侧面，它的底面与四棱柱的顶面重合。

作图

① 如图 3-3(b) 所示，先补画出下部四棱柱的左视图。

② 作三棱柱上面中间棱线的侧面投影，由于该棱线垂直于侧面，其侧面投影积聚为一点（在图形中间），过该点与矩形两端点连线，即完成左视图，如图 3-3(c) 所示。应该注意：左视图上的三角形为三棱柱左、右两个斜面（垂直于正面）在侧面上的投影；两条斜线为三棱柱前、后两个斜面（垂直于侧面）的积聚性投影。

三、圆柱

圆柱体由圆柱面与上、下两端面围成。圆柱面可看作由一条直母线绕平行于它的轴线回转而成，圆柱面上任意一条平行于轴线的直母线，称为圆柱面的素线。

1. 投影分析

如图 3-4 所示，当圆柱轴线垂直于水平面时，圆柱上、下端面的水平投影反映实形，正、侧面投影积聚成直线。圆柱面的水平投影积聚为一圆周，与两端面的水平投影重合。在正面投影中，前、后两半圆柱面的投影重合为一矩形，矩形的两条竖线分别是圆柱面最左、最右素线的投影，也是圆柱面前、后分界的转向轮廓线。在侧面投影中，左、右两半圆柱面的投影重合为一矩形，矩形的两条竖线分别是圆柱面最前、最后素线的投影，也是圆柱面左、右分界的转向轮廓线。

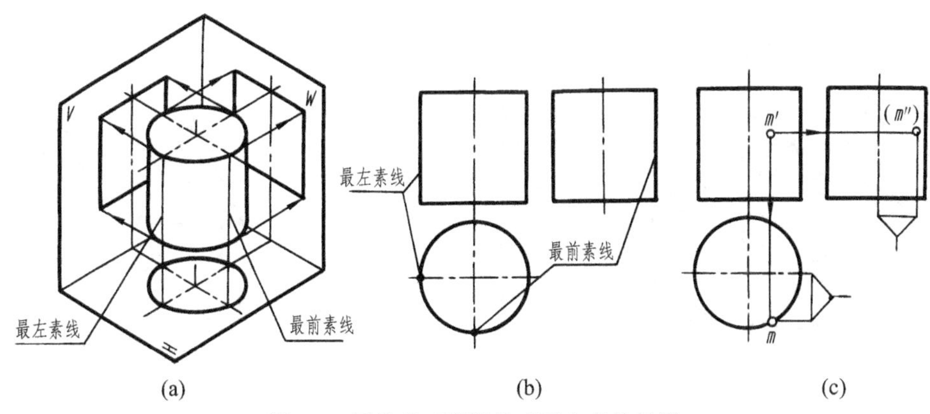

图 3-4　圆柱的三视图及表面上点的投影

2. 作图方法

画圆柱的三视图时，应先画出圆的中心线和圆柱轴线各投影，然后从投影为圆的视图画起，逐步完成其他视图。

3. 圆柱表面上点的投影

如图 3-4(c) 所示，已知圆柱面上点 M 的正面投影 m'，求作 m 和 m''。首先根据圆柱面水平投影的积聚性作出 m，由于 m' 是可见的，则点 M 必在前半圆柱面上，m 必在水平投影圆的前半圆周上。再按高平齐、宽相等的投影关系作出 m''。由于点 M 在右半圆柱面上，所以 m'' 为不可见，通常将不可见投影加括号以（m''）表示。

四、圆锥

圆锥体是由圆锥面和底面围成。圆锥面可看作由一条直母线绕与它斜交的轴线回转而成。

1. 投影分析

图 3-5 所示为轴线垂直于水平面的正圆锥的三视图。锥底面平行于水平面，水平投影反映实形，正面和侧面投影积聚成直线（水平线）。圆锥面的三个投影都没有积聚性，其水平投影与底面的水平投影重合，全部可见。正面投影由前、后两个半圆锥面的投影重合为一等腰三角形，三角形的两腰分别是圆锥最左、最右素线的投影，也是圆锥面前、后分界的转向轮廓线。圆锥的侧面投影由左、右两半圆锥面的投影重合为一等腰三角形，三角形的两腰分别是圆锥最前、最后素线的投影，也是圆锥面左、右分界的转向轮廓线。

2. 作图方法

画圆锥的三视图时，应先画出圆的中心线和圆锥轴线的各投影，再画出圆的投影，然后作出锥顶的各投影，完成圆锥的三视图。

3. 圆锥表面上点的投影

由于圆锥面的投影没有积聚性，所以需要在锥面上作一条包含该点的辅助线（直线或圆），先求出辅助线的投影，然后利用线上点的投影关系求出圆锥表面上点的投影。

图 3-5(c) 所示为用辅助素线法求圆锥表面上点的投影。过锥顶包含点 M 作辅助素线 SA（$s'a'$、sa、$s''a''$），根据求线上点的作图方法，m、m'' 必在 sa、$s''a''$ 上，所以可由 m' 求出

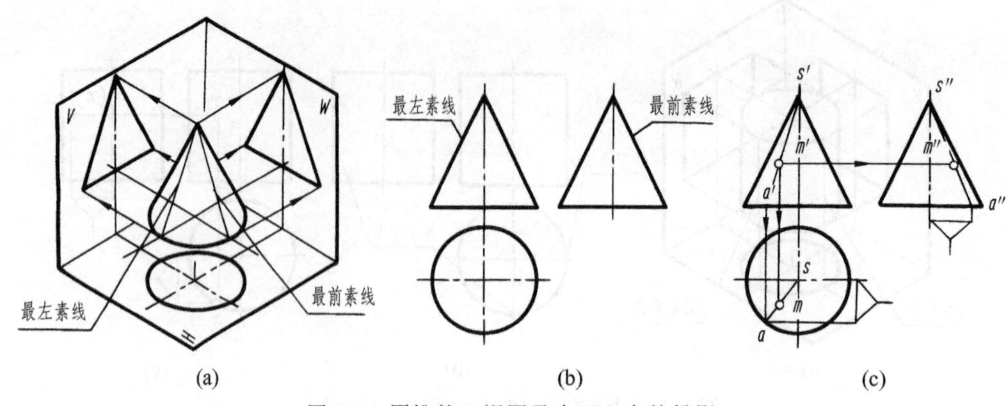

图 3-5　圆锥的三视图及表面上点的投影

m 和 m''。

图 3-6(a) 所示为用辅助纬圆法求锥面上点的投影。在锥面上过点 M 作一水平纬圆（垂直于圆锥轴线的圆)，点 M 的各投影必在该圆的同面投影上。

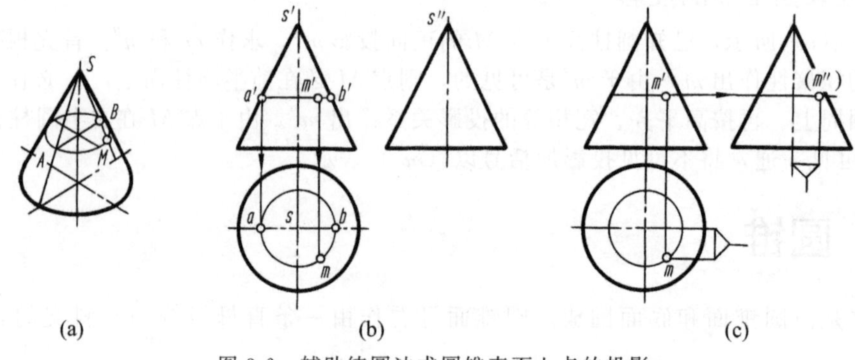

图 3-6　辅助纬圆法求圆锥表面上点的投影

如图 3-6(b) 所示，过 m' 作圆锥轴线的垂直线，交圆锥左、右轮廓线于 a'、b'，$a'b'$ 即辅助纬圆的正面投影，以 s 为圆心，$a'b'$ 为直径，作辅助纬圆的水平投影。由 m' 求得 m，由于 m' 是可见的，所以 m 在前半锥面上。如图 3-6(c) 所示，再由 m'、m 求得 m''。由于 M 点在右半圆锥面上，所以 (m'') 为不可见。

五、圆球

圆球的表面可看作由一条圆母线绕其直径回转而成。

1. 投影分析

从图 3-7 可看出，圆球的三个视图都是等径圆，并且是圆球表面平行于相应投影面的三个不同位置的最大轮廓的投影。正面投影的轮廓圆是前、后两半球面可见与不可见的分界线；水平投影的轮廓圆是上、下两半球面可见与不可见的分界线；侧面投影的轮廓圆是左、右两半球面可见与不可见的分界线。

2. 作图方法

先确定球心的三个投影，过球心分别画出圆球轴线的三投影，再画出三个与球等直径的

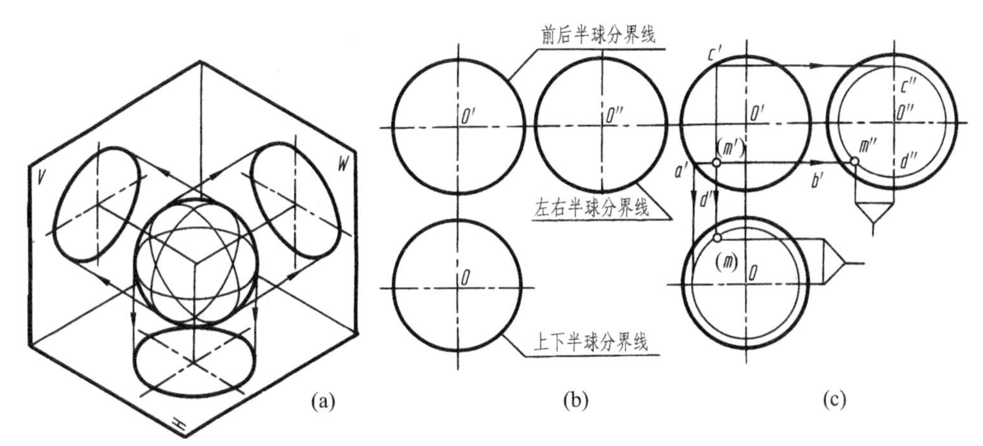

图 3-7　圆球的三视图及表面上点的投影

圆，如图 3-7(b) 所示。

3. 圆球表面上点的投影

如图 3-7(c) 所示，已知球面上点 M 的正面投影（m'），求作 m 和 m''。由于球面的三个投影都没有积聚性，可用辅助纬圆法求解。过（m'）作水平纬圆的正面投影（积聚成水平线）$a'b'$，再作出其水平投影（以 O 为圆心，$a'b'$为直径画圆）。在该圆的水平投影上求得（m），由于（m'）是不可见的，则（m）必在下半、后半球面上。最后由（m'）、（m）求出 m''，由于点 M 在左半球面上，则 m''为可见。

也可以作侧平辅助纬圆求作圆球表面上点的投影，作图过程读者自行分析。

六、圆环

圆环的表面可看作由一圆母线绕不通过圆心，但在同一平面上的轴线回转而形成。

1. 投影分析

图 3-8 所示是轴线为铅垂线的圆环两视图。主视图中的两个圆表示母线圆旋转至平行于正面时的投影。两个粗实线半圆及上、下两条公切线为外环面正面投影的转向轮廓线。两个虚线半圆及上、下两条公切线为内环面正面投影的转向轮廓线，内环面在主视图上是不可见的，所以画虚线。俯视图中的两个粗实线圆是圆环水平投影的转向轮廓线，表示圆环面的最大和最小圆的投影，细点画线是圆环母线圆心轨迹的水平投影。

2. 作图方法

按母线圆的大小及位置，先画出圆环的轴线和中心线，再作出反映母线圆实形的正面投影以及上、下两条公切线。然后按主视图上外环面和内环面的直径，作出俯视图上最大、最小轮廓圆。如图 3-8 所示。

【例 3-2】 已知回转体表面上点 M 的水平投影 m，求 m'，如图 3-9 所示。

该回转体由上、下两个大小不同的圆柱组成，两圆柱之间为环面（1/2 内环面）过渡。点 M 在回转体的环面部分。可用辅助纬圆法求作其投影。

① 在俯视图上以 O 为圆心，Om 为半径作圆，即为辅助纬圆的水平投影。

② 作出辅助纬圆的正面投影 $a'b'$，再由 m 求得 m'。

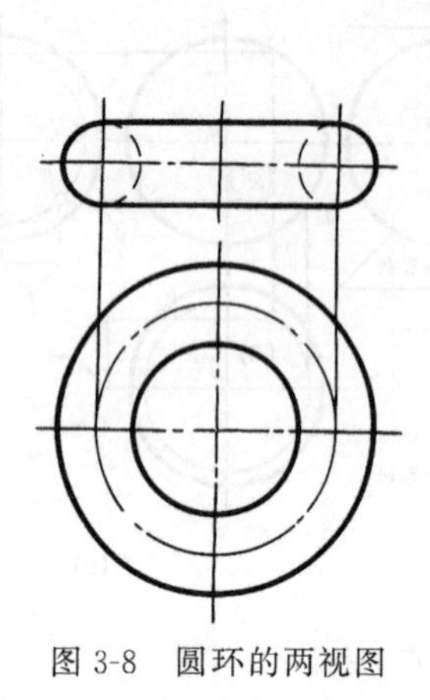

图 3-8　圆环的两视图

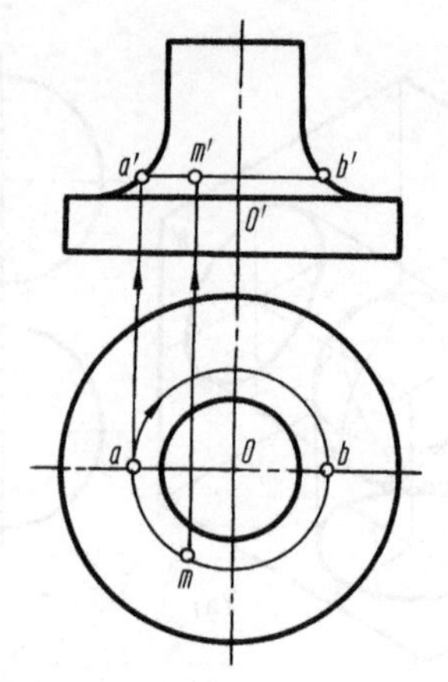

图 3-9　回转体表面上点的投影

七、关于基本形体表达特征的讨论

1. 基本形体图示特征的分析

如图 3-10 所示，三视图中若有两个视图（如主、左视图）的外形轮廓为矩形，该基本形体为柱体；若为三角形，该基本形体为锥体；如果是梯形，则该基本形体一般为棱台或圆台。

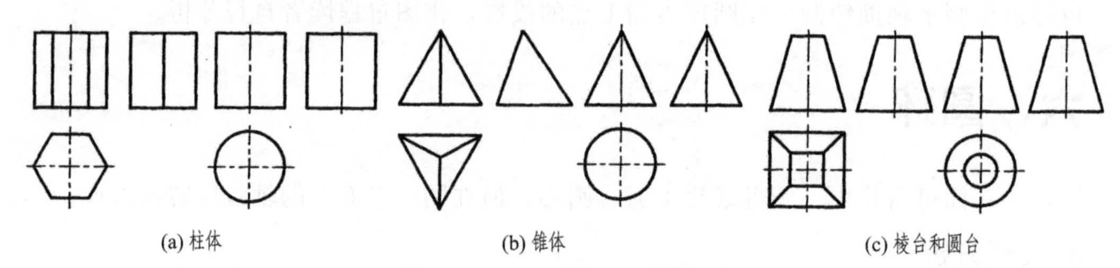

图 3-10　基本形体的形体特征

要明确判断上述基本形体是棱柱、棱锥或棱台，还是圆柱、圆锥或圆台，必须借助第三视图的形状。如图 3-10 中的俯视图，如果是多边形，该基本形体是棱柱、棱锥或棱台；如果是圆，则该基本形体是圆柱、圆锥或圆台。

组合体可分析为由若干基本形体构成，其投影是构成该组合体的各基本形体投影的组合。因此，若能熟悉或记住常见基本形体的投影，将有助于正确、迅速地读懂组合体的视图。

2. 是否任何物体都必须画出三视图才能完整表达其形状

前面所列举的图例都是通过三个视图来表达物体的形状，实际上并不是每个形体都必须画出三视图。如图 3-10 中所列基本形体都只需两个视图（主、俯视图）就能确定它们的形状。有些基本形体标注尺寸以后只要一个视图就可确定其形状，如圆柱、圆锥、圆球等。但是，某些形体的两个视图却不能唯一地确定其形状。例如图 3-11 所示的物体，如果仅给出主、俯视图，从补画的左视图可看出，它们至少是两种不同形状的物体。图中只画出两个解，读者还可以想象出更多的解。

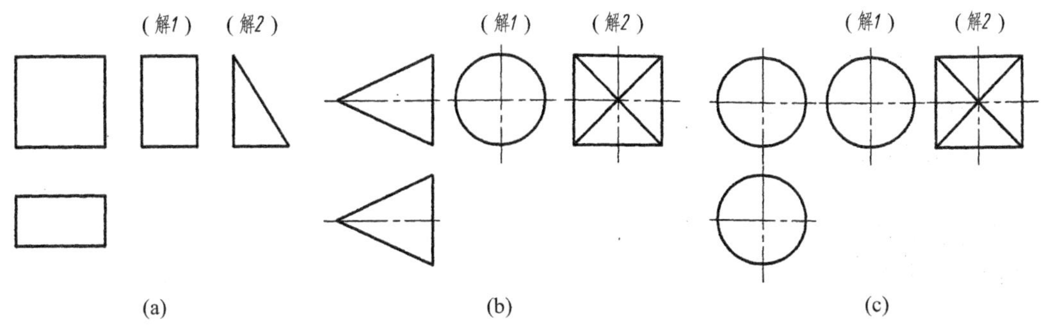

图 3-11　两个视图不能确定形状的物体

必须注意，图 3-11(c) 所示主、俯视图是相同的圆，它可能是圆球（解 1），也可能是另一种形体（解 2），请读者思考这是一个什么形状的物体。

第二节　平面与立体相交

用平面切割立体，平面与立体表面的交线称为截交线，该平面称为截平面。如图 3-12 所示的压板、接头和顶针，它们的表面都有被平面切割而形成的截交线，了解这些交线的性质并掌控交线的画法，有助于正确表达机件的结构形状以及读图时对机件作形体分析。

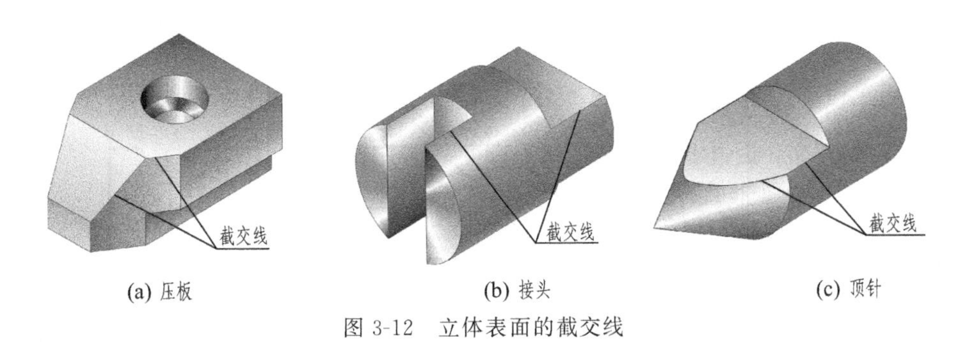

图 3-12　立体表面的截交线

由于立体有各种不同的形状，平面与立体相交时又有各种不同的相对位置，因此截交线的形状也各不相同，但都具有以下两个基本特性。

① 截交线为闭合的平面图形。

② 截交线既在截平面上，又在立体表面上，因此截交线是截平面与立体表面的共有线，截交线上的点都是截平面与立体表面的共有点。所以，求作截交线就是求截平面与立体表面的共有点和共有线。

一、平面切割平面体

如图 3-13 所示，三棱锥 $SABC$ 被正垂面 P 切割，求作切割后三棱锥的三视图。

三棱锥被正垂面 P 切割，截平面 P 与三棱锥的三条棱线都相交，所以截交线是一个三角形，三角形的顶点Ⅰ、Ⅱ、Ⅲ为各棱线与 P 面的交点。截交线的正面投影积聚在 P' 上，

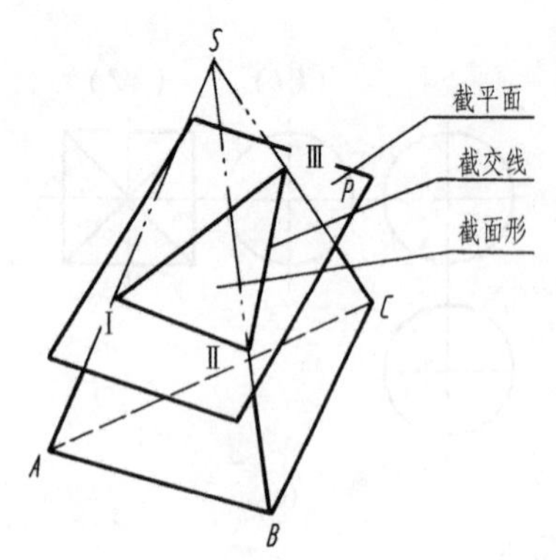

图 3-13 平面与三棱锥相交

1′、2′、3′分别为各棱线与 P' 的交点。可利用直线上点的投影性质作出水平投影和侧面投影。

① 由 $s'a'$ 上的 1′和 $s'c'$ 上的 3′，分别在 sa、sc 和 $s''a''$、$s''c''$ 上直接作出 1、3 和 1″、3″，如图 3-14(a)。

② 由于 SB 是侧平线，必须由 $s'b'$ 上的 2′先作出侧面投影 2″，再由宽相等作出水平投影 2，也可以用辅助线法求作图，如图 3-14(b)。

③ 连接各点的同面投影即为所求截交线，擦去作图线，描深，如图 3-14(c)。

【例 3-3】 求作燕尾槽被正垂面 P 切割后的三视图(图 3-15)。

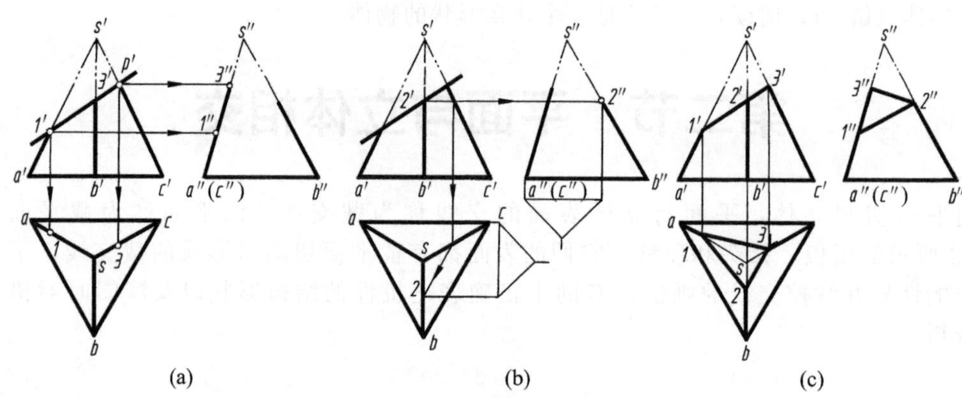

图 3-14 作平面切割三棱锥的截交线和截平面的实形

正垂面 P 切割燕尾槽时，与燕尾槽的十个棱面相交，因此截交线为十边形。由于 P 平面垂直于正面，倾斜于水平面和侧面，所以截交线的正面投影积聚在 p' 上，其水平投影和侧面投影均为类似形。因为左视图上燕尾槽的十个棱面的侧面投影均有积聚性，所以截交线的侧面投影为已知。

由于截交线的十个顶点的正面投影 1′～10′和侧面投影 1″～10″均为已知，据此可作出其水平投影 1～10。

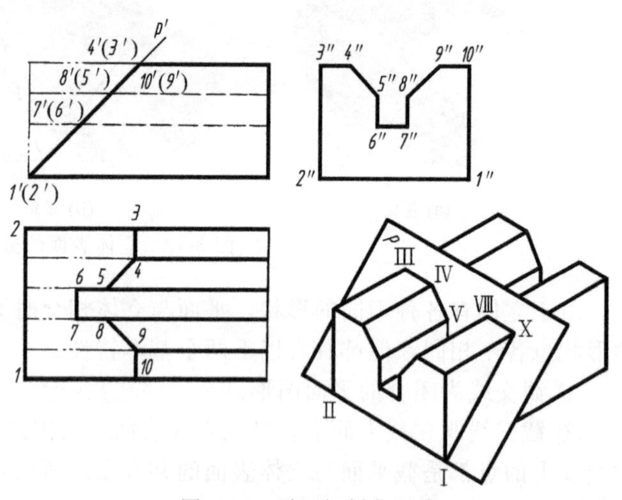

图 3-15 平面切割燕尾槽

【例 3-4】 画压板的三视图，参阅图 3-12(a)。

压板是由一长方块被三个平面 Q、P_1、P_2 切割而成，如图 3-16(a)。正垂面 Q 与长方块的截交线是矩形，其正面投影积聚为直线，水平投影和侧面投影仍为矩形，但不反映实形，如图 3-16(b)。P_1 是铅垂面，它与长方块的两个垂直表面交于两条铅垂线ⅠⅡ和ⅢⅣ，与底面交于一水平线ⅡⅢ，与倾斜面 Q 交于一条一般位置线ⅣⅠ，截交线的水平投影积聚为直线，如图 3-16(c)。同理，铅垂面 P_2 切割长方块的截交线与 P_1 相同。

压板三视图的作图过程如图 3-16 所示。

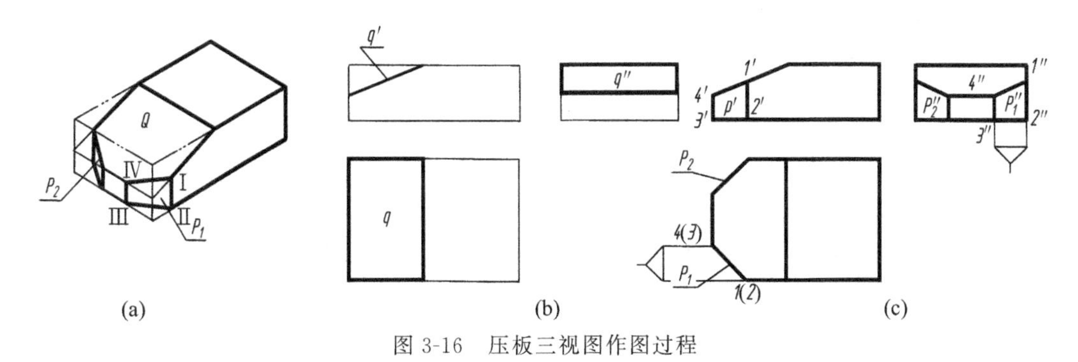

图 3-16　压板三视图作图过程

二、平面切割曲面体

曲面立体被平面切割时，其截交线一般为闭合的平面曲线，特殊情况下是直线。作图的基本方法是求出曲面立体表面上若干条素线与截平面的交点，然后光滑连接而成。截交线上一些能确定其形状和范围的点，如最高、最低点，最左、最右点，最前、最后点，以及可见与不可见的分界点等，均称为特殊点。作图时，通常先作出截交线上的特殊点，再按需要作出一些中间点，最后依次连接各点，并注意投影的可见性。

平面切割立体时，截交线的形状取决于立体表面的形状和截平面与立体的相对位置。平面与平面体相交，其截交线为一平面多边形。当平面与曲面体相交时，截交线的形状和性质如表 3-1 所示。

表 3-1　平面切割曲面体时截交线的形状和性质

切割圆柱体	截平面与圆柱轴线平行，截交线为矩形	截平面与圆柱轴线倾斜，截交线为椭圆（或椭圆弧加直线）
横切圆锥体	截平面与圆锥轴线倾斜，当 $\alpha<\theta$ 时，截交线为椭圆（或椭圆弧加直线） α θ	截平面垂直圆锥轴线，截交线为圆

续表

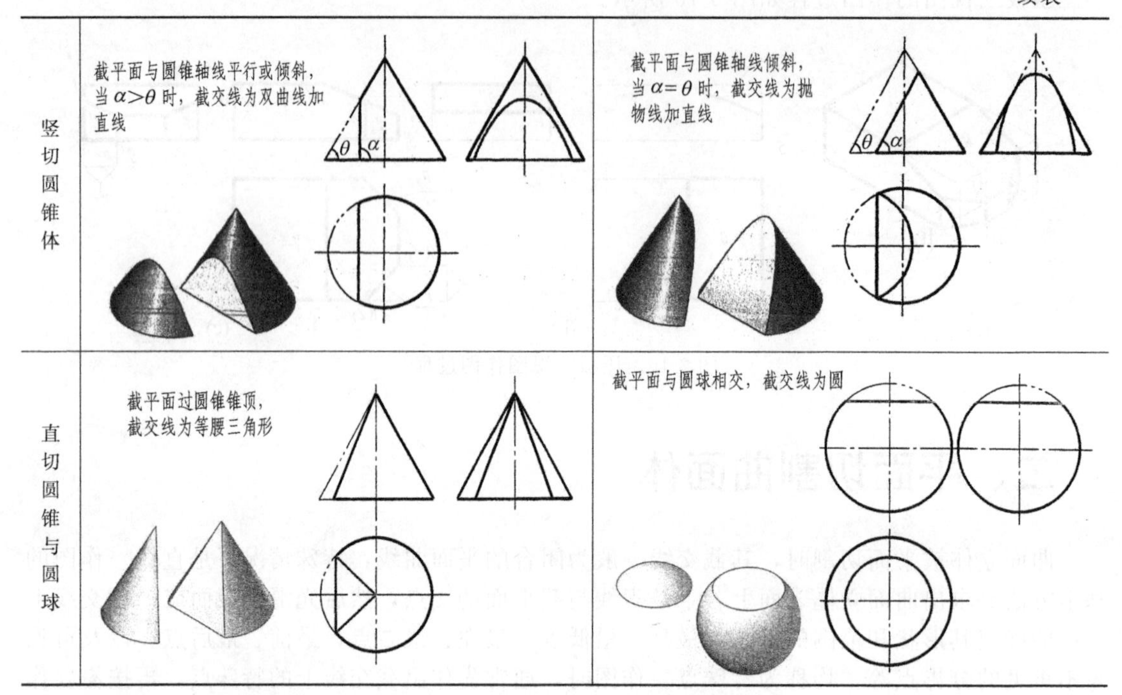

竖切圆锥体	截平面与圆锥轴线平行或倾斜，当 $\alpha>\theta$ 时，截交线为双曲线加直线	截平面与圆锥轴线倾斜，当 $\alpha=\theta$ 时，截交线为抛物线加直线
直切圆锥与圆球	截平面过圆锥锥顶，截交线为等腰三角形	截平面与圆球相交，截交线为圆

1. 平面与圆柱相交

图 3-17 所示为圆柱被正垂面 P 斜切，截交线为椭圆的作图过程。

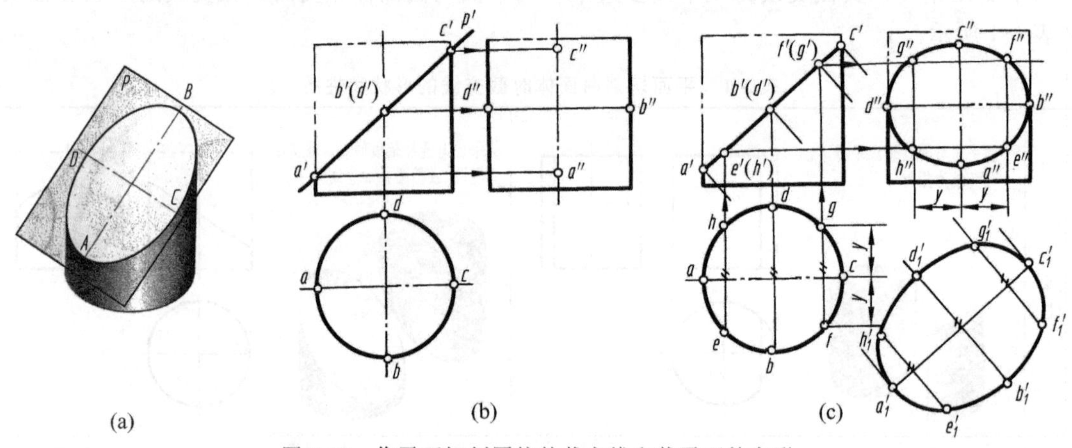

图 3-17　作平面切割圆柱的截交线和截平面的实形

由于截平面 P 是正垂面，所以椭圆的正面投影积聚在 p'上，水平投影与圆柱面的水平投影重合为圆，侧面投影为椭圆。

① 求特殊点　由图 3-17(a) 可知，最低点 A、最高点 C 是椭圆长轴两端点，也是位于圆柱最左、最右素线上的点。最前点 B、最后点 D 是椭圆短轴两端点，也是位于圆柱最前、最后素线上的点。如图 3-17(b) 所示，A、B、C、D 的正面投影和水平投影可利用积聚性直接求得。然后根据正面投影 a'、b'、c'、d'和水平投影 a、b、c、d 求得侧面投影 a''、b''、c''、d''。

② 求中间点　为了准确作图，还必须在特殊点之间作出适当数量的中间点，如图 3-17（c）中的 E、F、G、H 各点，可先作出它们的水平投影，再作出正面投影，然后根据水平投影 e、f、g、h 和正面投影 e'、f'、g'、h'作出侧面投影 e''、f''、g''、h''。

③ 依次光滑连接 $a''e''b''f''c''g''d''h''$，即为所求截交线椭圆的侧面投影。用换面法作出椭圆实形，如图 3-17(c)。

思考：随着截平面 P 与圆柱轴线倾角的变化，所得截交线椭圆的长、短轴的投影也相应变化。当 P 面与轴线成 45°角时（正垂面位置），交线的空间形状仍为椭圆，请读者思考，截交线的侧面投影为什么是圆？

【例 3-5】 补全接头的正面投影和水平投影，如图 3-18(a)。

参阅图 3-12(b)，接头是一个圆柱体左端开槽（中间被两个正平面、一个侧平面切割）、右端切肩（上、下被水平面和侧平面对称地切去两块）而形成。所得截交线为直线和平行于侧面的圆。

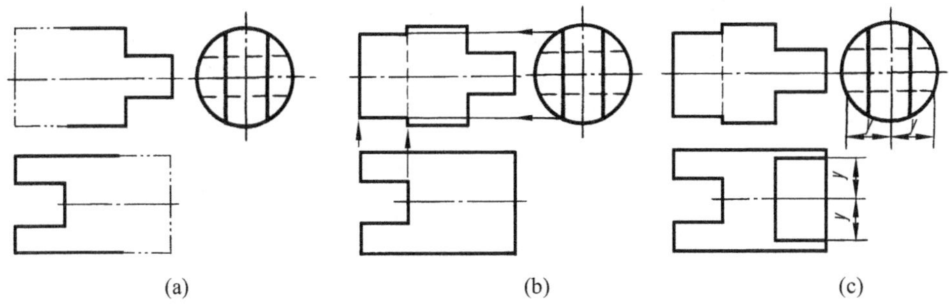

图 3-18　补全接头的正面投影和水平投影

① 槽口截交线正面投影的位置由侧面投影和水平投影确定，如图 3-18(b)。

② 切肩截交线水平投影的宽度由侧面投影确定，如图 3-18(c)。

必须注意：由图 3-18(c) 中的水平投影可知，最高和最低两条素线因左端切口而截去一段，所以在正面投影中投影转向轮廓线的左端上、下两小段不应画出。又由正面投影可知，右端由水平面截切圆柱，截交线应为矩形；侧平面截切圆柱，截交线为上下两段圆弧，其水平投影积聚为直线。因为最前和最后两条素线未被截去，所以圆柱水平投影右端的转向轮廓是完整的。

2. 平面与圆锥相交

如图 3-19 所示为圆锥被正平面切割后形成截交线的作图过程。

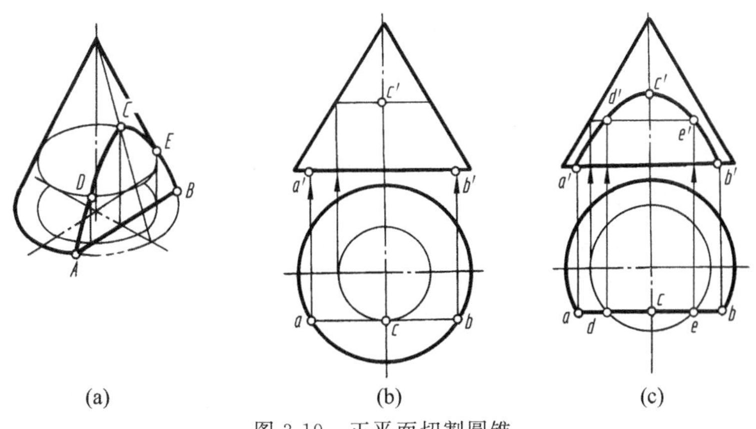

图 3-19　正平面切割圆锥

由于截平面为正平面，所以截交线的水平投影积聚为直线。可由截交线的水平投影用辅助纬圆法或辅助素线法求作正面投影，如图 3-19(a) 所示。

① 求特殊点　截交线的最低点 A、B 是截平面与圆锥底圆的交点，可直接作出 a、b 和 a'、b'。由于截交线的最高点 C 是截平面与圆锥面上最前素线的交点，所以最高点的水平投影

在 ab 的中点处 c，过 c 作水平纬圆，该圆的正面投影为水平线，由 c 作出 c'，见图 3-19(b)。

② 求中间点　在截交线的适当位置作水平纬圆，该圆的水平投影与截交线的水平投影交于 d、e，即为截交线上两点的水平投影，由 d、e 作出 d'、e'。依次光滑连接 $a'd'c'e'b'$，即为截交线的正面投影，见图 3-19(c)。

【例 3-6】 求作顶针的截交线，见图 3-20。

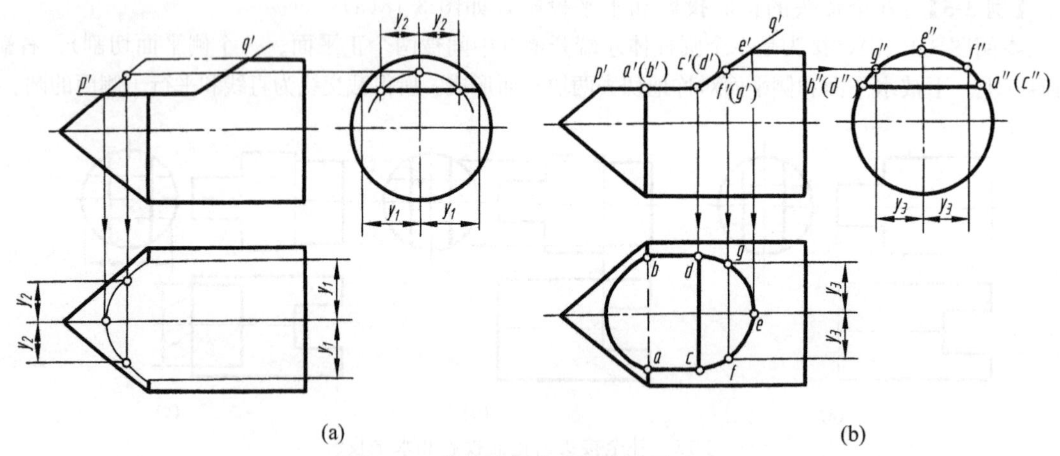

图 3-20　顶针头部截交线的作图过程

参阅图 3-12(c)，顶针头部是由同轴的圆锥和圆柱组合，被水平面 P 和正垂面 Q 切割而形成。顶针的主视图和左视图上截交线的投影都有积聚性，可由截交线的正面投影和侧面投影作出水平投影。

① 按图 3-19 所示的方法作出水平面 P 与圆锥表面的交线，见图 3-20(a)。

② 水平面 P 与圆柱表面的交线为两条直线，可直接作出 ac 和 bd。正垂面 Q 与圆柱表面的交线为椭圆的一部分，椭圆曲线的最右点可由 e' 作出 e，在椭圆曲线正面投影的适当位置定出 f'、(g')，作出 f''、g''，按宽相等作出 f、g。光滑连接 $cfegd$ 即为正垂面 Q 与圆柱交线的水平投影，见图 3-20(b)。

必须注意：俯视图上 ab 一段虚线不要漏画。

3. 平面与圆球相交

平面切割圆球时，其截交线均为圆。当截平面平行投影面时，截交线在该投影面上的投影反映真实大小的圆，另外两投影则分别积聚成直线；当截平面为投影面垂直面并倾斜于投影面时，截交线在该投影面上的投影积聚成直线，另外两投影为椭圆；当截平面倾斜于三个投影面时，截交线在空间虽为圆，但三个投影均为椭圆。

图 3-21 为圆球被正垂面 P 切割后形成截交线的作图过程。

圆球被正垂面切割，截交线的正面投影积聚成直线，水平投影（侧面投影）为椭圆。

① 求特殊点　截交线的最低点 A 和最高点 B 也是最左点和最右点，并且是截交线水平投影椭圆短轴的两端点，其正面投影 a'、b' 是截平面与球的正面投影轮廓线的交点。水平投影 a、b 在其正面投影轮廓线的水平投影（与中心线重合）上。$a'b'$ 的中点 c'、(d') 是截交线的水平投影椭圆长轴两端点的正面投影，过 c'(d') 作水平纬圆求得 c、d，如图 3-21(a)。

在正面投影上截平面与水平中心线相交处定出 e'、(f')，由 e'、(f') 在球面水平投影的转向轮廓线（即球面的上下分界圆的水平投影）上作出 e、f，即为球面被切割后的水平投影转向轮廓线的切点，如图 3-21(b)。

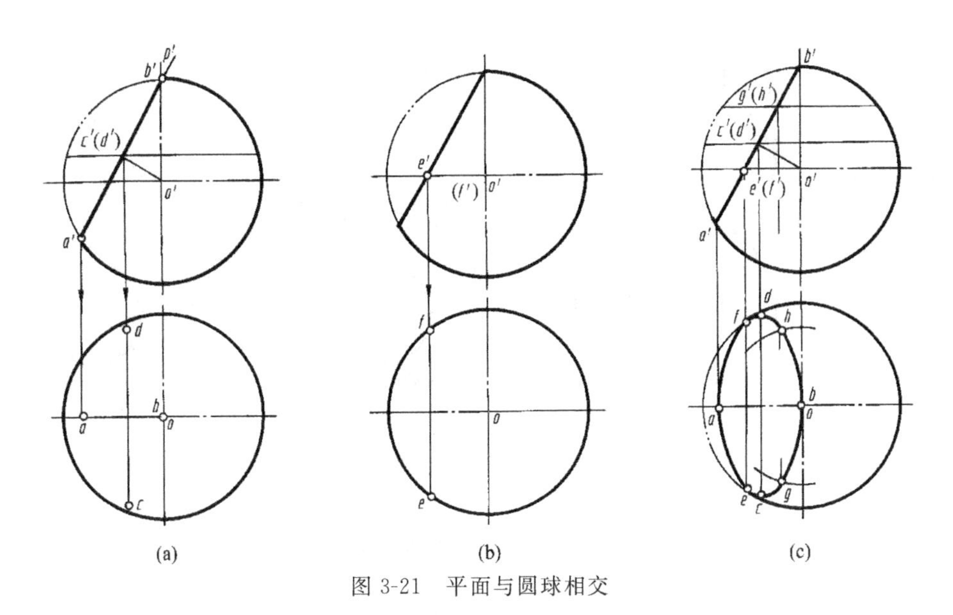

图 3-21　平面与圆球相交

② 求中间点　在截交线的正面投影上适当位置定出 $g'(h')$，作水平纬圆求得 g、h。

光滑连接 $aecgbhdfa$ 即为截交线椭圆的水平投影，如图 3-21(c)。

必须注意：在俯视图上，椭圆长轴两端点 c、d 是截交线的最前、最后点，e、f 是球面被切割后的水平投影转向轮廓线的端点。

【例 3-7】 已知半圆球开槽的主视图，求作俯视图和左视图，见图 3-22(a)。

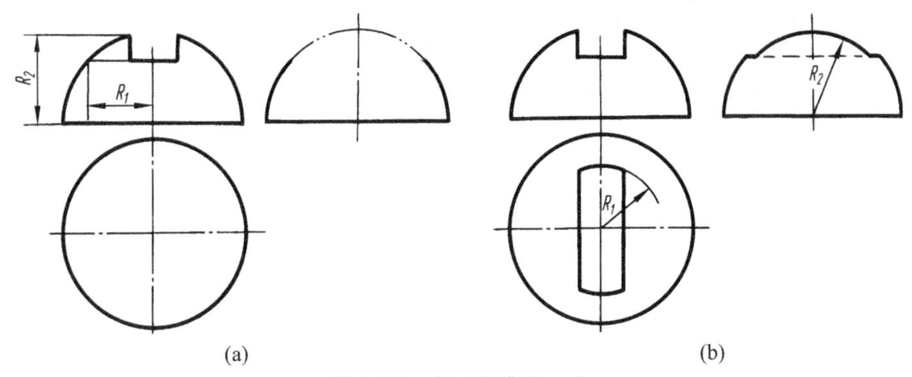

图 3-22　半球切槽的画法

半球上的方槽可看成由一个水平面和两个侧平面切割球面而成。切口各面与半球表面的交线都是圆弧，其半径分别为 R_1、R_2。

① 如图 3-22(b) 所示，作切槽的水平投影。切槽底面的水平投影由两段相同的圆弧和两段积聚性直线组成，圆弧的半径为 R_1，从正面投影中量取。

② 作切槽的侧面投影。因切槽的两侧面为侧平面，其侧面投影为圆弧，半径 R_2 从正面投影中量取。切槽的底面为水平面，侧面投影积聚为一直线，中间部分不可见，画成虚线。

4. 平面与环面相交

图 3-23 所示为内环面被正平面切割而形成截交线的作图过程。

图 3-23(a) 所示内环面可看作圆环的半个内环面。由于截平面是正平面，所以截交线的水平投影积聚为直线，正面投影反映截交线的实形。作图过程可参阅图 3-19 正平面切割圆锥用辅助纬圆的方法求作。

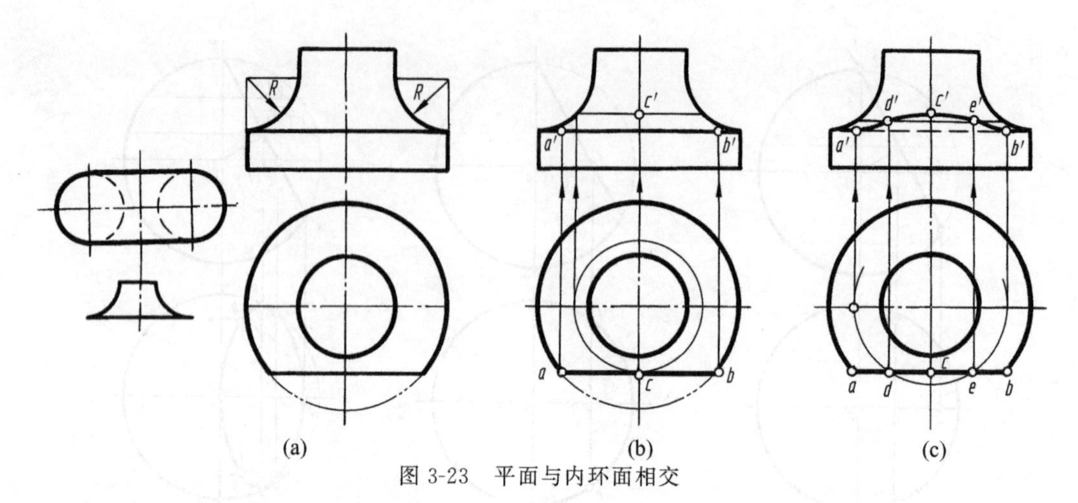

图 3-23　平面与内环面相交

① 求特殊点　截交线的最低点 a、b 和 a'、b' 可直接作出，最高点 c、c' 可过 c 作水平纬圆作出，如图 3-23(b)。

② 求中间点　在 ab 之间适当位置作水平纬圆求得 d、e 和 d'、e'。光滑连接 $a'd'c'e'b'$ 即为截交线的正面投影，如图 3-23(c)。

【例 3-8】 求作拉杆接头的截交线，见图 3-24。

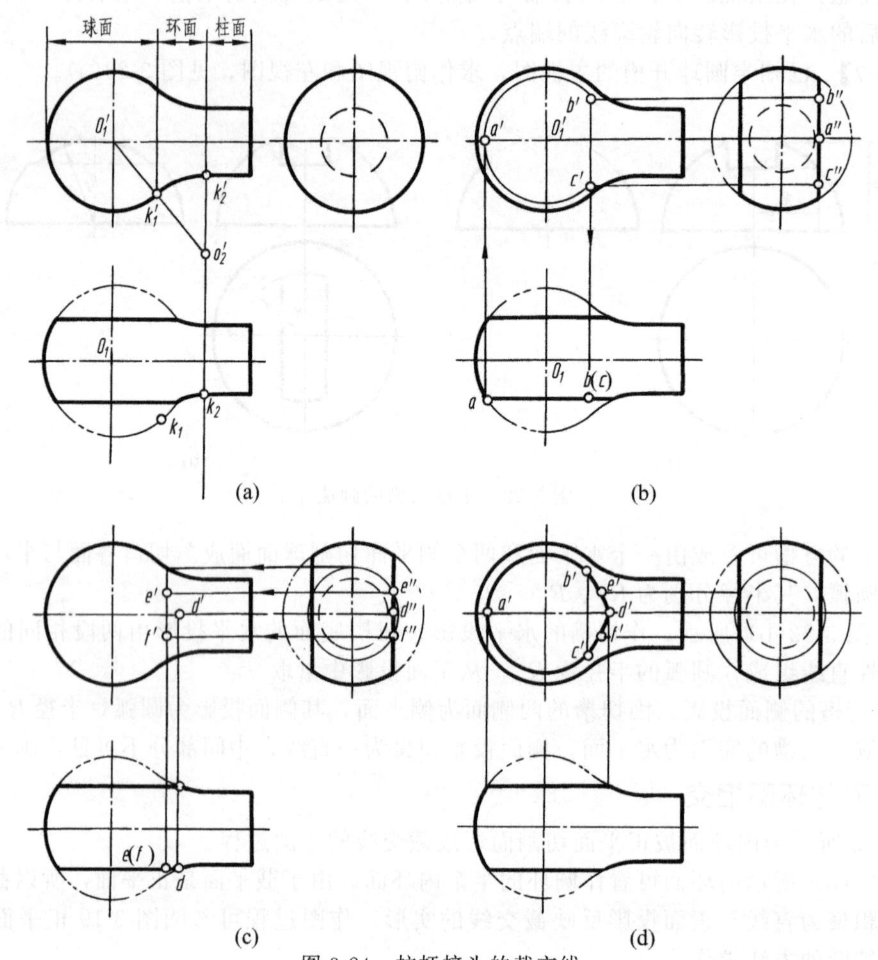

图 3-24　拉杆接头的截交线

拉杆接头由球面、环面和圆柱面组合而成，被前后对称的两个正平面切割。由于截平面没有切到圆柱，所以截交线由两部分组成：截平面与球面相交部分的截交线是部分圆周；截平面与环面相交部分的截交线为平面曲线。两段截交线的连接点在球与环的分界圆上，如图 3-24(a) 所示，过 k_1 作侧平圆，即为球与环的分界圆。

① 截平面与球面的交线。截平面与球面的交线是部分圆周。由 a 作出 a'，是截交线的最左点，以 O_1' 为圆心，O_1a 为半径作圆交球与环的分界圆上于 b'、c'，即球面与环面截交线的分界点，如图 3-24(b)。

② 截平面与环面的交线。由截平面与环面轮廓线交点的水平投影 d 作出 d'，为截交线的最右点。在适当位置作侧平纬圆求得中间点 e'、f'，如图 3-24(c)。

③ 光滑连接各点，完成作图，如图 3-24(d)。

第三节　两曲面体相交

两曲面体相交，表面形成的交线称为相贯线，两曲面体相交，最常见的是圆柱与圆柱、圆柱与圆锥以及圆柱或圆柱相交。如图 3-25 所示，轴线正交的两圆柱表面形成相贯线。两曲面体相交时，相贯线具有以下特性。

① 相贯线是两曲面体表面的共线，也是两曲面体表面的分界线，相贯线上的点是两曲面体表面的共点。

② 相贯线一般为闭合的空间曲线，特殊情况下可能是平面曲线或直线。

本节着重讨论最常见的几种曲面体相贯线的画法。

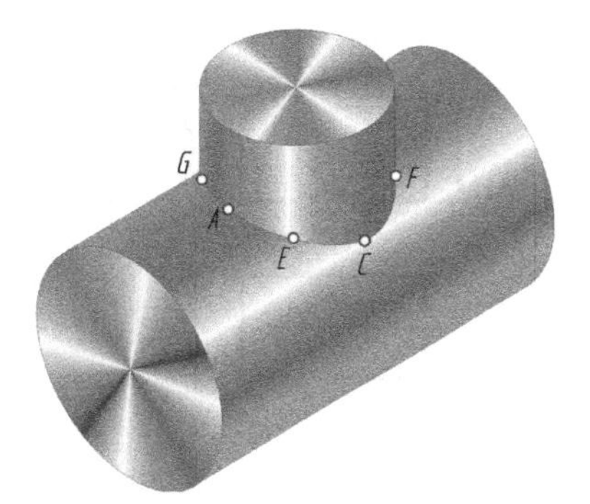

图 3-25　相贯线示例

一、圆柱与圆柱相交

1. 不同直径两圆柱正交

图 3-26 中两圆柱轴线垂直相交，直立圆柱的直径小于水平圆柱的直径，它们的相贯线为闭合的空间曲线，且前后、左右对称。由于直立圆柱的水平投影和水平圆柱的侧面投影都有积聚性，所以相贯线的水平投影和侧面投影分别积聚在它们有积聚性的圆周上。因此，只要求作相贯线的正面投影即可。因为相贯线的前后、左右对称，在其正面投影中，可见的前半部与不可见的后半部重合，且左右对称。

① 求特殊点　水平圆柱的最高素线与直立圆柱的最左、最右素线的交点 A、B 是相贯线上最高点，也是最左、最右点。a'、b'，a、b 和 a''、b'' 均可直接作出。直立圆柱的最前、最后素线与水平圆柱表面的交点 C、D 是相贯线上最低点，也是最前、最后点。c''、d''，c、d 可直接作出，再由 c''、d''，c、d 求得 c'、d'，如图 3-26(a) 所示。

② 求中间点　利用积聚性，在侧面投影和水平投影上定出 e''、f'' 和 e、f，再由 e''、f'' 和 e、f 作出 e'、f'。同样方法可再作出相贯线上一系列点。光滑连接各点即为相贯线的正面投影，如图 3-26(b) 所示。

2. 正交两圆柱相对大小的变化引起相贯线的变化

正交两圆柱（图 3-27）直径大小改变时：

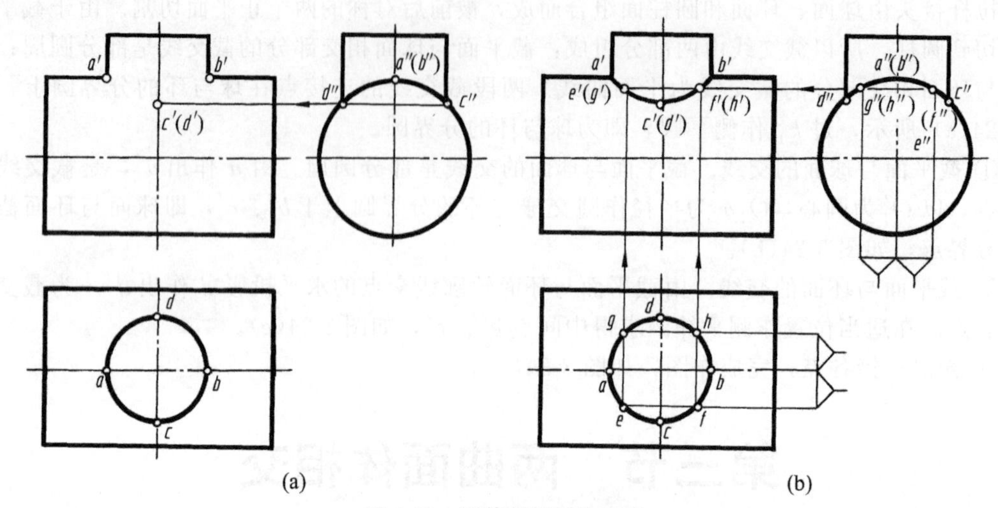

图 3-26　不等径两圆柱正交

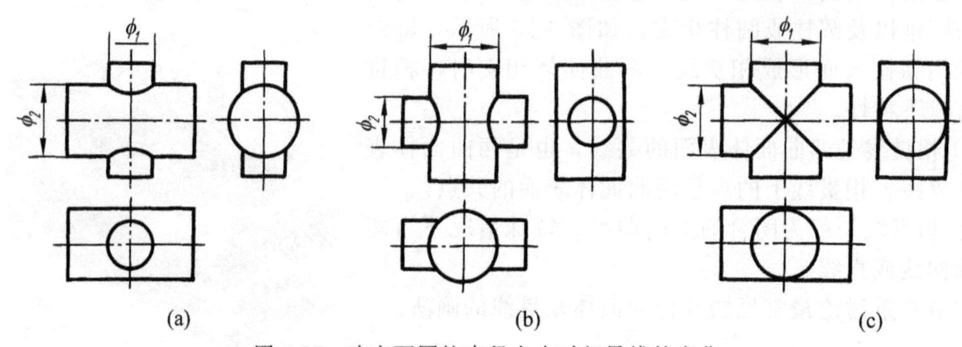

图 3-27　改变两圆柱直径大小时相贯线的变化

当 $\phi_1<\phi_2$ 时，相贯线的正面投影为上、下对称的两条曲线，见图 3-27(a)；

当 $\phi_1>\phi_2$ 时，相贯线的正面投影为左、右对称的两条曲线，见图 3-27(b)；

当 $\phi_1=\phi_2$ 时，相贯线为空间两个相交的椭圆，其正面投影为正交两直线，见图 3-27(c)。

必须注意：两个不等径正交圆柱的相贯线，总是由小圆柱向大圆柱内弯曲，并且两圆柱直径相差越小，曲线顶点越向大圆柱轴线靠近。

3. 内、外圆柱表面相交的情况

圆柱孔与圆柱面相交时，在孔口会形成相贯线，见图 3-28(a)。两圆柱孔相交时，其内表面也会形成相贯线，见图 3-28(b)、(c)。内表面相贯线的形状和作图方法与外表面相贯线一样。

二、圆柱与圆锥相交

1. 圆柱与圆锥正交

圆柱与圆锥轴线垂直相交，其相贯线为闭合的空间曲线，并且相贯线的前后、左右对称。由于圆柱轴线垂直于侧面，所以相贯线的侧面投影与圆柱面的侧面投影重合为一段圆弧。相贯线的正面投影和水平投影采用辅助平面法求作。

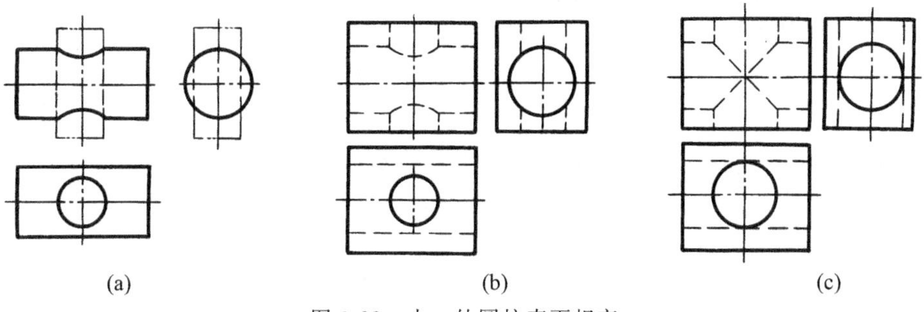

(a)　　(b)　　(c)

图 3-28　内、外圆柱表面相交

① 求特殊点　根据相贯线最高点 C、D（也是最左、最右点）和最低点 A、B（也是最前、最后点）的侧面投影 a''、b''、c''、d''可作出正面投影 a'、b'、c'、d'和水平投影 a、b、c、d，见图 3-29(a)。

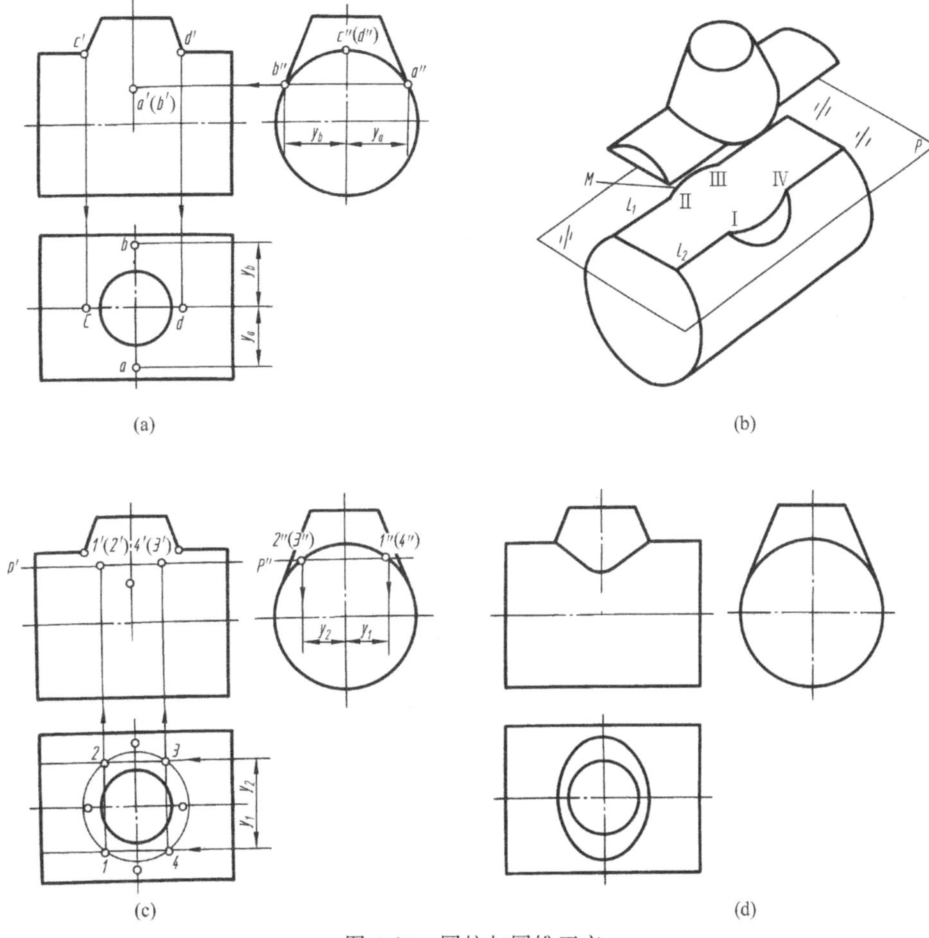

(a)　　(b)

(c)　　(d)

图 3-29　圆柱与圆锥正交

② 求中间点　在最高点与最低点之间的适当位置作辅助平面 P，P 面与圆锥面的交线是圆，其水平投影反映实形，该圆的半径可在侧面投影中量取。P 面与圆柱面的交线是两条平行直线，它们在水平投影中的位置也可从侧面投影中量取（Y_1，Y_2）。在水平投影中，

圆和两条平行直线的交点 1、2、3、4 即为相贯线上四个点的水平投影。其正面投影 1′、2′、3′、4′应在 p'上，侧面投影 1″、2″、3″、4″应位于 p''与圆的相交处，见图 3-29(b)、(c)。

③ 在正面投影及水平投影上分别依次光滑连接所作各点的投影，作图结果如图 3-29(d) 所示。

2. 正交的圆柱与圆锥相对大小变化引起相贯线的变化

如图 3-30 所示，圆锥大小不变，而随着圆柱的大小变化，相贯线也随之发生变化。

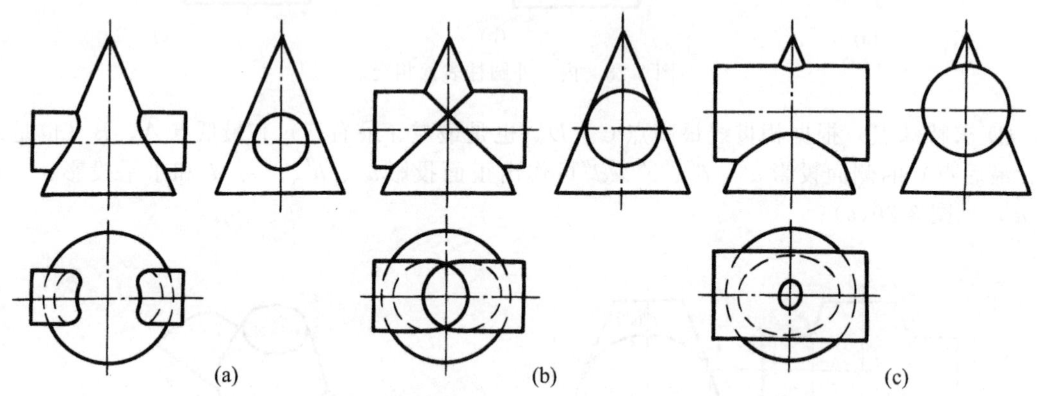

图 3-30　正交的圆柱和圆椎相对大小变化时对相贯线的影响

三、圆柱（或圆锥）与圆球相交

当圆柱（或圆锥）的轴线通过球心时，其相贯线为垂直于轴线的圆，若轴线平行于某投影面，则相贯线（圆）在该面上投影积聚为直线，如图 3-31 所示。

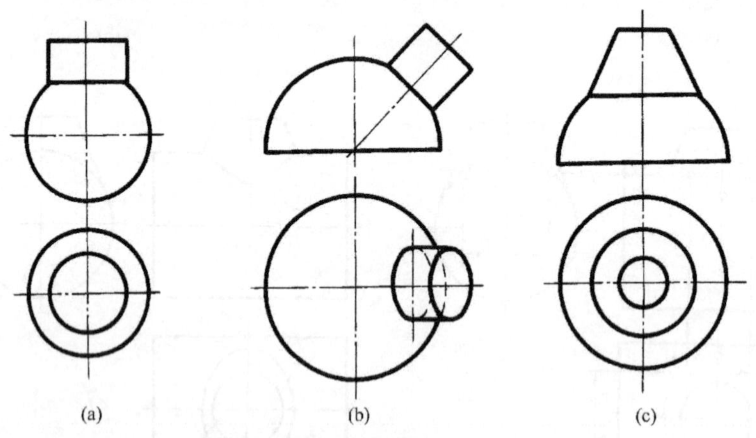

图 3-31　圆柱（或圆锥）与球相交

【例 3-9】 求作半球与两个圆柱的组合相贯线，见图 3-32。

小圆柱上半部与半球相交，由于它们的轴线垂直于侧面，所以相贯线为平行于侧面的半圆弧。其侧面投影 $a''b''c''$与小圆柱有积聚性的圆弧重合，正面投影和水平投影均为垂直于小圆柱轴线的直线段 $a'b'$（c'）和 abc。

小圆柱下半部与大圆柱的交线为一段空间曲线。由于小圆柱轴线垂直于侧面，大圆柱轴线垂直于水平面，所以相贯线的侧面投影和水平投影分别积聚成$\overset{\frown}{a''d''c''}$和 $\overset{\frown}{adc}$ 两段圆

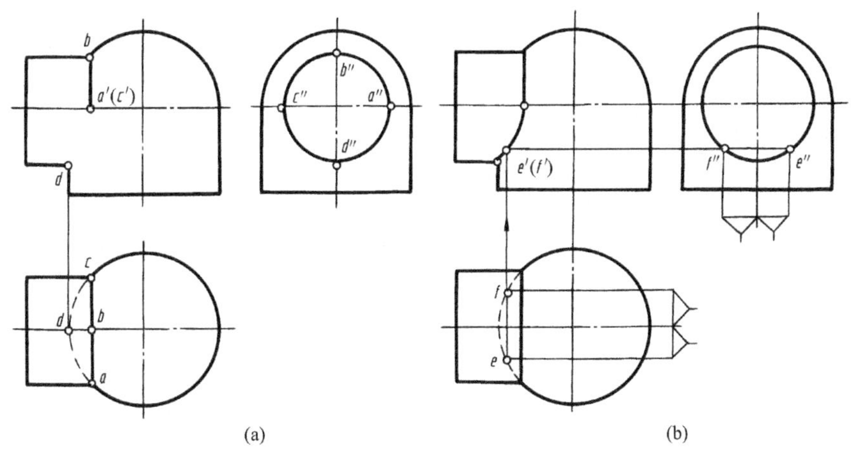

图 3-32　作半球与两个圆柱的组合相贯线

弧。根据相贯线的侧面投影和水平投影作出正面投影，必要时还可作出若干中间点，如 e''、f''和 e、f。

作图过程如图 3-32(a) 所示，作图结果如图 3-32(b) 所示。

四、相贯线的简化画法（GB/T 1667.5—1996）

1. 相贯线简化成圆弧或直线

在不致引起误解时，图形中的相贯线可以简化成圆弧或直线。

例如轴线正交且平行于正面的不等径两圆柱相贯，相贯线的正面投影可以用与大圆柱半径相等的圆弧来代替非圆曲线，如图 3-33 所示。

对于轴线垂直偏交且平行于正面的两圆柱相贯，非圆曲线可简化为直线，如图 3-34 所示。

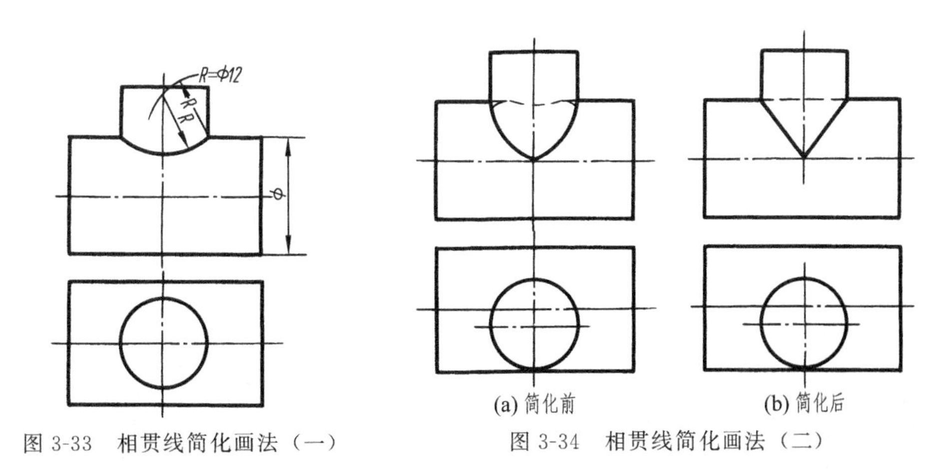

图 3-33　相贯线简化画法（一）

图 3-34　相贯线简化画法（二）

2. 相贯线的模糊画法

多数情况下的相贯线是零件加工后自然形成的交线，所以零件图上的相贯线实际上仅起示意的作用，在不影响加工制造的情况下，还可用模糊画法表示相贯线。图 3-35 所示为圆台与圆柱相贯的模糊画法。

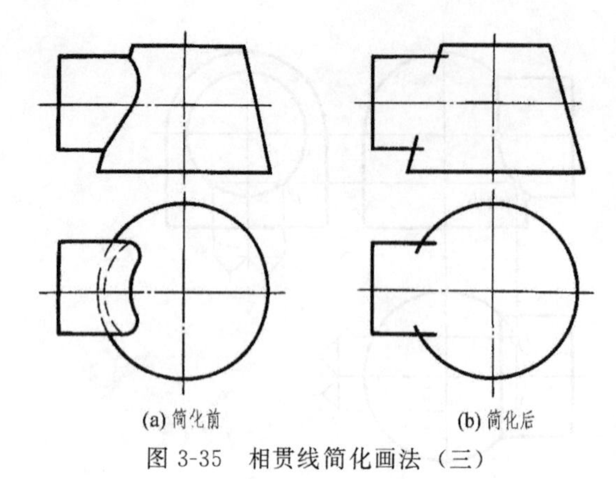

图 3-35 相贯线简化画法（三）

五、过渡线画法

在铸件或锻件中，由于工艺上的要求在两个表面相交处用一个曲面光滑地连接起来，这个过渡曲面叫圆角。因为有了小圆角，使零件表面的交线变得不明显，但为了使看图时容易区分形体界限，仍按投影画出相贯线，这条线叫过渡线。图 3-36 表示一个三通管在两圆柱相交处有圆角时的过渡线画法，过渡线的两端与圆角的弧线之间应留有间隙。图 3-37 表示过渡线的画法。

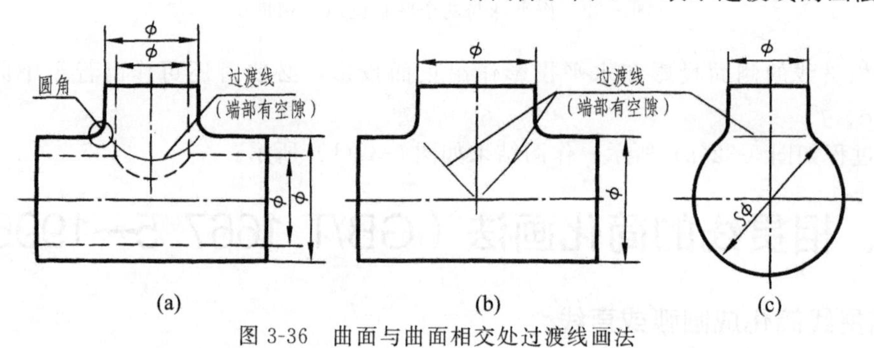

图 3-36 曲面与曲面相交处过渡线画法

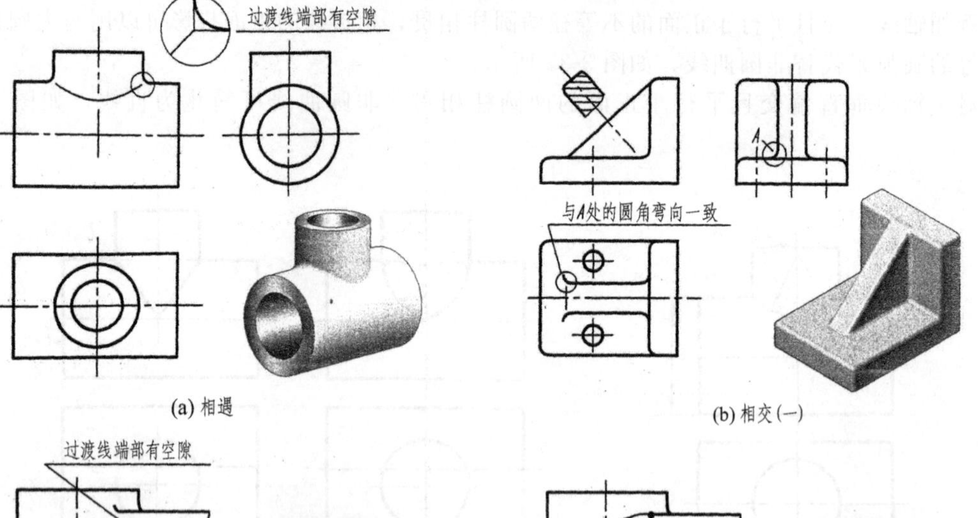

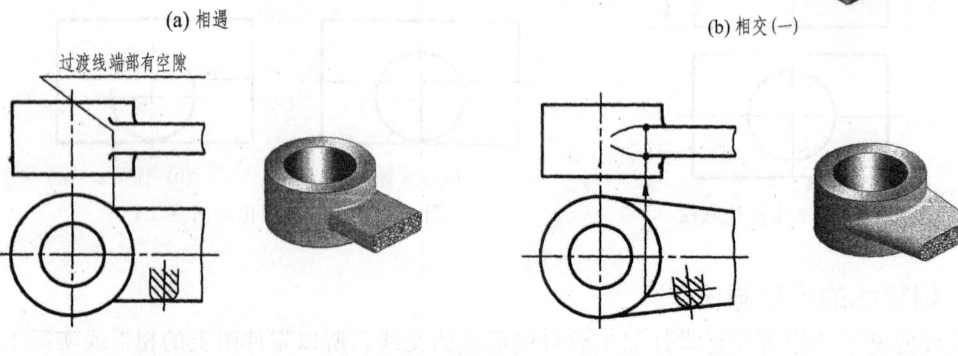

(c) 相交(二)　(d) 相切

图 3-37 过渡线画法

第四节 简单形体的尺寸标注

视图只能表达物体的形状，物体的大小必须由标注的尺寸确定。基本体的大小通常由长、宽、高三个方向的尺寸来确定。

一、平面体

平面体的尺寸应根据其具体形状进行标注。见图 3-38(a)，只需注出其底面尺寸和高度尺寸。对于图 3-38(b) 所示的六棱柱，底面尺寸有两种注法，一种是注出正六边形的对角线尺寸（外接圆直径），另一种是注出正六边形的对边尺寸（扳手尺寸），常用的是后一种注法，此时对角线尺寸只作为参考尺寸，所以加上括号。图 3-38(c) 所示的五棱柱，其底面为正五边形，可注出底面外接圆直径和五棱柱的高度尺寸。图 3-38(d) 所示的四棱台必须注出上、下底的长、宽尺寸和高度尺寸。

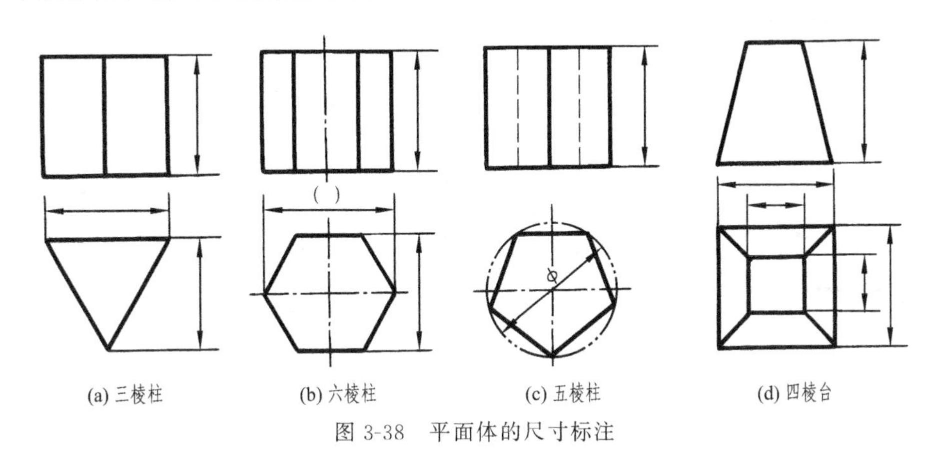

图 3-38 平面体的尺寸标注

二、曲面体

如图 3-39(a)、(b) 所示，圆柱（或圆锥）应注出底圆直径和高度尺寸，圆台还要注出顶圆的直径。在标注直径尺寸时应在数字前面加注“ϕ”，并且通常注在非圆的视图上。图 3-39(c) 所示圆环要注出母线圆及中心圆直径尺寸。值得注意的是：当完整标注了圆柱（圆锥）或圆环的尺寸之后，只要用一个视图就能确定其形状和大小，其他视图可省略。如图 3-39(d) 所示的圆球只用一个主视图加注尺寸即可，圆球在直径数字前应加注“Sϕ”。

三、带切口形体的尺寸标注

带切口的形体，除了注出基本形体的尺寸外，还要注出确定切平面位置的尺寸。应该注意的是由于形体与切平面的相对位置确定后，切口的交线已完全确定，因此不应在交线上标注尺寸。如图 3-40 中打×的为多余尺寸。

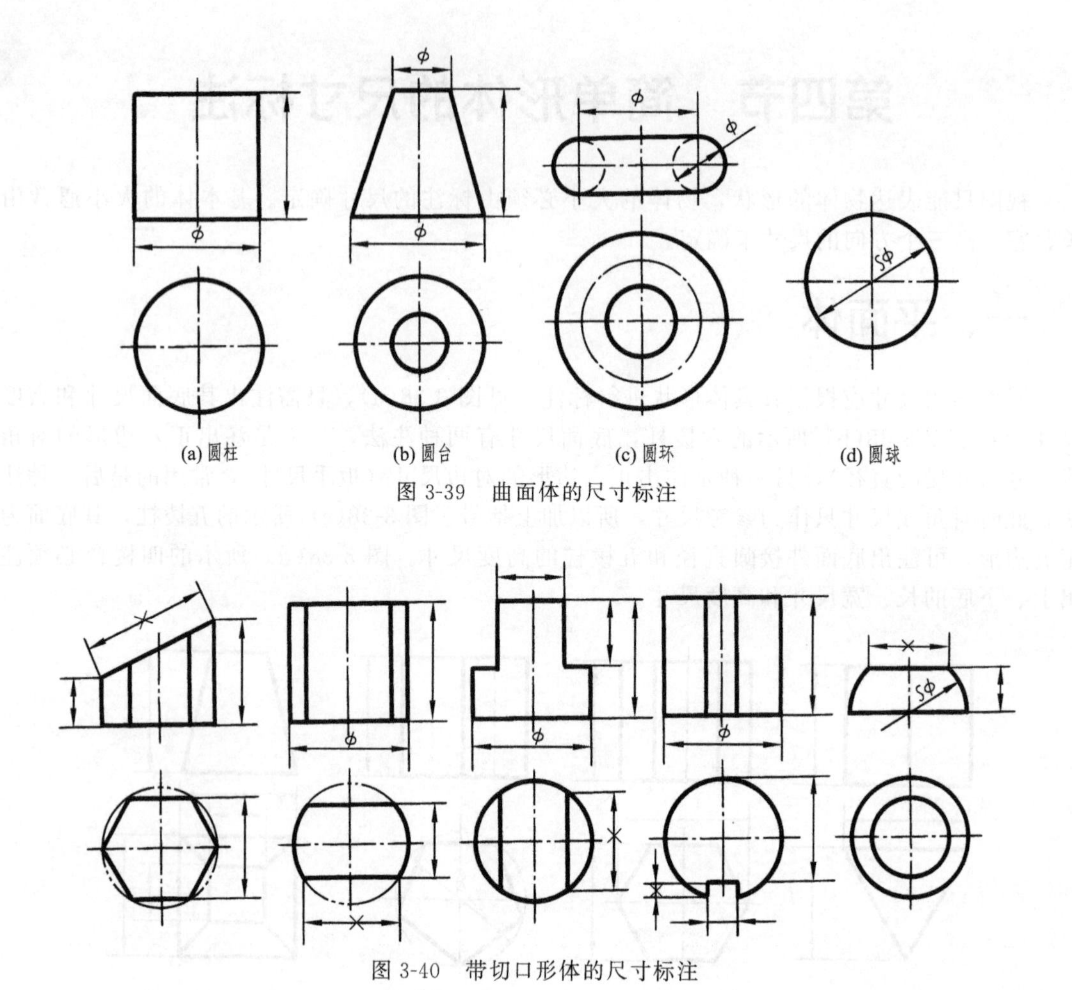

(a) 圆柱 (b) 圆台 (c) 圆环 (d) 圆球

图 3-39 曲面体的尺寸标注

图 3-40 带切口形体的尺寸标注

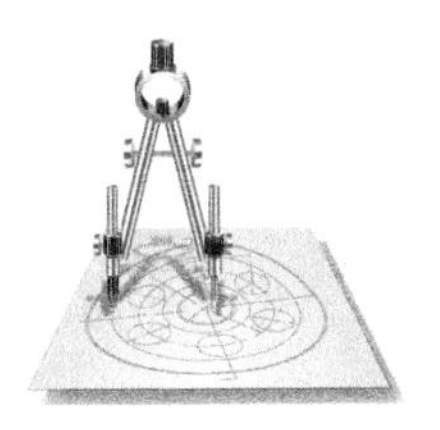

第四章

轴测图画法

应用正投影法绘制的三视图，虽能准确表达物体的形状，但缺乏立体感。轴测图直观性强，容易看懂。因此工程上常用轴测图来绘制化工、给排水、采暖通风等工程的管道系统图，或仪表柜等生产图样。在机械工程中，轴测图常用来表达机器外观、内部结构或工作原理等。

在制图课程的教学过程中，学习轴测图画法也作为发展空间构思能力的手段之一，通过画轴测图帮助想象物体的形状，培养空间想象能力。

第一节　轴测图概述

一、轴测图的形成

将物体连同其直角坐标系，沿不平行于任一坐标面的方向，用平行投影法将其投射在单一投影面上所得到的图形称为轴测图。如图 4-1 所示，该单一投影面 P 称为轴测投影面，直角坐标轴 O_oX_o、O_oY_o、O_oZ_o 在轴测投影面上的投影 OX、OY、OZ 称为轴测轴。三条轴测轴的交点 O 称为原点。

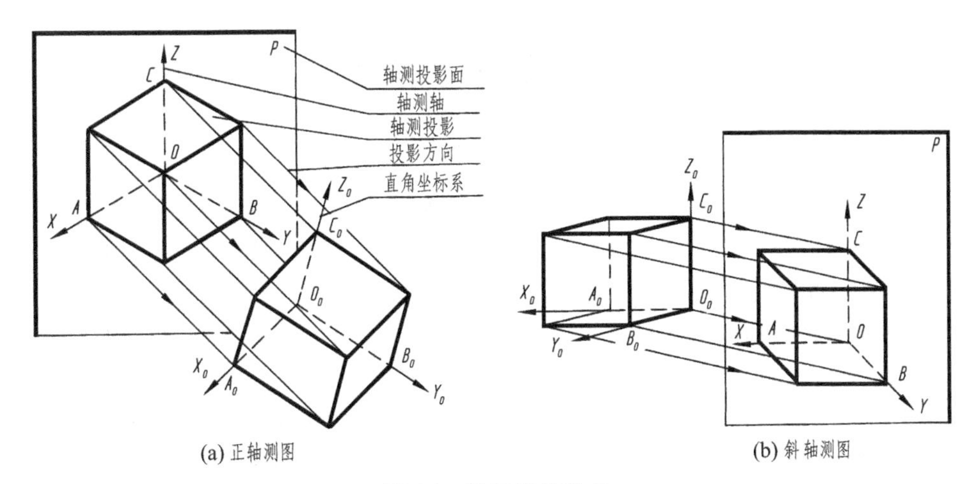

图 4-1　轴测图的形成

根据投射方向与轴测投影面的相对位置，轴测图可分为两类。

① 正轴测图　投射方向与轴测投影面垂直所得的轴测图称为正轴测图。物体的三个坐标面都倾斜于轴测投影面，如图 4-1(a)。

② 斜轴测图　投射方向与轴测投影面倾斜所得到的轴测图称为斜轴测图。为了作图方便，通常取 P 面平行于 XOZ 坐标面，如图 4-1(b)。

二、轴间角和轴向伸缩系数

① 轴间角　两根轴测轴之间的夹角（$\angle XOY$、$\angle XOZ$、$\angle YOZ$）称为轴间角。

② 轴向伸缩系数　轴测轴上的单位长度与相应直角坐标轴上的单位长度的比值称为轴向伸缩系数。OX、OY、OZ 轴上的轴向伸缩系数分别用 p_1、q_1、r_1 表示，如图 4-1 所示。

轴间角和轴向伸缩系数是画轴测图的两个主要参数。正（斜）轴测图按轴向伸缩系数是否相等又分为正（斜）等轴测图、正（斜）二轴测图和正（斜）三轴测图三种。

本章仅介绍常用的正等轴测图和斜二轴测图两种画法。

三、轴测图的投影特性

由于轴测图是用平行投影法绘制的，所以具有以下平行投影的特性。

① 物体上互相平行的线段，轴测投影仍互相平行；平行于坐标轴的线段，轴测投影仍平行于相应的轴测轴，且同一轴向所有线段的轴向伸缩系数相同。

② 物体上不平行轴测投影面的平面图形，在轴测图上变成原形的类似形。如圆的轴测投影为椭圆，正方形的轴测投影可能为菱形等。

画轴测图时，物体上凡是与 X、Y、Z 三轴平行的线段的尺寸（乘以轴向伸缩系数）可以沿轴向直接量取。所谓“轴测”就是指沿轴向进行测量的含义。

第二节　正等轴测图

一、轴间角与简化轴向伸缩系数

1. 轴间角

在正等轴测图（可简称正等测）中的轴间角$\angle XOY=\angle XOZ=\angle YOZ=120°$，作图时，通常使 OZ 轴画成铅垂位置，然后用丁字尺、三角板配合，画出 OX、OY，如图 4-2 所示。

2. 简化轴向伸缩系数

正等测各轴的轴向伸缩系数都相等：$p_1=q_1=r_1\approx0.82$（证明略）。在画图时，物体的长、宽、高三个方向的尺寸均要缩小约 0.82 倍。为了作图方便，通常采用简化的轴向伸缩系数 $p=q=r=1$。作图时，凡平行于轴测轴的线段，可直接按物体上相应线段的实际长度量取，不必换算。这样画出的正等测图，沿各轴向的长度都分别放大了 $1/0.82\approx1.22$ 倍，但形状没有改变，如图 4-2 所示。

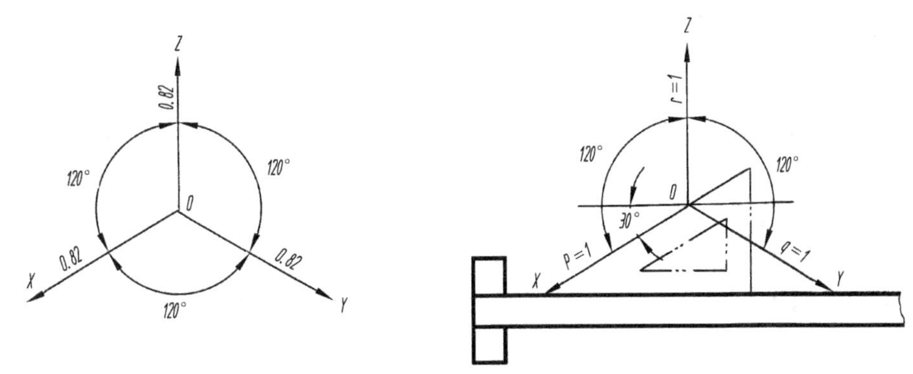

图 4-2　正等轴测图的轴间角和轴向伸缩系数

二、正等测画法

正等测常用的基本作图方法是坐标法和切割法。作图时，先定出空间直角坐标系，画出轴测轴，再按立体表面上各顶点或线段的端点坐标，画出其轴测投影，然后分别连线，完成轴测图。对于不完整的形体，也可先按完整的形体画出，然后用切割法画出其不完整部分。下面以一些常见的图例来介绍正等测画法。

1. 正六棱柱

如图 4-3，正六棱柱的前后、左右对称，将坐标原点 O_o 定在上底面六边形的中心，以六边形的中心线为 X_o、Y_o 轴。这样便于直接作出上底面六边形各顶点的坐标，从上底面开始作图。

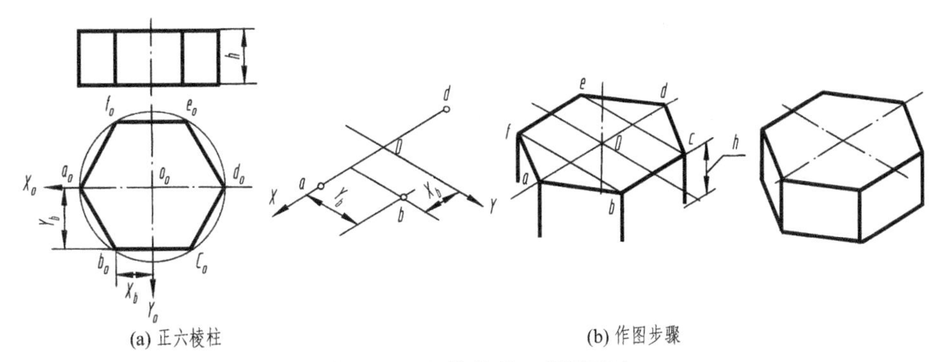

(a) 正六棱柱　　(b) 作图步骤

图 4-3　正六棱柱的正等测画法

① 定出坐标原点 O_o 及坐标轴 O_oX_o、O_oY_o、O_oZ_o，见图 4-3(a)。

② 画出轴测轴 OX、OY，由于 a_o、d_o 在 X_o 轴上，可直接量取并在轴测轴上作出 a、d。根据顶点 b_o 的坐标值 X_b 和 Y_b，定出其轴测投影 b，见图 4-3(b)。

③ 作出 b 点与 X、Y 轴对应的对称点 c、e、f。连接 $abcdef$ 即为六棱柱上底面六边形的轴测图。由顶点 a、b、c、f 向下画出高度为 h 的可见轮廓线，得下底面各点，见图 4-3(c)。

④ 连接下底面各点，擦去作图线，描深，完成六棱柱正等测图，见图 4-3(d)。

由作图可知，因轴测图只要求画可见轮廓线，不可见轮廓线一般不要求画出，故常将原点取在顶面上，直接画出可见轮廓，使作图简化。

2. 垫块

对于图 4-4(a) 所示的垫块，可采用切割法作图。把垫块看成是一个由长方体被正垂面切去一块，再由铅垂面切去一角而形成。对于截切后的斜面上与三根坐标轴都不平行的线段，在轴测图上不能直接从正投影图中量取，必须按坐标作出其端点，然后再连线。

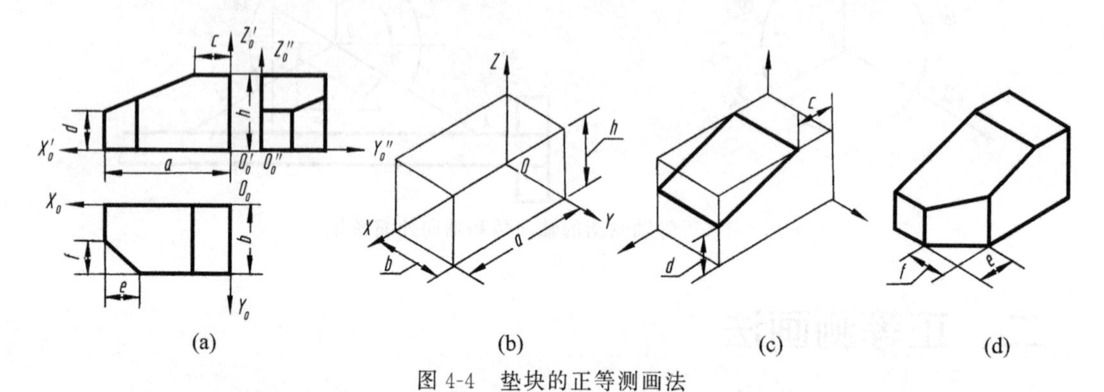

图 4-4 垫块的正等测画法

① 定坐标原点及坐标轴，如图 4-4(a)。

② 根据给出的尺寸 a、b、h 作出长方体的轴测图，如图 4-4(b)。

③ 倾斜线上不能直接量取尺寸，只能沿与轴测轴相平行的对应棱线量取 c、d，定出斜面上线段端点的位置，并连成平行四边形，如图 4-4(c)。

④ 根据给出的尺寸 e、f 定出左下角斜面上线段端点的位置，并连成四边形。擦去作图线，描深，如图 4-4(d)。

圆柱体的正等轴测图时，也可以先画出物体上特征面的轴测图，再按厚度或高度画出其他可见轮廓线。如图 4-5(a) 所示，主视图反映形体特征，在 XOZ 坐标面上作出特征面的轴测图，再沿 OY 轴量取厚度，作出后端面的可见轮廓线。在图 4-5(b)、(c) 中，俯、左视图反映形体特征，在 XOY 和 YOZ 坐标面上作出特征面轴测图后，分别沿 OZ 轴和 OX 轴量取高度或厚度画出轴测图。

原点 O 和轴测轴 OX、OY、OZ 的位置可根据需要选定。

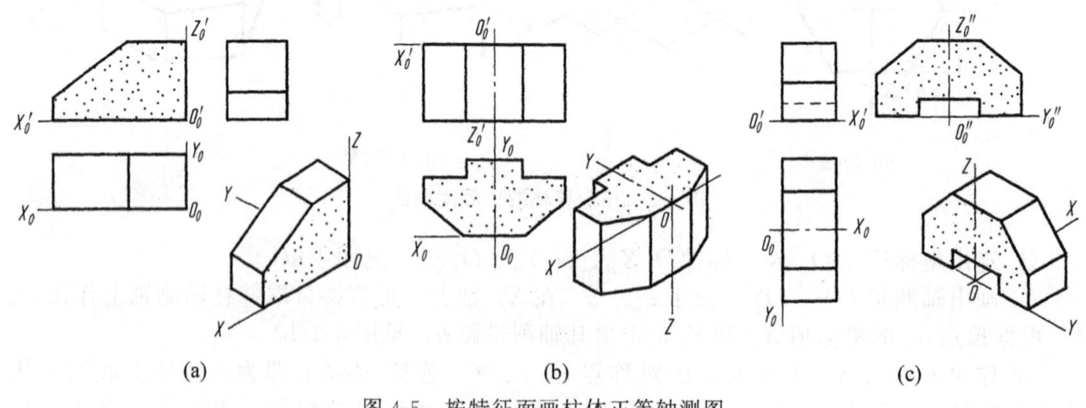

图 4-5 按特征面画柱体正等轴测图

3. 圆柱

如图 4-6，直立圆柱的轴线垂直于水平面，上、下底为两个与水平面平行且大小相同的圆，在轴测图中均为椭圆。可根据圆的直径 ϕ 和柱高 h 作出两个形状、大小相同，中心距

为 h 的椭圆，然后作两椭圆的公切线即成。

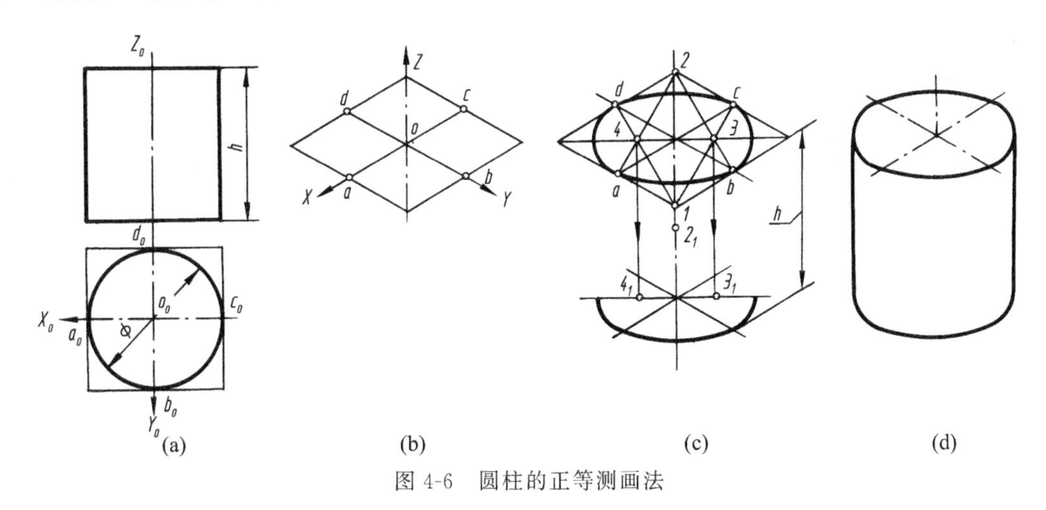

图 4-6　圆柱的正等测画法

① 作圆柱上底圆的外切正方形，得切点 a_o、b_o、c_o、d_o，定坐标原点和坐标轴，如图 4-6(a)。

② 作轴测轴和四个切点 a、b、c、d，过四点分别作 X、Y 轴的平行线，得外切正方形的轴测菱形，如图 4-6(b)。

③ 过菱形顶点 1、2，连接 1c 和 2b 得交点 3，连接 2a 和 1d 得交点 4。1、2、3、4 各点即为作近似椭圆四段圆弧的圆心。以 1、2 为圆心，1c 为半径作$\overset{\frown}{cd}$ 和 $\overset{\frown}{ab}$；以 3、4 为圆心，3b 为半径作$\overset{\frown}{bc}$ 和 $\overset{\frown}{da}$，即为圆柱上底的轴测椭圆。将椭圆的三个圆心 2、3、4 沿 Z 轴平移高度 h，作出下底椭圆（下底椭圆看不见的一段圆弧不必画出），如图 4-6(c)。

④ 作椭圆的公切线，擦去作图线，描深，如图 4-6(d)。

当圆柱轴线垂直于正面或侧面时，轴测图画法与上述相同，只是圆平面内所含的轴线应分别为 X、Z 轴和 Y、Z 轴，如图 4-7 所示。

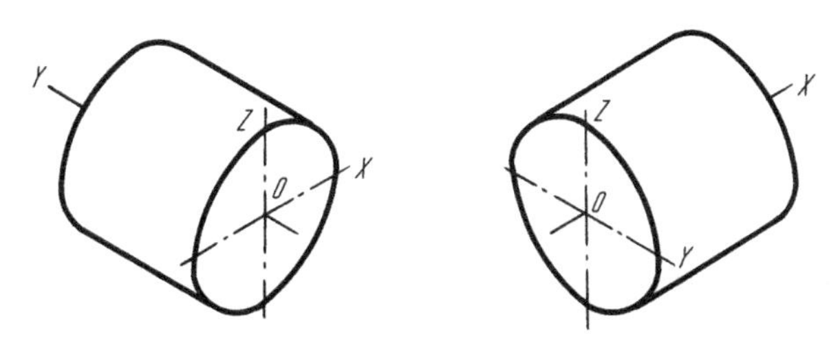

图 4-7　不同方向圆柱的正等测图

4. 圆角平板

平行于坐标面的圆角是圆的一部分。特别是常见的四分之一圆周的圆角，如图 4-8(a)，其正等测恰好是上述近似椭圆的四段圆弧中的一段。

① 画出平板的轴测图，并根据圆角的半径 R，在平板上底面相应的棱线上作出切点 1、2、3、4，如图 4-8(b)。

② 过切点 1、2 分别作相应棱线的垂线，得交点 O_1。同样，过切点 3、4 作相应棱线的垂线，得交点 O_2。以 O_1 为圆心，$O_1$1 为半径作 $\overset{\frown}{12}$；以 O_2 为圆心，$O_2$3 为半径作 $\overset{\frown}{34}$，即得平板上底面圆角的轴测图，如图 4-8(c)。

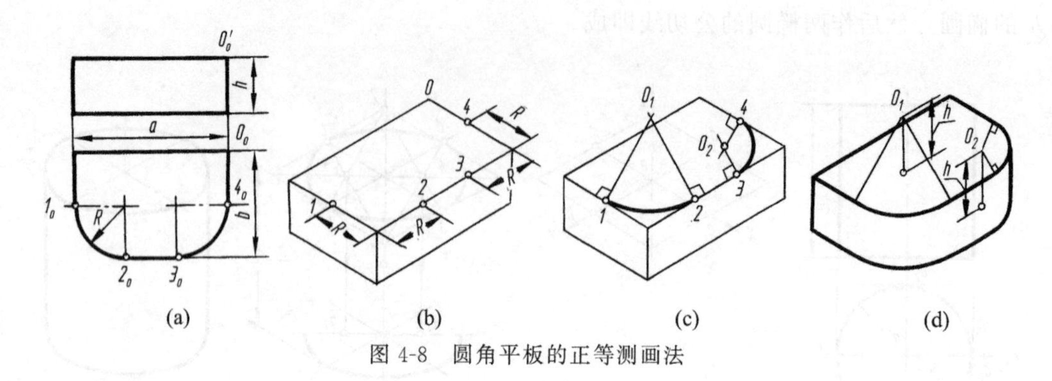

图 4-8　圆角平板的正等测画法

③ 将圆心 O_1、O_2 下移平板的厚度 h，再用与上底面圆弧相同的半径分别画两圆弧，即得平板下底面圆角的轴测图。在平板右端作上、下小圆弧的公切线，擦去作图线，描深，如图 4-8(d)。

5. 半圆头板

根据图 4-9(a) 给出的尺寸先作出包络半圆头的长方体，以包含 X、Z 轴的一对共轭轴作出半圆头和圆孔的轴测图。必须注意：圆孔在半圆头板后壁上的一段可见圆弧应画出。

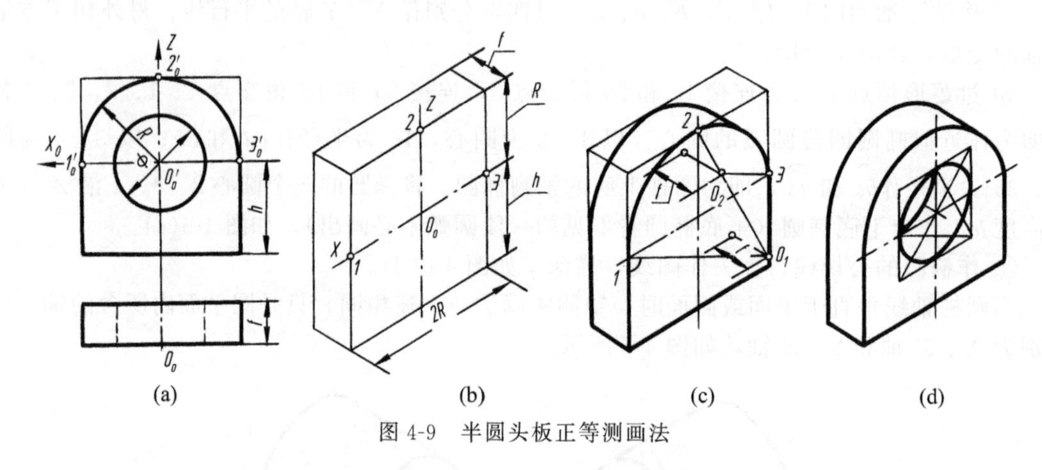

图 4-9　半圆头板正等测画法

① 画出方板的轴测图，并标出切点 1、2、3，如图 4-9(b)。

② 过切点 1、2、3 作相应棱边的垂线，得交点 O_1、O_2。以 O_1 为圆心，O_12 为半径作 $\overset{\frown}{12}$，以 O_2 为圆心，O_22 为半径作 $\overset{\frown}{23}$。将 O_1、O_2 和 1、2、3 各点向后平移板厚 t，作相应的圆弧，再作小圆弧公切线，如图 4-9(c)。

③ 作圆孔椭圆，后壁的椭圆只要画出可见部分的一段圆弧。擦去作图线，描深，如图 4-9(d)。

【例 4-1】 根据图 4-10(a) 所示的三视图，画正等轴测图。

该形体可看作是一个长方体经过简单的切割和叠加而成。

(1) 画轴测轴，先作出完整的长方体，再切割成 L 形柱体，见图 4-10(b)。

(2) 切去左上角，见图 4-10(c)。

(3) 切去右下角，见图 4-10(d)。

(4) 叠加一个三棱柱，见图 4-10(e)。

(5) 描深可见轮廓线，完成正等轴测图，见图 4-10(f)。

【例 4-2】 如图 4-11(a) 所示，作带平面切口的圆柱的正等轴测图。

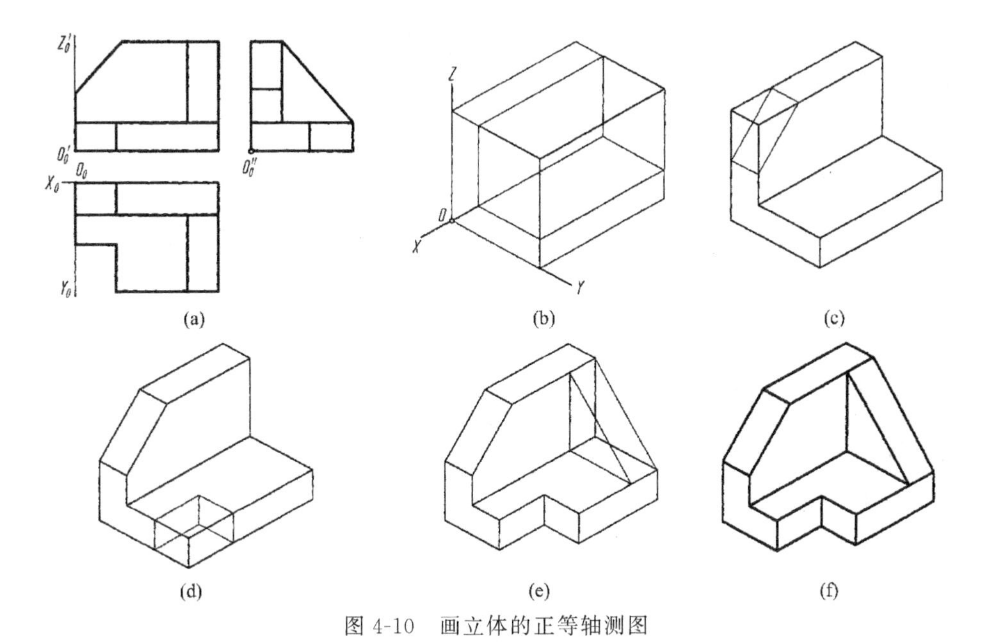

(a)　(b)　(c)

(d)　(e)　(f)

图 4-10　画立体的正等轴测图

图 4-11(a) 给出带平面切口圆柱的主、左视图。面 P 与圆柱面的交线是平行于侧面的圆弧；面 Q 与圆柱面的交线是两条平行于 O_0X_0。轴的直线（素线）；面 Q 与圆柱端面的交线以及两截平面的交线都平行于 O_0Y_0 轴。先画出完整的圆柱体，再用切割的方法画出切口部分。为了便于切口部分的作图，将坐标原点定在左端面的中心，使 O_0Y_0 轴与圆柱轴线重合。

（1）画出轴测轴和完整的圆柱体，见图 4-11(b)。

（2）在 OX 轴上量取 l，作出侧平面 P 与圆柱面的交线椭圆弧［图 4-11(c)］。

（3）在 OZ 轴上量取 h，作出水平面 Q 与圆柱左端面的交线 AB、与圆柱面的交线 AC、BD，以及面 P 与面 Q 的交线 CD，见图 4-11(d)。

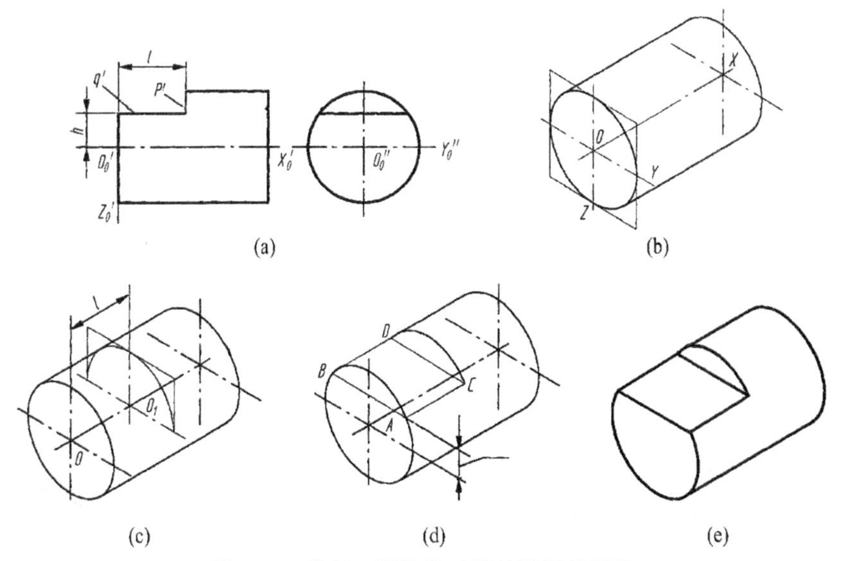

(a)　(b)

(c)　(d)　(e)

图 4-11　带切口圆柱的正等轴测图的画法

（4）清理图面，加深可见轮廓线，完成作图，见图 4-11（e）。

【例 4-3】 根据图 4-12(a) 所示支架的两视图，画正等轴测图。

从图 4-12(a) 可见，该形体左右对称，立板与底板后面平齐，据此选定坐标轴：取底板上表面的后棱线中点 O_0 为原点，确定 X_0、Y_0、Z_0 轴的方向。先用叠加法画出底板和立板的轴测图，再画出三个通孔的轴测图。

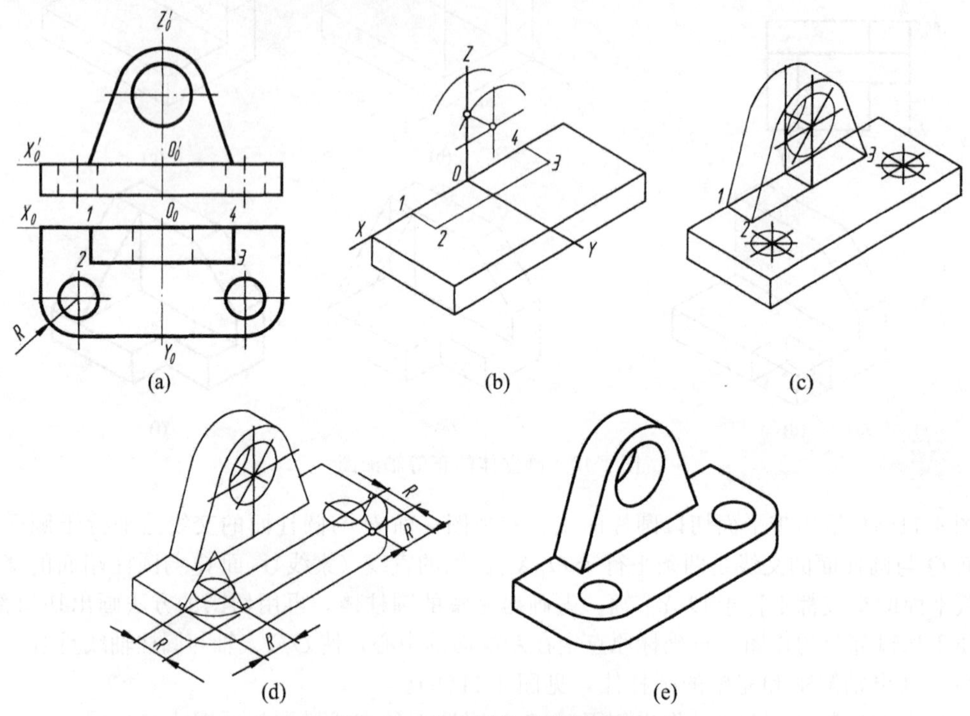

图 4-12　作支架的正等轴测图

① 如图 4-12(b) 所示，根据选定的坐标轴画出轴测轴，完成底板的轴测图，并画出立板上部两条椭圆弧及立板下表面与底板上表面的交线 12、23、34。

② 如图 4-12(c) 所示，分别由 1、2、3 点向椭圆弧作切线，完成立板的轴测图，再画出三个圆孔的轴测图。

③ 如图 4-12(d) 所示，画出底板上两圆角的轴测图。

④ 擦去多余作图线，描深，完成作图，如图 4-12(e) 所示。

第三节　斜二轴测图

画轴测图的方法有多种，除了正等测以外，常用的还有斜二轴测图（可简称斜二测），在某种特定条件下，斜二测非常简单易画。如图 4-13 所示端盖，若画正等测，见图 4-13(a) 至少要画八个椭圆，而斜二测只要画出前后若干个圆，见图 4-13(b)。

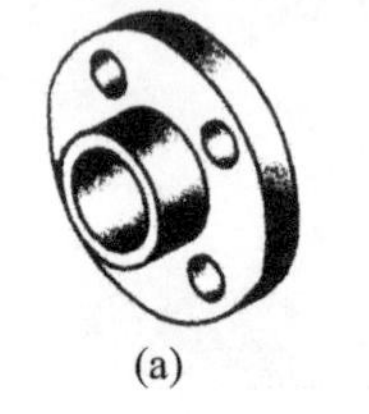

(a)

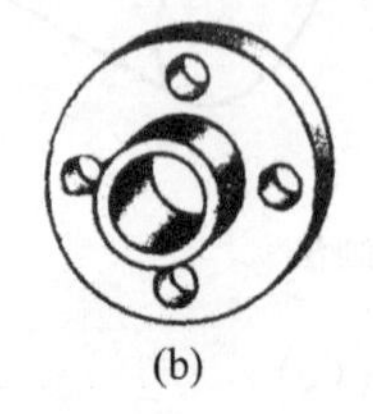

(b)

图 4-13　端盖

一、轴间角和轴向伸缩系数

轴测投影面 P 平行于一个坐标平面，投射方向倾斜于轴测投影面时，即得斜二轴测图，如图 4-1(b)。

图 4-14 所示是国标中的一种斜二轴测图，$X_0O_0Z_0$ 坐

标面平行于轴测投影面 P，所以轴测轴 OX、OZ 仍分别为水平方向和铅垂方向，其轴向伸缩系数 $p=r=1$，轴测轴 OY 与水平线成 45°，其轴向伸缩系数 $q=1/2$。轴间角 $\angle XOZ=90°$，$\angle XOY=\angle YOZ=135°$。

平行于坐标面 $X_0O_0Z_0$ 的圆的斜二测，仍是大小相同的圆；平行于坐标面 $X_0O_0Y_0$ 和 $Y_0O_0Z_0$ 的圆的斜二测是椭圆。椭圆可采用八点法绘制，画法见图 4-14(b)。

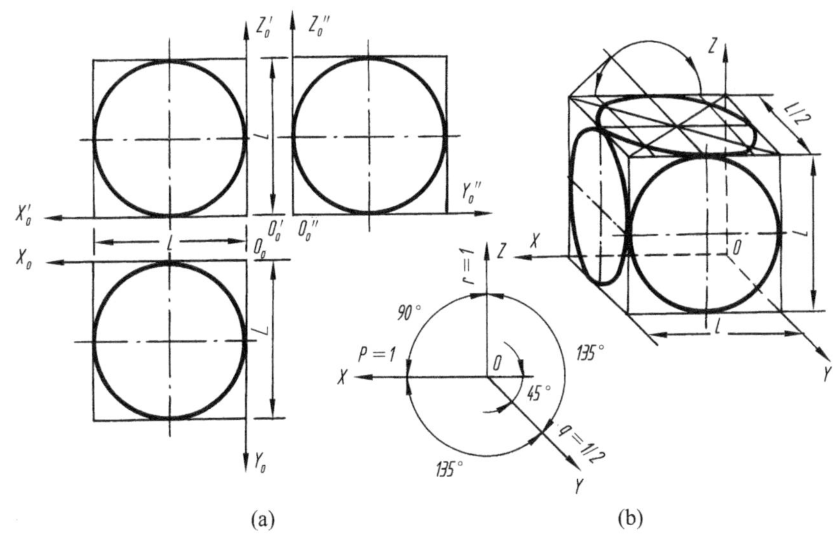

图 4-14　斜二测图的轴间角和轴向伸缩系数

二、斜二测画法

在斜二测图中，由于物体上平行于 $X_0O_0Z_0$ 坐标面的直线和平面图形，都反映实长和实形。所以，当物体上有较多的圆或曲线平行于 $X_0O_0Z_0$ 坐标面时，采用斜二测作图比较方便。下面以一些典型的图例来说明斜二测画法。

1. 圆台

分析

图 4-15(a) 是一个具有同轴圆柱孔的圆台，圆台的前、后端面以及孔口都是圆。因此，将前、后端面放成平行于正面的位置，作图很方便。

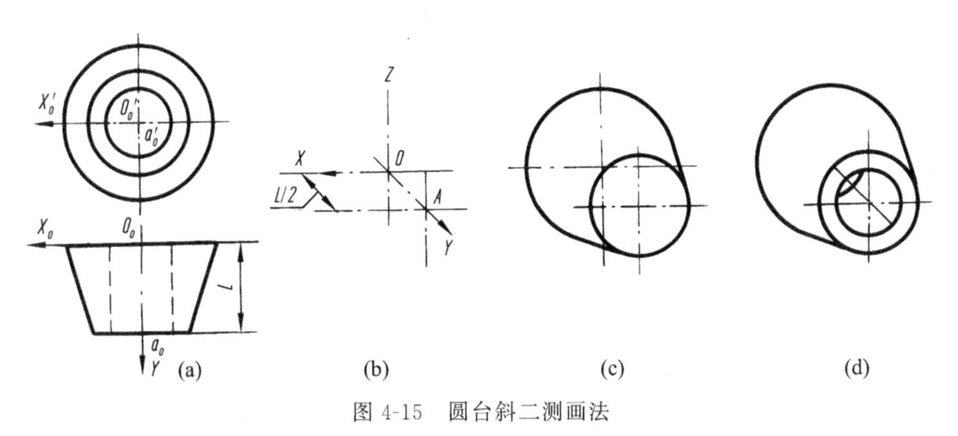

图 4-15　圆台斜二测画法

作图

① 作轴测轴，在 Y 轴上量取 $L/2$，定出前端面的圆心 A，见图 4-15(b)。

② 画出前、后端面的轴测圆，作两端面圆的公切线，见图 4-15(c)。

③ 画出前、后孔口圆的可见部分，擦去作图线，描深，见图 4-15(d)。

2. 连杆

分析

图 4-16(a) 所示连杆在同一方向上有圆和圆弧，作斜二测比较方便。由俯视图可以看出，这些圆和圆弧分别在连杆的前、后端面和中间的层面上，所以作图时应先定出三个层面上圆和圆弧的圆心位置，分别作出各层面上的圆和圆弧，然后再作出连杆的外轮廓线。

作图

① 作出轴测轴 X、Z，Y 轴的 45°方向是可以任意选择的，由于原点 O_0 定在连杆的前端面，可过 O_0 作向右、向上的 45°线作为 Y 轴。根据给定的尺寸 a、b、c 定出各层面的圆心位置，如图 4-16(b)。

② 分别画出三个层面上的圆和圆弧，并作各端面的公切线，即连杆的外轮廓线，如图 4-16(c)。

③ 画出两个圆孔的圆，注意两个圆孔在后端面上的可见部分圆弧不要漏画。擦去作图线，描深，如图 4-16(d)。

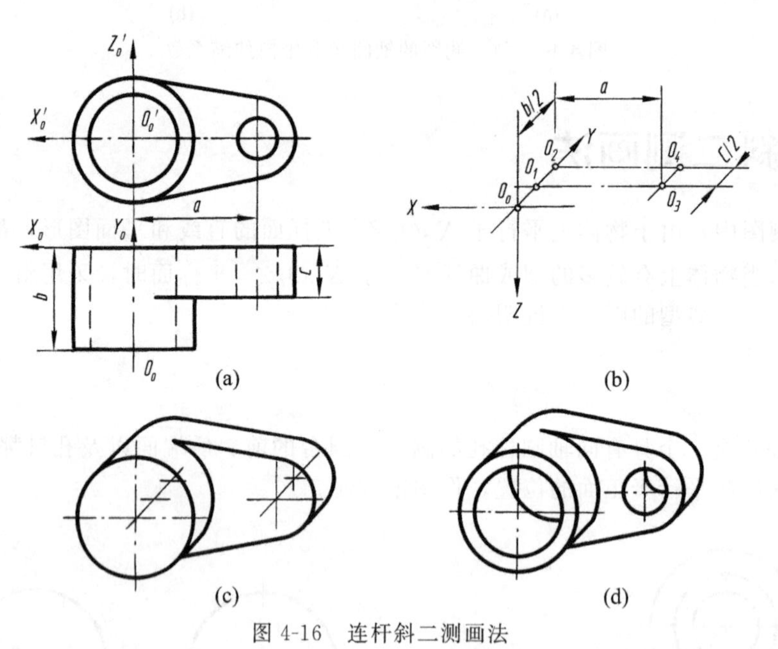

图 4-16 连杆斜二测画法

第四节 轴测草图画法

不用绘图仪器和工具，通过目测形体各部分的尺寸和比例，徒手绘制的图称为草图。草图是创意构思、技术交流、测绘机件常用的绘图方法。画草图时不用绘图仪器和工具，而按目测形体各部分的尺寸和比例，用徒手画出。草图虽然是徒手绘制，但并不是潦草的图，仍应做到图线清晰、粗细分明。

由于草图绘制迅速简便，有很大的实用价值，所以应用非常普遍，特别是随着计算机绘图的普及，徒手绘图的应用将更加广泛。为了便于控制尺寸大小，常在方格纸上画草图，方格纸可以不固定在图板上，便于转动或移动。

一、徒手绘图的基本技法

1. 直线的画法

画轴测草图时，一般先画水平线和垂直线，以确定轴测图的位置和图形的主要基准线。在画直线的运笔过程中，小手指轻抵纸面，视线略超前一些，不宜盯着笔尖，而要目视运笔的前方和笔尖运行的终点。如图 4-17(a) 所示，画水平线时应自左向右、画垂直线时应自上而下运笔。画斜线的运笔方向以顺手为原则，若与水平线相近，自左向右，若与垂直线相近，则自上向下运笔。如果将图纸沿运笔方向略为倾斜，则画线更加顺手，如图 4-17(b) 所示。若所画线段比较长，不便于一笔画成，可分几段画出，但切忌一小段一小段画。

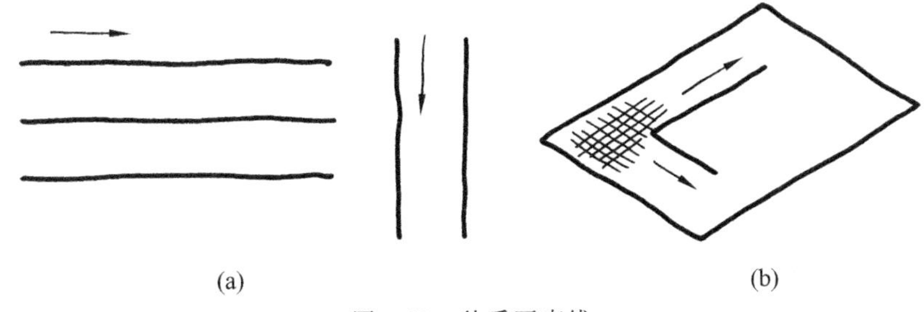

(a)　　(b)

图 4-17　徒手画直线

2. 等分线段

八等分线段，如图 4-18(a)。先目测取得中点 4，再取分点 2、6，最后取其余分点 1、3、5、7。

五等分线段，如图 4-18(b)。先目测以 2∶3 的比例将线段分成不相等的两段，然后将小段平分，较长的一段三等分。

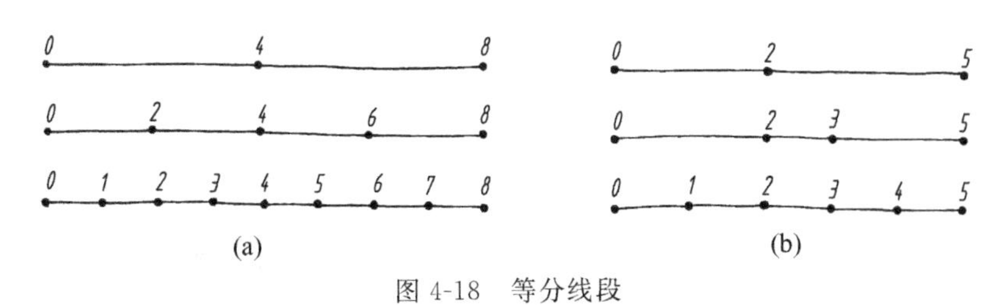

(a)　　(b)

图 4-18　等分线段

3. 常用角度画法

画轴测草图时，首先要画出轴测轴。如图 4-19(a)，正等测图的轴测轴 OX、OY 与水平线成 30°角，可利用直角三角形两直角边的长度比定出两端点，连成直线。图 4-19(b) 所示为斜二测图的轴测轴画法。也可以如图 4-19(c) 所示将半圆弧二等分或三等分画出 45°、30°斜线。

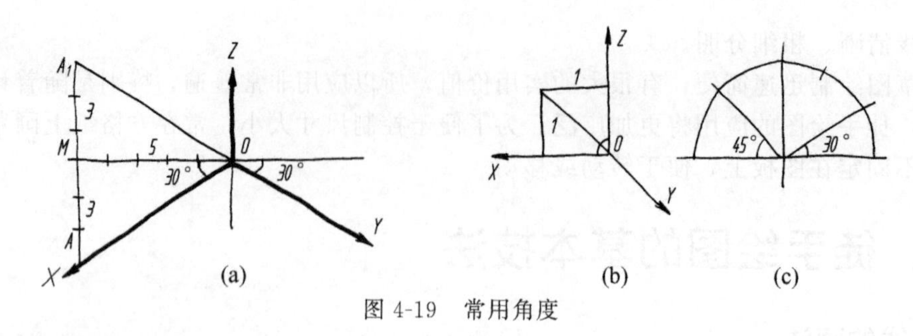

图 4-19　常用角度

二、平面图形草图画法

1. 正三角形画法

徒手画正三角形的作图步骤如图 4-20(a) 所示，已知正三角形边长 A_0B_0，过中点 O 作垂直线。五等分 OA_0，取 $ON=3/5OA_0$，得 N 点，过 N 作三角形底边 AB，取线段 OC 等于 ON 的两倍，得 C 点，作出正三角形。

按上述步骤在轴测轴上画出正三角形的正等轴测图，如图 4-20(b)。

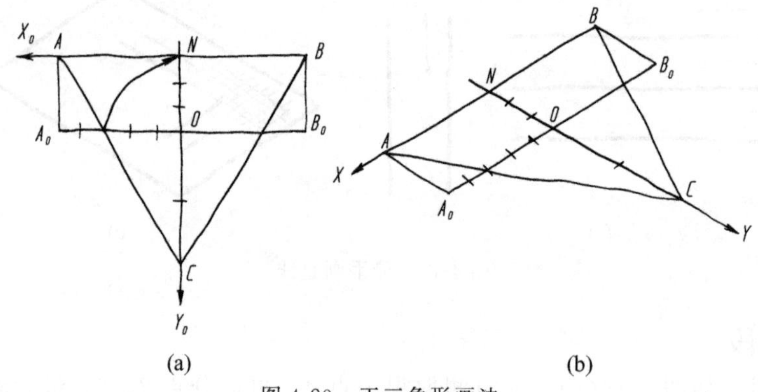

图 4-20　正三角形画法

2. 正六边形画法

如图 4-21(a) 所示，先作出水平和垂直中心线，然后根据已知的六边形边长截取 OA 和 OM，并六等分。过 OM 上的点 K（第五等分点）和 OA 的中点 N，分别作水平线和垂直线相交于 B，再作出 B 点的各对称点 C、D、E、F，连成正六边形。

按上述作图步骤在轴测轴上画出正六边形正等轴测图，如图 4-21(b)。

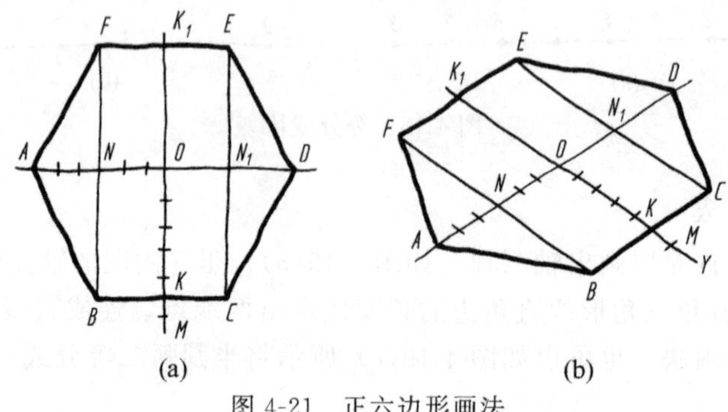

图 4-21　正六边形画法

3. 正八边形画法

如图 4-22(a) 所示，根据已知八边形的对边距画出正方形，然后把正方形边长的一半五等分，并在离对称中心线 2/5 处定出各顶点。

图 4-22(b) 为正八边形的正等测画法。

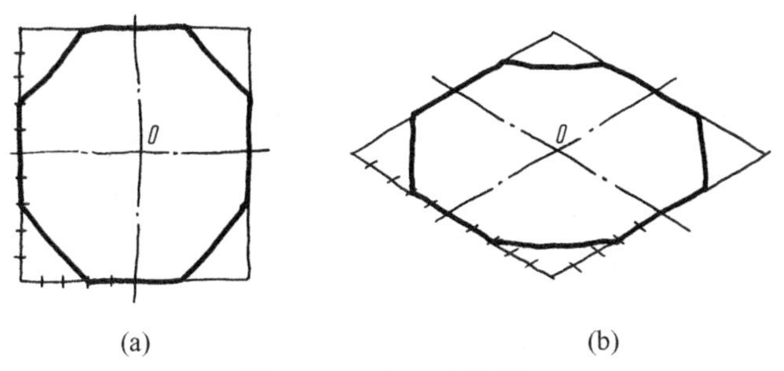

(a)　　(b)

图 4-22　正八边形画法

4. 徒手画圆的方法

画较小的圆时，可如图 4-23(a) 所示，在画出的中心线上按半径目测定出四点，徒手画成圆。也可以过四点先作正方形，再作内切的四段圆弧。画直径较大的圆时，取四点作圆不易准确，可如图 4-23(b) 所示，过圆心再画两条 45°斜线，并在斜线上也目测定出四点，然后过八个点画圆。

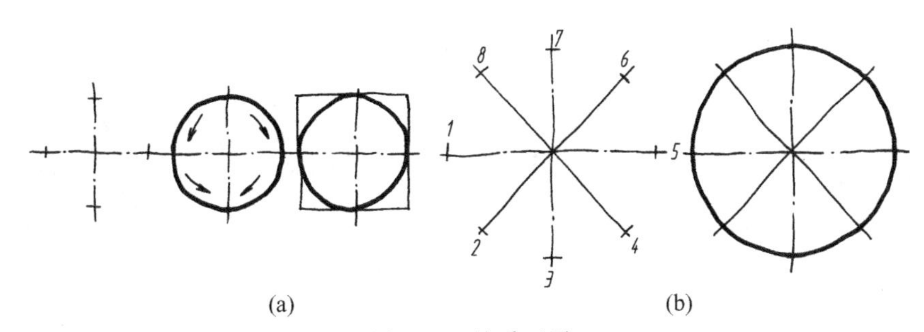

(a)　　(b)

图 4-23　徒手画圆

5. 徒手画椭圆的方法

画较小的椭圆时，先在中心线上定出长短轴的四个端点，作矩形，再在四个端点上画一段短弧与矩形各边相切，然后把四段圆弧用弧线连接，如图 4-24(a)。画较大椭圆时，如图 4-24(b) 所示，将矩形的对角线六等分，过长短轴端点及对角线靠外等分点（共八个点）徒手画出椭圆。

图 4-24(c) 所示为正等测椭圆画法，作轴测轴 OX、OY，根据已知圆的直径 D 作菱形，得 1、3、5、7 为椭圆的四个切点。三等分 $O5$，并过 M 点作 OX 轴平行线，与菱形的对角线交于 4、6，过 4、6 分别作 OY 轴平行线，与对角线交于 2、8。光滑连接八点即为正等测椭圆的近似画法。

图 4-24(d) 所示为斜二测椭圆画法，作轴测轴 OX、OY，根据已知圆的直径 D 作平行四边形。用正等测椭圆类似的画法作椭圆。

【例 4-4】 徒手画扳手（局部）草图。

画平面图形草图时，要分析图形的尺寸关系，先画已知线段，再画连接线段。图形的中

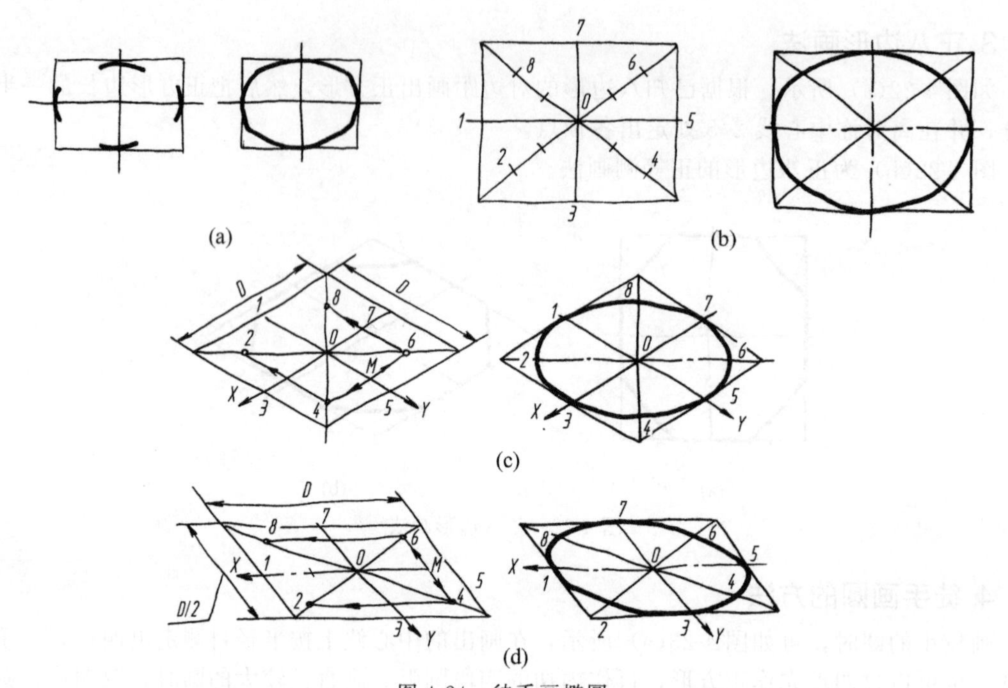

(a) (b)

(c)

(d)

图 4-24　徒手画椭圆

心线和主要轮廓尽可能利用方格纸上的格线，圆心的位置安在格线的交点上，图形各部分的比例可按方格纸上的格数确定，将每一小格定为一定的长度单位。

图 4-25 所示为徒手画扳手（局部）草图示例。

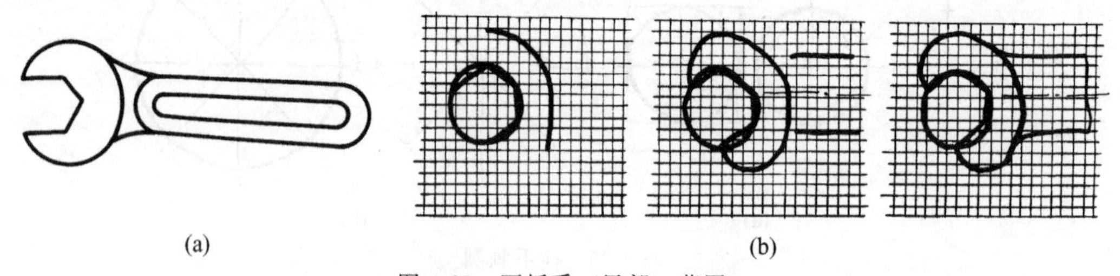

(a) (b)

图 4-25　画扳手（局部）草图

三、轴测草图画法举例

【例 4-5】 画螺栓毛坯正等测草图。

螺栓毛坯由六棱柱、圆柱和圆台组成，基本体的底面中心均在 O_0Z_0 轴上，如图 4-26(a)。作图时，可先画出轴测轴，并在 OZ 轴上定出各基本体底面中心 $O_1\sim O_3$，过各中心点作平行于轴测轴（X、Y）的直线，如图 4-26(b)。按图 4-21(b) 和图 4-24(c) 所示的方法画出各底面的图形，如图 4-26(c)，最后画出六棱柱、圆柱、圆台的外形轮廓，如图 4-26(d)。

【例 4-6】 画接头的正等测草图。

先根据图 4-27(a) 所示接头的主、俯视图，画出立方体，采用切割法画出三个四棱柱，如图 4-27(b)。在正等测图中，平行于坐标面的圆均为椭圆，按图 4-24(a) 所示方法，画出椭圆的外切菱形，再画出椭圆，如图 4-27(c)。

【例 4-7】 画压板的斜二测草图。

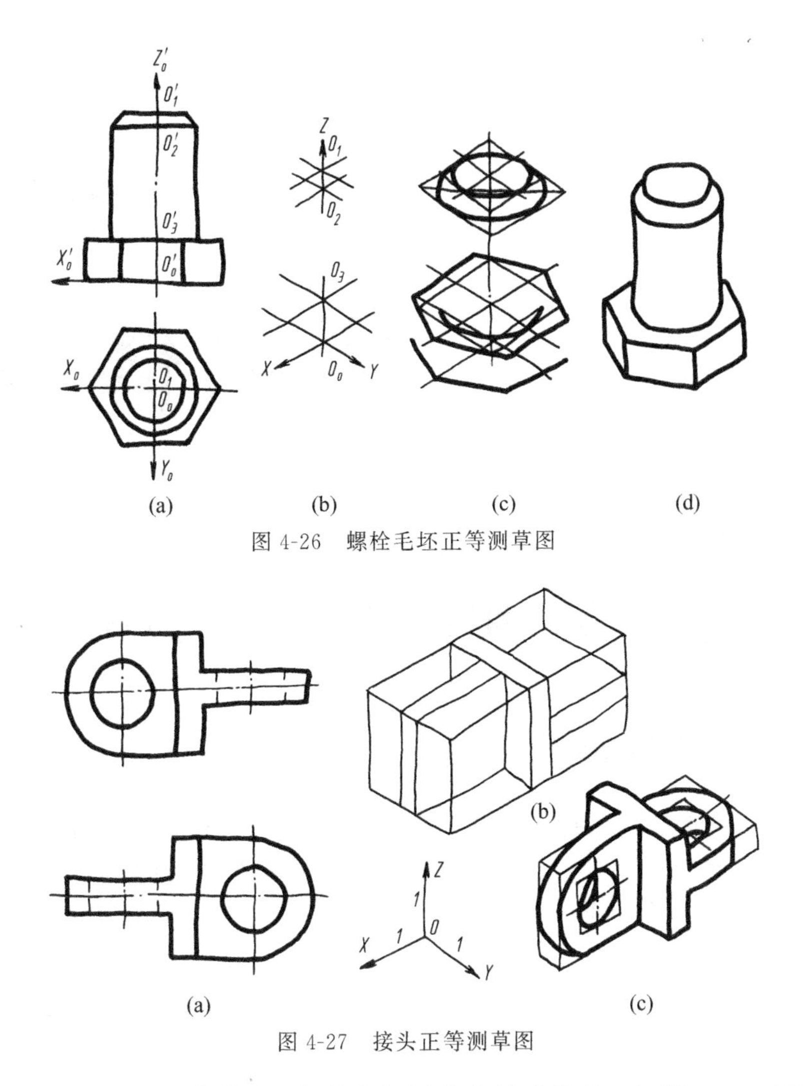

图 4-26　螺栓毛坯正等测草图

图 4-27　接头正等测草图

画斜二等轴测图时，可直接由压板的主视图作出外形轮廓，如图 4-28。XOY 坐标面上的圆，在斜二测图中是椭圆，按图 4-24(d) 所示方法先画出椭圆的外切平行四边形，再画出椭圆，然后画出压板左端切去的两角，如图 4-28(c)。

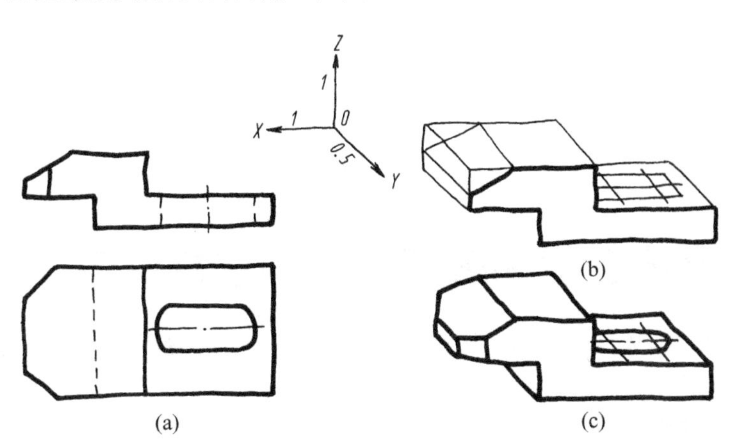

图 4-28　压板斜二测草图

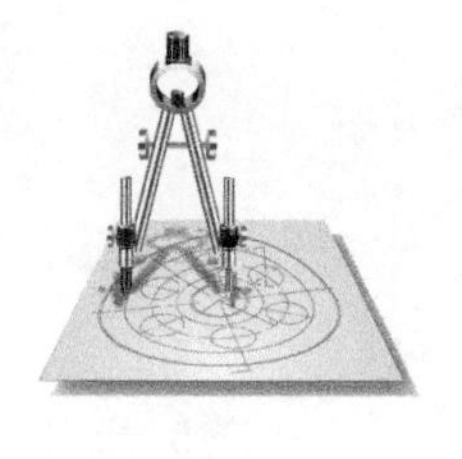

第五章
组合体画法

第一节　组合体的形体分析

一、组合体的组合形式

组合体按其组成的方式，通常分为叠加型和切割型两种。叠加型组合体是由若干基本体叠加而成，如图 5-1(a) 所示的支座；切割型组合体则可看作由基本体经过切割或穿孔后形成的，如图 5-1(b) 所示的架体。

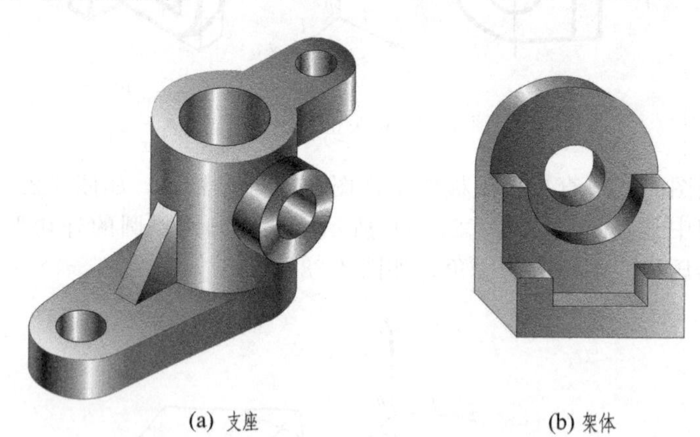

(a) 支座　　(b) 架体

图 5-1　组合体的组合形式

二、组合体上相邻表面之间的连接关系

组合体中的基本形体经过叠加、切割或穿孔后，形体的相邻表面之间可能形成共面、相切或相交三种特殊关系。

1. 共面和不共面

当相邻两形体的表面共面时，在共面处不应有邻接表面的分界线，如图 5-2(a)。

如果两形体的表面不共面，而是相错，如图 5-2(b) 所示，在主视图上要画出两表面间的界线。

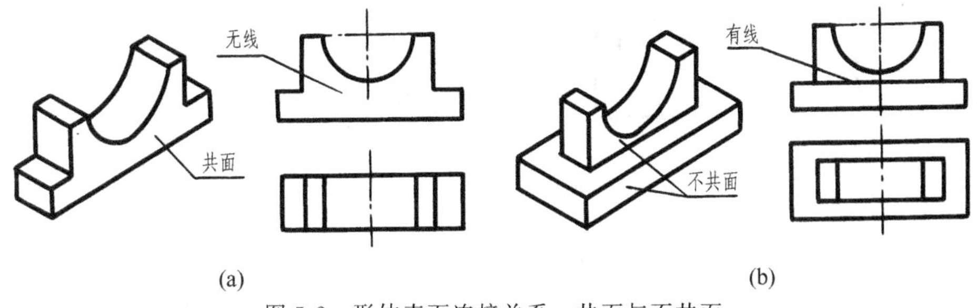

图 5-2　形体表面连接关系—共面与不共面

2. 两形体表面相切

相切是指两个基本体的相邻表面（平面与曲面或曲面与曲面）光滑过渡。如图 5-3 所示，相切处不存在轮廓线，在视图上一般不画出分界线。

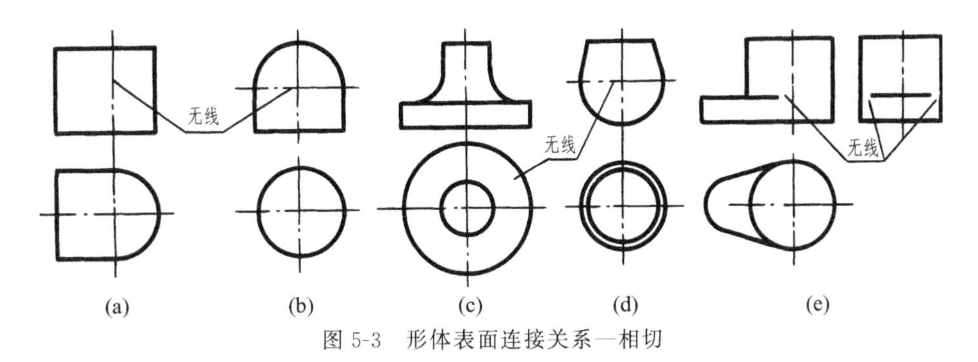

图 5-3　形体表面连接关系—相切

有一种特殊情况必须注意，如图 5-4 中的两个压铁所示：当两个圆柱面相切时，而圆柱面的公共切平面垂直于投影面时，应画出两个圆柱面的分界线，如图 5-4(b) 中的俯视图；若它们的公共切平面倾斜或平行于投影面，则两圆柱面之间不画分界线，如图 5-4(a) 中的俯视图和左视图，以及图 5-4(b) 中的左视图。

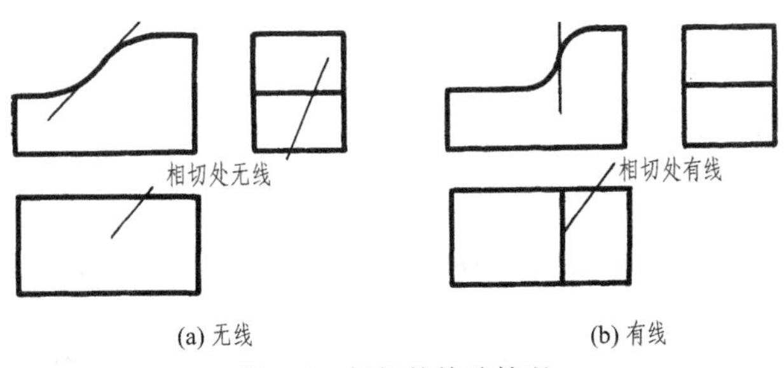

图 5-4　相切的特殊情况

3. 两形体表面相交

相交是指两基本体的表面相交所产生的交线（截交线或相贯线），应画出交线的投影。如图 5-5 所示。

图 5-6 是一个支座。由于支座底板的前、后面与圆柱体表面相切，在主、左视图上相切处不画线，底板顶面在主、左视图上的投影应画到相切处为止。支座的右耳板与肋板前、后面均

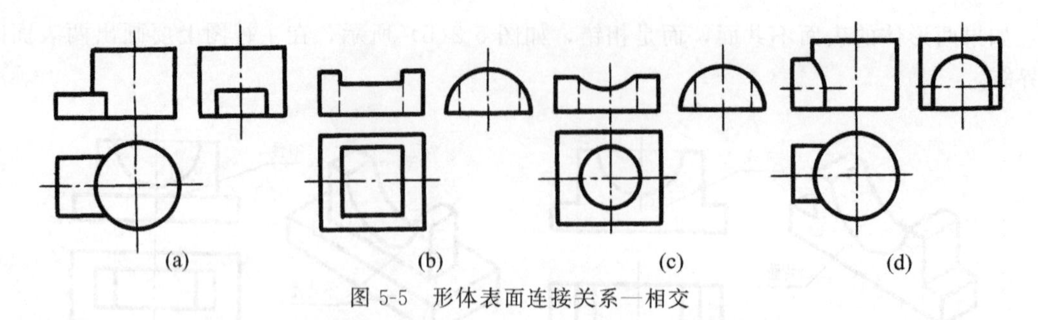

图 5-5 形体表面连接关系—相交

与圆柱体表面相交，有截交线。俯视图中右耳板与圆柱体的顶面连接处为什么画虚线，请读者自行分析。圆柱体与前面的凸台相交，有相贯线，两个圆柱孔的孔壁相交，也有相贯线。

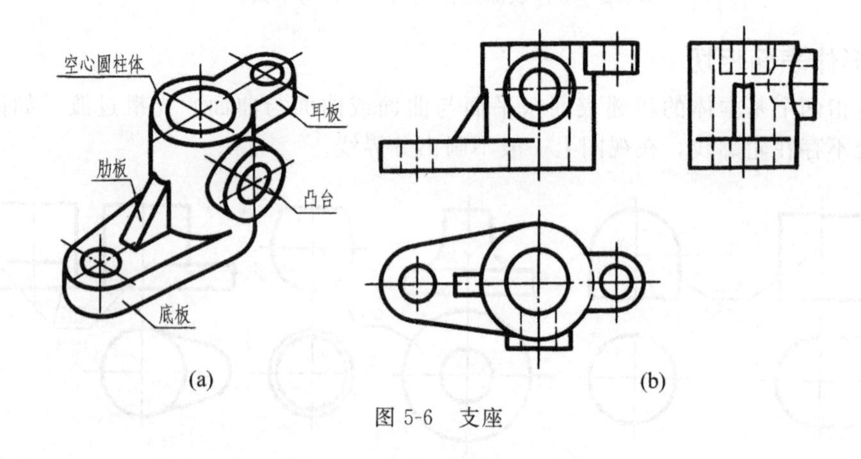

图 5-6 支座

第二节 画组合体视图

一、形体分析法

如前所述，组合体是由一些基本体经过叠加或切割等方式组合而成，这些基本体可以是一个完整的柱、锥、球、环，也可以是一个不完整的基本形体，或者是它们的简单组合。图 5-7 所示为零件上常见的一些基本形体的图例，熟悉这些基本形体及其视图，将有助于组合体的绘制与识读。

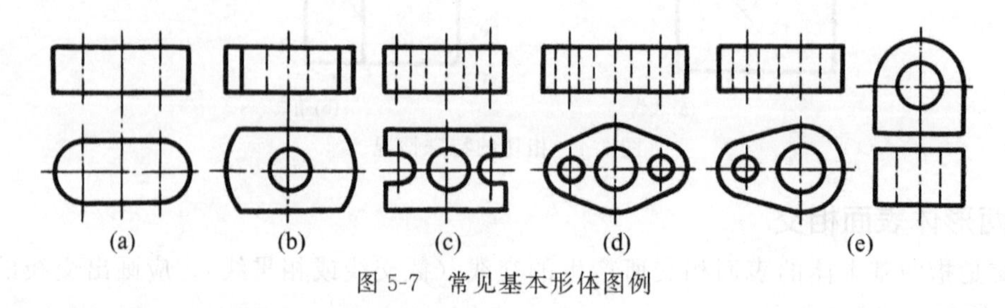

图 5-7 常见基本形体图例

在画图和读图时，假想将一个复杂的形体看作由若干基本形体组合的思考方法称为形体分析法。形体分析法是指导画图和读图的基本方法。

二、画组合体视图的方法与步骤

1. 叠加型组合体

以图 5-8 所示轴承座为例说明叠加型组合体视图的画法。

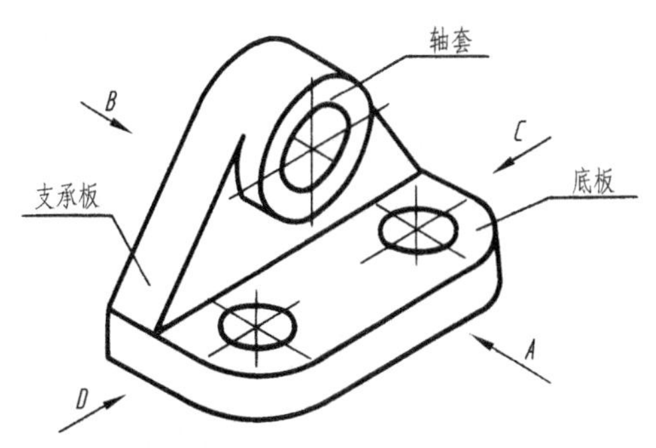

图 5-8　形体分析与视图选择

(1) 形体分析　轴承座由三个基本形体组成：底板、轴套和支承板。支承板底面与底板叠合，左右斜面与轴套圆柱面相切，三个基本形体的后端面平齐。

(2) 视图选择　首先选择主视图。组合体主视图的选择一般应考虑两个方面：形体的安放位置和主视图的投射方向。为了便于作图并且有较好的度量性，将组合体的主要表面放置成投影面的平行面，主要轴线放置成投影面的垂直线；选择主视图的投射方向时，应能较全面地反映组合体各部分的形状特征以及它们之间的相对位置。如图 5-8 箭头所示 A、B、C、D 四个投射方向进行比较，若以 B 向作为主视图，虚线较多，显然没有 A 向清楚；C 向和 D 向虽然虚实线情况相同，但若以 D 向作为主视图，则左视图上会出现较多虚线，没有 C 向好；再比较 C 向与 A 向，A 向反映轴承座各部分的轮廓特征比较明显，所以确定以 A 向作为主视图的投射方向。主视图确定以后，俯视图和左视图的投射方向也就确定了。

(3) 布置视图　根据组合体的大小，定比例、选图幅、确定各视图的位置，画出各视图的基线，如组合体的底面、端面、对称中心线等。布置视图时应注意三个视图之间留有空隙，以便标注尺寸。

(4) 画图步骤　如图 5-9 所示，按形体分析法分解各基本形体以及确定它们之间的相

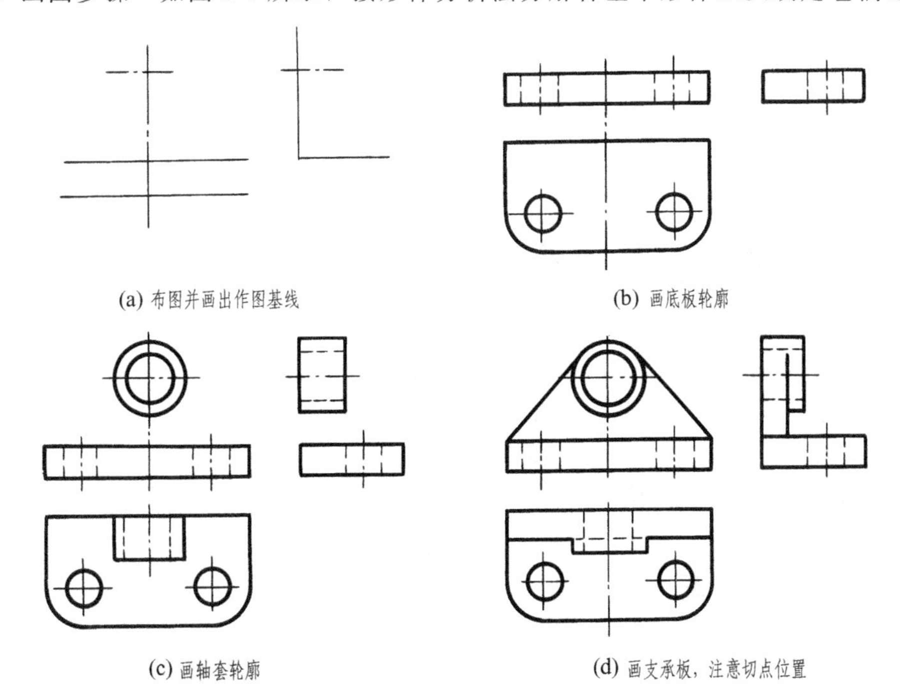

图 5-9　组合体的画图步骤（一）

对位置，逐个画出各基本形体的视图。必须注意：在逐个画基本形体时，可同时画出三个视图，这样既能保证各基本形体之间的相对位置和投影关系，又能提高绘图速度；画基本形体时，先从反映特征轮廓的视图入手，如底板上的圆角和圆孔则先画其俯视图，轴套应先画其主视图，并且要先画出两条垂直相交的中心线，确定圆心位置，然后画圆或圆弧。

2. 切割型组合体

以图 5-10 垫块为例说明切割型组合体视图的画法。

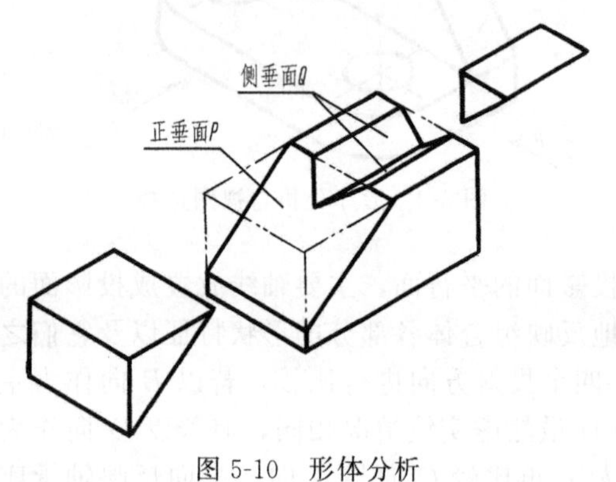

图 5-10 形体分析

图示垫块可分析为一个长方体被正垂面 P 切去左上角，再被两个侧垂面 Q 切出 V 形槽。

垫块的画图步骤如图 5-11 所示。

画切割型组合体时应注意：

① 作每个截面的投影时，应先从反映形体特征轮廓，具有积聚性投影的视图开始。如画由正垂面 P 截出的图形时，先画出其正面投影；画由侧垂面 Q 形成的切口时，先画切口的侧面投影。

② 注意截面投影的类似性。如图 5-11（c）所示俯视图和左视图中 V 形表面的类似形。

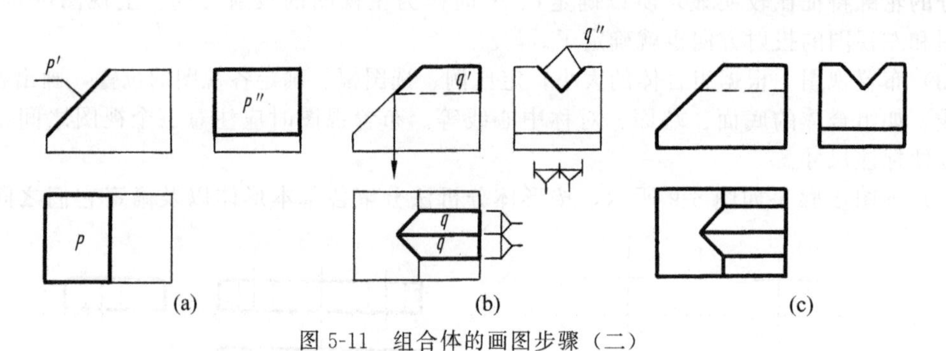

图 5-11 组合体的画图步骤（二）

第三节 组合体的尺寸标注

组合体尺寸标注的基本要求是：正确、齐全和清晰。正确是指符合国家标准的规定；齐全是指标注尺寸既不遗漏，也不多余；清晰是指尺寸注写布局要整齐、清楚，便于看图。本节着重讨论如何使标注尺寸齐全和清晰的问题。

下面以图 5-8 所示轴承座为例说明组合体尺寸标注的基本要求以及方法和步骤。

一、尺寸齐全

图中所注尺寸应能完全确定组合体的形状大小及各部分的相对位置。要满足尺寸齐全的要求，仍需按形体分析法将组合体分解为若干基本形体，逐个注出它们的各部分尺寸。组合体的尺寸包括下列三部分内容：

① 定形尺寸　表示各基本形体大小（长、宽、高）的尺寸；

② 定位尺寸　表示各基本形体之间相对位置（上下、左右、前后）的尺寸；

③ 总体尺寸　表示组合体总长、总宽、总高尺寸。

组合体三视图尺寸标注的步骤如图 5-12 所示。

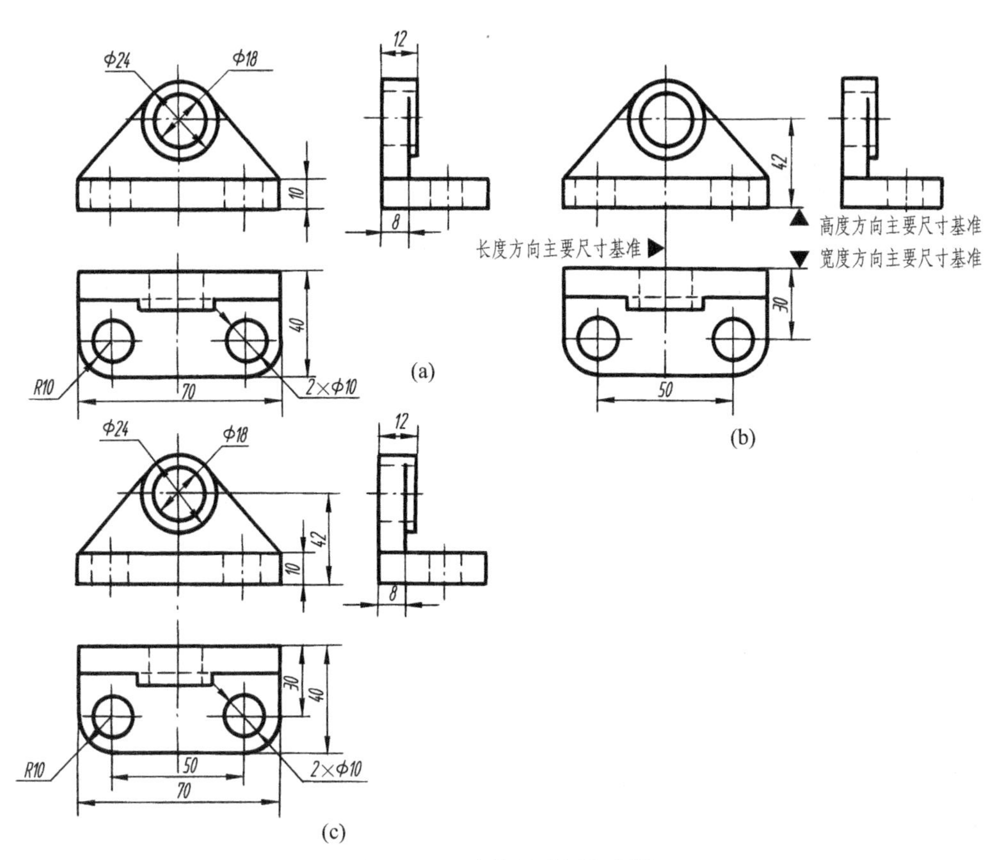

图 5-12　组合体尺寸标注步骤

1. 标注定形尺寸

如图 5-12(a)，标注底板的长、宽、高尺寸（70、40、10），底板上圆角和圆孔尺寸（$R10$、$2\times\phi10$）；必须注意：相同的孔要注数量，如 $2\times\phi10$；但相同的圆角如 $R10$ 不注数量。

轴套的直径尺寸（$\phi24$、$\phi18$），宽度尺寸（12）；

支承板的长度尺寸与底板的长度尺寸一致，不必重复标注，左右两侧与轴套圆柱表面相切的斜面可直接由作图决定，不必标注尺寸。所以支承板只要标注其板厚的尺寸（8）即可。

2. 标注定位尺寸

如图 5-12(b)，标注定位尺寸时，必须在长、宽、高三个方向分别选定尺寸基准，每个方向至少有一个尺寸基准，以便确定各基本形体在各方向上的相对位置。通常选择组合体的底面、重要端面、对称平面以及回转体的轴线等作为尺寸基准。如轴承座的左右对称中心线为长度方向尺寸基准；后端面为宽度方向尺寸基准；底面为高度方向尺寸基准。图中用符号“▲”表示基准的位置。

由长度方向尺寸基准注出底板上两圆孔的定位尺寸（50）；

由宽度方向尺寸基准注出底板上圆孔与后端面的定位尺寸（30）；

由高度方向尺寸基准注出轴套圆柱中心线与底面的定位尺寸（42）。

3. 标注总体尺寸

图 5-12(c) 为尺寸标注齐全的轴承座三视图。

轴承座的总长和总宽尺寸即底板的长和宽（70、40），不再重复标注；

对于端部具有圆弧形状的组合体，为了突出圆弧中心或孔的轴线位置，当注出定位尺寸和圆弧定形尺寸后，一般不再标注该方向的总体尺寸。如轴套圆柱轴线与底面的定位尺寸（42）注出以后，不再标注轴承座的总高尺寸。

二、尺寸清晰

如图 5-12(c)，要使尺寸标注清晰，应注意如下几点。

（1）突出特征　定形尺寸尽量标注在反映该部分形状特征的视图上。如底板的圆孔和圆角应标注在俯视图上。

（2）相对集中　形体某个部分的定形和定位尺寸，应尽量集中标注在一个视图上，便于看图时查找。如底板的长、宽尺寸，圆孔的定形、定位尺寸集中标注在俯视图上；轴套的定形、定位尺寸集中标注在主视图上。

（3）布局整齐　尺寸尽量布置在两视图之间，便于对照。同方向的平行尺寸，应使小尺寸在内，大尺寸在外，间隔均匀，避免尺寸线与尺寸界线相交。同方向的尺寸应排列在一直线上，既整齐，又便于画图，如主、俯视图中的尺寸（10、30）和（42、40）。

（4）圆的直径最好标注在非圆视图上　虚线上尽量避免标注尺寸。圆弧的半径必须标注在投影为圆弧的视图上，如底板圆角半径 $R10$ 标注在俯视图上。

【例 5-1】 标注支座的尺寸。

（1）逐个注出各基本形体的定形尺寸　如图 5-13，将支座分解为五个基本形体，分别注出它们的定形尺寸。这些尺寸标注在哪个视图上，要根据具体情况而定。如直立圆柱的高度尺寸（90）注在主视图上，圆孔直径（$\phi40$）注在俯视图上，而 $\phi70$ 若注在主视图上不清楚，所以将它注在左视图上。底板的尺寸（$\phi20$ 和 $R20$）注在俯视图上最恰当，而厚度尺寸（18）只能注在主视图上。其余各部分尺寸请读者自行分析。

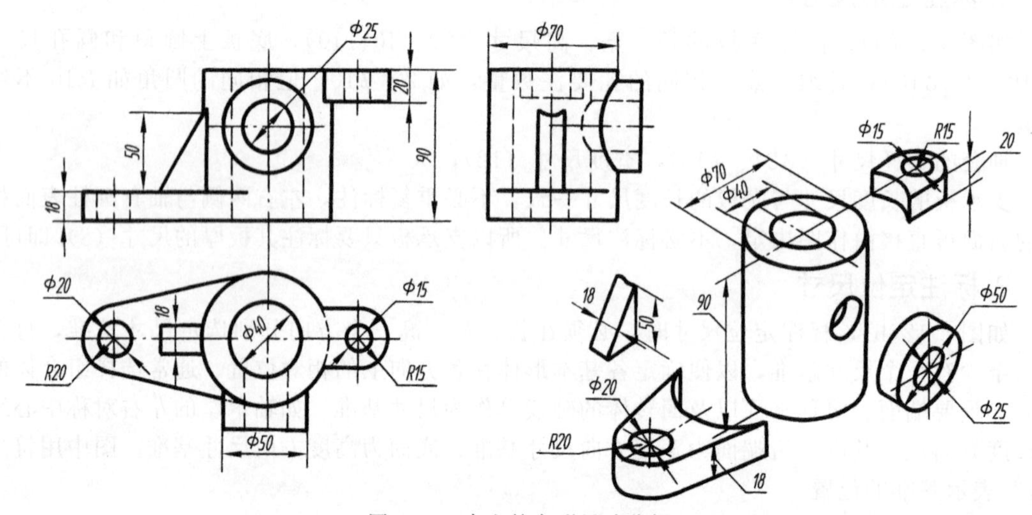

图 5-13　支座的定形尺寸分析

（2）标注确定各基本形体之间相对位置的定位尺寸　如图 5-14，标注各基本形体之间的五个定位尺寸：直立圆柱与底板圆孔长度方向上的定位尺寸（80）；肋板、耳板与直立圆柱轴线之间长度方向上的定位尺寸（60、56）；水平圆柱与直立圆柱在高度方向上的定位尺寸（32）以及宽度方向上的定位尺寸（52）。

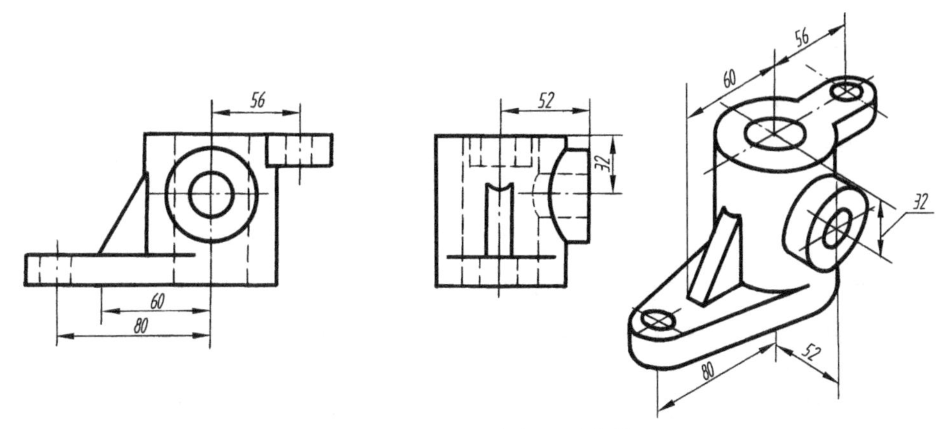

图 5-14　支座的定位尺寸分析

（3）总体尺寸　如图 5-15，支座的总高尺寸（90），而总长和总宽尺寸则由于组合体的端部为同轴线的圆柱和圆孔（如底板的左端和耳板的右端等形状），有了定位尺寸后，一般不再标注其总体尺寸。如标注了定位尺寸（80、56），以及圆弧半径（$R20$、$R15$）后，不再标注总长尺寸，在左视图上标注了定位尺寸（52），不再标注总宽尺寸。支座完整的尺寸标注如图 5-15 所示。

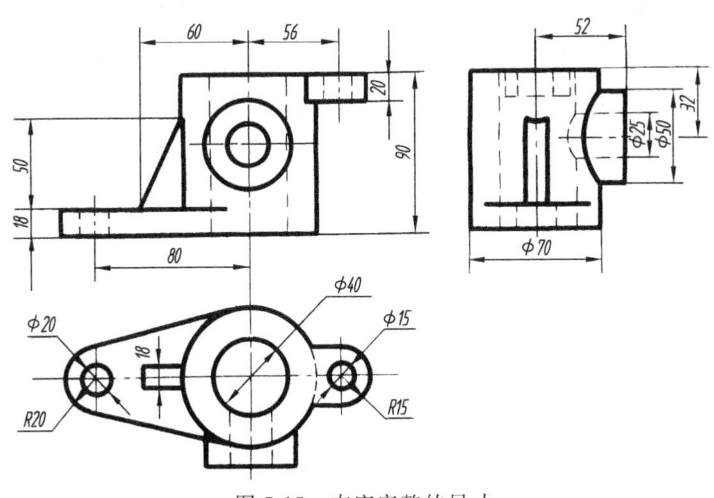

图 5-15　支座完整的尺寸

第四节　读组合体视图

画图是把空间形体按正投影法绘制在二维平面上，读图则是根据已经画出的视图进行投影分析，想象空间物体的形状，是从二维图形建立三维形体的过程。画图和读图是相辅相成的，读图是画图的逆过程。为了能够正确而迅速地读懂视图，必须掌握读图的基本要领和基本方法。

一、读图基本要领

1. 几个视图联系起来识读

在机械图样中，机件的形状一般是通过几个视图来表达的，每个视图只能反映机件一个方向的形状。因此，仅由一个或两个视图往往不能唯一地表达机件的形状。

如图 5-16 所示的四组图形，它们的主视图都相同，但实际上表示了四种不同形状的物体。所以，只有把主视图与俯视图联系起来识读，才能判断它们的形状。

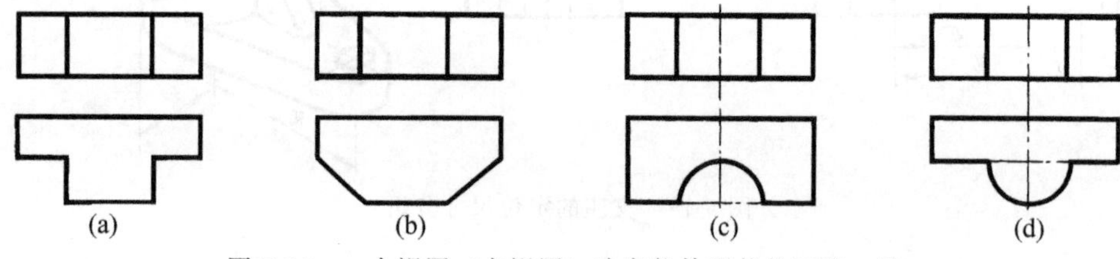

图 5-16　一个视图（主视图）确定物体形状的不唯一性

又如图 5-17 所示的四组图形，它们的主视图和俯视图都相同，但也表示了四种不同形状的物体。

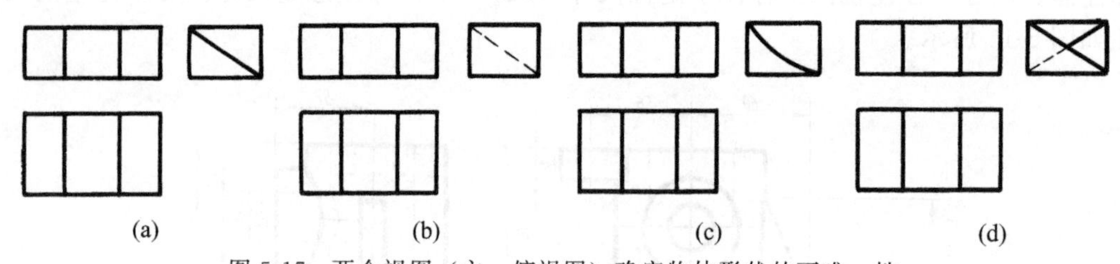

图 5-17　两个视图（主、俯视图）确定物体形状的不唯一性

实际上，根据图 5-16 和图 5-17 所示的主视图和主、俯视图，还可以分别构思出更多不同形状的物体。由此可见，读图时必须将所给出的全部视图联系起来分析，才能正确想象出物体的形状。

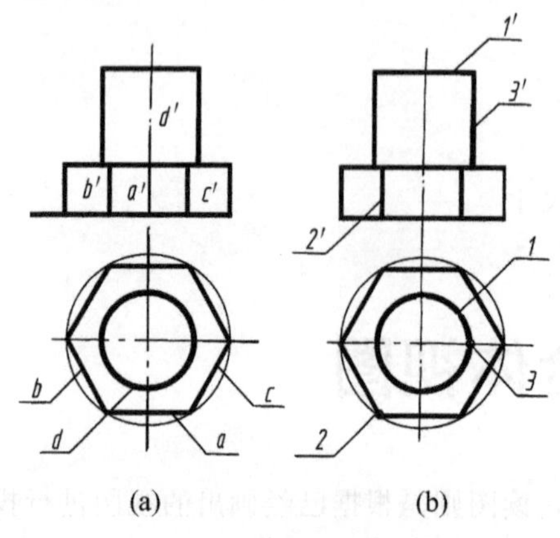

图 5-18　视图中线框和图线的含义

2. 明确视图中线框和图线的含义

① 视图中的每个闭合线框，通常都是物体上一个表面（平面或曲面）的投影。如图 5-18(a) 所示，主视图中有四个闭合线框，对照俯视图可知，线框 a'、b'、c' 分别是六棱柱前（后）三个棱面的投影；线框 d' 则是圆柱体前（后）圆柱面的投影。

② 相邻两线框或大线框中有小线框，则表示物体上不同位置的两个表面。既然是两个表面，就会有上下、左右或前后之分，或者是两个表面相交。如图 5-18(a) 所示，俯视图中大线框六边形中的小线框圆，就是六棱柱顶面与圆柱顶面的投影，主视

图中 a'线框与左面的 b'线框以及与右面的 c'线框是相交的两个表面。

③ 视图中的每条图线，可能是表面有积聚性的投影，或者是两平面交线的投影，也可能是曲面转向轮廓线的投影。如图 5-18(b) 所示主视图中的 1′是圆柱顶面有积聚性的投影，主视图中的 2′是 A 面与 B 面交线的投影，主视图中的 3′是圆柱面前后转向轮廓线的投影。

3. 善于构思物体的形状

为了提高读图能力，应注意培养构思物体形状的能力，从而进一步丰富空间想象能力。下面举例说明物体形状的构思方法和步骤。

如图 5-19 所示，在一块板上有三个孔：方孔、圆孔、三角形孔。要求构思一个形体能够分别通过三个孔。

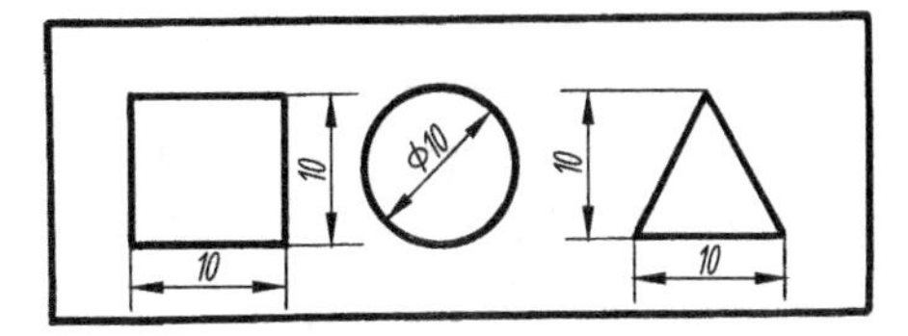

图 5-19 构思图例

构思过程如图 5-20 所示。

① 能通过方孔的形体可以想象出很多，如立方体、圆柱等，如图 5-20(a)。

② 既能通过方孔，又能通过圆孔的形体，必定是圆柱体，如图 5-20(b)。

③ 圆柱体当然不能通过三角形孔，如果用两个侧垂面对称地切去圆柱体前、后两块，切割后的形体就能分别通过三个孔，如图 5-20(c)。

图 5-20(d) 所示即为该形体被切割后的三面投影图。

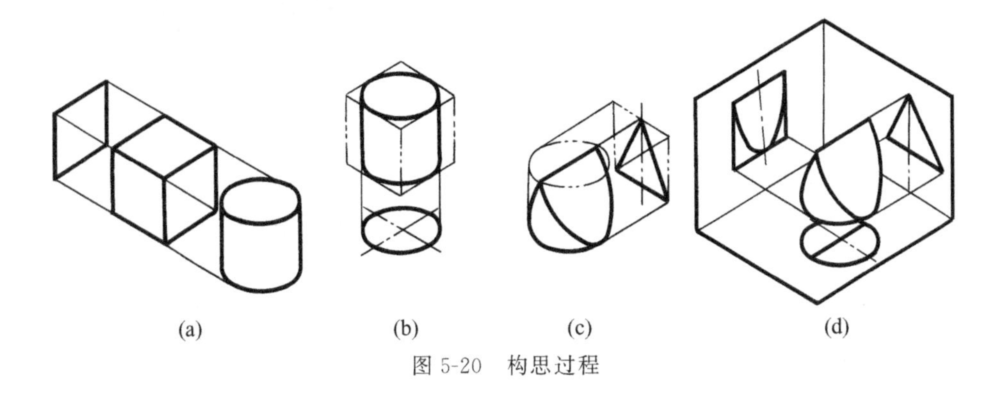

图 5-20 构思过程

二、读图的基本方法

1. 形体分析法

读图的基本方法与画图一样，主要也是运用形体分析法。在反映形状特征比较明显的主视图上按线框将组合体划分为几个部分，然后利用投影关系，找到各线框在其他视图中的投影，从而分析各部分的形状以及它们之间的相对位置，最后综合起来想象组合体的整体形状。现以图 5-21(a) 所示组合体的三视图，说明运用形体分析法识读组合体的方法与步骤。

(1) 划线框，分形体　从主视图入手，将组合体划分为上、下两个闭合图形，可以认为该组合体由上、下两部分组成，如图 5-21(a)。

(2) 对投影，想形状　从主视图出发，找出上部线框与俯、左视图对应的矩形线框，可想象出它的形状，如图 5-21(b)；主视图下部线框是矩形，大线框中有小线框矩形，对照俯、左视图，想象出其外形轮廓是半圆柱，左、右各切去一块。中间小线框矩形可能在半圆上向外突出，也可能向内凹入，从俯、左视图对应的图形分析，可判断是半圆柱中间上面被切去一块，如图 5-21(c)。

(3) 合起来，想整体　在读懂各部分形体的基础上，根据组合体的三视图，进一步研究它们之间的相对位置和连接关系，把各部分形体综合形成一个整体，如图 5-21(d)。

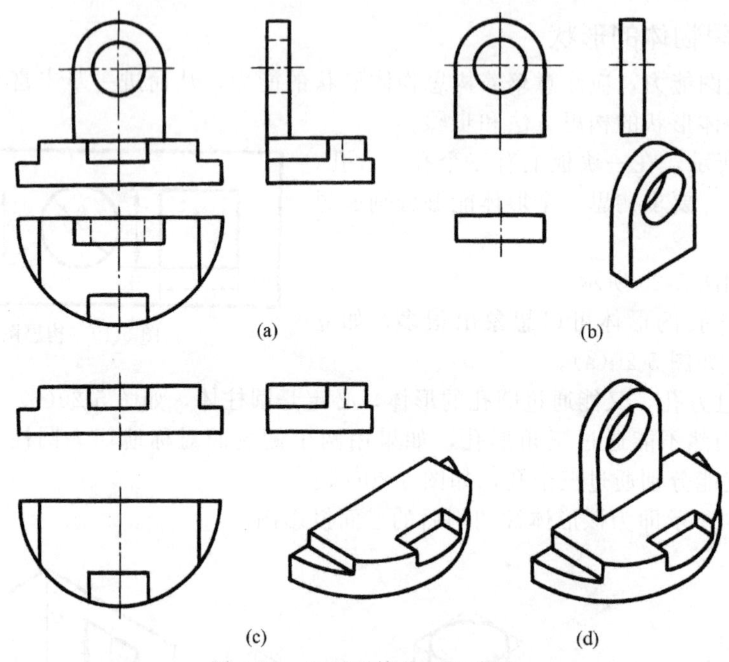

图 5-21　运用形体分析法读图

【例 5-2】 已知支撑的主、左视图，想象出它的形状，补画俯视图，如图 5-22。

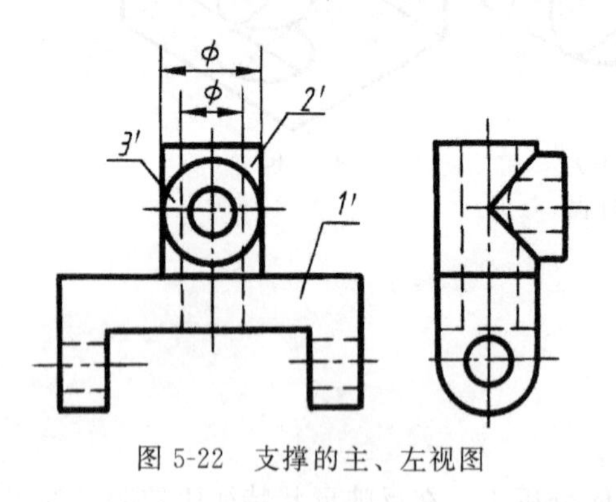

图 5-22　支撑的主、左视图

首先把主视图中的图形划分为三个闭合线框，看作是组成支撑的三个部分："1′"是下部倒凹字形线框；"2′"是上部矩形线框；"3′"是圆形线框（线框中还有小圆线框）。再对照左视图即可想象出整体形状，然后补画出俯视图。

① 在主视图上分离出底板的线框 1′，由主、左视图对照后，可看出它是一块倒凹字形板，左右两侧是带圆孔的半圆形耳板。画出底板的俯视图，如图 5-23(a)。

② 在主视图上分离出上部的长方形线框 2′，由于在图 5-22 中注有直径 ϕ，对照左视图可知，它是轴线垂直于水平面的圆柱体，中间有穿通底板的圆柱孔，圆柱与底板的前后端面相切。画出圆柱的俯视图，如图 5-23(b)。

③ 在主视图上分离出圆形线框 3′，对照左视图也是一个中间有圆柱孔的轴线垂直于正面的圆柱体，其直径与垂直于水平面的圆柱体直径相等，而孔的直径比铅垂的圆孔小，它们的轴线垂直相交，且都平行侧面。画出水平圆柱的俯视图，如图 5-23(c)。

④ 根据底板和两个圆柱体的形状以及它们的相对位置，可以想象出支撑的整体形状，如图 5-23(d) 所示的轴测图，并按轴测图校核补画出的俯视图。

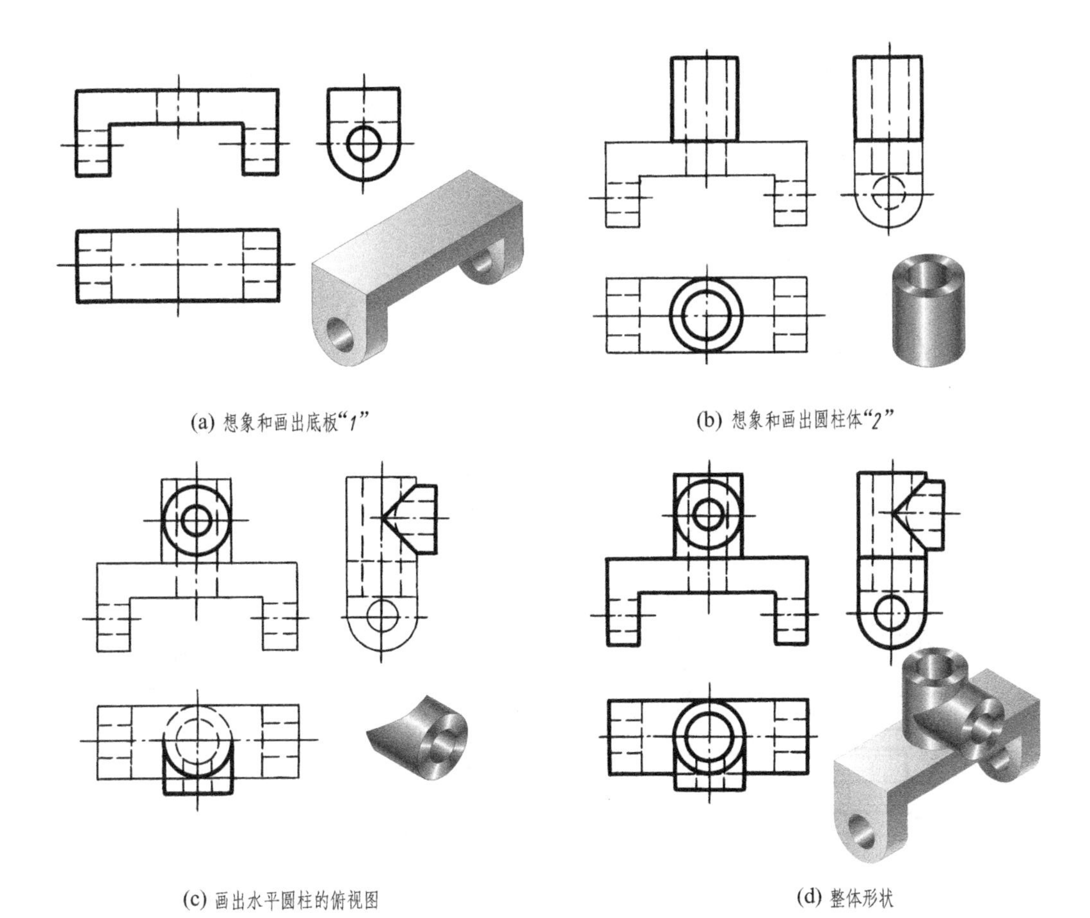
(a) 想象和画出底板“1”　(b) 想象和画出圆柱体“2”

(c) 画出水平圆柱的俯视图　(d) 整体形状

图 5-23　想象支撑的形状并补画俯视图

2. 面形分析法

构成物体的各个表面，不论其形状如何，它们的投影如果不具有积聚性，一般都是一个闭合线框。读图时，对于比较复杂的组合体，运用形体分析法的同时，对不易读懂的部分，还常用面形分析法来帮助想象和读懂这些局部形状。下面对面形分析法在读图中的应用作分析，并举例说明。

（1）分析面的形状　当基本体或不完整的基本形体被投影面垂直面切割时，与截平面倾斜的投影面上的投影成类似形。如图 5-24(a)、(b) 和 (c) 中，分别有一个“L”形的铅垂面、“工”字形的正垂面和凹字形的侧垂面。在它们的三视图中，除了在与截平面垂直的投影面上的投影积聚成一直线外，在与截平面倾斜的投影面上的投影都是类似形。

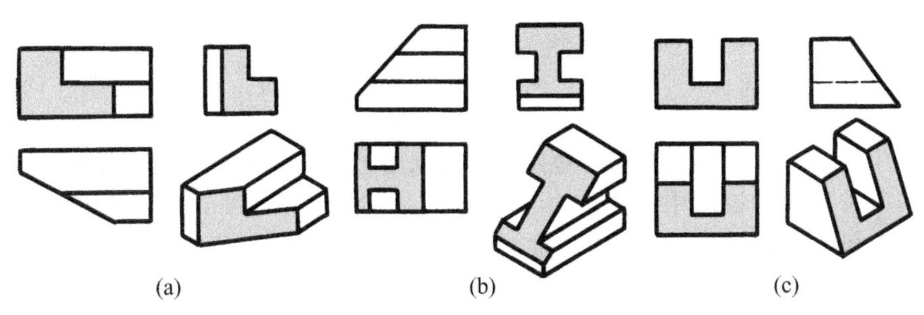
(a)　(b)　(c)

图 5-24　倾斜于投影面的截面的投影为类似形

【例 5-3】 已知夹铁的主、左视图，补画俯视图，如图 5-25。

由图 5-25(a) 给出的主、左视图可想象出夹铁的大致形状，它是在四棱台下部切去一个带斜面的“⊓”形槽，中间沿垂直方向钻一个圆孔所形成。夹铁的左、右两侧面是正垂面，“⊓”形槽与正垂面相交，使侧面形成一个前后对称的多边形，这个侧面形状在左视图和俯视图上的投影是类似形，在主视图上积聚成直线。图 5-25(b)～(d) 所示为补画夹铁俯视图的分析过程。

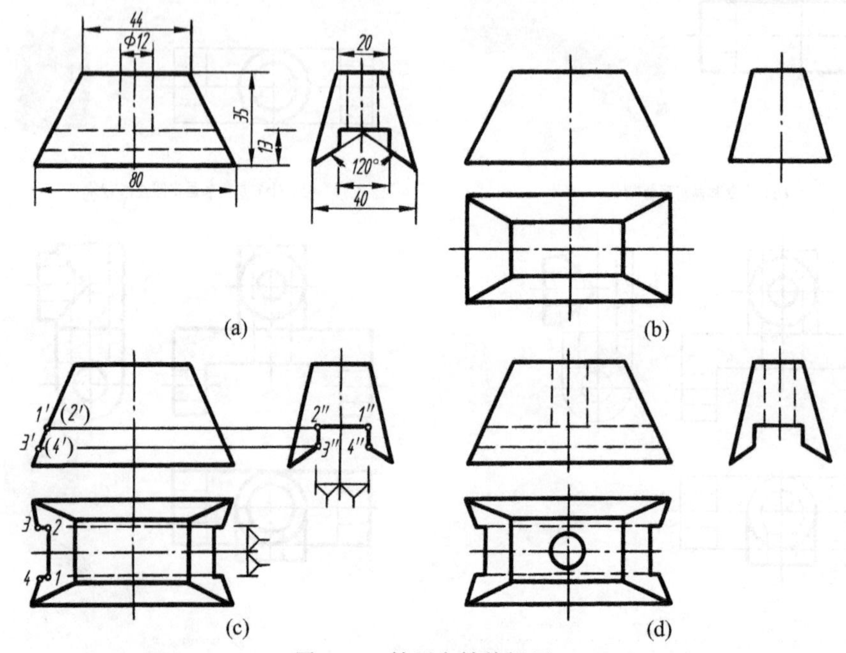

图 5-25 补画夹铁俯视图

① 夹铁的外轮廓可想象为一个长方体的左右、前后被正垂面和侧垂面切去四块而形成的四棱台，如图 5-25(b)。

② 根据夹铁的主、左视图作出带斜面的“⊓”形槽的水平投影，如图 5-25(c) 所示。其水平投影与侧面投影为类似形。

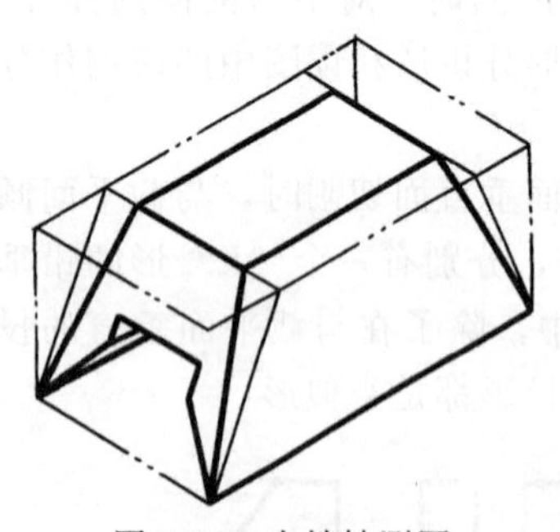

图 5-26 夹铁轴测图

③ 补画出带斜面的“⊓”形槽在主、俯视图上产生的虚线以及圆孔的投影，从而补全夹铁的俯视图，如图 5-25(d) 所示。

图 5-26 为夹铁的轴测图。

(2) 分析面的相对位置 如前所述，视图中每个线框表示物体上一个表面，相邻两线框（或大线框中的小线框）是物体上不同位置的两个表面，必须区分它们的前后、上下、左右或相交的相对位置。如图 5-27(a) 所示主视图中的线框 a'、b'、c'、d' 所表示的四个面，对照俯视图，找到对应的四条水平线，它们都是正平面，B 面和 C 面在前，D 面在后，A 面在中间。D 线框中的小圆，对照俯、左视图上对应的两条虚线，可判断是圆孔。

图 5-27(b) 所示俯视图中的线框Ⅰ、Ⅱ、Ⅲ、Ⅳ所表示的四个面，对照主视图，找到对应的水平线和半圆弧，Ⅰ面、Ⅱ面和Ⅲ面都是水平面，Ⅰ面在下，Ⅱ面和Ⅲ面在上。Ⅳ面是圆柱面。

下面举例说明这种分析方法在读图中的应用。

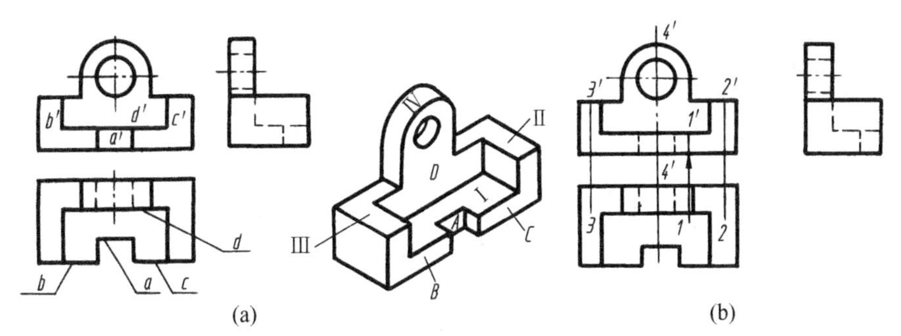

图 5-27　分析面的相对位置

【例 5-4】 已知主、俯视图，补画左视图，如图 5-28(a)。

由给出的主、俯视图可想象出该物体是一个立方体经几次切割而形成。按图 5-28(b)、(c) 所示的步骤，分析每次切割以后形状的变化。在补画左视图的过程中，可同时画出徒手轴测草图，及时记录想象和构思的过程。

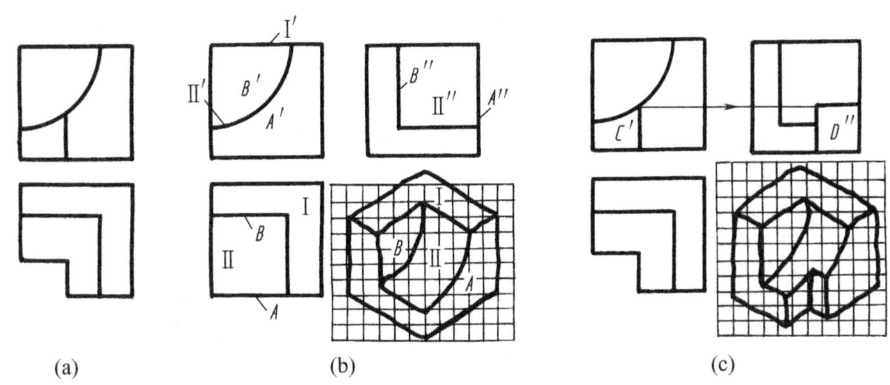

图 5-28　已知主、俯视图，补画左视图

① 由主视图中的线框 A'、B'分别找出俯视图中对应的前、后两个正平面的位置 A、B；由俯视图中的线框Ⅰ、Ⅱ分别找出主视图中对应的水平面Ⅰ'和有积聚性的圆柱面Ⅱ'。从而可想象出立方体左上方切去圆柱形的一角，画出左视图，如图 5-28(b)。

② 由俯视图可看出，在左下方被正平面和侧平面切去一角。按图 5-28(c) 所示补画出左视图中的图线。主视图中的线框 C'是正平面，左视图中的线框 D''是侧平面。

【例 5-5】 已知架体的主、俯视图，补画左视图，如图 5-29。

在主视图中有三个线框，由主、俯视图对投影可知，这三个线框分别表示架体上三个不同位置的表面：A 线框是一个凹形块，处于架体的前面；C 线框中还有一个小圆线框，与俯视图中两条虚线对应，可想象出是半圆头竖板上穿了一个圆孔，它处于架体的后面；从主视图可看出，B 线框的上部有个半圆槽，在俯视图上可找到对应的两条粗实线，它必然处于 A 面和 C 面之间。由此看来，主视图中的三个线框实际上是架体的前、中、后三个面的投影。

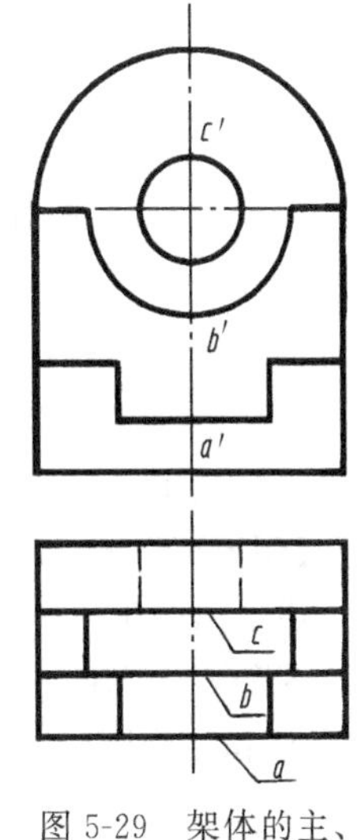

图 5-29　架体的主、俯视图

① 画出左视图的轮廓，分出架体三部分的前后、高低层次，如图 5-30(a)。

② 在前层切出凹形槽，补画左视图中的虚线，如图 5-30(b)。

③ 在中层切出半圆槽，补画左视图中的虚线，如图 5-30(c)。

④ 在后层挖去圆孔，补全左视图。按画出的轴测草图对照补画的左视图，检查无误，描深。作图结果如图 5-30(d) 所示。

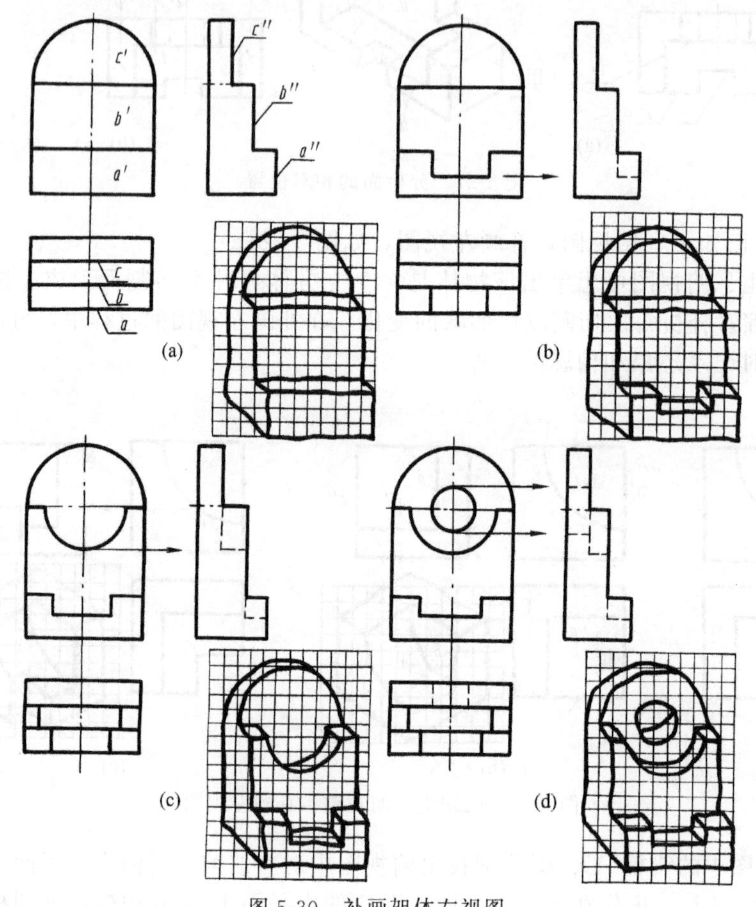

图 5-30 补画架体左视图

(3) 分析面与面的交线 当视图上出现面与面的交线，尤其是曲面的交线时，在图形比较复杂的局部，应运用正投影原理，对交线的性质作投影分析，并且理解这些交线的投影是怎样作出来的，才能清晰地读懂这一局部的结构和形状。

图 5-31(a) 是在圆柱体上部有一个与它相切的半球，左端与另一个圆柱体相贯；图 5-31(b) 是在空心圆柱体的前面开一个方形槽，后面开一个 U 形槽；图 5-31(c) 可以设想为圆柱体被两个左右对称的水平面以及轴线垂直于正面的圆柱面切割。三个立体表面交线的作图方法如图所示，在这些图中，两个轴线正交的圆柱面的交线的投影曲线，都是用圆弧代替的简化画法画出的。

【例 5-6】 已知主、俯视图，补画左视图，如图 5-32。

由给出的主、俯视图，可设想该物体是由一个长方体经几次切割并穿孔后形成。图 5-33 所示为分析作图的过程。

① 由主视图可看出，立方体被轴线垂直于正面的圆柱面切割，画出左视图，如图 5-33(a)。

② 由俯视图可看出，立方体再被两个左右对称的正平面以及轴线垂直于水平面的圆柱面切割。两次切割后，两个圆柱面产生相贯线，画出相贯线的侧面投影，如图 5-33(b)。

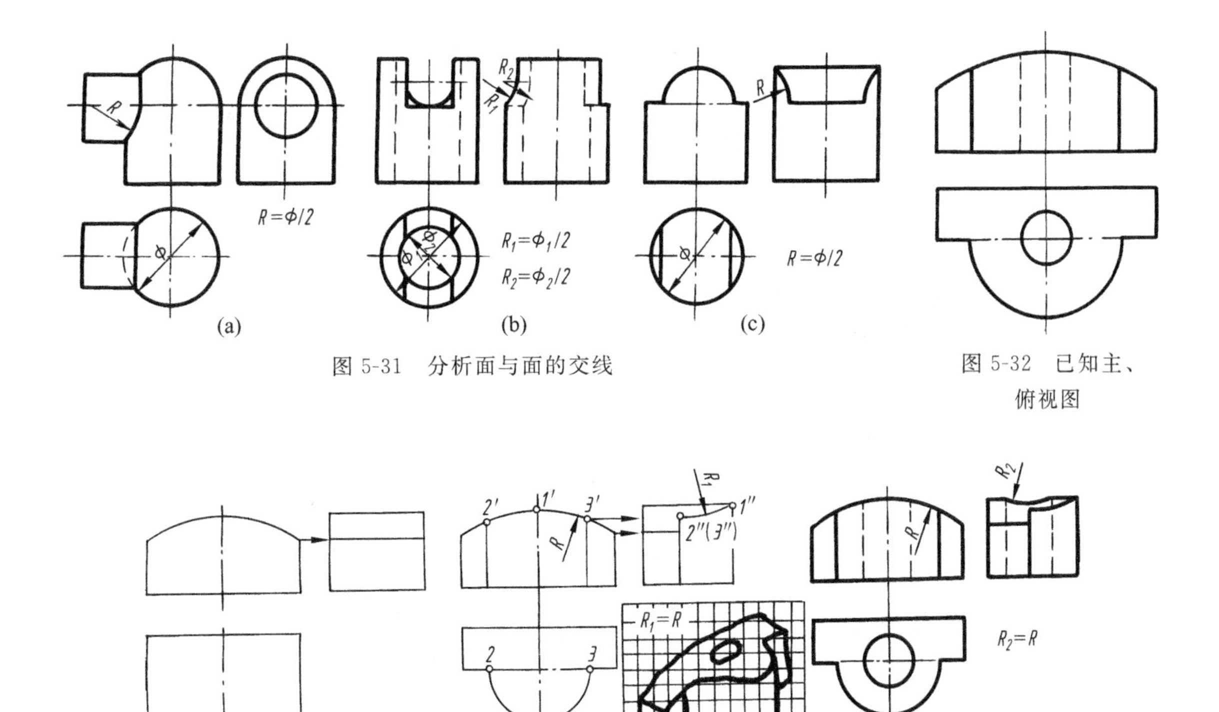

图 5-31 分析面与面的交线

图 5-32 已知主、俯视图

图 5-33 补画左视图的分析作图过程

③ 在左视图上画出圆孔的两条虚线，并画出圆孔与圆柱面的相贯线，完成作图，如图 5-33(c) 所示。

【例 5-7】 根据支架的俯视图和左视图，想象出它的形状，并补画主视图，如图 5-34(a)。

由给出的俯、左视图可以看出，俯视图较多地反映支架的结构形状，所以从俯视图着手，将俯视图分成左、中、右三部分。分别对照左视图的投影可知：支架的中部（主体部分）是开有阶梯孔的圆柱体，根据左视图中交线的形状，可以看出圆柱体的前上方开有 U 形槽；支架的左部是叠加的半圆头柱体，与中部圆柱体外表面相交，且开有以轴线为侧垂线的水平圆孔，圆孔与中部圆柱体内阶梯孔相交；支架的右部是圆柱头底板，底板上有小圆孔，底板的前后面与圆柱体表面相切。综合上述分析可想象出支架的整体形状。

① 由俯、左视图画出圆柱体的主视图，并根据左视图中交线的投影以及俯视图中 U 形槽的宽度，补画主视图中 U 形槽的投影，如图 5-34(b)。

② 由俯、左视图补画支架左部半圆头柱体在主视图中的投影，半圆头与圆柱体表面交线的半径 $R_1=\dfrac{\phi_1}{2}$，水平圆孔上半部与圆柱体内阶梯孔上部的交线半径 $R_2=\dfrac{\phi_2}{2}$，水平圆孔下半部与阶梯孔下半部直径相等，相贯线为 45°斜线，如图 5-34(c)。

③ 补画支架右部底板在主视图中的投影。检查，描深，完成作图，如图 5-34(d)。

三、补画视图中的漏线

以上所举各例都是通过已知两个视图补画第三视图来培养读图能力。但是，在绘图过程中，难免会漏画某些图线。怎样检查这些遗漏的图线呢？下面通过实例来加强这方面的训

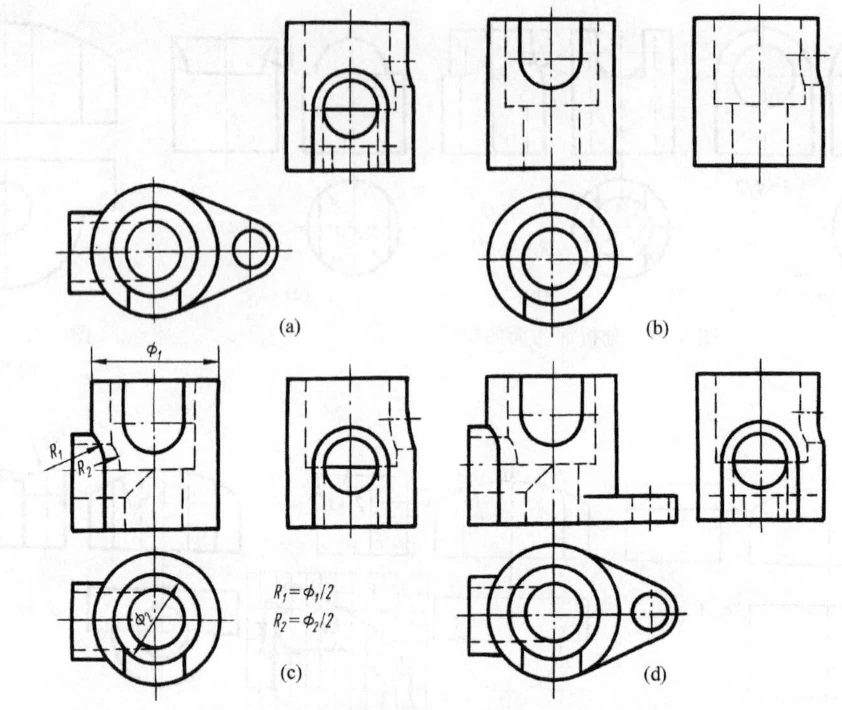

图 5-34 已知支架的俯、左视图，补画主视图

练。如果已知某形体的不完整的三视图，要求补全遗漏的图线。在补漏线的过程中，可应用投影规律分析该形体的结构形状，因为视图中每个线框、每条图线都有其特定的含义，它们所表示的几何元素也都有对应的投影，在分析过程中仔细核对投影就会发现视图中的漏线。

【例 5-8】 补画三视图中的漏线，如图 5-35(a)。

从已知三个视图的特征轮廓分析，该组合体是一个长方体被几个不同位置的截面切割形成。可采用边切割、边补线的方法逐个补画出三个视图中的每条漏线。在补线过程中，要充

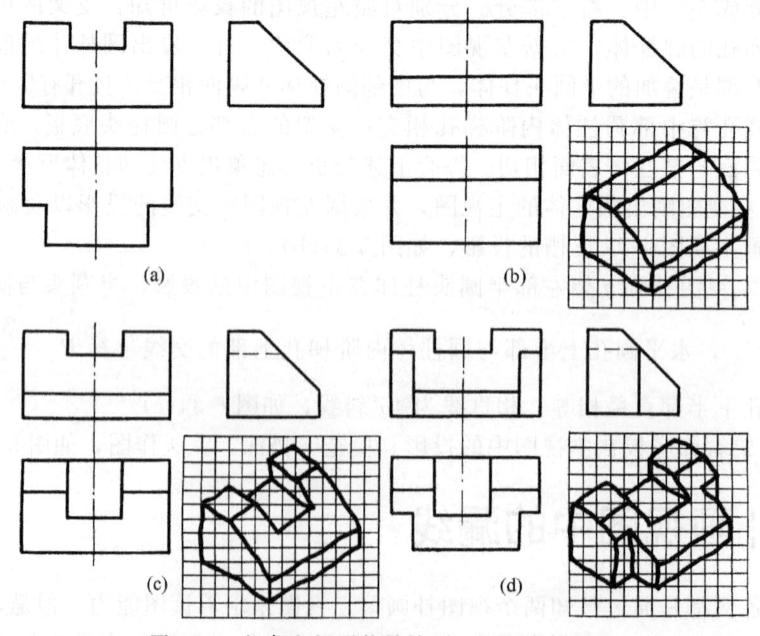

图 5-35 想象空间形状并补画三视图中的漏线

分运用“长对正”“高平齐”“宽相等”的投影规律。

① 从左视图上的一条斜线可想象出，长方体被侧垂面切去一角。在主、俯视图上补画相应的漏线，如图 5-35(b)。

② 从主视图上的凹口可知，长方体的上部被一个水平面，两个侧平面开了一个槽。补画俯、左视图中的漏线，如图 5-35(c)。

③ 从俯视图上可以看出，长方体的左、右各被正平面和侧平面对称地切去一角。补全主、左视图中的漏线。按徒手画出的轴测草图对照补全漏线的三视图，检查无误后描深。作图结果如图 5-35(d)。

【例 5-9】 补画镶块主、左视图中的漏线，如图 5-36(a)。

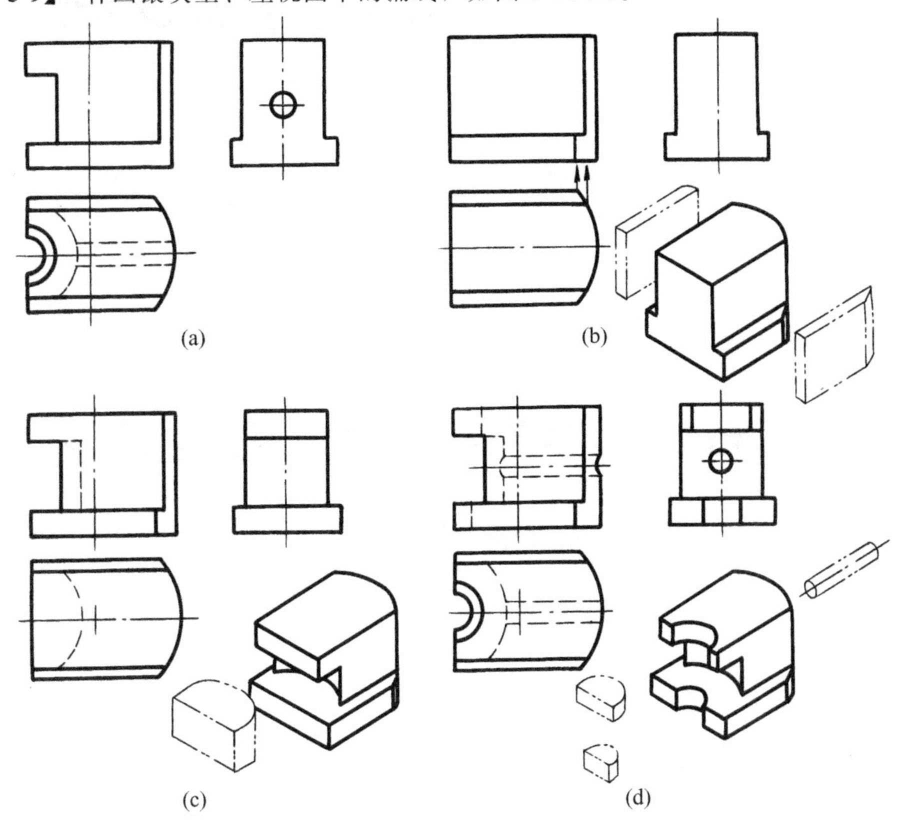

图 5-36 补画镶块主、左视图中的漏线

由给出不完整的主、左视图分析，镶块可看作是右端切割为圆柱面的长方体，再逐步切割掉一些基本形体而形成。由于镶块形状比较复杂，必须在形体分析的基础上，结合面形分析，才能正确补画遗漏的图线。分析补漏线的过程如图 5-36(b)、(c)、(d) 所示。

① 由左视图对照俯视图可看出，镶块被切去前、后对称的两块，补画主视图中的漏线，如图 5-36(b)。

② 由主视图左端的缺口对照俯视图中对应的虚线圆弧，可想象出在这个部位切去一块右端有圆柱面的板，补画主、左视图中的漏线，如图 5-36(c)。

③ 由俯视图上两个同轴半圆弧可理解为镶块左端有上、下两个不等径的圆柱槽，补画主、左视图中的漏线。由左视图上的小圆对照俯视图中对应的虚线，可想象这是一个贯通的水平圆孔，补画主视图中漏线时要注意补画圆孔与镶块右端圆柱面交线的投影。镶块完整的三视图如图 5-36(d) 所示。

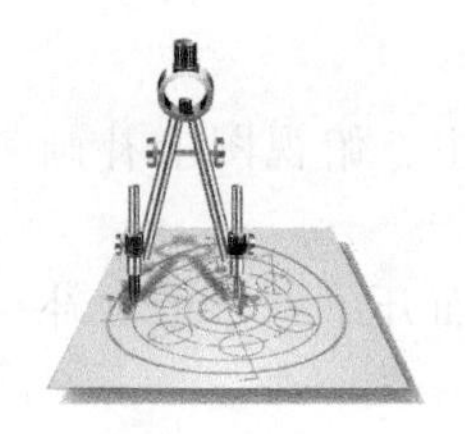

第六章 机件的画法

工程实际中，机件的形状是多种多样的，有些机件的内、外形状都比较复杂，如果仅用三个视图和可见部分画实线，不可部分画虚线的方法，往往不能表达清楚和完整。为此，国家标准《技术制图》和《机械制图》中规定了视图、剖视图、断面图以及其他各种基本表示法，熟悉并掌握这些基本表示法，可根据机件不同的结构特点，从中选取适当的方法，以便完整、清晰、简便地表达各种机件的内外形状。

第一节 机件外部形状的视图表达

根据有关标准规定，用正投影法绘制出物体的图形称为视图，视图主要用来表达机件外部结构形状，一般仅画出机件的可见部分，必要时才用虚线画出不可见部分。

视图包括基本视图、向视图、局部视图和斜视图四种。

一、基本视图

在原有三个投影面的基础上，再增设三个互相垂直的投影面，从而构成一个正六面体的六个侧面，这六个侧面称为基本投影面。将机件放在正六面体内，分别向各基本投影面投射，所得的视图称为基本视图，如图 6-1 所示。六个基本视图中，除了前述的主视图、俯视图和左视图外，还包括从右向左投射所得的右视图，从下向上投射所得的仰视图，从后向前投射所得的后视图。

六个基本投影面展开时，规定正面不动，其余各投影面按图 6-2 所示展开到与正面在同一个平面上。

六个基本投影面按图 6-3 所示配置时，一律不标注视图名称。它们仍保持“长对正、高平齐、宽相等”的投影关系。由前向后投射所得的主视图应尽量反映机件的主要轮廓，并根据实际需要选用其他视图，在完整、清晰地表达机件形状的前提下，使采用的视图数量为最少，力求制图简便。

六个基本视图的方位对应关系如图 6-3 所示，除后视图外，在围绕主视图的俯、仰、左、右四个视图中，远离主视图的一侧表示机件的前方，靠近主视图的一侧表示机件的后方。

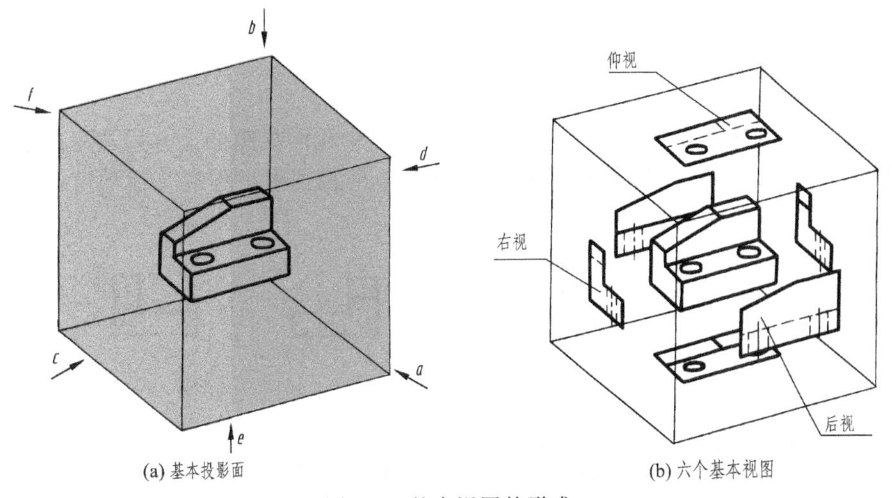

(a) 基本投影面　　(b) 六个基本视图

图 6-1　基本视图的形成

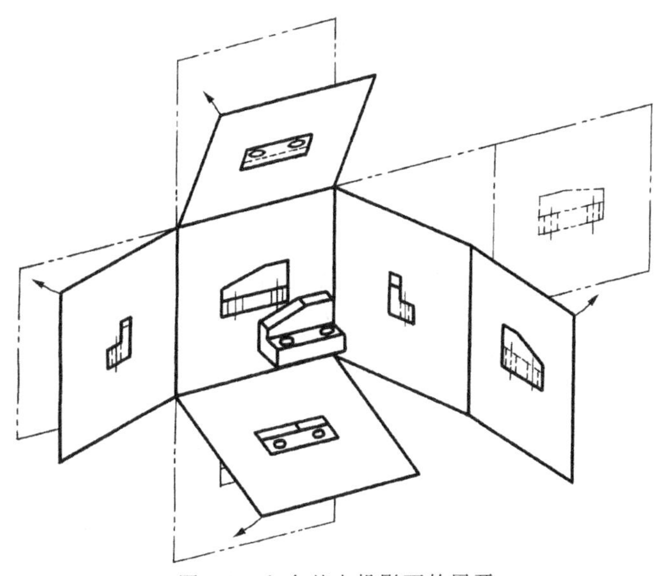

图 6-2　六个基本投影面的展开

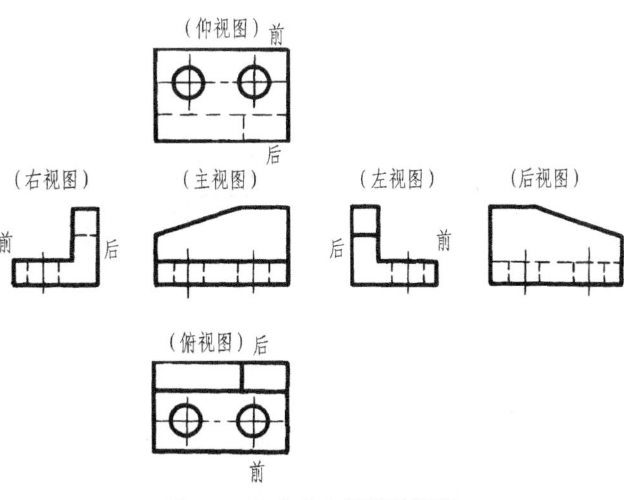

图 6-3　六个基本视图的配置

二、向视图

向视图是移位配置的基本视图。为了便于读图，应在向视图的上方用大写拉丁字母标出该向视图的名称（如“D”“E”“F”等），并在相应的视图附近用箭头指明投射方向，注上相同的字母，如图 6-4 所示。

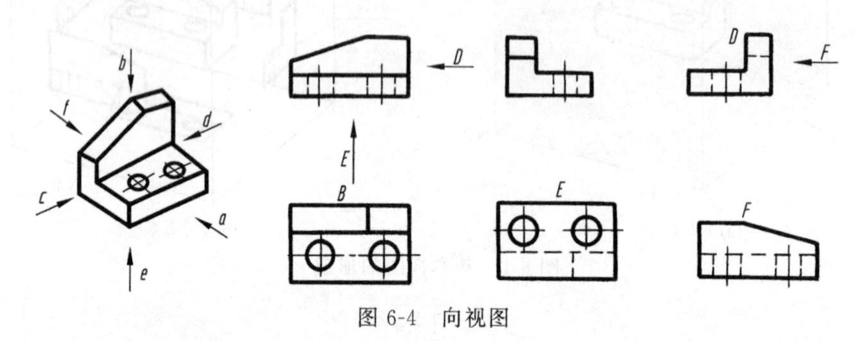

图 6-4 向视图

三、局部视图

当采用一定数量的基本视图后，机件上仍有部分结构形状尚未表达清楚，而又没有必要再画出完整的基本视图时，可采用局部视图来表达。

局部视图是将机件的某一部分向基本投影面投射所得的视图。如图 6-5 所示的机件，用主、俯视图表达了主体形状，但为了表达左、右两个凸缘形状，再画左视图和右视图，显得烦琐和重复。如果采用 A 和 B 两个局部视图来表达凸缘的形状，既简练又突出重点。

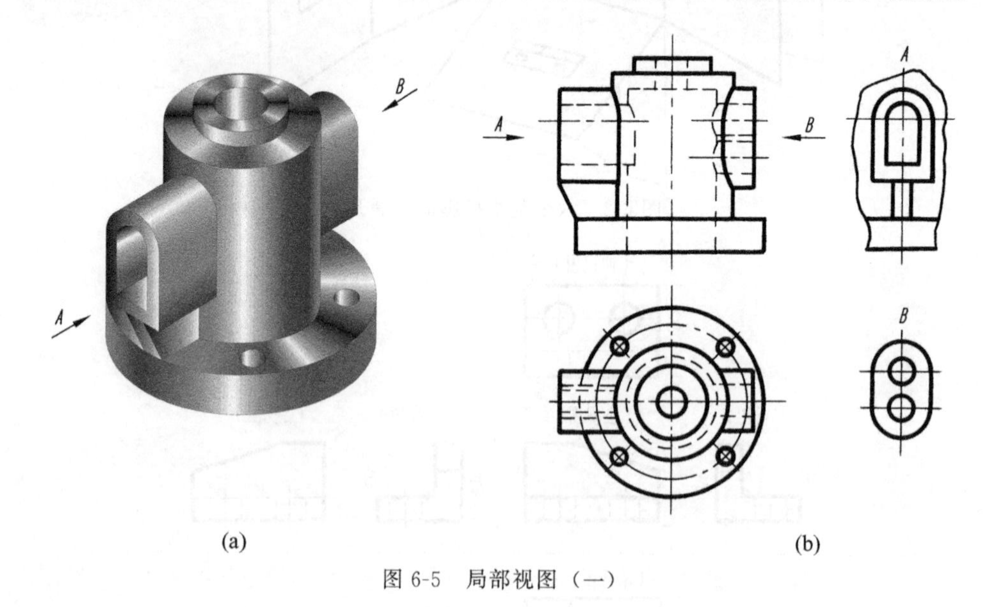

图 6-5 局部视图（一）

局部视图的配置、标注及画法：

① 局部视图可按基本视图配置的形式配置，如图 6-5 中的局部视图 A；也可按向视图的配置形式配置在适当位置，如图 6-5 中的局部视图 B。

② 局部视图用带字母的箭头标明所表达的部位和投射方向，并在局部视图的上方标注相应的字母，如图 6-5 中的 B。但当局部视图按投影关系配置，中间又没有其他视图隔开时，可省略标注，如图 6-5 中的 A（为了叙述方便，图中未省略）。

③ 局部视图的断裂边界通常用波浪线或双折线表示，如图 6-5 中的 A 向局部视图。但当所表示的局部结构是完整的，其图形的外轮廓线呈封闭时，波浪线可省略不画，如图 6-5 中的 B 向局部视图。波浪线不应超出机件实体的投影范围。

④ 为了节省绘图时间和图幅，对称构件或零件的视图可只画一半或四分之一，并在对称中心线的两端画出两条与其垂直的平行细实线，如图 6-6 所示。

(a)　(b)

图 6-6　局部视图（二）

四、斜视图

当机件上有倾斜于基本投影面的结构时，为了表达倾斜部分的真实外形，可设置一个与倾斜部分平行的辅助投影面垂直于一个基本投影面，再将倾斜结构向投影面投射并展平。这种将机件向不平行于基本投影面的平面投射所得的视图称为斜视图，如图 6-7(a) 所示。

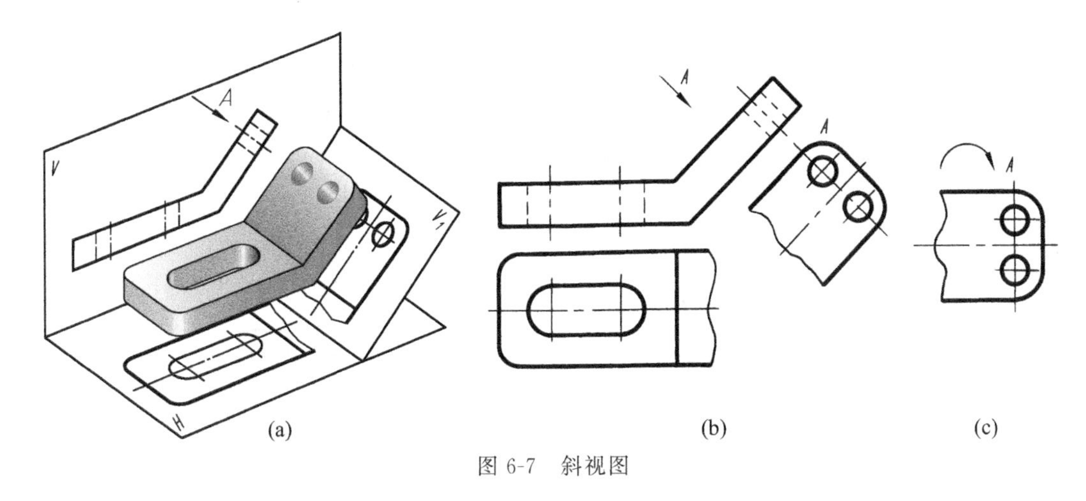

(a)　(b)　(c)

图 6-7　斜视图

斜视图的配置、标注及画法：

① 斜视图通常按向视图的配置形式配置并标注，即在斜视图的上方用字母标出视图名称，在相应的视图附近用带相同字母的箭头指明投射方向，如图 6-7(b) 所示。

② 必要时，允许将斜视图旋转配置，并加注旋转符号，如图 6-7(c) 所示。旋转符号为半圆形，半径等于字体高度。表示该视图名称的字母应靠近旋转符号的箭头端，也允许将旋转角度写在字母之后。

③ 斜视图仅表达倾斜表面的真实形状，其他部分用波浪线断开。

五、应用举例

在实际绘图时，并不是每个机件的表达方案中都采用上述四种视图，而是根据实际需要灵活选用。如图 6-8(a) 所示压紧杆的三视图，由于压紧杆左端耳板是倾斜结构，所以俯视图和左视图都不反映实形，画图比较困难，表达不清楚。为了表示倾斜结构，可如图 6-8(b) 所示，在平行于耳板的正垂面上作出耳板的斜视图，就得到反映耳板实形的视图。因为斜视图只是表达倾斜结构的局部形状，所以画出耳板实形后，用波浪线断开，其余部分的轮廓线不必画出。

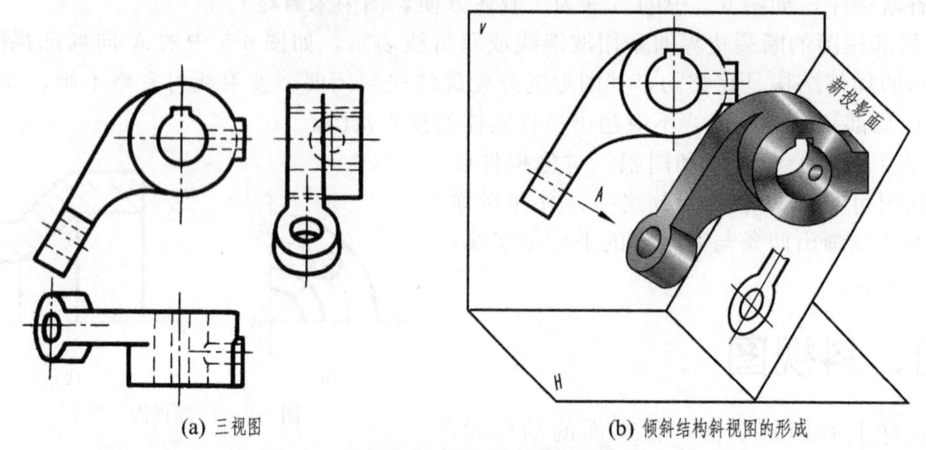

(a) 三视图　(b) 倾斜结构斜视图的形成

图 6-8　压紧杆的三视图及斜视图的形成

图 6-9 所示为压紧杆的两种表达方案：

方案一　图 6-9(a) 采用一个基本视图（主视图）、B 向局部视图（代替俯视图）、A 向斜视图和 C 向局部视图。

方案二　图 6-9(b) 采用一个基本视图（主视图）、一个配置在俯视图位置上的局部视图（不必标注），一个旋转配置的斜视图 A，以及画在右端凸台附近的，按第三角画法[1]配置的局部视图（用细点画线连接，不必标注）。

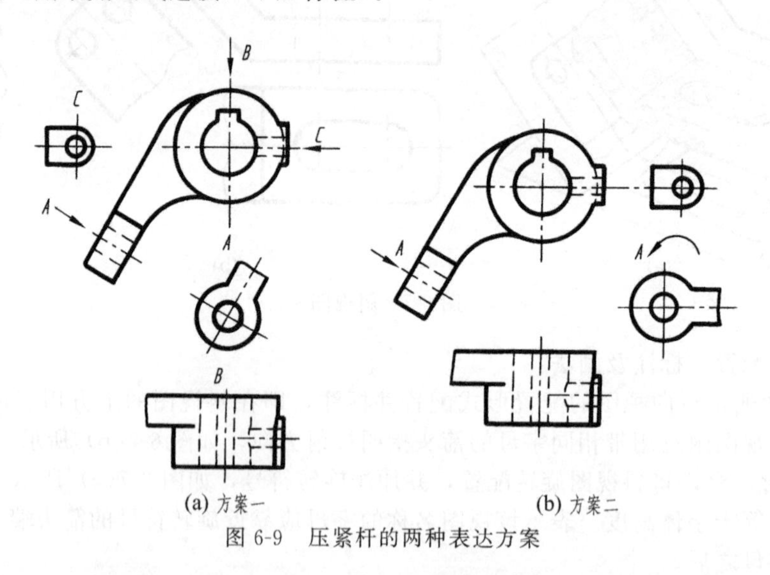

(a) 方案一　(b) 方案二

图 6-9　压紧杆的两种表达方案

第二节　机件内部形状的视图表达

用视图来表达机件的形状时，对于机件上看不见的内部结构（如孔、槽等），用虚线表

[1] 按第三角画法（见本章第六节）配置在视图上需要表示的局部结构附近，用细点画线连接两图形，不必标注。

示，如图 6-10 所示压盖的主视图。如果机件的内部结构比较复杂，视图上会出现较多虚线，有些甚至与外形轮廓重叠，既不便于画图和读图，也不便于标注尺寸。为此，国家标准（GB/T 17452—1998、GB/T 4458.6—2002）规定采用剖视图来表达机件的内部形状。

图 6-10　压盖的两视图

一、剖视图的形成、画法和标注

1. 剖视图的形成

假想用剖切面剖开机件，将处在观察者与剖切面之间的部分移去，而将其余部分向投影面投射所得的图形称为剖视图，简称剖视。剖视图的形成过程如图 6-11(a)、(b) 所示。图 6-11(c) 中的主视图即为压盖的剖视图。

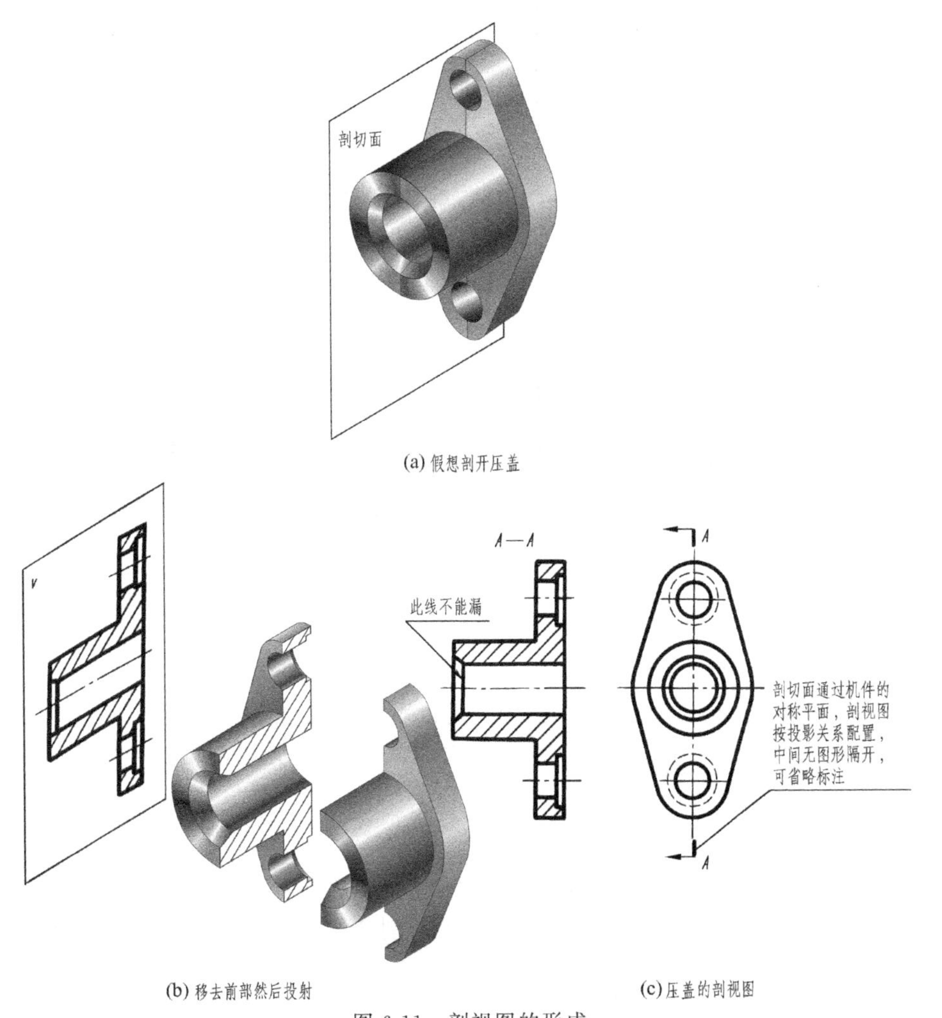

(a) 假想剖开压盖

(b) 移去前部然后投射　　(c) 压盖的剖视图

图 6-11　剖视图的形成

2. 剖面符号

应在剖切平面剖切到的断面轮廓内（即剖面区域）画出与材料相应的剖面符号。机件的材料不同，其剖面符号的画法也不同，国家标准规定了各种材料的剖面符号，如表 6-1 所示。

表 6-1 剖面符号(GB/T 4457.5—2013)

材料名称	剖面符号	材料名称	剖面符号
金属材料 (已有规定剖面符号者除外)		线圈绕组元件	
非金属材料 (已有规定剖面符号者除外)		转子、变压器等的叠钢片	
型沙、粉末冶金、陶瓷、 硬质合金等		玻璃及其他透明材料	
胶合板 (不分层数)		格网(筛网、过滤网等)	
木材 纵剖面		液体	
横剖面			

在机械设计中，金属材料使用最多，为此，国家标准规定用简明易画的平行细实线作为剖面符号，且特称为剖面线。绘制剖面线时，同一机械图样中的同一零件的剖面线应方向相同、间隔相等。剖面线的间隔应按剖面区域的大小确定，剖面线的方向一般与主要轮廓或剖面区域的对称线成45°角，如图6-12所示。

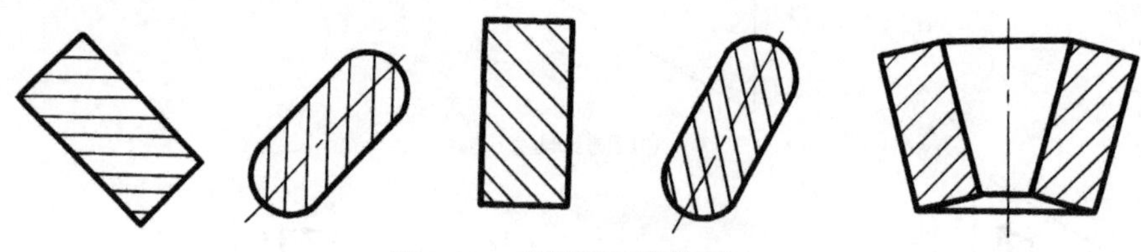

图 6-12 通用剖面线的画法

3. 剖视图的配置与标注

为了便于看图，在画剖视图时，应标出剖切符号和剖视图名称。

剖切符号是指剖切面起、止和转折位置（用粗短画表示）及投射方向（用箭头表示）的符号。在剖视图上方用大写字母标出剖视图名称“×—×”，并在剖切符号的附近注上相同的字母，如图6-11中的$A—A$。

4. 画剖视图的方法与步骤

以图6-13(a) 所示机件为例，说明画剖视图的方法与步骤。

(1) 确定剖切面的位置。如图6-13(b) 所示，剖切平面位置选择通过机件上孔和槽的前后对称面，可以省略标注。

(2) 画剖视图。先画出剖切平面与机件实体接触部分的投影，即剖面区域的轮廓线，如图6-13(c) 中的红色区域；再画出剖切平面之后的机件可见部分的投影，如图6-13(d) 中台阶面的投影和键槽的轮廓线。

(3) 在剖面区域内画剖面线，描深图线，标注符号和视图名称，校核，完成作图，如图6-13(e) 所示。

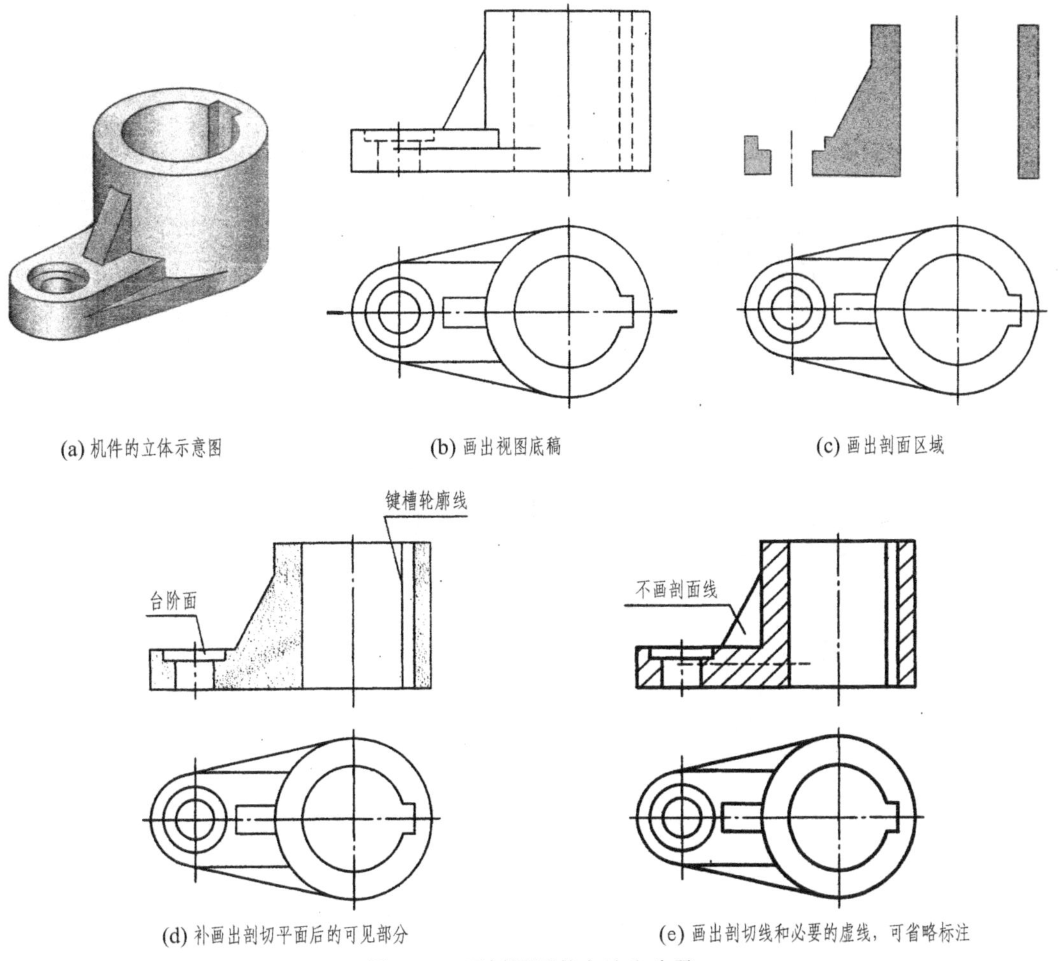

(a) 机件的立体示意图　(b) 画出视图底稿　(c) 画出剖面区域

(d) 补画出剖切平面后的可见部分　(e) 画出剖切线和必要的虚线，可省略标注

图 6-13　画剖视图的方法和步骤

5. 画剖视图时的注意事项

① 由于剖视图是假想剖开机件得到的，因此当机件的一个视图画成剖视图时，其他视图仍应完整画出，如图 6-13(e) 中的俯视图。

② 为了使剖视图清晰，凡是在其他视图上已经表达清楚的结构形状，其虚线可省略不画。但尚未表达清楚的结构仍可画出细虚线，如图 6-13(e) 主视图中细虚线表示底板的高度，不必另画视图表达该结构。

③ 对于机件上的肋板（或轮辐、薄壁）等结构，若剖切平面沿纵向剖切，则这些结构不画剖面符号，并且用粗实线将其与相邻部分分开，如图 6-13(e) 主视图中肋板的画法。

④ 不要漏画剖切平面后面的可见轮廓线，如图 6-14 中箭头所指的图线是画剖视图时容易漏画的图线。

二、剖视图分类

根据剖切范围来分，剖视图可分为全剖视图、半剖视图和局部剖视图三种。

1. 全剖视图

用剖切面（剖切面可以是平面或柱面）将机件完全剖开所得到的剖视图称为全剖视图。

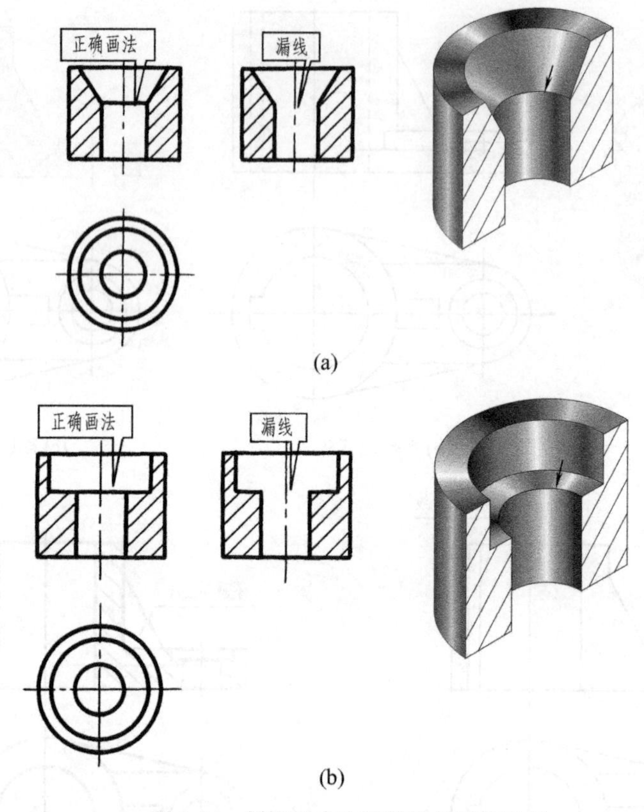

图 6-14　剖视图中容易漏画的图线示例

由于全剖视图是将机件完全剖开，机件外形的投影受影响，所以全剖视图适用于内部结构形状较复杂且各方向均不对称而外形较简单的机件。如图 6-15 所示。

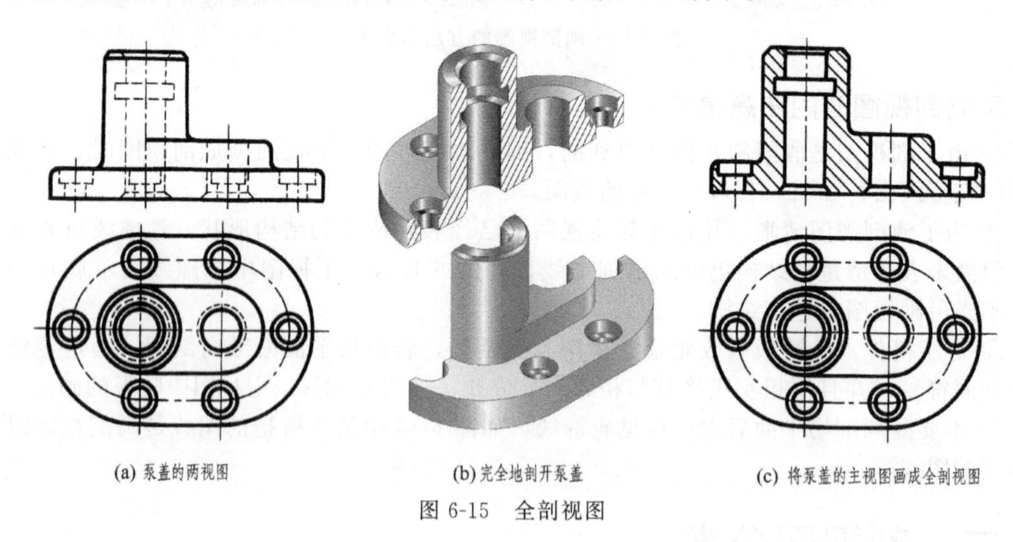

图 6-15　全剖视图

2. 半剖视图

当机件具有对称平面时，在垂直于对称平面的投影面上投射所得的图形，可以对称中心线为界，一半画成剖视以表达内形，另一半画成视图以表达外形，这种组合图形称为半剖视图。如图 6-16 所示，由于该机件左右、前后都对称，所以主、俯视图都画成半剖视图。

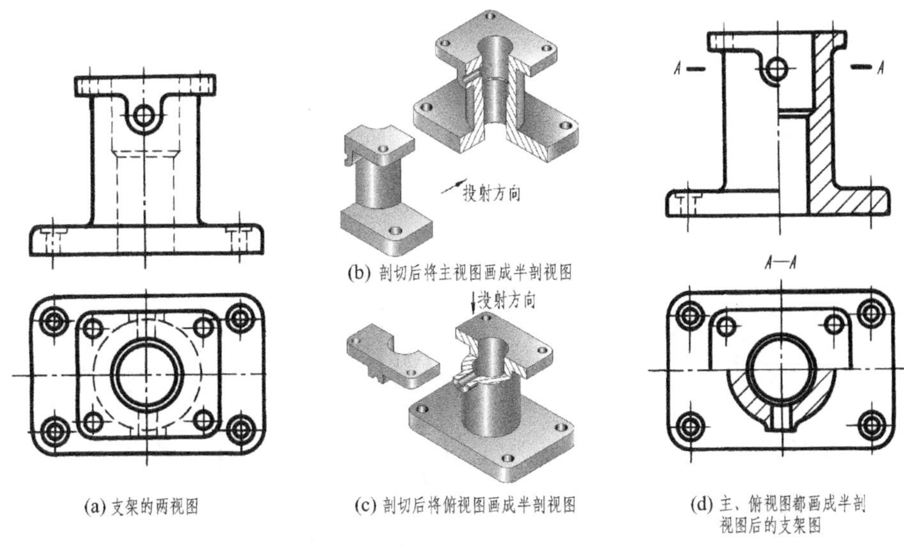

图 6-16　半剖视图（一）

半剖视图既充分表达了机件的内部形状，又保留了外部形状，所以常用于表达内部和外部形状都比较复杂的对称机件。但当机件的形状接近于对称，且不对称部分已另有图形表达清楚时，也可画成半剖视图，如图 6-17 所示。

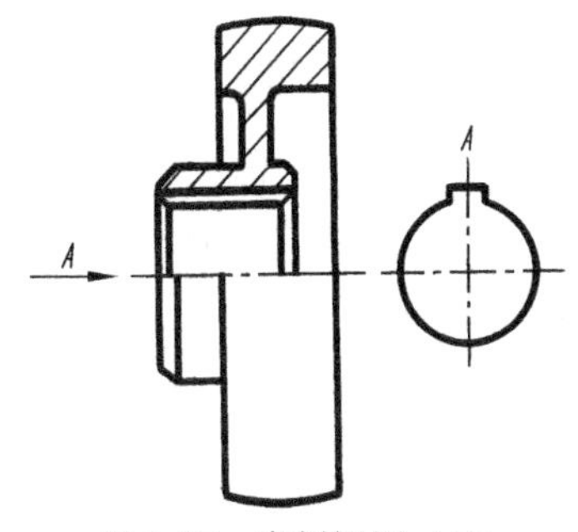

图 6-17　半剖视图（二）

画半剖视图时应注意：

① 半个视图与半个剖视图的分界线应画细点画线；

② 机件的内部形状已在半剖视图中已表达清楚，在另一半表达外形的视图中不必再画出虚线，但这些内部结构中的孔或槽的中心线仍应画出。

3. 局部剖视图

用剖切面将机件的局部剖开，并用波浪线或双折线表示剖切范围，所得的剖视图称为局部剖视图，如图 6-18 所示。

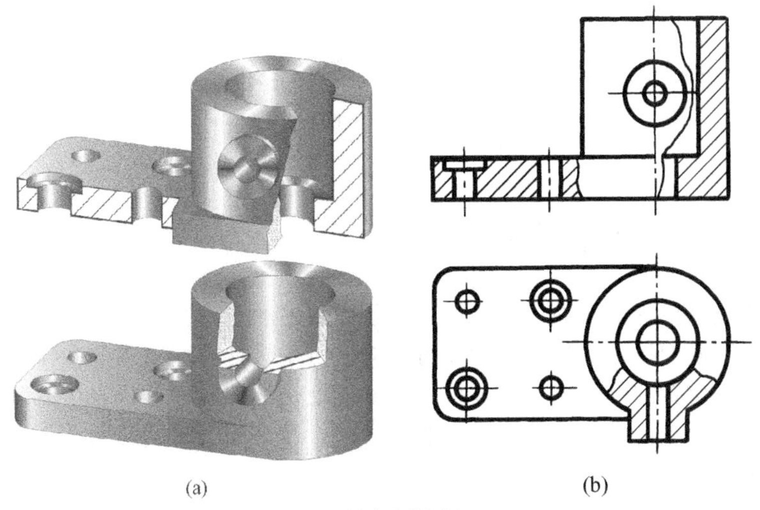

图 6-18　局部剖视图（一）

局部剖视图的剖切位置和剖切范围根据需要而定，是一种比较灵活的表达方法。主要适用于以下几种情况。

① 当不对称机件的内、外部形状都要表达，可采用局部剖视图的表达方法，如图 6-18。

② 机件上只有某一局部结构需要表达，但又不宜采用全剖视图时，如图 6-19。

③ 机件具有对称面，但轮廓线与对称中心线重合，不宜采用半剖视表达内部形状，这类机件也常采用局部剖视，如图 6-20。

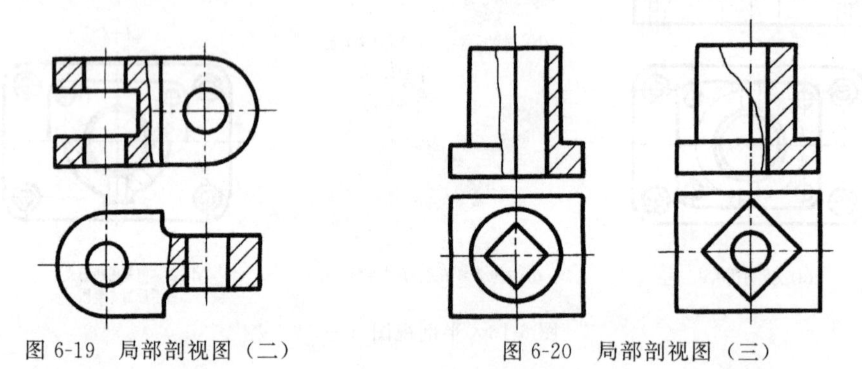

图 6-19　局部剖视图（二）　　图 6-20　局部剖视图（三）

画局部剖视图时应注意：

① 波浪线只能画在机件表面的实体部分，不能穿越孔或槽（必须断开），也不能超出实体的轮廓线之外，如图 6-21(a)。

② 波浪线不应画在轮廓线的延长线上，也不能以轮廓线代替波浪线，如图 6-21(b)。

③ 当被剖切的局部结构为回转体时，允许将回转中心线作为局部视图与视图的分界线，如图 6-21(c)。

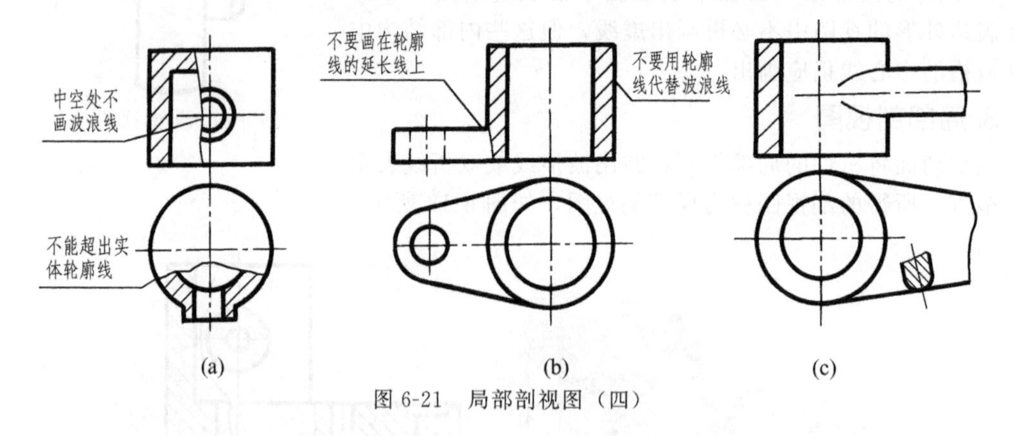

图 6-21　局部剖视图（四）

三、剖切面的种类

剖视图是假想将机件剖开而得到的视图，前面叙述的全剖视、半剖视和局部剖视，都是用平行于基本投影面的单一剖切面剖切而得到的。由于机件内部结构的多样性和复杂性，常需选用不同数量和位置的剖切面来剖开机件，才能把机件的内部形状表达清楚。国家标准规定了三种剖切面：单一剖切面、几个平行的剖切面、几个相交的剖切面。

1. 单一剖切面

单一剖切面是指用一个剖切面剖开机件，这个剖切面可以是平行于基本投影面（如前所述各例），也可以是不平行于基本投影面垂直面，如图 6-22 中的 $A—A$。画这种剖视图时，应注意标注剖切符号，写上字母、名称。剖视图一般应配置在箭头所指的方向，并与基本视图保持投影关系。也可以配置在其他适当的位置，并且为了画图和读图方便，可将视图转正，但要画上旋转符号、注写字母。

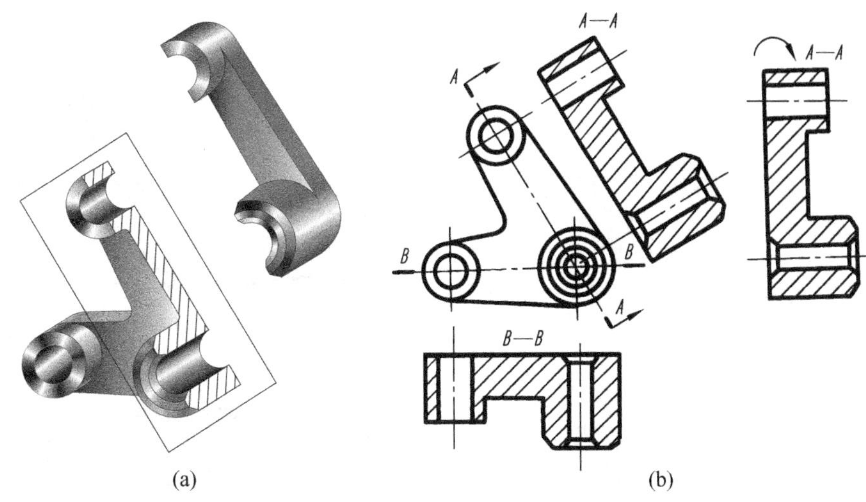

(a)　　(b)

图 6-22　单一剖切面

2. 几个平行的剖切面

当机件的内部结构分布在不同层面上，用一个剖切平面不能将它们都剖到时，可采用几个平行的剖切平面来剖切。

如图 6-23 所示机件的内部结构（前后对称面上中间的沉孔、周围六个沉孔和底部方槽）如果用单一剖切面在机件对称平面处剖开，只能切到中间的沉孔而不能切到四周六个沉孔。

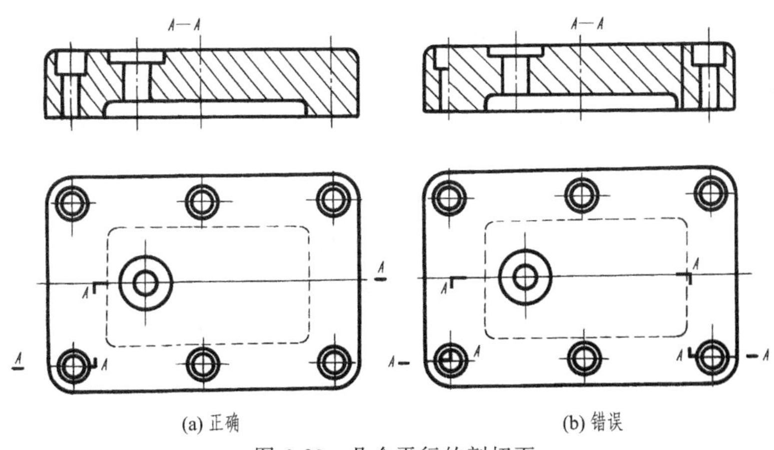

(a) 正确　　(b) 错误

图 6-23　几个平行的剖切面

若采用两个平行的剖切平面将其剖开，则可同时切到两种沉孔，如图 6-23(a) 所示。

画这种剖视图时应注意：

① 必须在相应视图上用剖切符号表示剖切平面的起讫和转折位置，并注写相同字母。

② 因为剖切面是假想的，所以不应画出剖切平面转折处的投影。如图 6-23(b) 主视图右端的剖切平面转折处不应画线。

③ 剖视图中不应出现不完整结构要素，如图 6-23(b) 中左端的半个沉孔。

3. 几个相交的剖切面

当机件的内部结构形状用单一剖切面不能完整表达时，可采用两个相交的剖切平面（交线垂直于某一基本投影面）剖开机件，以表达具有回转轴机件的内部形状，两剖切平面的交线与回转轴重合，如图 6-24 所示。用这种方法画剖视图时，应将剖切平面剖开的断面旋转到与选定的基本投影面平行，再进行投射。

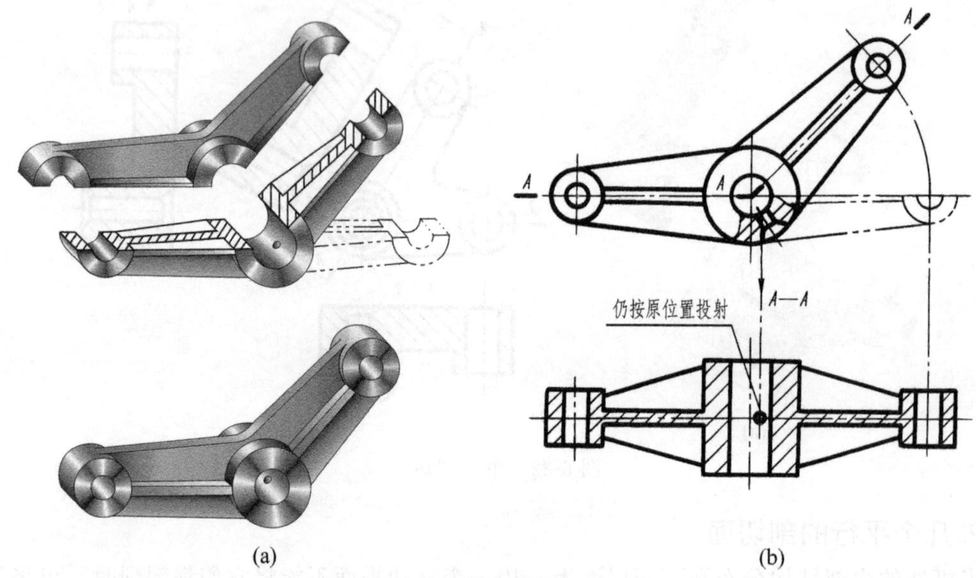

图 6-24　几个相交的剖切面（一）

画这种剖视图时应注意：

① 凡是没有被剖切平面剖到的结构，应按原来的位置投射。如图 6-24(b) 所示机件上的小圆孔，其俯视图是按原来位置投射画出的。

② 用几个相交的剖切平面剖切获得的剖视图，必须标注，如图 6-24(b)。剖切符号的起讫，转折处应用相同的字母标注，但当转折处无法注写又不致引起误解时，允许省略字母。

③ 还可以用两个以上相交的剖切面剖开机件，用来表达内部结构较为复杂的机件，如图 6-25 所示。

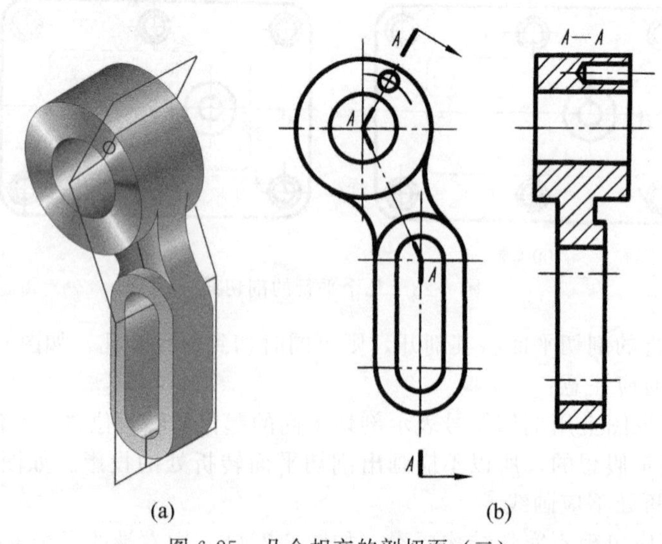

图 6-25　几个相交的剖切面（二）

第三节　机件断面形状的视图表达

一、断面图的形成

假想用剖切面将机件的某处切断，仅画出断面的图形，称为断面图，简称断面。断面图的画法要遵循 GB/T 17452—1998、GB/T 4458.6—2002 的规定。

如图 6-26(a) 所示的轴，为了表示键槽的深度和宽度，假想在键槽处用垂直于轴线的剖切面将轴切断，仅画出断面的形状，并在断面上画出剖面线，如图 6-26(b)。

画断面图时，应特别注意断面图与剖视图的区别。断面图仅画出机件被切断处的断面形状，而剖视图除了画出断面形状外，还必须画出断面后的可见轮廓线，如图 6-26(c)。

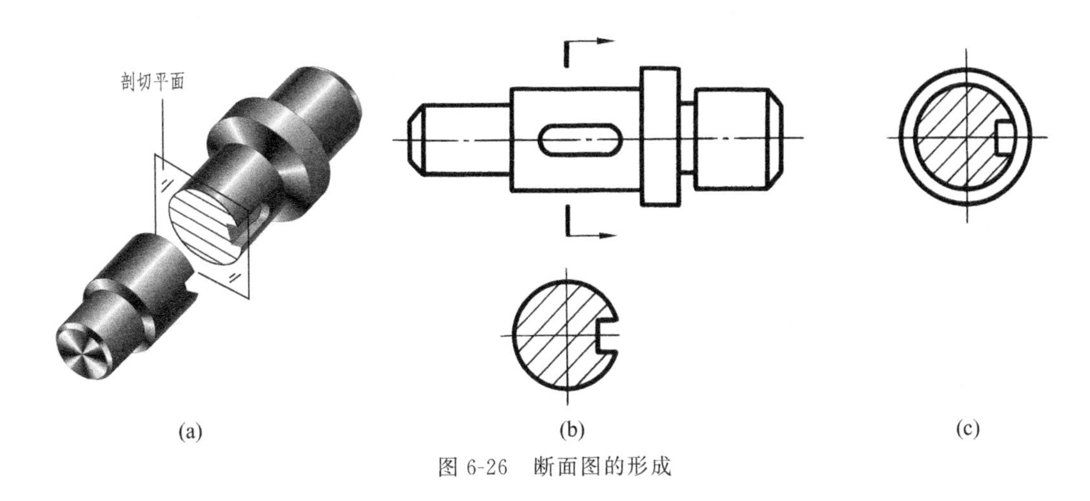

图 6-26　断面图的形成

二、断面图分类

根据断面图配置位置的不同，可分为移出断面图和重合断面图两种。

1. 移出断面图——画在视图轮廓线之外

(1) 移出断面图的画法与配置：

① 移出断面图的轮廓线用粗实线画出。

② 移出断面图应尽量画在剖切线的延长线上，如图 6-27(a) 所示轴右端圆孔的断面图；必要时可配置在其他适当位置，如图 6-27(a) 中的 *A*—*A* 和 *B*—*B* 断面图；也可以按投影关系配置，如图 6-27(b) 中的 *C*—*C*；当断面图形对称时，还可画在视图的中断处，如图 6-27(c)。

③ 剖切平面一般应垂直于被剖切部分的主要轮廓线。当遇到如图 6-28 所示的肋板结构时，可用两个相交的剖切平面，分别垂直于左、右肋板进行剖切，这样画出的断面图，中间应用波浪线断开。

④ 当剖切平面通过回转面形成的孔或凹坑的轴线时，这些结构按剖视绘制，如图 6-27（a）中的轴左、右两端凹坑和圆孔的断面图画法。或者当剖切平面通过非圆孔而导致出现完全分离的两个断面时，则这些结构按剖视绘制，如图 6-29。

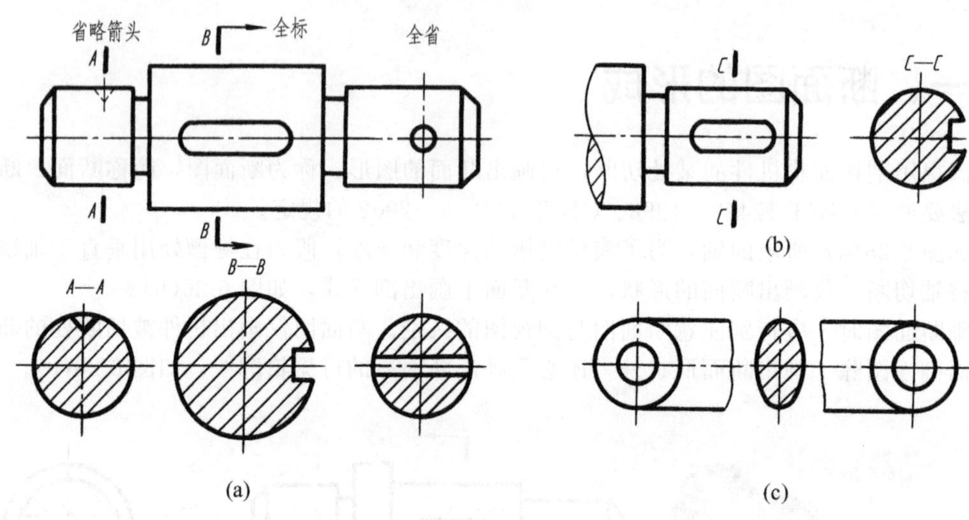

图 6-27　移出断面图的画法与配置

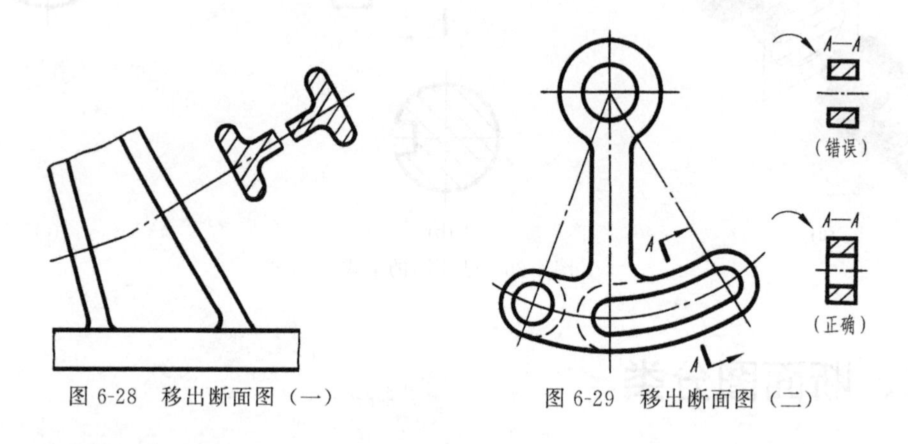

图 6-28　移出断面图（一）　　图 6-29　移出断面图（二）

（2）移出断面图的标注：

① 对称的移出断面图　画在剖切符号的延长线上时，可省略标注，如图 6-27(a) 右端小圆孔的断面；画在其他位置时，可省略箭头，如图 6-27(a) 左端的 $A—A$ 断面，图 6-27(b) 中的 $C—C$ 断面。

② 不对称的移出断面图　画在剖切符号的延长线上时，可省略字母，如图 6-26(b)；画在其他位置时，要注明剖切符号、箭头和字母，如图 6-27(a) 中的 $B—B$ 断面。

2. 重合断面图——画在视图轮廓之内

重合断面的轮廓线用细实线绘制，断面上画出剖面线。当视图中的轮廓线与重合断面的图形重合时，视图中的轮廓线仍应连续画出，不可间断，如图 6-30(a)。

对称的重合断面不必标注，如图 6-30(b)、(c)。配置在剖切线上的不对称重合断面，在不致引起误解时可省略标注，如图 6-30(a)。

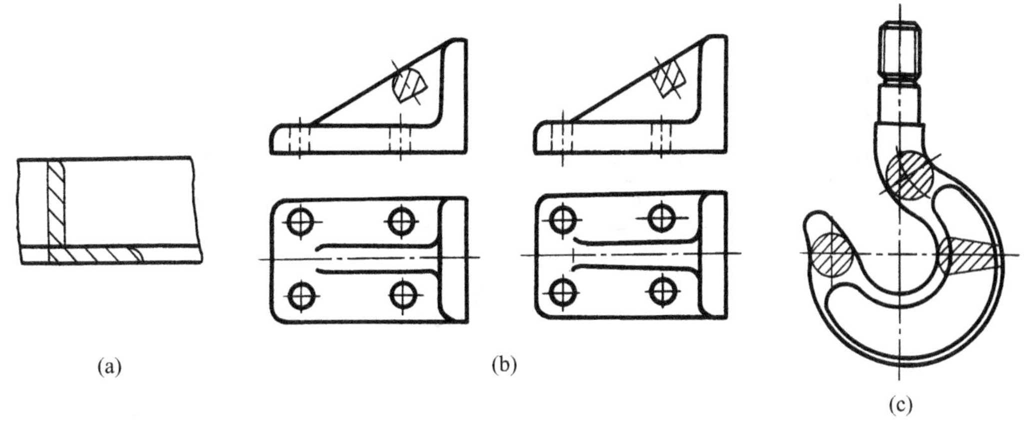

图 6-30　重合断面图

第四节　机件局部细小结构的视图表达

当机件上某些局部细小结构在视图上表达不清楚，或不便于标注尺寸，可将该部分结构用大于原图的比例画出，这种图形称为局部放大图（GB/T 4458.1—2002），如图 6-31 所示。

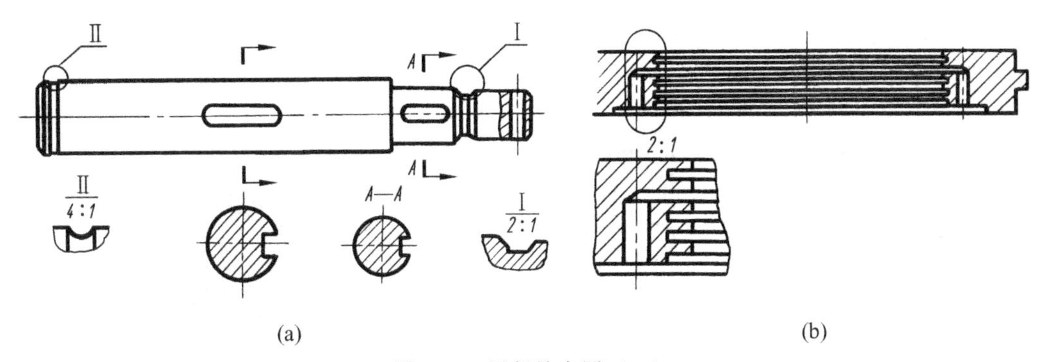

图 6-31　局部放大图（一）

画局部放大图时应注意：

① 局部放大图可以画成视图、剖视和断面，与被放大部分的表达方式无关。如图 6-31(a) 中的Ⅰ为剖视或断面，Ⅱ为视图。图 6-31(b) 中的局部放大图为剖视。局部放大图应尽量配置在被放大部位的附近。

② 绘制局部放大图时，除螺纹牙型和齿轮的齿形外，应在视图上用细实线圈出被放大的部位。

当同一机件上有几个被放大的部分时，必须用罗马数字依次标明被放大的部位，并在局部放大图的上方标注出相应的罗马数字和所采用的比例，如图 6-31(a)。

当机件上被放大的部分仅一个时，在局部放大图的上方只需注明所采用的比例，如图 6-31(b)。

③ 必要时可用几个图形来表达同一个被放大部分的结构，如图 6-32。

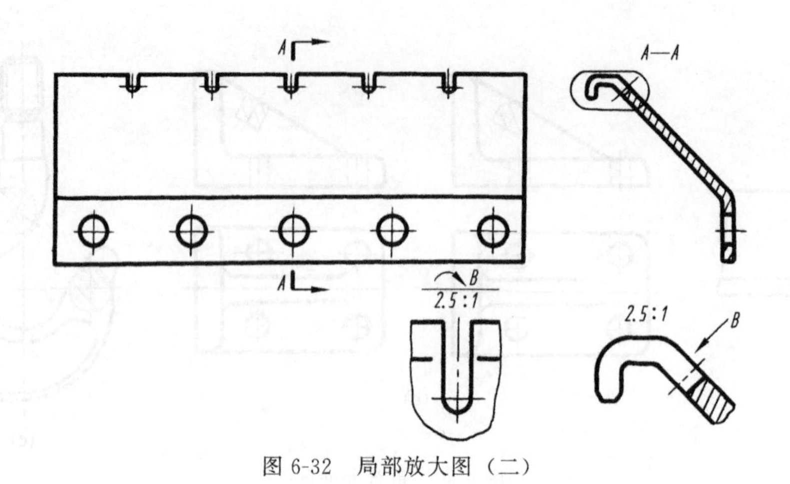

图 6-32　局部放大图（二）

第五节　常用简化画法（GB/T 16675.1—2012）

1. 机件上的肋、轮辐等结构的画法

对于机件上的肋板、轮辐及薄壁等结构，当剖切平面沿纵向（通过轮辐、肋板等的轴线或对称平面）剖切时，这些结构都不画剖面符号，但必须用粗实线将它与其邻接部分分开，如图 6-33(a) 左视图中的肋板和图 6-33(b) 主视图中的轮辐。但当剖切面沿横向（垂直于结构轴线或对称面）剖切时，仍需画出剖面符号，如图 6-33(a) 的俯视图。

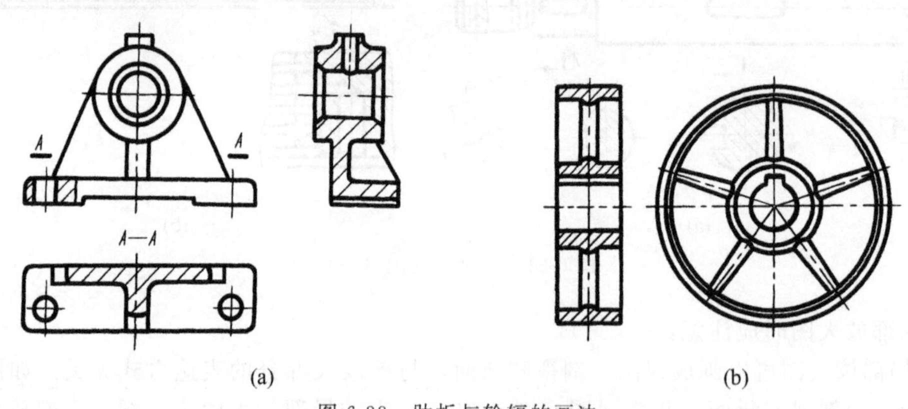

(a)　　(b)

图 6-33　肋板与轮辐的画法

对于机件回转体上均匀分布的肋、轮辐、孔等结构不处于剖切平面上时，可将这些结构旋转到剖切平面上画出，如图 6-34。

2. 相同结构要素的简化画法

当机件上具有若干相同结构要素（如孔、槽等），并按一定规律分布时，可以仅画出几个完整结构，其余用细实线相连或标明中心位置，并注明总数，如图 6-35。

对于网状物、编织物或机件上的滚花部分，可在轮廓线附近用粗实线局部画出的方法表示，也可省略不画，如图 6-36。

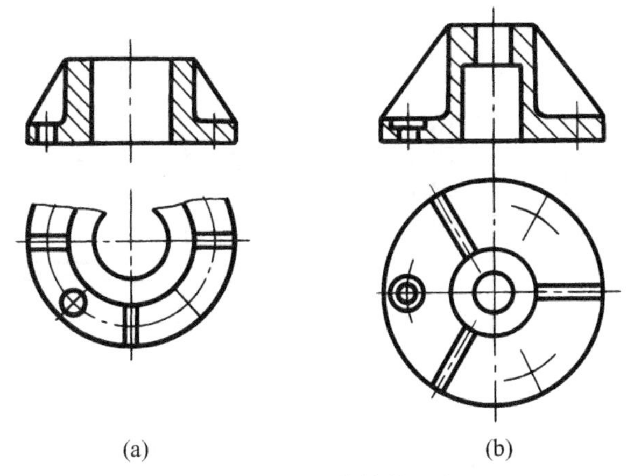

(a)　　(b)

图 6-34　均布结构的画法

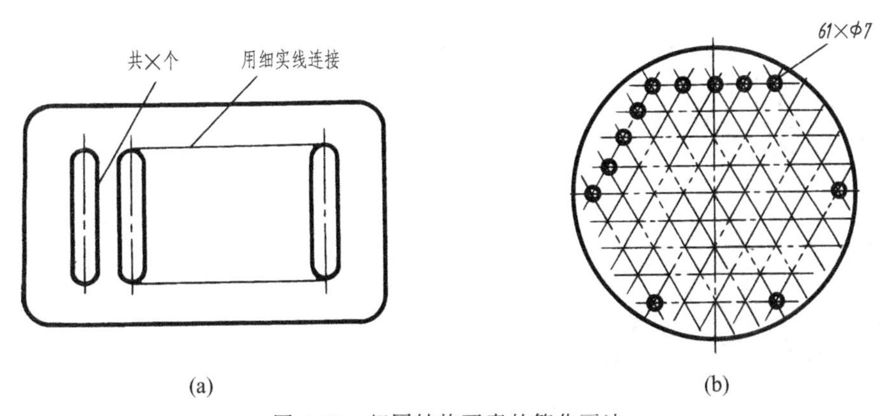

(a)　　(b)

图 6-35　相同结构要素的简化画法

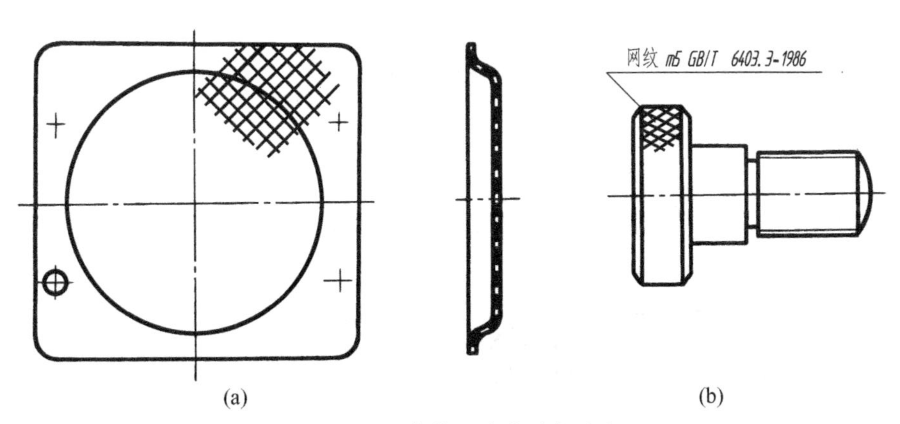

(a)　　(b)

图 6-36　网状物、滚花示意画法

3. 机件上某些交线和投影的简化画法

在不致引起误解时，过渡线、相贯线允许简化，如用圆弧或直线代替非圆曲线，如图 6-37。

与投影面倾斜角度小于或等于 30°的圆或圆弧，其投影可用圆或圆弧代替，如图 6-38(a)。

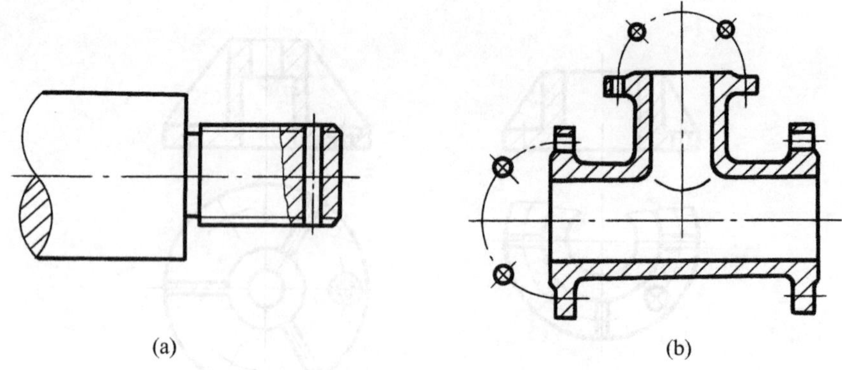

(a) (b)

图 6-37 过渡线、相贯线的简化画法

当回转体零件上的平面在图形中不能充分表达时，可用两条相交的细实线表示这些平面，如图 6-38(b)。

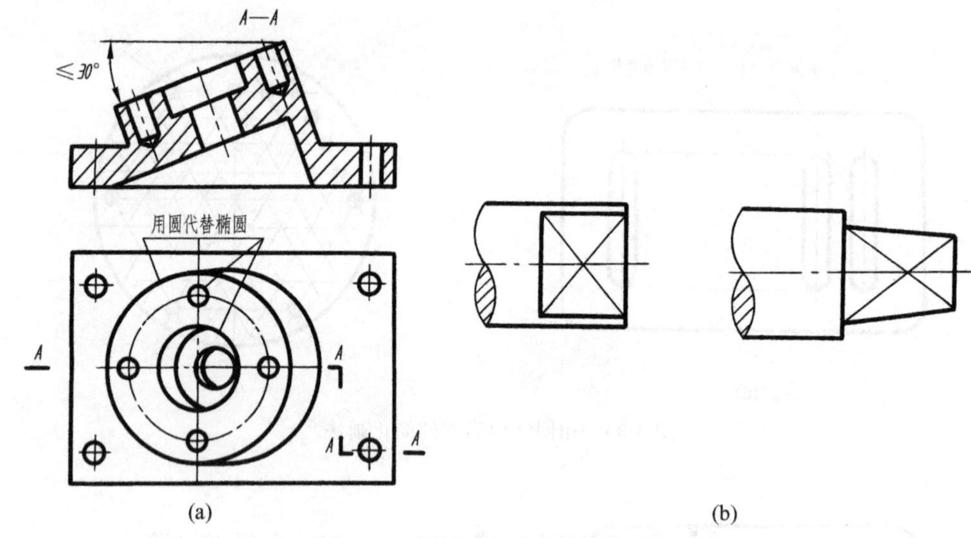

(a) (b)

图 6-38 倾斜面和平面的简化画法

4. 较长机件的断开画法

对于较长的机件（如轴、杆、型材、连杆等）沿长度方向的形状一致或按一定规律变化时，可将其断开后缩短绘制，但尺寸仍按机件的设计要求或实际长度标注，如图 6-39。

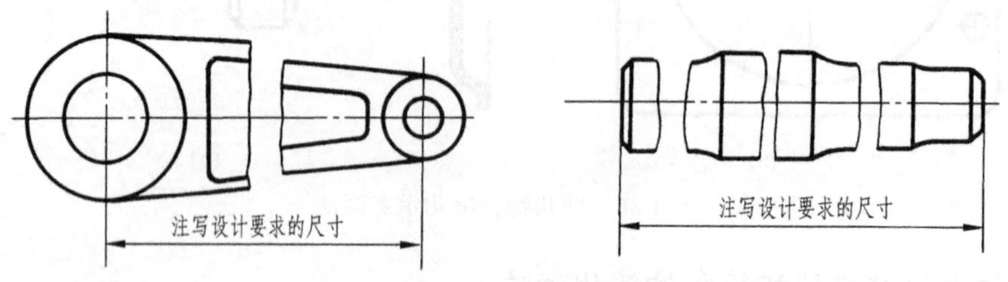

图 6-39 较长机件的断开画法

5. 较小结构的简化画法

当机件上较小的结构及斜度等已在一个图形中表达清楚时，其他图形应当简化或省略，如图 6-40(a)、(b)。

除确属需要表示的某些结构圆角外，其他圆角在零件图中均可不画，但必须注明尺寸，或在技术要求中加以说明，如图 6-40(c)。

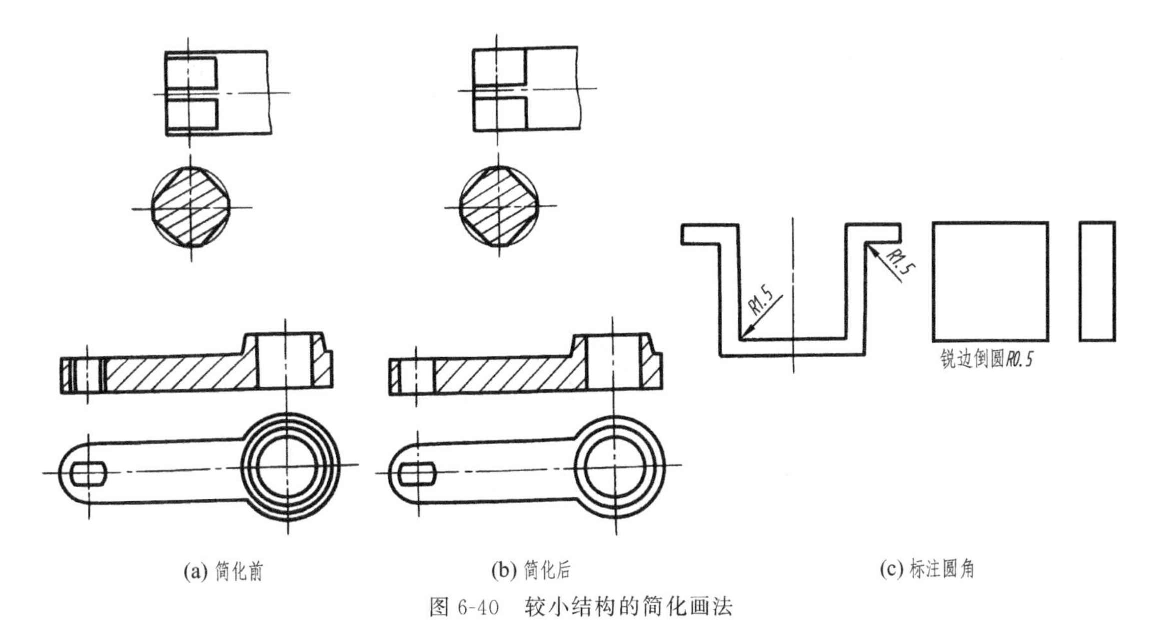

(a) 简化前　(b) 简化后　(c) 标注圆角

图 6-40　较小结构的简化画法

*第六节　第三角画法

《技术制图　投影法》规定："技术图样应采用正投影法绘制，并优先采用第一角画法"。"必要时才允许使用第三角画法"（GB/T 14692—2008）。但国际上有些国家如美国，日本加拿大、澳大利亚等采用第三角画法，为了更有效地进行国际间的技术交流和协作，应对第三角画法有所了解。

图 6-41 所示为三个互相垂直相交的投影面将空间分为八个部分，每部分为一个分角，依次为Ⅰ、Ⅱ、Ⅲ、Ⅳ、Ⅴ、Ⅵ、Ⅶ、Ⅷ分角。

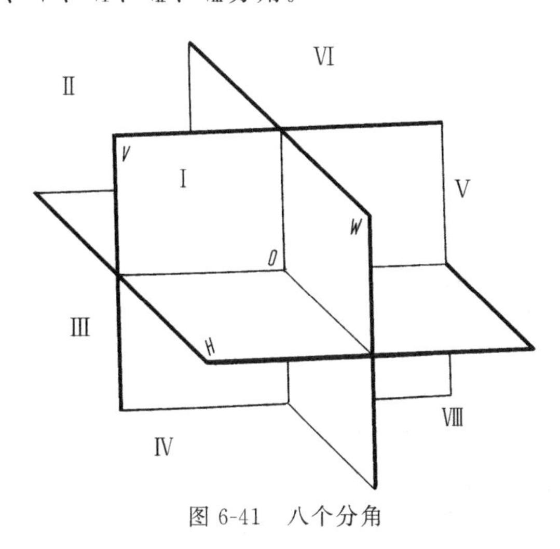

图 6-41　八个分角

将机件放在第一分角内（H 面之上、V 面之前、W 面之左）进行投射而得到的多面正投影，称为第一角画法；机件放在第三分角内（H 面之下、V 面之后、W 面之左）进行投射而得到的多面正投影，称为第三角画法。

与第一角画法一样，第三角画法也有六个基本视图，将机件向正六面体的六个平面（基本投影面）进行投射，如图 6-42 所示。展开后即得六个基本视图，它们相应的名称与配置如图 6-43(a) 所示。

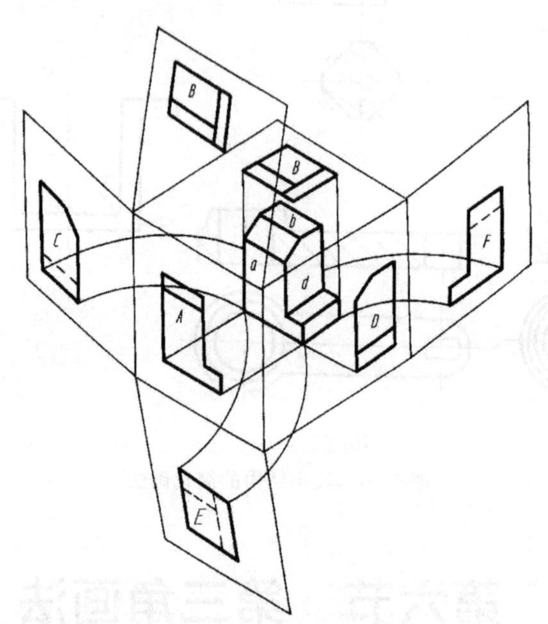

图 6-42　第三角画法的六个基本投影面展开方法

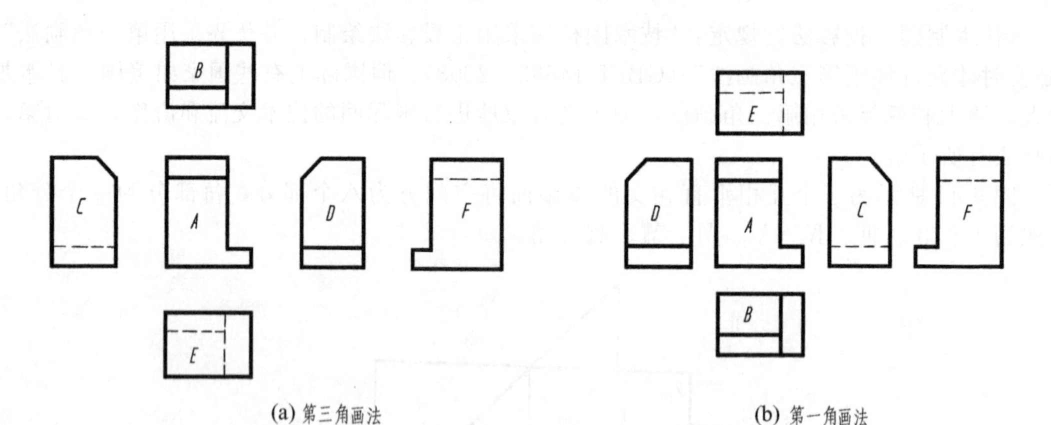

图 6-43　第三角画法与第一角画法六个基本视图配置对比

与第一角画法类似，第三角画法除了主视图（A）、俯视图（B）、右视图（D）之外，还有自左方投射所得的左视图（C）、自下方投射所得的仰视图（E），以及自后方投射所得的后视图（F）。

第三角画法与第一角画法的主要区别，是由于它们在各自的投影面体系中，观察者、机件、投影面三者之间的相对位置不同，决定了它们六个基本视图的配置关系不同。第一角画法是将机件置于观察者与投影面之间进行投射；第三角画法是将投影面置于观察者与机件之间进行投射（把投影面看作透明的）。从图 6-43 所示两种画法的对比中可以看出；第三角画法的左、右视图与第一角画法的左、右视图位置对换；第三角画法的俯视图、仰视图与第一角画法的俯视图、仰视图的位置也对换；第三角画法的主视图、后视图与第一角画法的主视图、后视图完全一致。

第三角画法与第一角画法一样，表达机件时，除了六个基本视图外，也有局部视图、斜视图，以及断裂画法、局部放大等。表达机件内部形状时，也有各种剖视与断面，以适应表达各种机件内外结构形状的需要。

采用第三角画法时，必须在图样中画出第三角投影的识别符号。当采用第一角画法时，在图样中一般不必画出第一角投影的识别符号，但在必要时也需画出。如图 6-44 所示。读图时应加以注意方可避免误解。

(a) 第三角画法　　(b) 第一角画法

图 6-44　第三角画法和第一角画法的识别符号

如图 6-45 所示，必须看清楚该机件是采用第三角还是第一角画法，才能确切知道机件圆盘上的小圆孔在左边还是在右边。

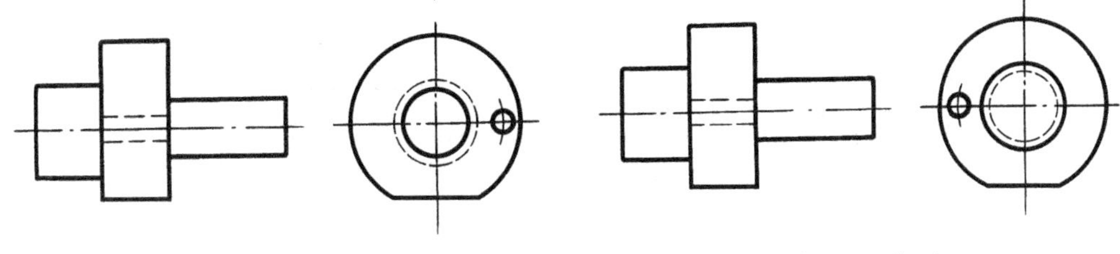

(a) 第三角画法　　(b) 第一角画法

图 6-45　机件的第三角画法与第一角画法比较

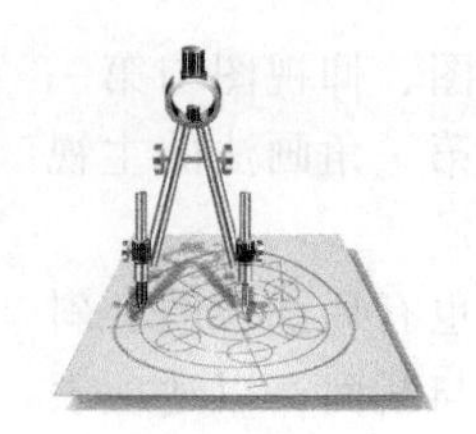

第七章 标准件的画法

标准件是指结构、尺寸、技术要求以及画法和标记均已标准化的零件（如图 7-1 中的螺栓、螺钉、螺母、键、销等）和部件（如滚动轴承）。有些虽不属于标准件，但应用十分广泛的零件（如齿轮等），其多次重复出现的结构要素（如螺钉上的螺纹和齿轮上的轮齿）的几何参数也均已标准化，绘图时可按国家标准规定的特殊表示法简化画出。

图 7-1　齿轮油泵轴测分解图

本章将讲述螺纹和螺纹紧固件、键、销以及滚动轴承、齿轮、弹簧等的画法及其标准结构要素的表示法。

第一节　螺纹和螺纹紧固件

一、螺纹

螺纹是在圆柱（或圆锥）表面上，经过机械加工而形成的具有规定牙型的螺旋线沟槽。在圆柱（或圆锥）外表面上所形成的螺纹称外螺纹，在圆柱（或圆锥）内表面上所形成的螺纹称内螺纹，如图 7-2 所示。

1. 螺纹的结构要素

（1）牙型　通过螺纹轴线断面上的螺纹轮廓形状，称为螺纹的牙型。图 7-2 所示的螺纹为三角形牙型。此外还有梯形、锯齿形和矩形等牙型。其中，矩形螺纹尚未标准化，其余牙型的螺纹均为标准螺纹。

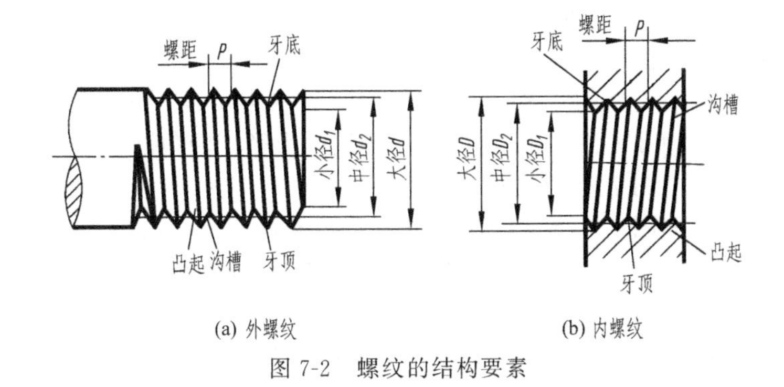

图 7-2　螺纹的结构要素

（2）公称直径　如图 7-2 所示，螺纹的直径有大径（d、D）、小径（d_1、D_1）和中径（d_2、D_2）。公称直径是代表螺纹尺寸的直径，普通螺纹的公称直径就是指螺纹的大径。管螺纹公称直径是用管子的通径（英寸）命名，用尺寸代号表示。

（3）线数　螺纹有单线和多线之分：沿一条螺旋线形成的螺纹为单线螺纹，如图 7-3(a)；沿两条以上螺旋线形成的螺纹为多线螺纹，如图 7-3(b) 所示为双线螺纹。螺纹的线数用“n”表示。

（4）螺距和导程　螺纹相邻两牙在中径线上对应点间的轴向距离称为螺距，用“P”表示；沿同一条螺旋线上的相邻两牙在中径线上对应两点间的轴向距离称为导程，用“P_h”表示。如图 7-3 所示，单线螺纹的导程等于螺距（$P_h=P$）；双线螺纹的导程等于两倍螺距（$P_h=2P$）。

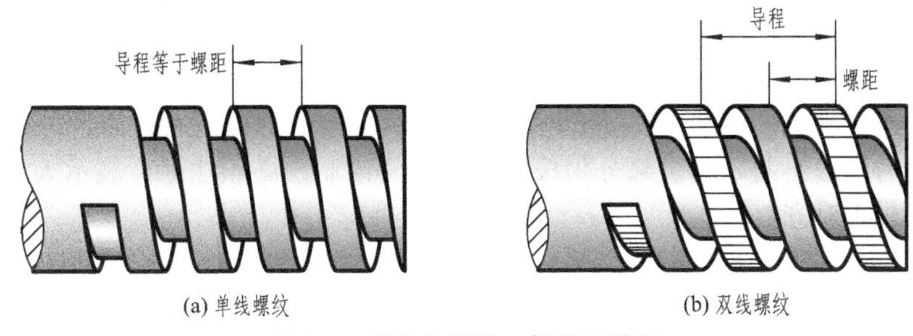

图 7-3　螺纹的线数、螺距和导程

（5）旋向　螺纹有右旋和左旋两种，判别方法如图 7-4 所示。工程上常用右旋螺纹。

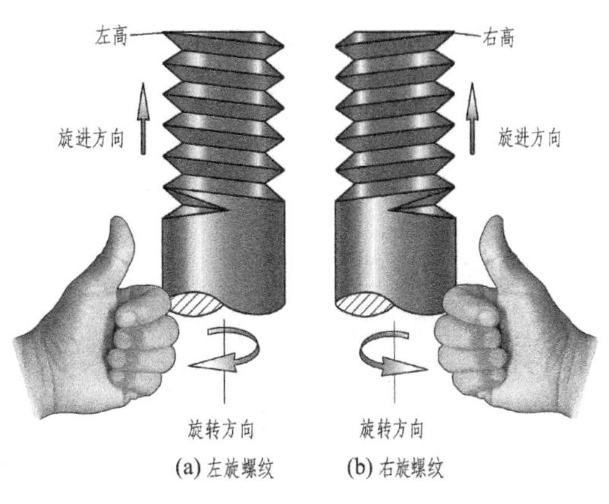

图 7-4　螺纹的旋向

外螺纹和内螺纹成对使用，但只有当上述五项结构要素完全相同时，才能旋合在一起。

为了便于设计和制造，国家标准对螺纹的牙型、直径和螺距作了规定，凡是这三项要素都符合标准的称为标准螺纹。牙型符合标准，直径或螺距不符合标准的称为特殊螺纹。牙型不符合标准的称为非标准螺纹。螺纹按用途可分为紧固连接螺纹、传动螺纹、管螺纹和专门用途螺纹。

2. 螺纹的规定画法

（1）外螺纹画法　如图 7-5 所示，在投影为非圆的视图上，外螺纹大径画粗实线，小径画细实线，且小径在螺杆的倒角或倒圆部分也应画出。小径的直径可在附录有关表中查到，实际画图时小径通常画成大径的 0.85 倍。螺纹终止线画粗实线。在投影为圆的视图上，用粗实线画螺纹的大径，用 3/4 圈圆弧.细实线画螺纹的小径，倒角圆省略不画。图 7-5(a) 表示外螺纹不剖时的画法，图 7-5(b) 为剖切时的画法。

（2）内螺纹画法　如图 7-6 所示，在投影为非圆的视图上，内螺纹的小径画成粗实线，大径画成细实线，剖面线画到牙底的粗实线处。在投影为圆的视图上，小径画粗实线，大径画 3/4 圈圆弧细实线，倒角圆省略不画，如图 7-6(a)。对于不穿通的螺孔（不穿通孔也称盲孔），锥孔深度比螺孔深度大 0.5d。由于钻头的顶角约等于 120°，因此，钻孔底部的圆锥凹坑的锥角应画成 120°。螺纹终止线画粗实线，如图 7-6(b) 所示。

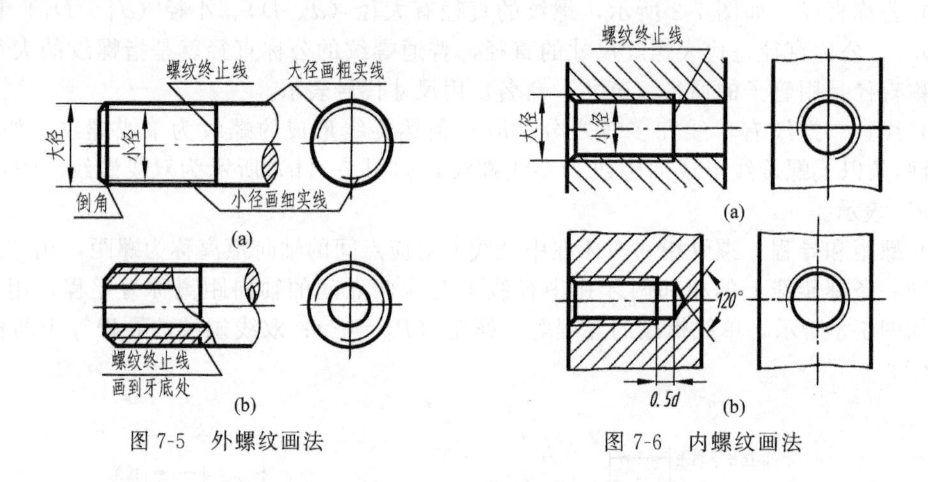

图 7-5　外螺纹画法　　图 7-6　内螺纹画法

（3）螺纹连接画法　如图 7-7 所示，在绘制螺纹连接的剖视图时，内、外螺纹的旋合部分应按外螺纹的画法绘制，其余部分仍按各自的画法绘制。必须注意：表示大、小径的粗实线和细实线应分别对齐。

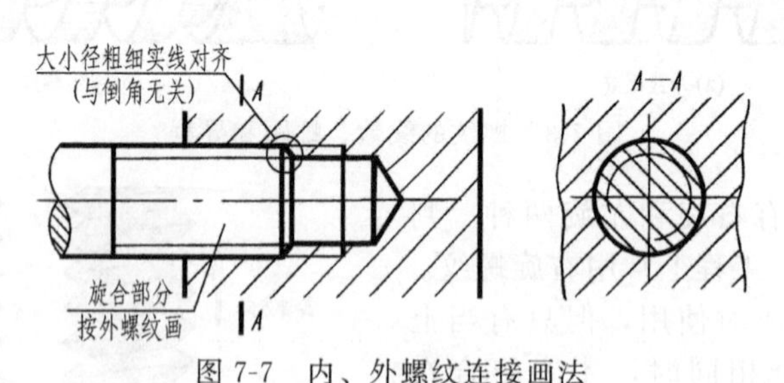

图 7-7　内、外螺纹连接画法

3. 螺纹的标注方法

螺纹采用规定画法后，在图上看不出它的牙型、螺距、线数和旋向等结构要素，需要用标记加以说明。国家标准对各种常用螺纹的标记及其标注方法规定见表 7-1。

螺纹标记和标注时应注意：

① 普通螺纹的螺距有粗牙和细牙两种，粗牙螺距不标注，细牙必须注出螺距。

② 左旋螺纹要注写 LH，右旋螺纹不注。

表 7-1　常用螺纹标注示例

螺纹类别	特征代号	标注示例	标注的含义
普通螺纹（粗牙）	M	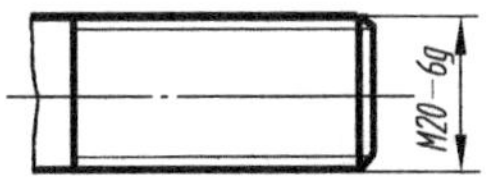 M20−6g	普通螺纹，大径 20，粗牙，螺距 2.5（查表获得），右旋；螺纹中径和顶径公差带代号都是 6g（按规定 6g 可以省略不注）；中等旋合长度
普通螺纹（细牙）	M	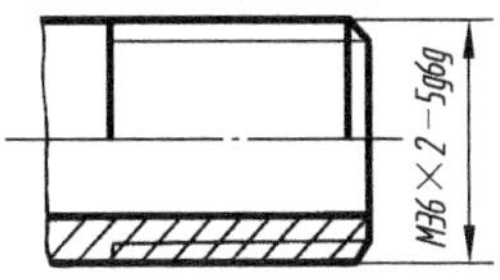 M36×2−5g6g	普通螺纹，大径 36，细牙，螺距 2，右旋；螺纹中径和顶径公差带代号分别为 5g 与 6g；中等旋合长度
梯形螺纹	Tr	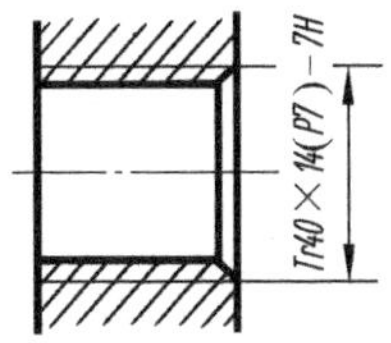 Tr40×14(P7)−7H	梯形螺纹，公称直径为 40，导程 14，螺距 7，中径公差带代号为 7H，中等旋合长度
锯齿形螺纹	B	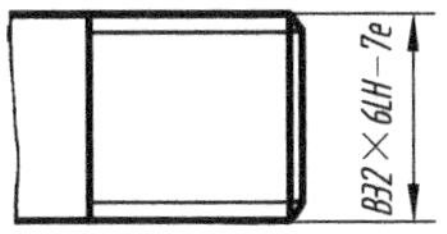 B32×6LH−7e	锯齿形螺纹，大径 32，单线，螺距 6，左旋，中径公差带代号 7e，中等旋合长度
55°非密封管螺纹	G	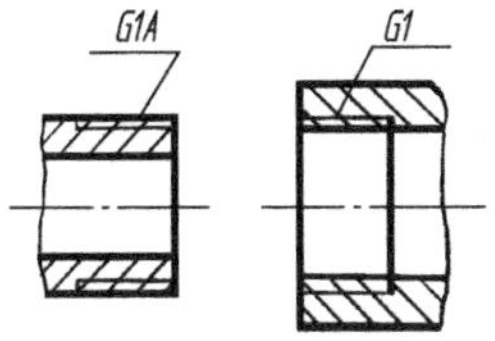 G1A　G1	55°非密封圆柱管螺纹，尺寸代号 1，外螺纹公差等级为 A 级，右旋。用引出标注
55°密封管螺纹	R_1 R_C R_P R_2	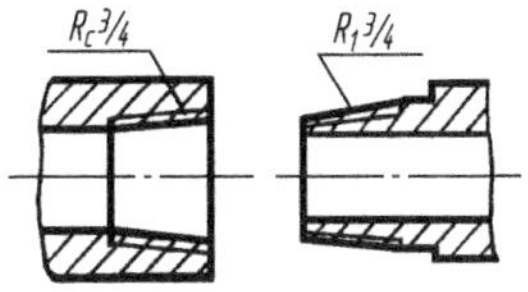 $R_C3/4$　$R_13/4$	55°密封圆锥管螺纹，尺寸代号 3/4，右旋 R_1 表示圆锥外螺纹 R_C 表示圆锥内螺纹 R_P 表示圆柱内螺纹 R_2 表示与圆锥内螺纹旋合的圆锥外螺纹的特征代号

③ 螺纹公差带代号包括中径和顶径公差带代号，如 5g6g，前者表示中径公差带代号，后者表示顶径公差带代号。如果中径与顶径公差带代号相同，则只标注一个代号。最常用的中等公差精度的普通螺纹（公称直径≤1.4mm 的 5H、6h 和公称直径≥1.6mm 的 6H、6g），可不标注公差带代号。

④ 普通螺纹的旋合长度规定为短（S）、中（N）、长（L）三组，中等旋合长度（N）不必标注。

⑤ 管螺纹的尺寸代号是指管子内径（通径）“英寸”的数值，不是螺纹大径，画图时大小径应根据尺寸代号查出具体数值。非螺纹密封的管螺纹，其外螺纹有 A 和 B 两个公差等级，内螺纹只有一个公差等级，不必标出。

⑥ 当需要表示螺纹牙型时，可采用局部剖视图画出几个牙型，如图 7-8 所示。

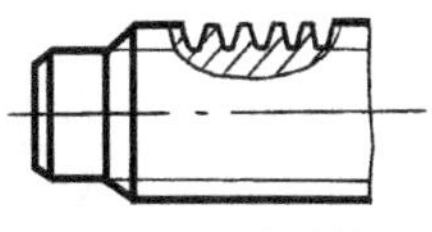

图 7-8　局部剖视表示牙型

二、螺纹紧固件的规定画法和标注

1. 在装配图中螺纹紧固件的画法

在表 7-2 中，规定了螺纹紧固件在装配图中的画法。

表 7-2　装配图中螺纹紧固件的简化画法

形式	简化画法	形式	简化画法
六角头（螺栓）	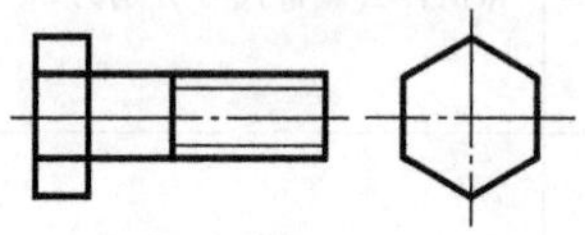	方头（螺栓）	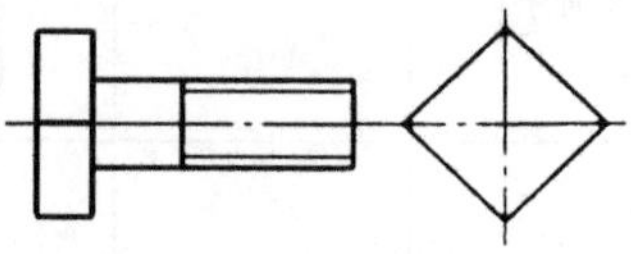
圆柱头内六角（螺钉）	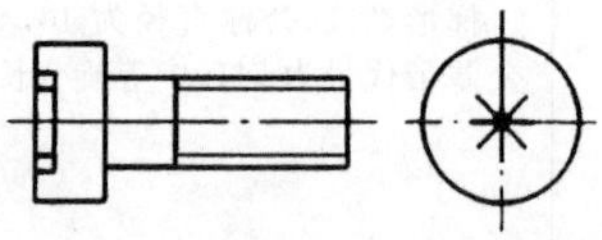	无头内六角（螺钉）	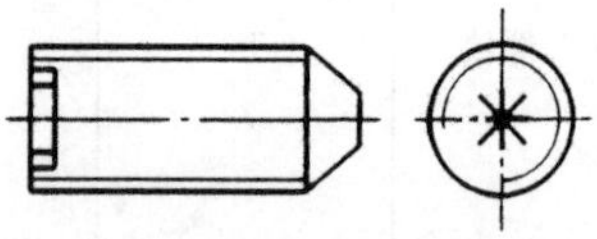
无头开槽（螺钉）	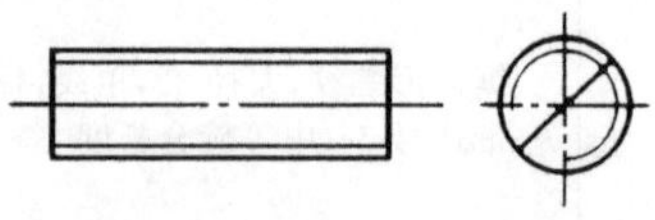	沉头开槽（螺钉）	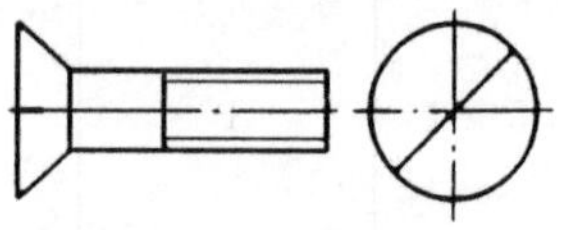
半沉头开槽（螺钉）	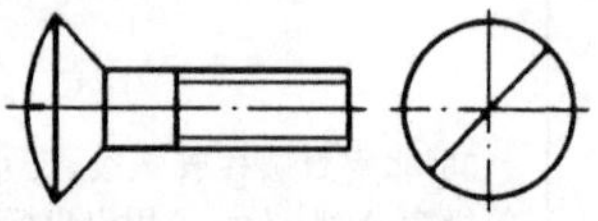	圆柱头开槽（螺钉）	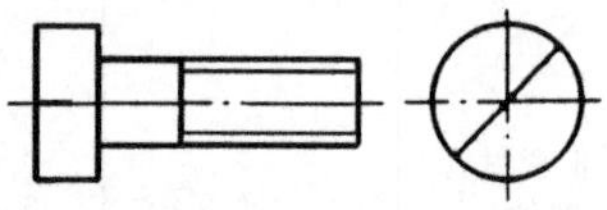
盘头开槽（螺钉）	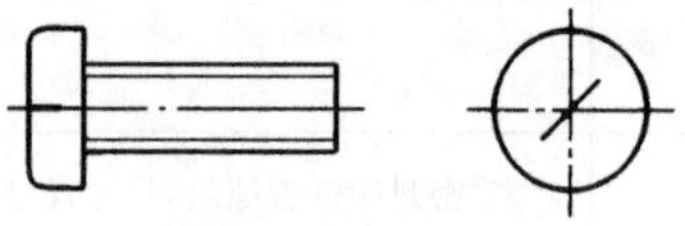	沉头开槽（自攻螺钉）	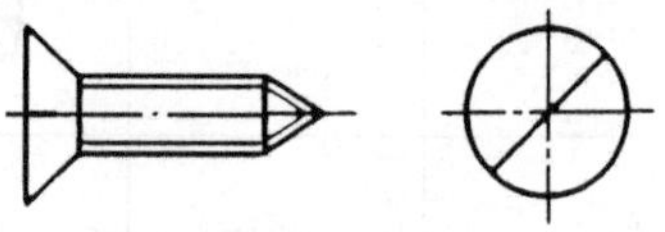
六角（螺母）	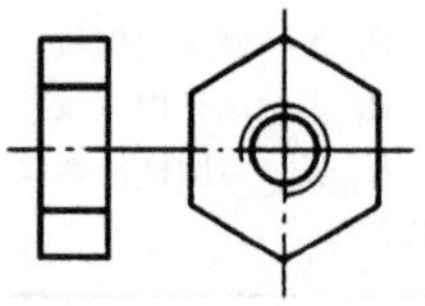	方头（螺母）	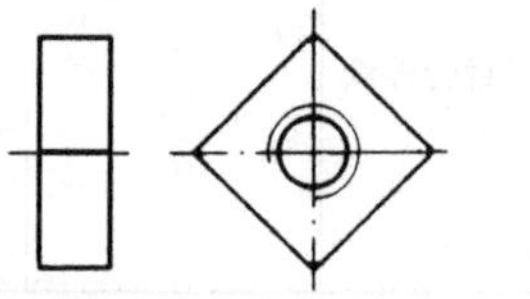
六角开槽（螺母）	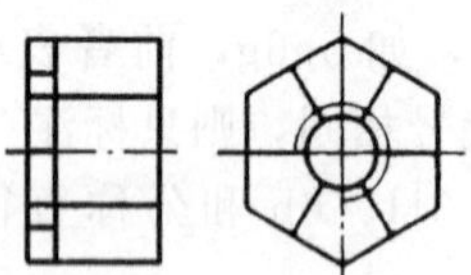	六角法兰面（螺母）	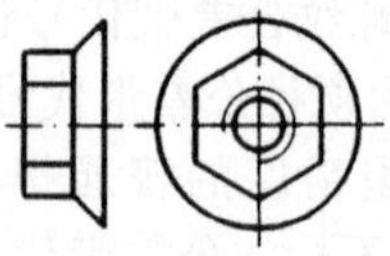
蝶形（螺母）	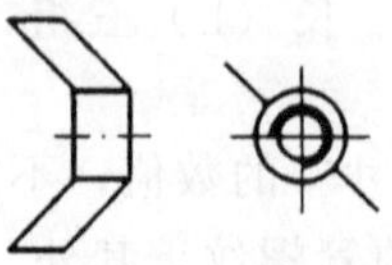	沉头十字槽（螺钉）	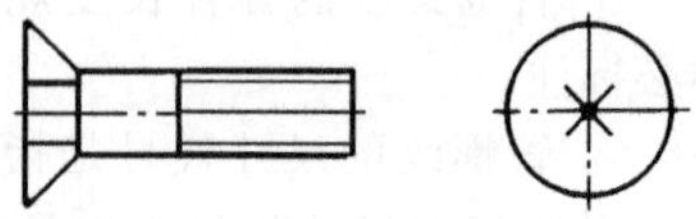
半沉头十字槽（螺钉）	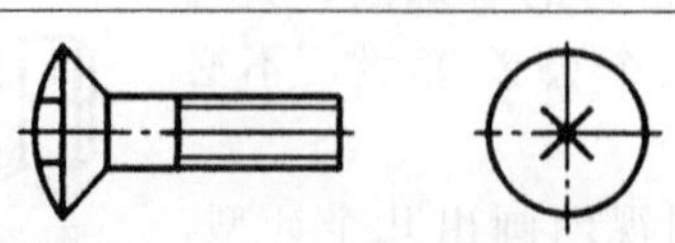		

2. 螺纹紧固件的连接画法

在螺纹连接的装配图中，当剖切平面通过螺杆的轴线时，对于螺钉、螺栓、螺柱、螺母及垫圈等均按未剖切绘制，接触面只画一条线，相邻两零件剖面线方向相反。螺纹紧固件的工艺结构，如倒角、退刀槽等均可省略不画。螺钉、螺栓、螺母等可采用表7-2所列（简化）画法。

（1）螺栓连接画法　螺栓用来连接不太厚并能钻成通孔的零件。图7-1所示齿轮油泵就是用两个螺栓安装在机架上的。图7-9(a)为螺栓连接示意图。图7-9(b)表示连接前的情况，被连接的两块板上钻有比螺栓大径略大的通孔（≈1.1d）。图7-9(c)为螺栓连接图，图7-9(d)为螺栓连接的简化画法。

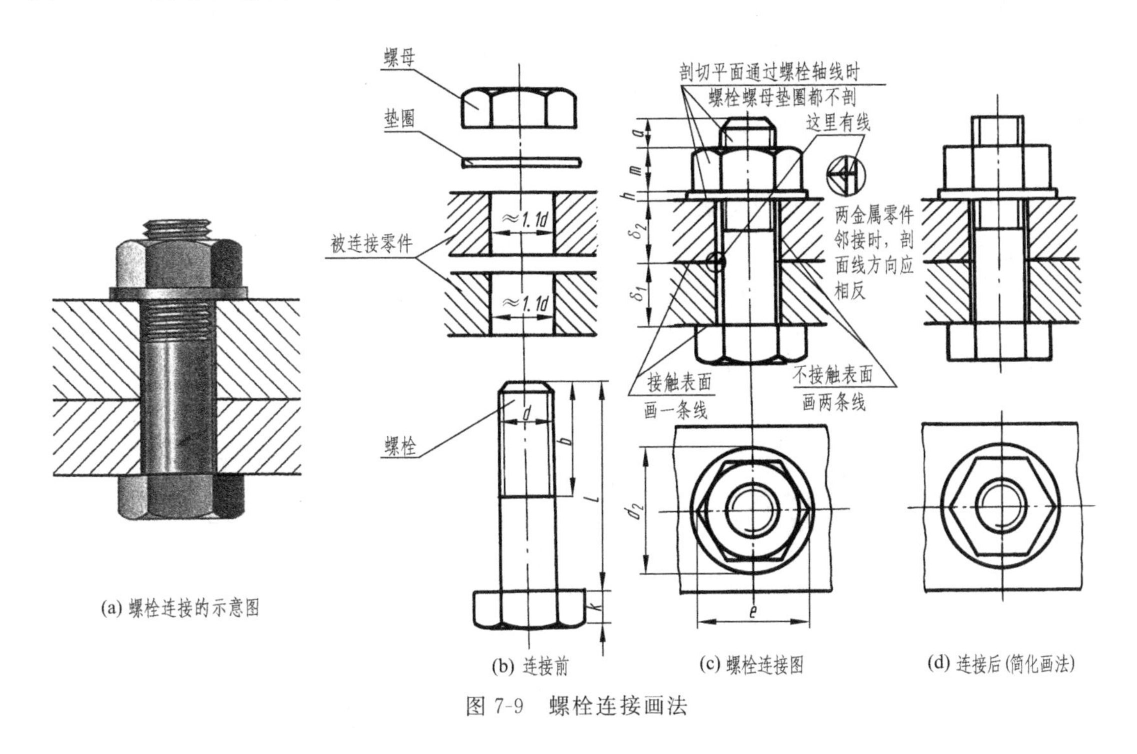

图7-9　螺栓连接画法

确定螺栓的公称长度 l 时，可按下式计算：

$$l=\delta_1+\delta_2+h+m+a$$

式中　δ_1，δ_2——被连接零件的厚度；

h——垫圈厚度（可查附表9）；

m——螺母高度（可查附表8）；

a——螺栓末端伸出螺母外的长度，一般取 $(0.2\sim0.4)d$。

由 l 的初算值，在螺栓标准的 l 公称系列值中，选取一个与之相等或略大的标准值。

例如已知螺纹紧固件的标记为：

螺栓　GB/T 5782—2000—M20×l；

螺母　GB/T 6170—2000—M20；

垫圈　GB/T 97.1—2000—20。

由附表8和附表9查得 $m=18$，$h=3$

取 $a=0.3\times20=6$

被连接零件 $\delta_1=25$，$\delta_2=25$

计算 $l \geqslant 25+25+3+18+6=77$

根据附表 4 GB/T 5782—2016 查得与 77 最近的标准长度为 80，即为螺栓的有效长度，同时查得螺栓的螺纹长度 b 为 46。

画螺栓连接装配图时应注意：

① 被连接零件的孔径必须大于螺栓大径（$\approx 1.1d$），否则在组装时螺栓装不进通孔。

② 螺栓的螺纹终止线必须画到垫圈之下（应在被连接两零件接触面的上方），否则螺母可能拧不紧。

（2）螺柱连接画法　螺柱两端均加工有螺纹，一端与被连接零件旋合（旋入端），另一端与螺母旋合（紧固端）。当两个被连接的零件中，有一个较厚或不适宜加工通孔或因拆卸频繁不宜使用螺钉连接的地方，采用螺柱连接。图 7-10(a) 为螺柱连接示意图。

图 7-10(b) 所示螺柱的有效长度 l 的计算与螺栓有效长度的计算类似，l 初算后的数值在螺柱标准的 L 公称系列值中选取相等或略大的标准值。旋入端螺纹长度 b_m 由被连接零件的材料决定，有四种不同长度：

① $b_m=1d$　用于旋入钢或青铜（GB/T 897—1988）；

② $b_m=1.25d$　用于旋入铸铁（GB/T 898—1988）；

③ $b_m=1.5d$　用于旋入铸铁或铝合金（GB/T 899—1988）；

④ $b_m=2d$　用于旋入铝合金（GB/T 900—1988）。

被连接零件的有关尺寸如图 7-10(c) 所示。

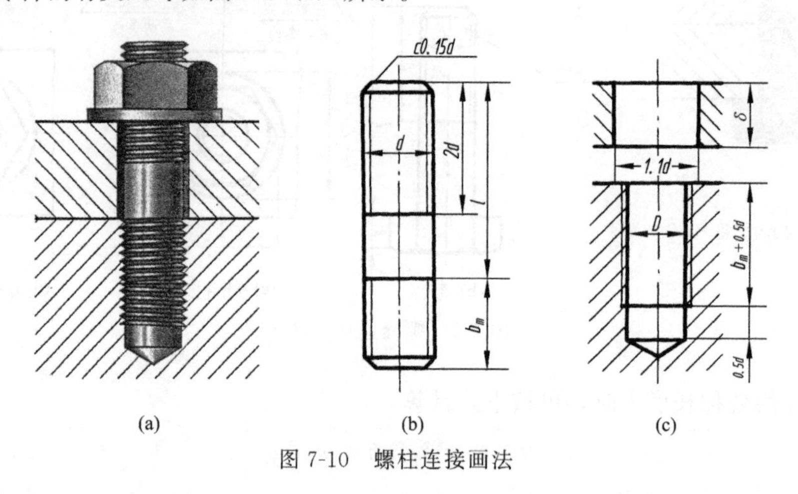

图 7-10　螺柱连接画法

图 7-11 所示为螺柱连接装配图（简化画法）。

画螺柱连接时应注意：

① 为了保证连接牢固，应使旋入端完全旋入螺纹孔中，即在图上旋入端的终止线应与螺纹孔口的端面平齐。

② 被连接零件上的螺孔深度应稍大于螺柱的旋入深度 b_m，一般可取 $b_m+(0.3\sim0.5)d$，钻孔深度应稍大于螺孔深度，一般可取螺纹长度加 $0.5d$。

③ 螺柱的旋入部分必须按内、外螺纹的连接画法画出，紧固端的画法与螺栓连接相应部分的画法相同。

螺柱的标记见附表 5。

（3）螺钉连接画法

螺钉连接多用于受力不大的零件之间的连接。被连接的零件中一个为通孔，另一个一般为不通的螺纹孔。

螺钉连接的画法，其旋入端与螺柱相同，被连接板孔口画法与螺栓相同，如图 7-12(a) 所示。图 7-12(b)、(c) 所示为沉头开槽螺钉和圆柱头内六角螺钉的连接画法。图 7-13 为用于定位或防松的紧定螺钉的连接画法。

画螺钉连接装配图时应注意：

① 圆柱头开槽螺钉头部的槽（在投影为圆的视图上）不按投影关系绘制，可按图 7-12(a) 所示画成与水平线成 45°的加粗实线。沉头开槽螺钉和圆柱头内六角螺钉头部的槽或内六角的画法如图 7-12(b)、(c) 所示。

② 为了保证连接牢固，螺钉的螺纹长度与螺孔的螺纹长度都应大于旋入深度，即螺钉装入后，螺钉上的螺纹终止线必须高出旋入端零件的上端面。

③ 螺钉连接图上允许不画出 0.5d 的钻孔余量，如图 7-11 中螺孔下部的画法。

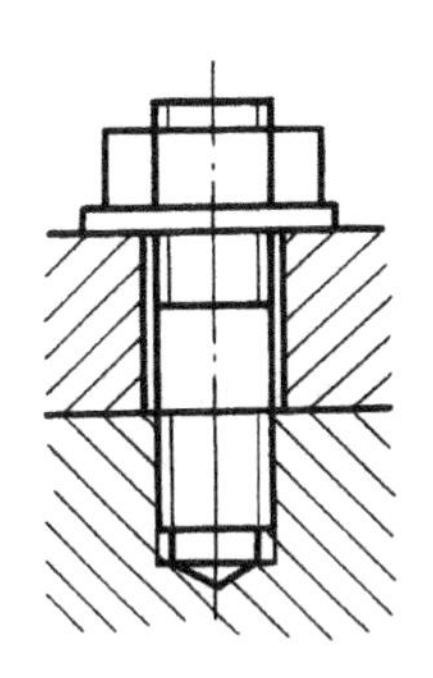

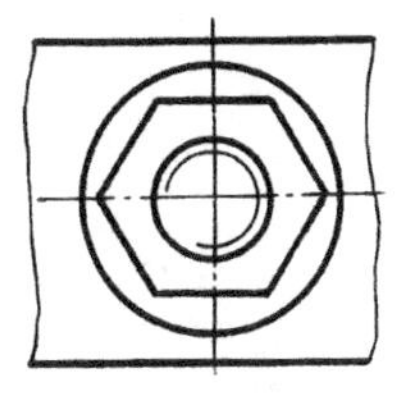

图 7-11　螺柱连接（简化）画法

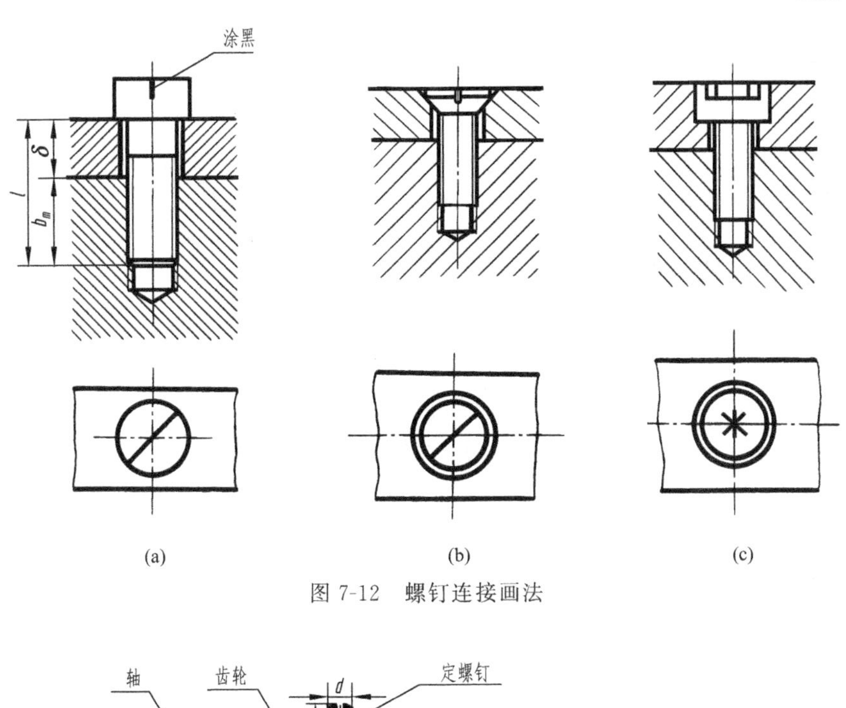

(a)　(b)　(c)

图 7-12　螺钉连接画法

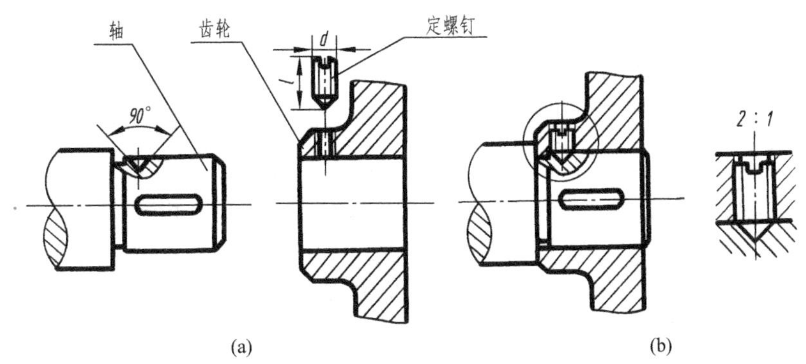

(a)　(b)

图 7-13　紧定螺钉连接的画法

第二节　齿轮

齿轮是机器中常用的传动零件，它不仅可以用来传递动力，还能改变回转方向和转动速度。如图 7-1 所示齿轮油泵，是依靠一对齿轮的啮合传动来加压输油的。

图 7-14 表示三种常见的齿轮传动形式。圆柱齿轮用于两平行轴之间的传动；锥齿轮用于相交两轴之间的传动；蜗轮蜗杆则用于交错两轴之间的传动。

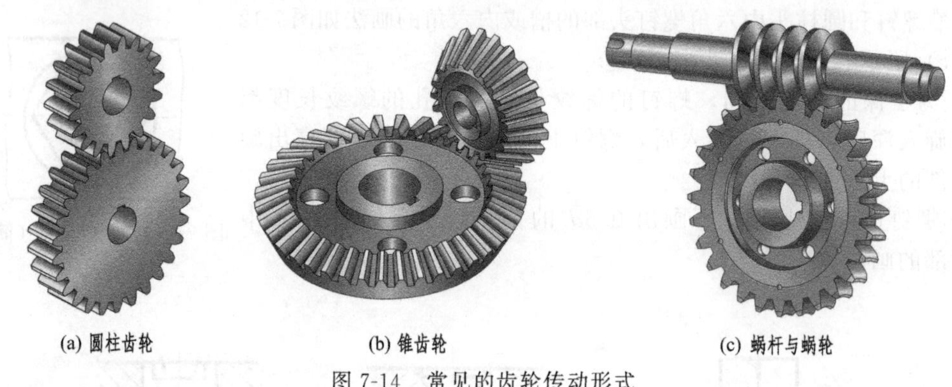

图 7-14　常见的齿轮传动形式

齿轮的齿廓曲线有多种，应用最广的是渐开线。本节仅介绍齿廓曲线为渐开线的标准直齿齿轮的几何要素及其画法，对锥齿轮和蜗轮蜗杆仅做简要介绍。

一、圆柱齿轮

圆柱齿轮按轮齿方向的不同分为直齿、斜齿和人字齿。

1. 直齿圆柱齿轮各部分名称及几何要素代号（图 7-15）

（1）齿顶圆（d_a）通过轮齿顶部的圆周直径。

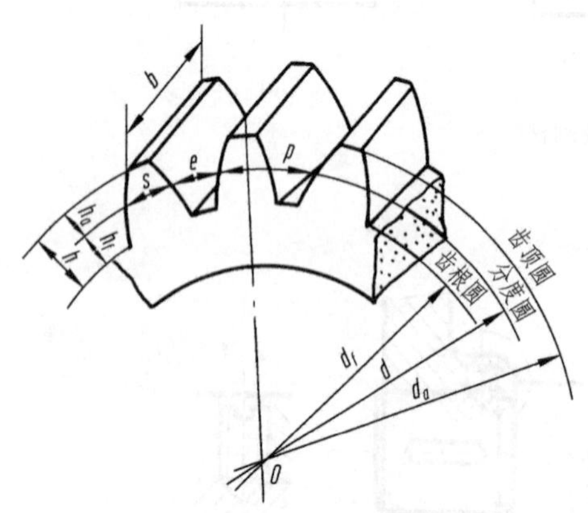

图 7-15　齿轮各部分名称和代号

（2）齿根圆（d_f）　通过轮齿根部的圆周直径。

（3）分度圆（d）　在齿顶圆和齿根圆之间，使齿厚（s）与齿槽宽（e）的弧长相等的圆的直径，它是设计、制造齿轮时计算各部尺寸的基准圆。

（4）齿距（p）　分度圆上相邻两齿对应点之间的弧长。

（5）齿高（h）　齿顶圆与齿根圆之间的径向距离，$h=h_a+h_f$。

① 齿顶高（h_a）　齿顶圆与分度圆之间的径向距离。

② 齿根高（h_f）　齿根圆与分度圆之间的径向距离。

（6）模数（m）　设齿轮的齿数为 z，由于分度圆的周长 $=\pi d=zp$，所以 $d=\frac{p}{\pi}z$。令比

值$\frac{p}{\pi}=m$，则$d=mz$，m即为齿轮的模数。因为一对啮合齿轮的齿距p必须相等，所以它们的模数也必须相等。

模数m是设计、制造齿轮的重要参数。模数大，齿距p也增大，齿厚s也随之增大，因而齿轮的承载能力也增大。不同模数的齿轮，要用不同模数的刀具来加工制造。为了设计和制造方便，减少齿轮成形刀具的规格，模数已经标准化，我国规定的标准模数值见表7-3。

表7-3 渐开线圆柱齿轮模数系列（GB/T 1357—2008）

第一系列	1	1.25	1.5	2	2.5	3	4	5	6	8	10	12	16	20	25	32	40	50
第二系列	1.75	2.25	2.75	(3.25)	3.5	(3.75)	4.5	5.5	(6.5)	7	9	(11)	14	18	22	28	36	45

注：优先选用第一系列，其次选用第二系列，括号内的模数尽可能不用。本表未摘录小于1的模数。

(7) 齿形角（α） 如图7-16所示，齿廓曲线与分度圆交点C处的径向与齿廓在该点处的切线所夹的锐角α称为分度圆齿形角。我国标准规定$\alpha=20°$。

(8) 节圆（d'） 两齿轮啮合时，如图7-16，在中心O_1、O_2的连线上，两齿廓啮合点所在的圆（以O_1、O_2为圆心，分别过啮合点所作的两个圆）称为节圆，两节圆相切，其直径分别用d_1'、d_2'表示。

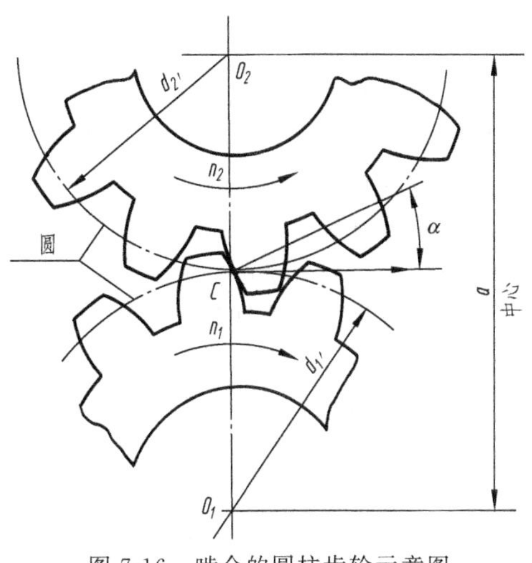

图7-16 啮合的圆柱齿轮示意图

(9) 传动比（i） 指主动轮的转速n_1与从动轮的转速n_2之比。由于转速与齿数（z）成反比，因此，传动比也等于从动轮的齿数z_2与主动轮的齿数z_1之比，即

$$i=\frac{n_1}{n_2}=\frac{z_2}{z_1}$$

设计齿轮时，先确定模数和齿数，其他各部分尺寸均可根据模数和齿数计算求出。标准直齿圆柱齿轮的计算公式见表7-4。

表7-4 直齿圆柱齿轮各部分计算公式

名称	代号	计算公式
分度圆直径	d	$d=mz$
齿顶高	h_a	$h_a=m$
齿根高	h_f	$h_f=1.25m$
齿高	h	$h=2.25m$
齿顶圆直径	d_a	$d_a=m(z+2)$
齿根圆直径	d_f	$d_f=m(z-2.5)$
齿距	p	$p=\pi m$
中心距	a	$a=\frac{1}{2}m(z_1+z_2)$

2. 圆柱齿轮的规定画法

(1) 单个圆柱齿轮画法 根据GB/T 4459.2—2003规定的齿轮画法，齿顶圆和齿顶线用粗实线绘制，分度圆和分度线用细点画线绘制，齿根圆和齿根线用细实线绘制（也可省略不画），如图 7-17(a) 所示；在剖视图中，当剖切平面通过齿轮的轴线时，轮齿一律按不剖处理，齿根线用粗实线绘制，如图 7-17(b) 所示。在剖视图中剖切平面不通过齿轮轴线时，按不剖绘制。当需要表示斜齿与人字齿的齿线形状时，可用三条与轮齿方向一致的细实线表示，如图 7-17(c) 所示。

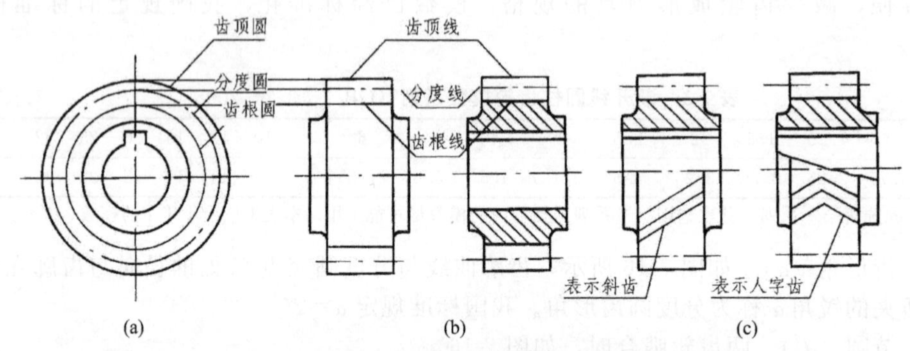

图 7-17 圆柱齿轮的规定画法

(2) 啮合的圆柱齿轮画法 在垂直于圆柱齿轮轴线的投影面上的视图中，啮合区内齿顶圆均用粗实线绘制，如图 7-18(a) 所示的左视图。或按省略画法，如图 7-18(b)。在剖视图中，当剖切平面通过两啮合齿轮轴线时，在啮合区内，将一个齿轮的轮齿用粗实线绘制，另一个齿轮的轮齿被遮挡的部分用虚线绘制，如图 7-18(a) 的主视图所示。但被遮挡的部分也可省略不画。在平行于圆柱齿轮轴线的投影面的外形视图中，啮合区的齿顶线不必画出，节线用粗实线绘制，其他处的节线仍用点画线绘制，如图 7-18(c)。

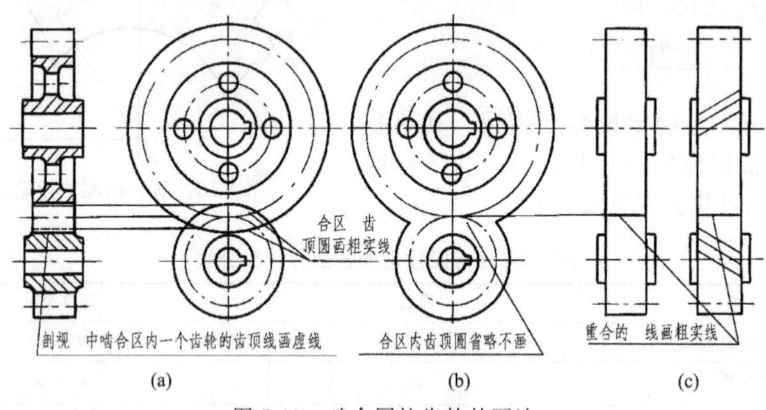

图 7-18 啮合圆柱齿轮的画法

如图 7-19 所示，在啮合区的剖视图中，由于齿根高与齿顶高相差 0.25mm，因此，一个齿轮的齿顶线与另一个齿轮的齿根线之间，应有 0.25mm 的顶隙。

3. 齿轮与齿条的啮合画法

图 7-20(a) 所示为齿轮、齿条啮合的示意图。绘制齿轮、齿条啮合图时，在齿轮表达为圆的外形视图中，齿轮节圆与齿条节线应相切。在剖视图中，应将啮合区内齿顶线之一画成粗实线，另一轮齿被遮部分画成虚线或省略不画，如图 7-20(b) 所示。齿条在主视图中画出一个轮齿的齿廓，其余的齿根线用细实线画出，俯视图中分别用三条细实线表示齿轮和齿条斜齿的齿线方向。

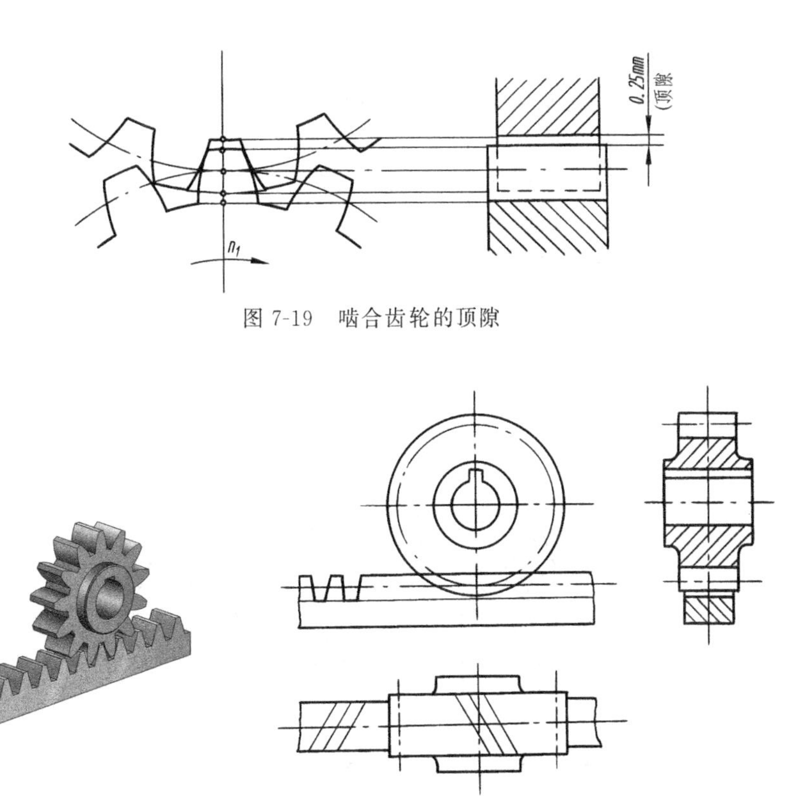

图 7-19　啮合齿轮的顶隙

(a) 轴测图　　(b) 规定画法

图 7-20　齿轮、齿条啮合的画法

*二、锥齿轮简介

锥齿轮通常用于垂直相交两轴之间的传动。由于轮齿位于圆锥面上，所以锥齿轮的轮齿一端大，另一端小，齿厚是逐渐变化的，直径和模数也随着齿厚的变化而变化。规定以大端的模数为准，用它决定轮齿的有关尺寸。一对锥齿轮啮合也必须有相同的模数。锥齿轮各部分几何要素的名称，见图 7-21。

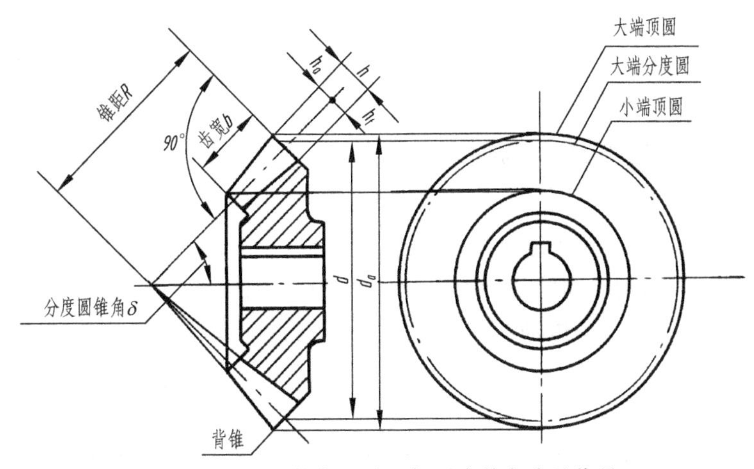

图 7-21　锥齿轮各部分几何要素的名称及代号

锥齿轮各部分几何要素的尺寸，也都与模数 m、齿数 z 及分度圆锥角 δ 有关。其计算公式：齿顶高 $h_a=m$，齿根高 $h_f=1.2m$，齿高 $h=2.2m$；分度圆直径 $d=mz$，齿顶圆直径 $d_a=m(z+2\cos\delta)$，齿根圆直径 $d_f=m(z-2.4\cos\delta)$。

锥齿轮的规定画法，与圆柱齿轮基本相同。单个锥齿轮的画法，如图 7-21 所示。一般用主、左两视图表示，主视图画成剖视图，在投影为圆的左视图中，用粗实线表示齿轮大端和小端的齿顶圆，用点画线表示大端的分度圆，不画齿根圆。

锥齿轮的啮合画法，如图 7-22 所示。主视图画成剖视图，由两齿轮的节圆锥面相切，因此，其节线重合，画成点画线；在啮合区内，应将其中一个齿轮的齿顶线画成粗实线，而将另一个齿轮的齿顶线画成虚线或省略不画（在图 7-22 中，画成虚线）。左视图画成外形视图。对于标准齿轮来说，节圆锥面和分度圆锥面，节圆和分度圆是一致的。

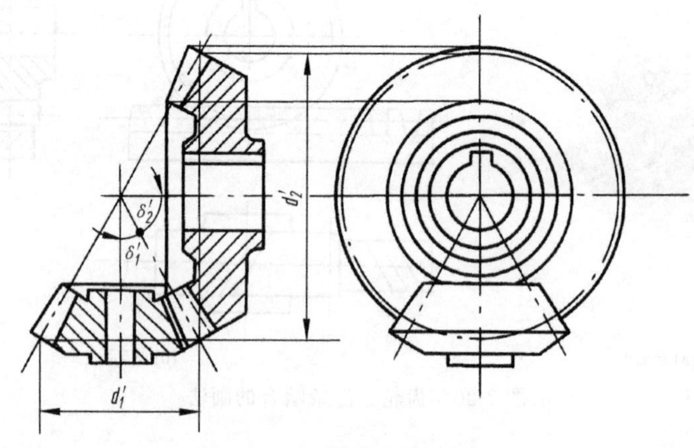

图 7-22　锥齿轮的啮合画法

如图 7-22 所示，轴线垂直相交的两锥齿轮啮合时，两节圆锥角 δ'_1 和 δ'_2 之和为 90°，于是有下列尺寸关系：

$$\tan\delta'_1=\frac{\frac{d'_1}{2}}{\frac{d'_2}{2}}=\frac{d'_1}{d'_2}=\frac{mz_1}{mz_2}=\frac{z_1}{z_2}$$

$$\delta'_2=90°-\delta'_1 \text{或} \tan\delta'_2=\frac{z_1}{z_2}$$

*三、蜗杆和蜗轮简介

蜗杆和蜗轮用于垂直交错两轴之间的传动，通常蜗杆是主动的，蜗轮是从动的。蜗杆、蜗轮的传动比大，结构紧凑，但效率低，蜗杆的齿数（即头数）z_1 相当于螺杆上螺纹的线数。蜗杆常用单头或双头，在传动时，蜗杆旋转一圈，则蜗轮只转过一个齿或两个齿。因此，可得到大的传动比$\left(i=\frac{z_2}{z_1}，z_2 \text{为蜗轮齿数}\right)$，蜗杆和蜗轮的轮齿是螺旋形的，蜗轮的齿顶面和齿根面常制成圆环面。啮合的蜗杆、蜗轮的模数相同，且蜗轮的螺旋角和蜗杆的螺旋线升角大小相等、方向相同。

蜗杆和蜗轮各部分几何要素的代号和规定画法，见图 7-23 和图 7-24，其画法与圆柱齿轮基本相同，但是在蜗轮投影为圆的视图中，只画出分度圆和齿外圆，不画齿顶圆与齿根圆。在外形视图中，蜗杆的齿根圆和齿根线用细实线绘制或省略不画。图中 P_X 是蜗杆的轴向齿距；d_{e2} 是蜗轮齿顶的最外圆直径，即齿顶圆柱面的直径；d_{a2} 是蜗轮的齿顶圆环面喉圆的直径。

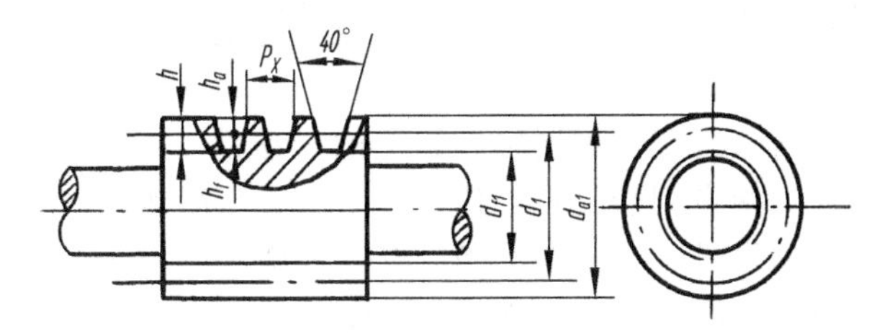

图 7-23　蜗杆的几何要素代号和画法

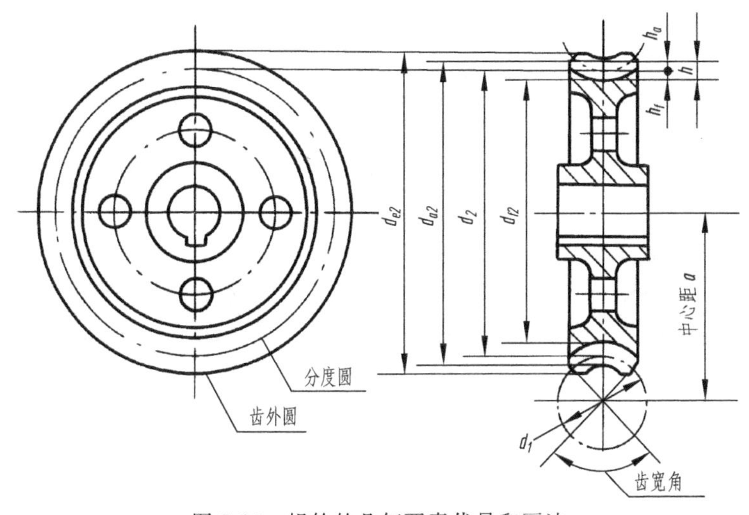

图 7-24　蜗轮的几何要素代号和画法

蜗杆和蜗轮的啮合画法，见图 7-25。在主视图中，蜗轮被蜗杆遮住的部分不必画出；在左视图中，蜗轮的分度圆和蜗杆的分度线相切，其余见图中所示。

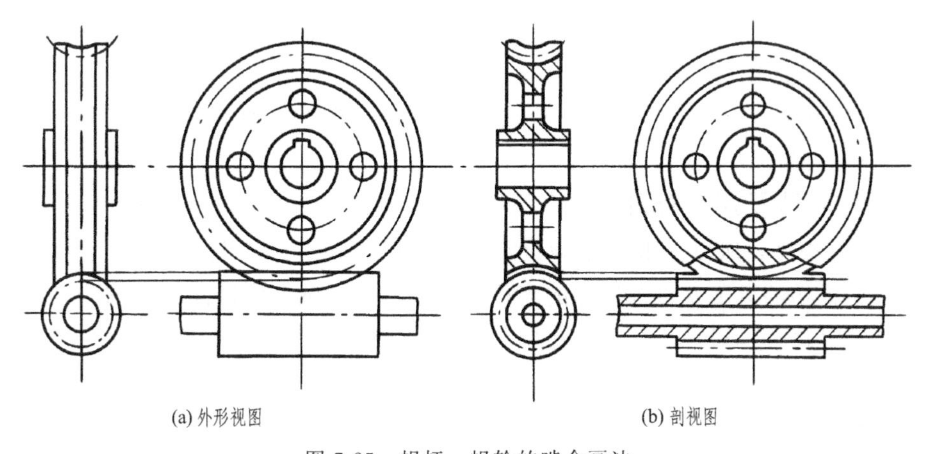

图 7-25　蜗杆、蜗轮的啮合画法

第三节 键和销

一、键连接（GB/T 1095—2003）

键连接是一种可拆连接。键用于连接轴和轴上的传动件（如齿轮、带轮等），使轴和传动件不产生相对转动，保证两者同步旋转，传递扭矩和旋转运动。

键是标准件，键有普通平键、半圆键和楔键等，常用的是普通平键。普通平键有三种结构形式：A 型（圆头）、B 型（平头）、C 型（单圆头）。

图 7-26 是普通平键的型式和尺寸。

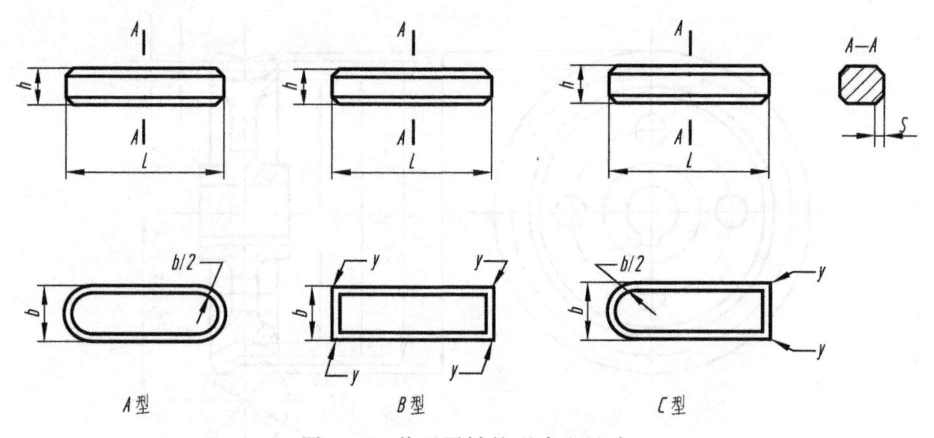

图 7-26 普通平键的型式和尺寸

1. 普通平键的标记

标记示例：

宽度 b=16mm、高度 h=10mm、长度 L=100mm 普通 A 型平键的标记为：

GB/T 1096 键 16×10×100（普通 A 型平键的型号 A 可省略不注）

宽度 b=16mm、高度 h=10mm、长度 L=100mm 普通 B 型平键的标记为：

GB/T 1096 键 B16×10×100

宽度 b=16mm、高度 h=10mm、长度 L=100mm 普通 C 型平键的标记为：

GB/T 1096 键 C16×10×100

2. 键槽的画法及尺寸标注

因为键是标准件，所以一般不必画出零件图，但要画出零件上与键相配合的键槽，如图 7-27 所示。键槽的宽度 b 可根据轴的直径 d 查表确定，轴上的槽深 t_1 和轮毂上的槽深 t_2 可从键的标准中查得，键的长度 L 应小于或等于轮毂的长度。键槽的画法和尺寸标注如图 7-27。

3. 键连接画法

图 7-28 是普通平键连接的装配图画法，主视图中键被剖切面纵向剖切，键按不剖处理。

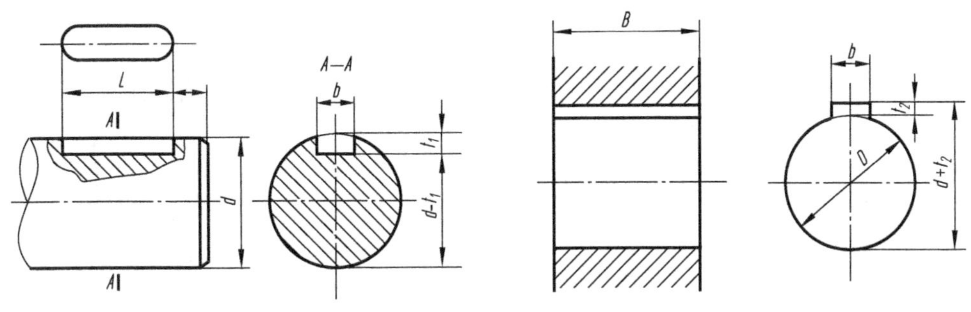

图 7-27　键槽的画法与尺寸标注

为了表示键在轴上的装配情况，采用了局部剖视。在 A—A 剖视图中，键被剖切面横向剖切，键要画剖面线（与轮的剖面线方向一致但间隔不等）。由于平键的两个侧面是其工作表面，键的两个侧面分别与轴的键槽和轴孔的键槽两个侧面配合、键的底面与轴的键槽底面接触，画一条线，而键的顶面不与轮毂键槽底面接触，画两条线。

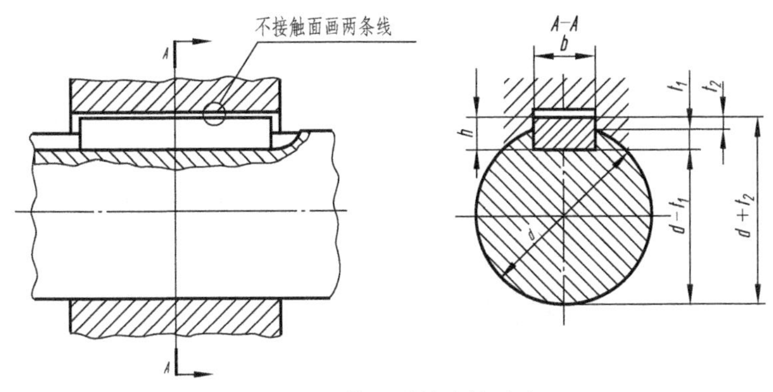

图 7-28　普通平键连接画法

二、销连接（GB/T 119.1—2000、GB/T 117—2000）

销也是标准件，通常用于零件间的连接或定位。常用的销有圆柱销、圆锥销和开口销等。开口销是在用带孔螺栓和槽形螺母时，将其插入槽形螺母的槽口和带孔螺栓的孔，并将销的尾部叉开，防止螺母与螺栓松脱。

圆柱销、圆锥销、开口销的主要尺寸、标记和连接画法见表 7-5。

表 7-5　销的种类、型式、标记和连接画法

名称及标准	主要尺寸	标记	连接画法
圆柱销 GB/T 119.1—2000	d l	销 GB/T 119.1 8m6×30	

续表

名称及标准	主要尺寸	标记	连接画法
圆锥销 GB/T 117—2000	1∶50 d l	销 GB/T 117 6×30	
开口销 GB/T 91—2000	l d	销 GB/T 91 5×30	

第四节　弹簧

弹簧的用途很广。它主要用于减振、夹紧、储存能量和测力等方面。弹簧的特点是：去掉外力后，弹簧能立即恢复原状。用得较多的弹簧，如图 7-29 所示。本节只介绍普通圆柱螺旋压缩弹簧的画法和尺寸计算。

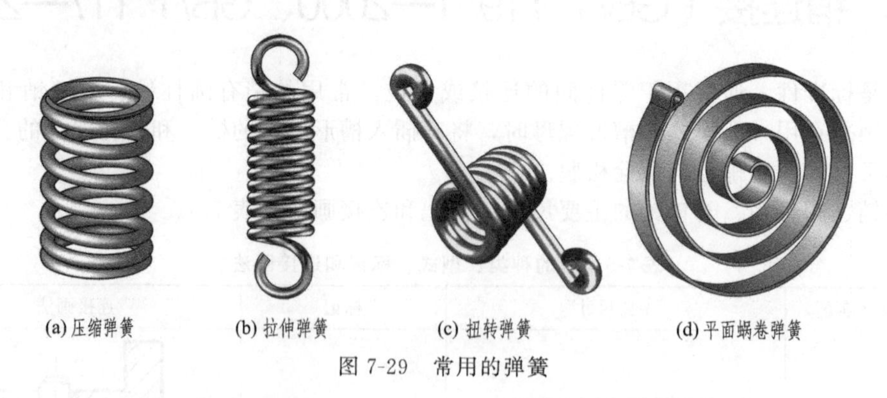
(a) 压缩弹簧　(b) 拉伸弹簧　(c) 扭转弹簧　(d) 平面蜗卷弹簧

图 7-29　常用的弹簧

一、圆柱螺旋压缩弹簧的规定画法

GB/T 4459.4—2003 规定了弹簧的画法，现只说明螺旋压缩弹簧的画法。

① 弹簧在平行于轴线的投影面上的视图中，各圈的投影转向轮廓线画成直线，如

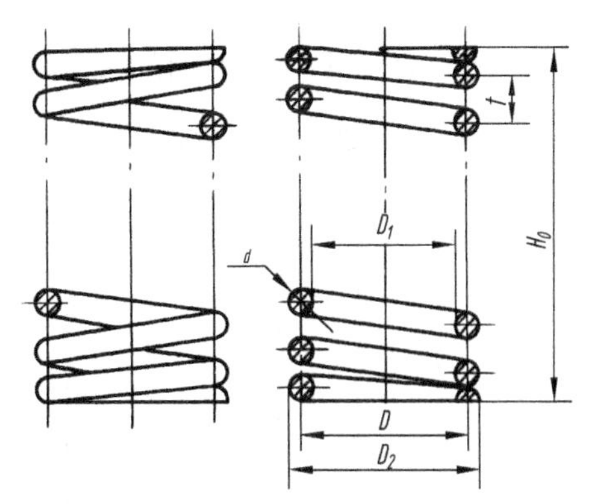

图 7-30　圆柱螺旋压缩弹簧的画法

图 7-30 所示。

② 有效圈数在四圈以上的弹簧，中间各圈可省略不画。当中间部分省略后，可适当缩短图形的长度，如图 7-30 所示。

③ 在装配图中，被弹簧挡住的结构一般不画出，可见部分应从弹簧的外轮廓线或从弹簧钢丝剖面的中心线画起，如图 7-31(a) 所示。

④ 在装配图中，弹簧被剖切时，如弹簧钢丝（简称簧丝）剖面的直径，在图形上等于或小于 2mm 时，剖面可以涂黑表示，如图 7-31(b) 所示；也可用示意画法，如图 7-31(c) 所示。

⑤ 在图样上，螺旋弹簧均可画成右旋[1]，但左旋螺旋弹簧不论画成左旋或右旋，一律要加注“左”字。

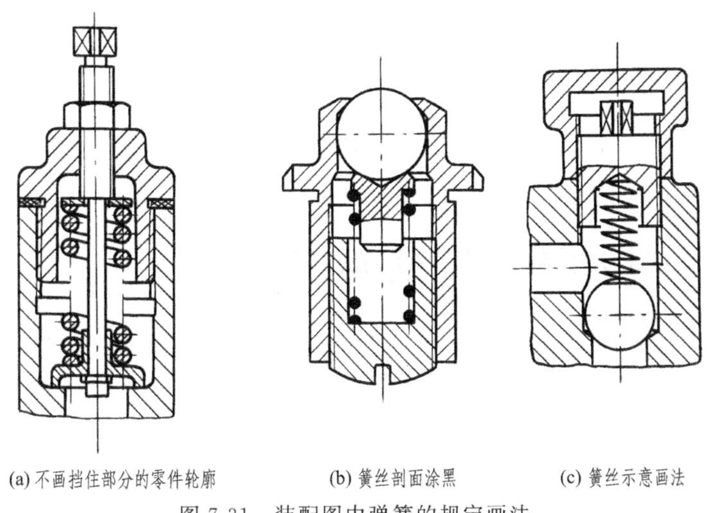
(a) 不画挡住部分的零件轮廓　(b) 簧丝剖面涂黑　(c) 簧丝示意画法

图 7-31　装配图中弹簧的规定画法

二、圆柱螺旋压缩弹簧各部分的名称及尺寸关系

下面介绍弹簧的术语、代号以及有关的尺寸计算。

(1) 簧丝直径 d　弹簧钢丝的直径。

(2) 弹簧外径 D_2　弹簧的最大直径，$D_2=D+d$；

弹簧内径 D_1　弹簧的最小直径，$D_1=D-d$；

弹簧中径 D　弹簧的内径和外径的平均值，$D=\dfrac{D_1+D_2}{2}=D_1+d=D_2-d$。

(3) 节距 t　除支承圈外，相邻两有效圈上对应点之间的轴向距离。

(4) 有效圈数 n、支承圈数 n_2 和总圈数 n_1　为了使螺旋压缩弹簧工作时受力均匀，增加弹簧的平稳性，弹簧的两端并紧、磨平。并紧、磨平的各圈仅起支承作用，称为支承圈。

[1] 弹簧旋向的定义和螺旋线旋向的定义相同。

图 7-32 所示的弹簧，两端各有 $1\frac{1}{4}$ 圈为支承圈，即 $n_2=2.5$。保持相等节距的圈数，称为有效圈数。有效圈数与支承圈数之和，称为总圈数，即 $n_1=n+n_2$。

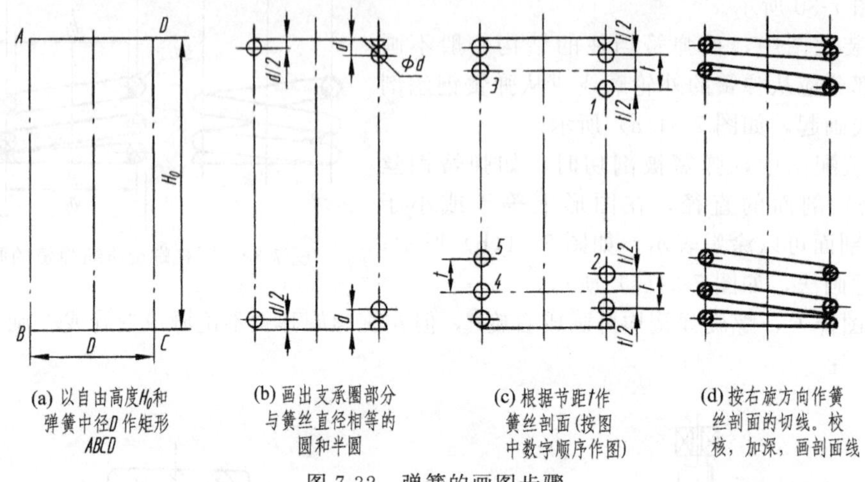

图 7-32　弹簧的画图步骤

（5）自由高度 H_0　弹簧在不受外力作用时的高度（或长度），$H_0=nt+(n_2-0.5)d$。

（6）展开长度 L　制造弹簧时坯料的长度。由螺旋线的展开可知：$L\approx n_1\sqrt{(\pi D)^2+t^2}$。

三、螺旋压缩弹簧画法举例

对于两端并紧、磨平的压缩弹簧，不论支承圈的圈数多少和端部并紧情况如何，都可按图 7-30 所示的形式画出，即按支承圈数为 2.5、磨平圈数为 1.5 的形式表达。

【例 7-1】 已知弹簧外径 $D_2=45$mm，簧丝直径 $d=5$mm，节距 $t=10$mm，有效圈数 $n=8$，支承圈数 $n_2=2.5$，右旋，试画出这个弹簧。

先进行计算，然后作图。弹簧中径 $D=D_2-d=40$mm，自由高度 $H_0=nt+(n_2-0.5)d=8\times10+(2.5-0.5)\times5=90$mm。画图步骤见图 7-32 及其说明。

第五节　滚动轴承

滚动轴承是支承转动轴的标准部件。由于滚动轴承可以极大地减少轴与孔相对旋转时的摩擦力，具有机械效率高、结构紧凑等优点，已被广泛采用。

一、滚动轴承的类型和结构

滚动轴承的类型按承受载荷的方向可分为下述三类。

① 向心轴承　主要承受径向载荷，如深沟球轴承。

② 推力轴承　只承受轴向载荷，如推力球轴承。

③ 向心推力轴承　同时承受径向和轴向载荷，如圆锥滚子轴承。

滚动轴承的种类很多，但结构大体相同，一般由外圈、内圈、滚动体和保持架组成。其外圈装在机座的孔内，内圈与轴紧密装配在一起，多数情况下是外圈固定不动而内圈随轴转动。

二、滚动轴承表示法（GB/T 4459.7—1998）

滚动轴承是标准件，不需画零件图。在画装配图时，可按国家标准规定的画法绘制。

滚动轴承表示法包括三种画法：通用画法、特征画法和规定画法。通用画法和特征画法又称为简化画法。在同一图样中，一般只采用其中一种画法。三种画法示例见表 7-6。

表 7-6　常用滚动轴承表示法

轴承类型	结构型式	通用画法	特征画法	规定画法	承载特征
		（均指滚动轴承在所属装配图的剖视图中的画法）			
深沟球轴承 （GB/T 276—2013） 6000 型			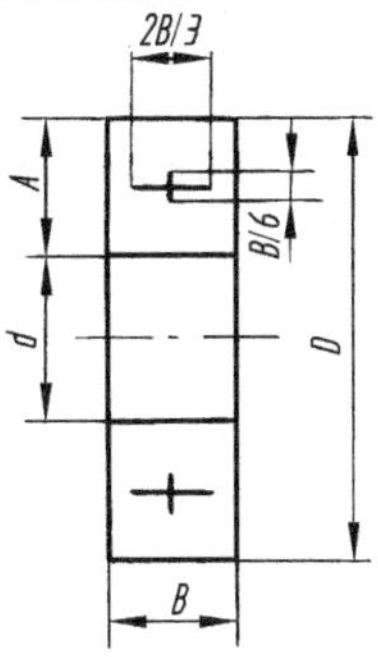	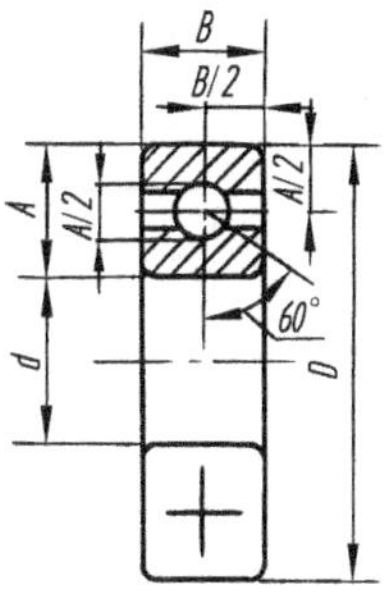	主要承受径向载荷
圆锥滚子轴承 （GB/T 297—2015） 30000 型		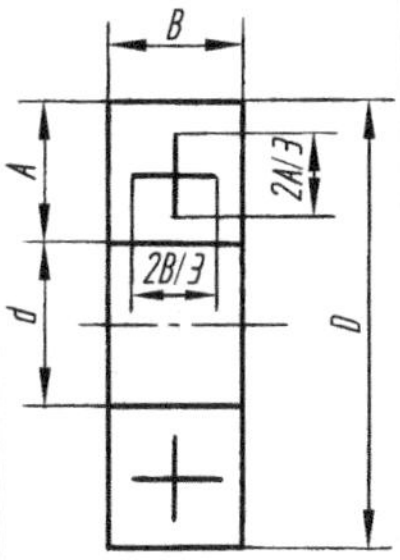	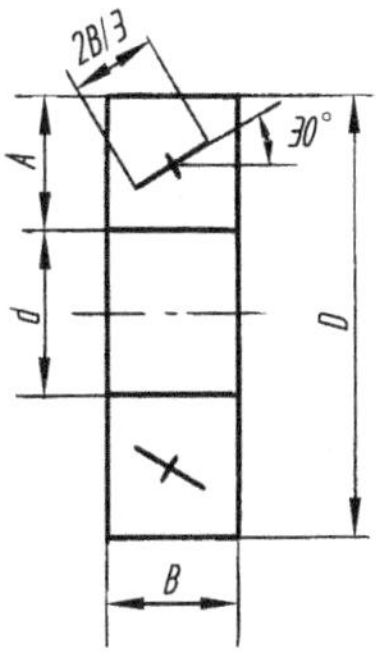	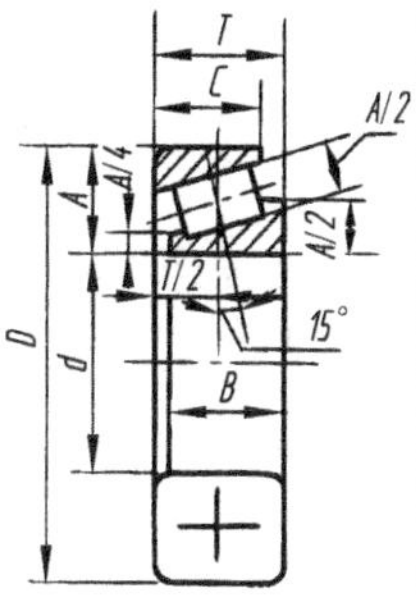	可同时承受径向和轴向载荷
推力球轴承 （GB/T 301—2015） 51000 型	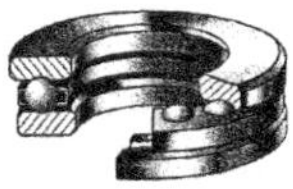		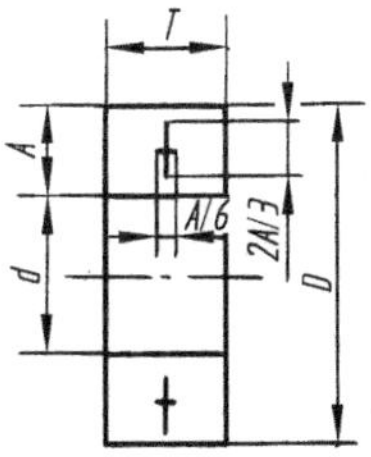	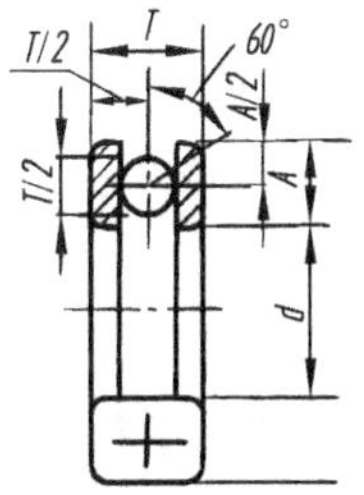	承受单方向的轴向载荷
三种画法的选用		当不需要确切地表示滚动轴承的外形轮廓、承载特性和结构特征时采用	当需要较形象地表示滚动轴承的结构特征时采用	滚动轴承的产品图样、产品样本、产品标准和产品使用说明书中采用	

三、滚动轴承的标记

滚动轴承的标记由名称、代号、标准编号三部分组成。轴承的代号有基本代号和补充代号。

1. 基本代号

轴承的基本代号由类型代号、尺寸系列代号和内径代号组成。

例如：滚动轴承　6204

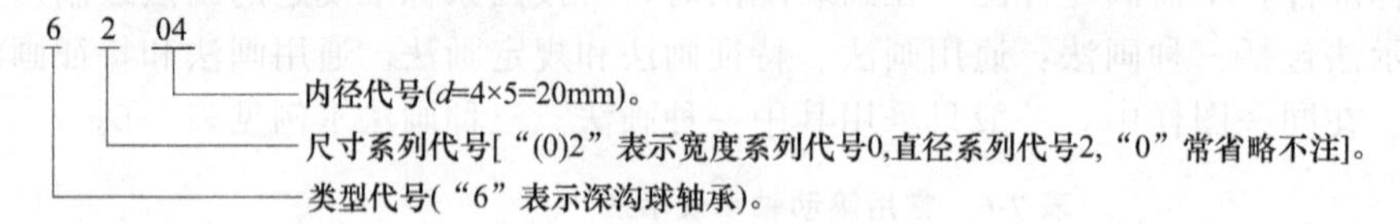

规定标记为：轴承 6204　GB/T 276—2013

（1）类型代号　轴承的类型代号用数字或字母表示，见表 7-7，例如“6”表示深沟球轴承。类型代号如果是“0”（双列角接触球轴承），按规定可以省略不注。

表 7-7　滚动轴承类型代号（摘自 GB/T 272—1993）

代号	轴承类型	代号	轴承类型
0	双列角接触球轴承	7	角接触球轴承
1	调心球轴承	8	推力圆柱滚子轴承
2	调心滚子轴承和推力调心滚子轴承	N	圆柱滚子轴承 （双列或多列用字母 NN 表示）
3	圆锥滚子轴承		
4	双列深沟球轴承	U	外球面球轴承
5	推力球轴承	QJ	四点接触球轴承
6	深沟球轴承		

（2）尺寸系列代号　为适应不同的工作（受力）情况，在内径相同时，有各种不同的外径尺寸，它们构成一定的系列，称为轴承尺寸系列，用数字表示。例如该数字“1”和“7”为特轻系列，“2”为轻窄系列，“3”为中窄系列，“4”为重窄系列等。

（3）内径代号　内径代号表示轴承的公称内径，用两位数表示。当代号数字为 00，01，02，03 时，分别表示内径 d＝10mm，12mm，15mm，17mm。

当代号数字为 04～99 时，代号数字乘以“5”，即为轴承内径。

2. 补充代号

当轴承在形状结构、尺寸、公差、技术要求等有改变时，可使用补充代号。在基本代号前面添加的补充代号（字母）称为前置代号，在基本代号后面添加的补充代号（字母或字母加数字）称为后置代号。前置代号和后置代号的有关规定可查阅有关手册。

3. 滚动轴承标记示例

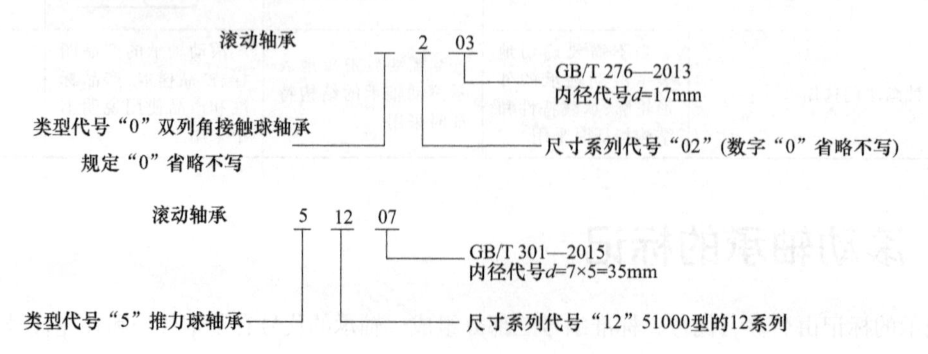

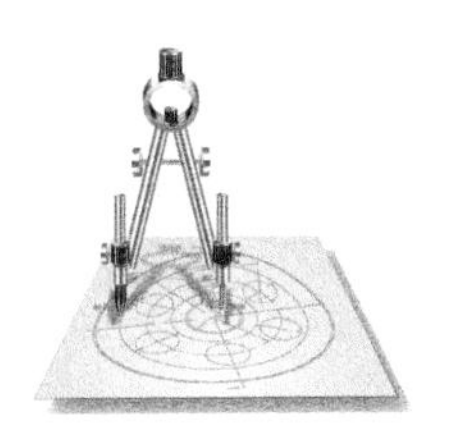

技术要求的标注

机械图样中的技术要求主要是指零件几何精度方面的要求，如尺寸公差、几何公差、表面粗糙度等。从广义上讲，技术要求还包括理化性能方面的要求，如对材料的热处理和表面处理等。技术要求通常是用符号、代号或标记标注在图形上，或者用简明的文字注写在标题栏附近。

第一节　极限与配合

现代化大规模生产要求零件具有互换性，即从同一规格的一批零件中任取一件，不经修配就能装到机器或部件上，并能保证使用要求。零件的互换性是机械产品批量化生产的前提。为了满足零件的互换性，就必须制订和执行统一的标准。下面简要介绍国家标准《极限与配合》的基本内容。

一、尺寸公差

在实际生产中，零件的尺寸不可能加工得绝对准确，而是允许零件的实际尺寸在一个合理的范围内变动。这个允许尺寸的变动量就是尺寸公差，简称公差。

如图 8-1 所示，当轴装进孔时，为了满足使用过程中不同松紧程度的要求，必须对轴和孔的直径分别给出一个尺寸大小的限制范围。例如孔和轴的直径 $\phi30$ 后面的“$^{+0.021}_{\ \ 0}$”和“$^{-0.007}_{-0.020}$”就是限制范围。它们的含义是孔直径的允许变动范围为 $\phi30$～$\phi30.021$；轴直径的允许变动范围为 $\phi29.993$～$\phi29.98$。这个范围即为尺寸公差。允许尺寸变动的两个界限值称为极限尺寸。关于尺寸公差的一些名词，以图 8-1 为例作简要说明。

1. 公称尺寸与极限尺寸

（1）公称尺寸　设计给定的尺寸：$\phi30$。

（2）极限尺寸　允许尺寸变动的两个极限值：

① 上极限尺寸 ╱ 孔　30＋0.021＝30.021
　　　　　　 ╲ 轴　30＋(－0.007)＝29.993

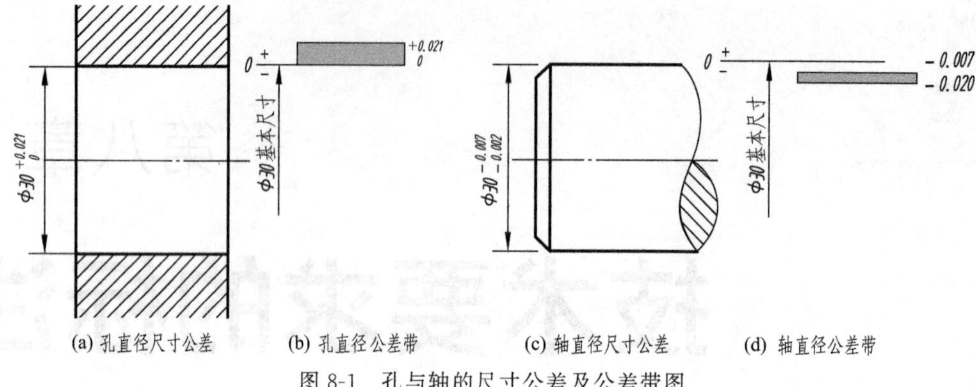

(a) 孔直径尺寸公差　(b) 孔直径公差带　(c) 轴直径尺寸公差　(d) 轴直径公差带

图 8-1　孔与轴的尺寸公差及公差带图

② 下极限尺寸
- 孔　30－0＝30
- 轴　30－0.02＝29.98

零件经过测量所得的尺寸称为实际尺寸，若实际尺寸在最大和最小极限尺寸之间，即为合格。

2. 极限偏差与尺寸公差

(1) 极限偏差　极限尺寸减公称尺寸所得的代数差。

① 上极限偏差　上极限尺寸减公称尺寸所得的代数差。

② 下极限偏差　下极限尺寸减公称尺寸所得的代数差。

孔的上、下极限偏差代号用大写字母 ES、EI 表示。

轴的上、下极限偏差代号用小写字母 es、ei 表示。

孔
- 上极限偏差 ES＝30.021－30＝0.021
- 下极限偏差 EI＝0

轴
- 上极限偏差 es＝29.993－30＝－0.007
- 下极限偏差 ei＝29.98－30＝－0.02

(2) 尺寸公差（简称公差）　零件尺寸的允许变动量。

公差＝上极限尺寸－下极限尺寸＝上极限偏差－下极限偏差

① 孔的公差：30.021－30＝0.021 或＋0.021－0＝0.021

② 轴的公差：29.993－29.98＝0.013 或－0.007－(－0.02)＝0.013

3. 公差带

为便于分析尺寸公差和进行有关计算，可以公称尺寸为基准（零线），用夸大了间距的两条直线表示上、下偏差，这两条直线所限定的区域称为公差带。用这种方法画出的图称为公差带图。它表示了尺寸公差的大小和相对零线（即公称尺寸线）的位置。图 8-1 分别画出了孔和轴直径尺寸的公差带图。

在公差带图中，零线是确定正、负偏差的基准线，零线以上为正偏差、零线以下为负偏差。在零件图上标注的尺寸公差，其上、下极限偏差有时都是正值，有时都是负值，有时一正一负。上、下极限偏差值中可以有一个值是“0”，但不得两个值均为“0”。公差值必定为正值，公差不应是“0”或负值。

4. 标准公差与基本偏差

公差带由公差带大小和公差带位置两个要素确定。

(1) 公差带大小由标准公差来确定　标准公差分为 20 个等级，即，IT01、IT0、IT1、IT2、…、IT18。IT 表示标准公差，数字表示公差等级。IT01 公差值最小，精度最高；IT18 公差值最大，精度最低（常用的标准公差的数值见表 8-1）。

表 8-1　标准公差数值（GB/T 1800.2—2009）

基本尺寸/mm		标准公差等级																	
		IT1	IT2	IT3	IT4	IT5	IT6	IT7	IT8	IT9	IT10	IT11	IT12	IT13	IT14	IT15	IT16	IT17	IT18
大于	至	μm											mm						
—	3	0.8	1.2	2	3	4	6	10	14	25	40	60	0.1	0.14	0.25	0.4	0.6	1	1.4
3	6	1	1.5	2.5	4	5	8	12	18	30	48	75	0.12	0.18	0.3	0.48	0.75	1.2	1.8
6	10	1	1.5	2.5	4	6	9	15	22	36	58	90	0.15	0.22	0.36	0.58	0.9	1.5	2.2
10	18	1.2	2	3	5	8	11	18	27	43	70	110	0.18	0.27	0.43	0.7	1.1	1.8	2.7
18	30	1.5	2.5	4	6	9	13	21	33	52	84	130	0.21	0.33	0.52	0.84	1.3	2.1	3.3
30	50	1.5	2.5	4	7	11	16	25	39	62	100	160	0.25	0.39	0.62	1	1.5	2.5	3.9
50	80	2	3	5	8	13	19	30	46	74	120	190	0.3	0.46	0.74	1.2	1.9	3	4.6
80	120	2.5	4	6	10	15	22	35	54	87	140	220	0.35	0.54	0.87	1.4	2.2	3.5	5.4
120	180	3.5	5	8	12	18	25	40	63	100	160	250	0.4	0.63	1	1.6	2.5	4	6.3
180	250	4.5	7	10	14	20	29	46	72	115	185	290	0.46	0.72	1.15	1.85	2.9	4.6	7.2
250	315	6	8	12	16	23	32	52	81	130	210	320	0.52	0.81	1.3	2.1	3.2	5.2	8.1

（2）公差带相对零线的位置由基本偏差来确定　基本偏差通常是指靠近零线的那个偏差，它可以是上极限偏差或下极限偏差，当公差带在零线上方时，基本偏差为下极限偏差；反之则为上极限偏差。基本偏差的代号用字母表示，孔（EI、ES），轴（ei、es），如图 8-2 所示。

根据实际需要，国家标准分别对孔和轴各规定了 28 个不同的基本偏差，见图 8-3。

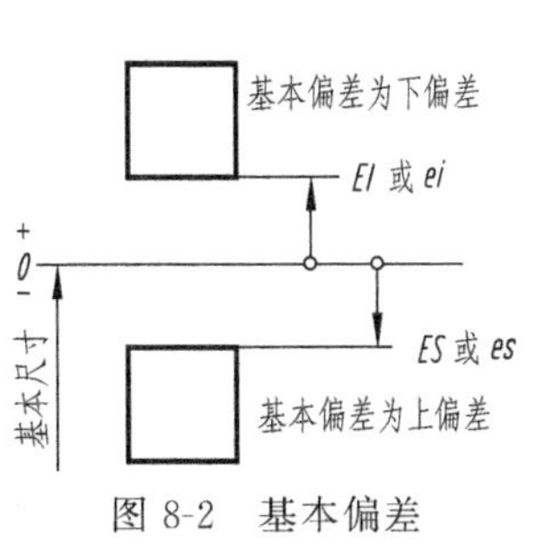

图 8-2　基本偏差

从图 8-3 中可知：

① 基本偏差用拉丁字母（一个或两个）表示，大写字母代表孔，小写字母代表轴。

② 轴的基本偏差从 a～h 为上极限偏差，从 j～zc 为下极限偏差。js 的上、下极限偏差分别为$+\frac{IT}{2}$和$-\frac{IT}{2}$。

③ 孔的基本偏差从 A～H 为下极限偏差，从 J～ZC 为上极限偏差。JS 的上、下极限偏差分别为$+\frac{IT}{2}$和$-\frac{IT}{2}$。

④ 轴和孔的另一偏差怎样决定呢？它们根据轴和孔的基本偏差和标准公差，按以下代数式计算：

轴的另一偏差（上极限偏差或下极限偏差）：ei＝es－IT 或 es＝ei＋IT；

孔的另一偏差（上极限偏差或下极限偏差）：ES＝EI＋IT 或 EI＝ES－IT。

如果基本偏差和标准公差确定了，那么，孔和轴的公差带大小和位置就确定了。

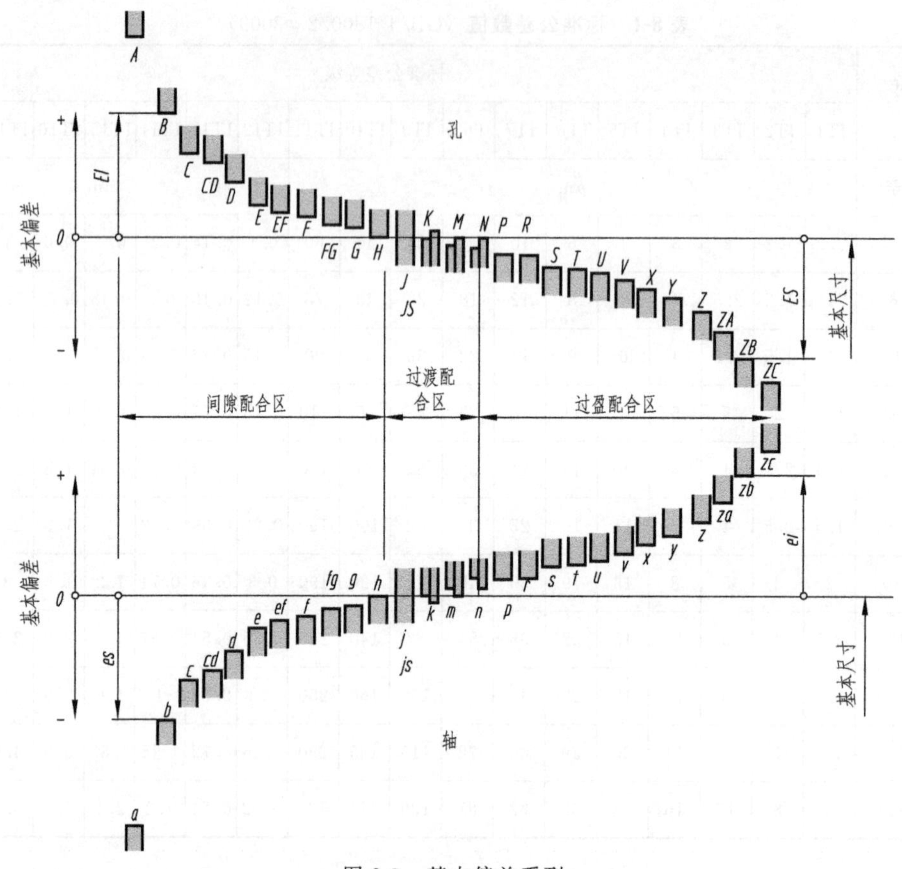

图 8-3 基本偏差系列

5. 公差带代号

孔、轴的尺寸公差可用公差带代号表示。公差带代号由基本偏差代号（字母）和标准公差等级代号（数字）组成。例如：

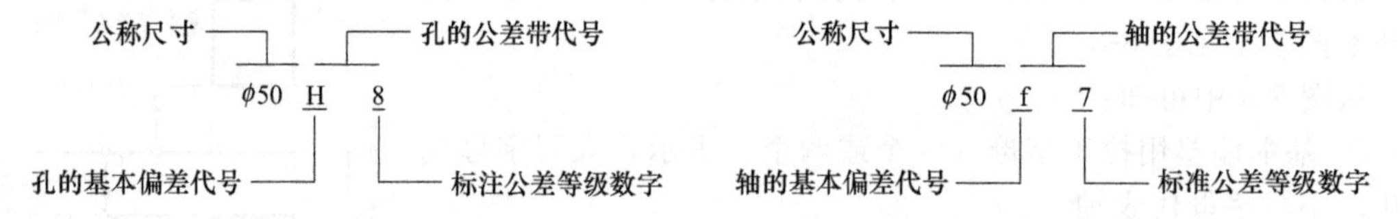

① ϕ50H8 的含义　公称尺寸为 ϕ50，基本偏差为 H 的 8 级孔。

② ϕ50f7 的含义　公称尺寸为 ϕ50，基本偏差为 f 的 7 级轴。

二、配合

基本尺寸相同的，相互结合的孔和轴公差带之间的关系称为配合。根据使用要求不同，孔和轴之间的配合有松有紧。例如轴承座、轴套和轴三者之间的配合（图 8-4），轴套与轴承座之间不允许相对运动，应选择紧的配合，而轴在轴套内要求能转动，应选择松动的配合。为此，国家标准规定配合分为三类。

（1）间隙配合　孔的实际尺寸大于或等于轴的实际尺寸，装配在一起后，轴与孔之间存在间隙（包括最小间隙为零的情况），轴在孔中能相对运动。这时，孔的公差带在轴的公差带之上（图 8-5）。

（2）过盈配合　孔的实际尺寸小于或等于轴的实际尺寸，在装配时需要一定的外力或使带孔零件加热膨胀后，才能把轴压入孔中，所以轴与孔装配在一起后不能产生相对运动。这时，孔的公差带在轴的公差带之下（图 8-6）。

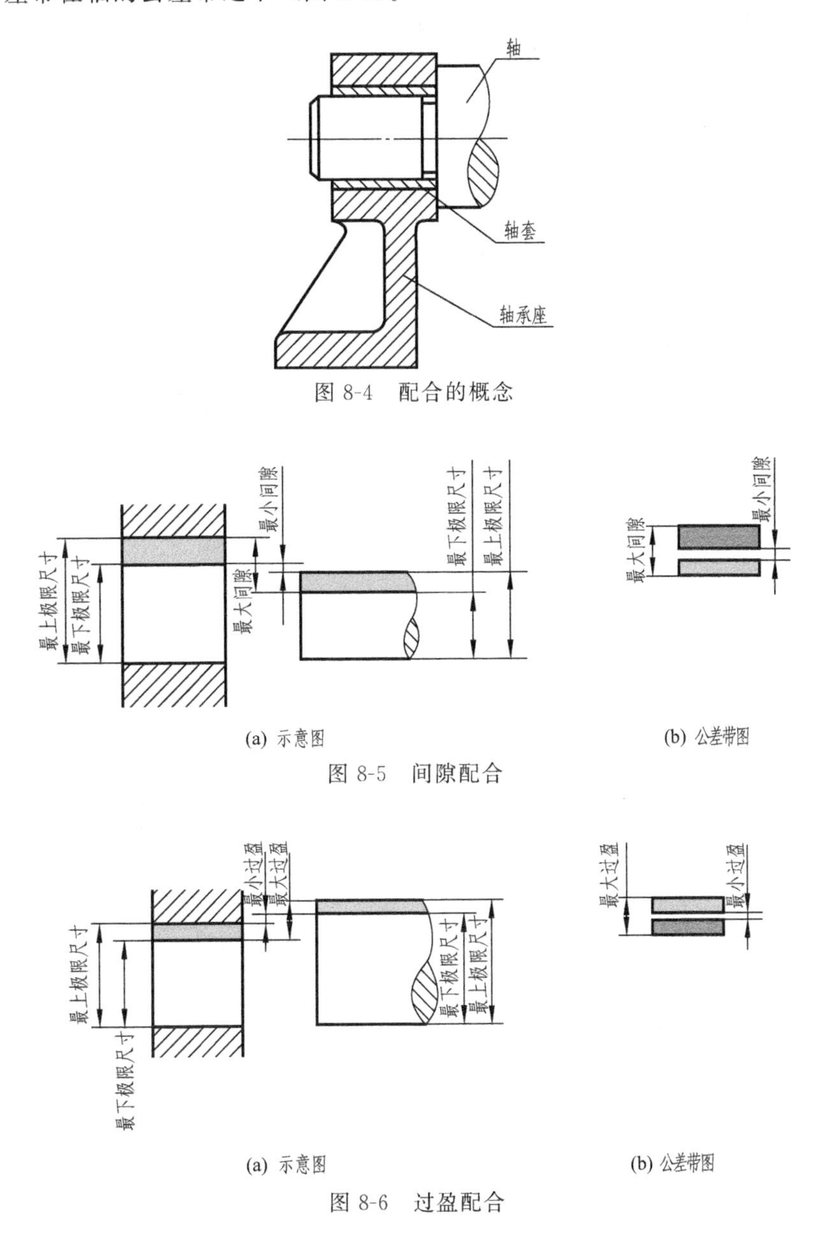

图 8-4　配合的概念

图 8-5　间隙配合

图 8-6　过盈配合

（3）过渡配合　轴的实际尺寸比孔的实际尺寸有时小，有时大。它们装在一起后，可能出现间隙，或出现过盈，但间隙或过盈都相对较小。这种介于间隙与过盈之间的配合，即过渡配合。这时，孔的公差带与轴的公差带将出现相互重叠部分（图 8-7）。

三、配合制

孔和轴公差带形成配合的一种制度，称为配合制。国家标准规定了两种配合制。

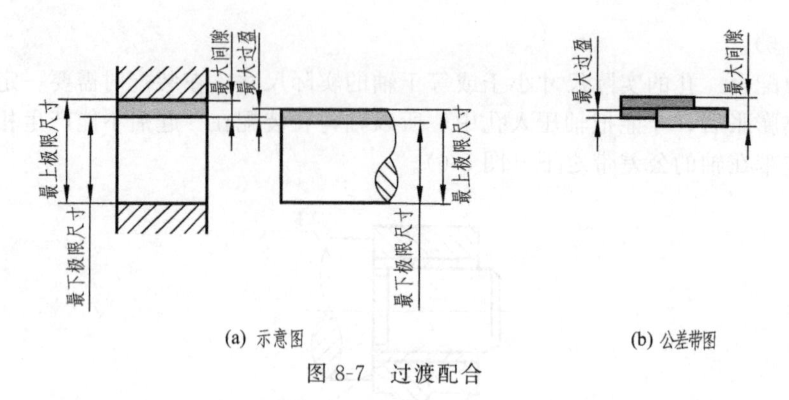

图 8-7　过渡配合

（1）基孔制配合　基本偏差一定的孔的公差带，与不同基本偏差的轴的公差带形成各种不同的配合状态。基孔制配合的孔称为基准孔，其基本偏差代号为 H，下极限偏差为零，即它的下极限尺寸等于公称尺寸，如图 8-8 所示。

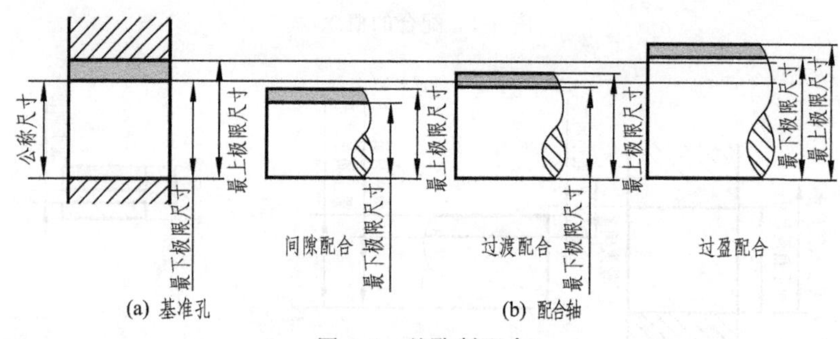

图 8-8　基孔制配合

（2）基轴制配合　基本偏差一定的轴的公差带，与不同基本偏差的孔的公差带形成各种不同的配合状态。基轴制配合的轴称为基准轴，其基本偏差代号为 h，其上极限偏差为零，即它的上极限尺寸等于公称尺寸，如图 8-9 所示。

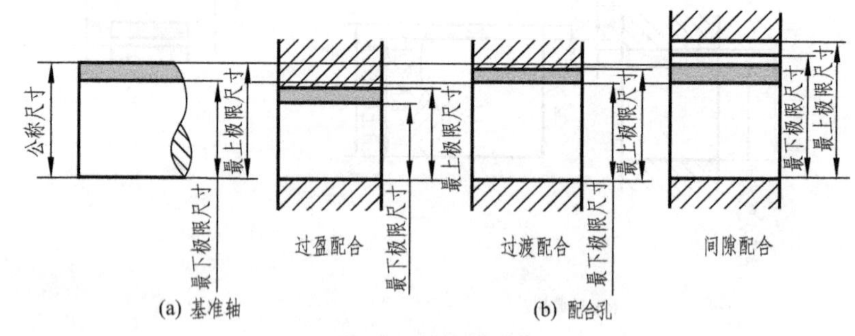

图 8-9　基轴制配合

四、优先常用配合

在配合代号中，一般孔的基本偏差为 H 的，表示基孔制；轴的基本偏差为 h 的，表示基轴制。20 个标准公差等级和 28 种基本偏差可组成大量的配合。国家标准对孔、轴的公差带的选用分为优先、其次和最后三类，前两类合称常用。由孔、轴的优先和常用公差带分别组成基孔制和基轴制的优先和常用配合，见表 8-2 和表 8-3。

表 8-2 基孔制优先、常用配合

基准孔	轴																				
	a	b	c	d	e	f	g	h	js	k	m	n	p	r	s	t	u	v	x	y	z
	间隙配合								过渡配合			过盈配合									
H6						H6/f5	H6/g5	H6/h5	H6/js5	H6/k5	H6/m5	H6/n5	H6/p5	H6/r5	H6/s5	H6/t5					
H7						H7/f6	H7/g6▲	H7/h6▲	H7/js6	H7/k6▲	H7/m6	H7/n6▲	H7/p6▲	H7/r6	H7/s6▲	H7/t6	H7/u6▲	H7/v6	H7/x6	H7/y6	
H8					H8/e7	H8/f7▲	H8/g7	H8/h7▲	H8/js7	H8/k7	H8/m7	H8/n7	H8/p7	H8/r7	H8/s7	H8/t7	H8/u7				
				H8/d8	H8/e8	H8/f8		H8/h8													
H9			H9/c9	H9/d9▲	H9/e9	H9/f9		H9/h9▲													
H10			H10/c10	H10/d10				H10/h10													
H11	H11/a11	H11/b11	H11/c11▲	H11/d11				H11/h11▲													
H12		H12/b12						H12/h12	1. 常用配合 59 种，其中优先配合 13 种。注▲符号为优先配合。 2. H6/n5、H7/p6 在基本尺寸小于或等于 3mm 和 H8/r7 在小于或等于 100mm 时为过渡配合												

表 8-3 基轴制优先、常用配合

基准轴	孔																				
	A	B	C	D	E	F	G	H	JS	K	M	N	P	R	S	T	U	V	X	Y	Z
	间隙配合								过渡配合			过盈配合									
h5						F6/h5	G6/h5	H6/h5	JS6/h5	K6/h5	M6/h5	N6/h5	P6/h5	R6/h5	S6/h5	T6/h5					
h6						F7/h6	G7/h6▲	H7/h6▲	JS7/h6	K7/h6▲	M7/h6	N7/h6▲	P7/h6▲	R7/h6	S7/h6▲	T7/h6	U7/h6▲				
h7					E8/h7	F8/h7▲		H8/h7▲	JS8/h7	K8/h7	M8/h7	N8/h7									
h8				D8/h8	E8/h8	F8/h8		H8/h8													
h9				D9/h9▲	E9/h9	F9/h9		H9/h9▲													
h10				D10/h10				H10/h10													
h11	A11/h11	B11/h11	C11/h11▲	D11/h11				H11/h11▲													
h12		B12/h12						H12/h12	常用配合共 47 种，其中优先配合 13 种。注▲符号为优先配合												

五、极限与配合的标注与查表

（1）在装配图上的标注方法　在装配图上标注配合代号时，采用组合式注法，如图 8-10(a) 所示，在公称尺寸后面用分式表示，分子为孔的公差带代号，分母为轴的公差带代号。

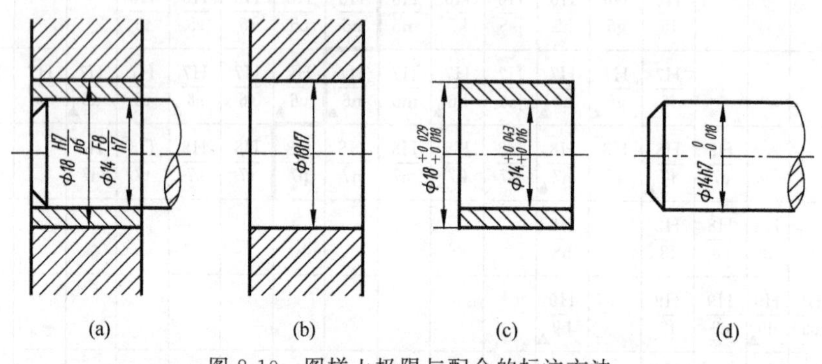

图 8-10　图样上极限与配合的标注方法

（2）在零件图上的标注方法　在零件图上标注公差有三种形式：在公称尺寸后只注公差带代号［图 8-10(b)］，或只注极限偏差［图 8-10(c)］，或代号和偏差均注［图 8-10(d)］。

【例 8-1】　查表写出 ϕ18H8/f7 和 ϕ14N7/h6 的偏差数值，并说明属于何种配合制度和配合类别。

ϕ18H8/f7 中的 H8 为基准孔的公差带代号，f7 为轴的公差带代号。

① ϕ18H8 基准孔的极限偏差由附表 17《优先配合中孔的极限偏差》中查得。在表中由公称尺寸＞14～18mm 的行和公差带 H8 的列汇交处查得 $^{+27}_{0}$ μm，这就是孔的上、下极限偏差，换算写成 $^{+0.027}_{0}$ mm，标注为 $\phi18^{+0.027}_{0}$。基准孔的公差为 0.027mm，这在表 8-1《标准公差数值》中公称尺寸＞10～18mm 的行和 IT8 的列汇交处也能查得 27μm（即 0.027mm）。

② ϕ18f7 轴的极限偏差由附表 16 中查得。在表中由公称表尺寸＞14～18mm 的行和公差带为 f7 的列汇交处查得 $^{-16}_{-34}$ μm，这就是轴的上、下极限偏差 $^{-0.016}_{-0.034}$ mm，标注为 $\phi18^{-0.016}_{-0.034}$。

从 ϕ18H8/f7 公差带图［图 8-11(a)］中可看出孔的公差带在轴的公差带之上，所以该配合为基孔制间隙配合。“ϕ18H8/f7”的含义为：公称尺寸为 18、公差等级为 8 级的基准孔，与相同公称尺寸、公差等级为 7 级、基本偏差为 f 的轴组成的间隙配合。

ϕ14N7/h6 中的 h6 为基准轴的公差带代号，N7 为孔的公差带代号。

③ ϕ14h6 基准轴的极限偏差由附表 16《优先配合中轴的极限偏差》中查得。在表中由公称尺寸＞10～14mm 的行和公差为 h6 的列汇交处查得 $^{0}_{-11}$ μm 即 $^{0}_{-0.011}$ mm，这就是基准轴的上、下极限偏差，标注为 $\phi14^{0}_{-0.011}$。基准轴的公差为 0.011mm。同样在表 8-1 中公称尺寸＞10～18mm 的行和 IT6 的列汇交处也可查得 11μm 即 0.011mm。

④ ϕ14N7 孔的极限偏差由附表 17 中查得 $^{-5}_{-23}$ μm 即 $^{-0.005}_{-0.023}$ mm，这就是孔的上、下极限偏差，标注为 $\phi14^{-0.005}_{-0.023}$。

从 ϕ14N7/h6 的公差带图［图 8-11(b)］可看出，孔的公差带与轴的公差带重叠，由表 8-3 查得，该配合为基轴制过渡配合。“ϕ14N7/h6”的含义为：公称尺寸为 14、公差等级为 6 级的基准轴，与相同公称尺寸、公差等级为 7 级、基本偏差为 N 的孔组成的过渡配合。

由 ϕ18H8/f7 的公差带图［图 8-11(a)］可看出，最大间隙 X_{max} 为 0.061mm，最小间隙 X_{min} 为 0.016mm；从 ϕ14N7/h6 的公差带图［图 8-11(b)］中可看出，最大间隙 X_{max} 为 0.006mm，最大过盈 X_{min} 为 0.023mm。

查表时要注意尺寸段的划分，如 ϕ18 要划在＞14～18mm 的尺寸段内，而不要划在＞18～24mm 的尺寸段内。

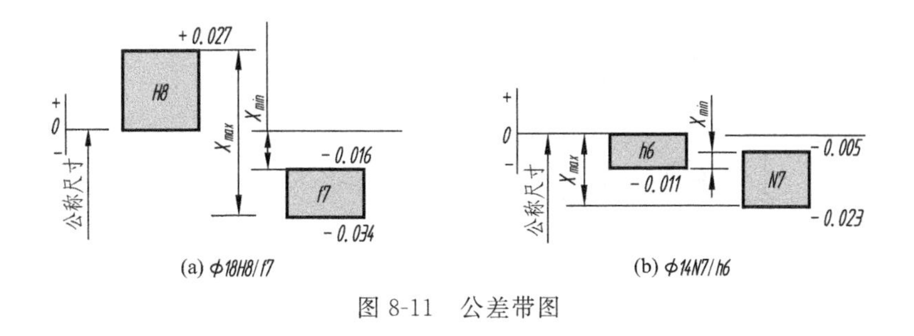

图 8-11　公差带图

第二节　几何公差

1. 基本概念

零件加工过程中，不仅会产生尺寸误差，也会出现形状和相对位置的几何误差。如加工轴时可能会出现轴线弯曲，这种现象属于零件的形状误差。例如图 8-12(a) 所示的销轴，除了注出直径的公差外，还标注了圆柱轴线的形状公差——直线度，它表示圆柱实际轴线应限定在 ϕ0.06 的圆柱体内。又如图 8-12(b) 所示，箱体上两个安装锥齿轮轴的孔，如果两孔轴线歪斜太大，势必影响一对锥齿轮的啮合传动。为了保证正常的啮合，必须标注位置公差——垂直度。图中代号的含义是：水平孔的轴线必须位于距离 0.05，且垂直于铅垂孔的轴线的两平行平面之间。

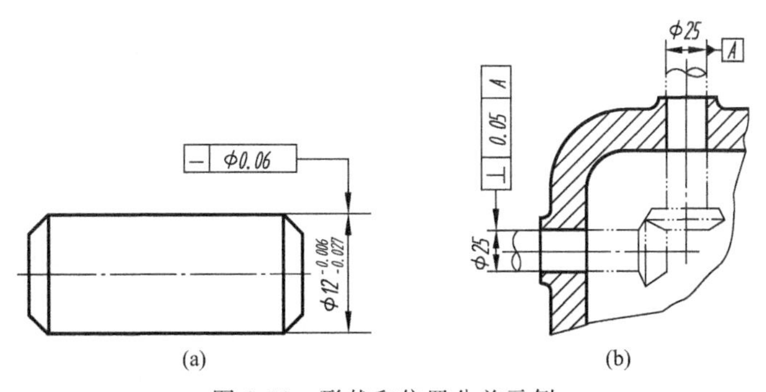

图 8-12　形状和位置公差示例

由上例可见，为保证零件的装配和使用要求，在图样上除给出尺寸及其公差要求外，还必须给出几何公差（形状、方向、位置和跳动公差）要求。几何公差在图样上的注法应按照 GB/T 1182—2008 的规定。

2. 公差符号

几何公差的几何特征符号见表 8-4。

表 8-4　几何公差的几何特征符号

公差类型	几何特征	符号	有无基准	公差类型	几何特征	符号	有无基准
形状公差	直线度	—	无	位置公差	位置度	⌖	有或无
	平面度	▱	无		同心度（用于心点）	◎	有
	圆度	○	无		同轴度（用于轴线）	◎	有
	圆柱度	⌭	无		对称度	⌯	有
	线轮廓度	⌒	无		线轮廓度	⌒	有
	面轮廓度	⌓	无		面轮廓度	⌓	有
方向公差	平行度	//	有	跳动公差	圆跳动	↗	有
	垂直度	⊥	有		全跳动	⌰	有
	倾斜度	∠	有				
	线轮廓度	⌒	有				
	面轮廓度	⌓	有				

3. 几何公差在图样上的标注

（1）公差框格　用公差框格标注几何公差时，公差要求注写在划分成两格或多格的矩形框格内，如图 8-13 所示。

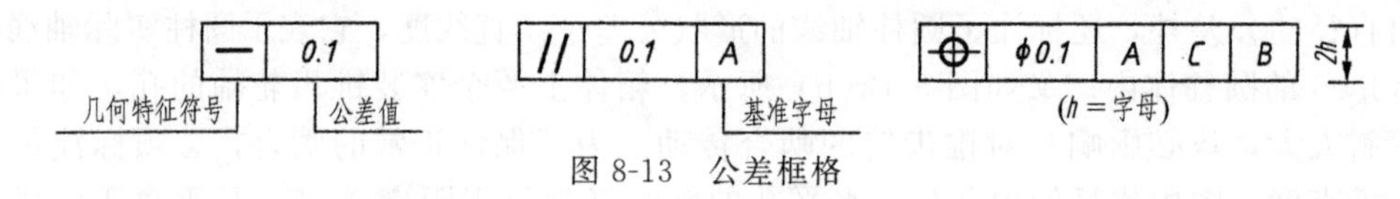

图 8-13　公差框格

（2）被测要素的标注　按下列方式之一用指引线连接被测要素和公差框格。指引线引自框格的任意一侧，终端带一箭头。

① 当被测要素是轮廓线或表面时，指引线的箭头指向该要素的轮廓线或其延长线（应与尺寸线明显错开），如图 8-14(a)、(b) 所示。箭头也可指向引出线的水平线，引出线引自被测面，如图 8-14(c) 所示。

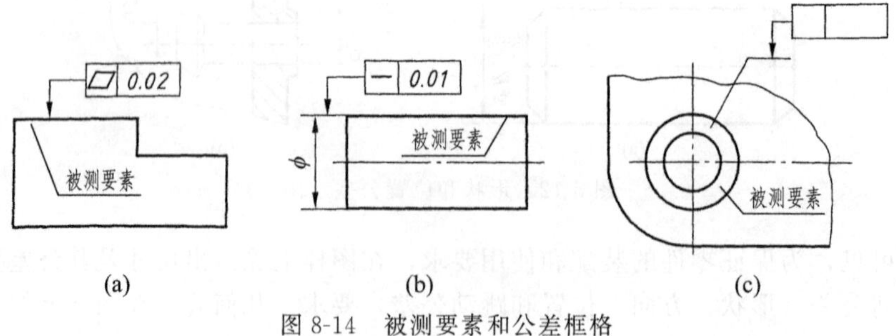

图 8-14　被测要素和公差框格

② 当被测要素为轴线或中心平面时，箭头应位于尺寸线的延长线上，如图 8-15(a) 所示。公差值前加注 ϕ，表示给定的公差带为圆形或圆柱形。

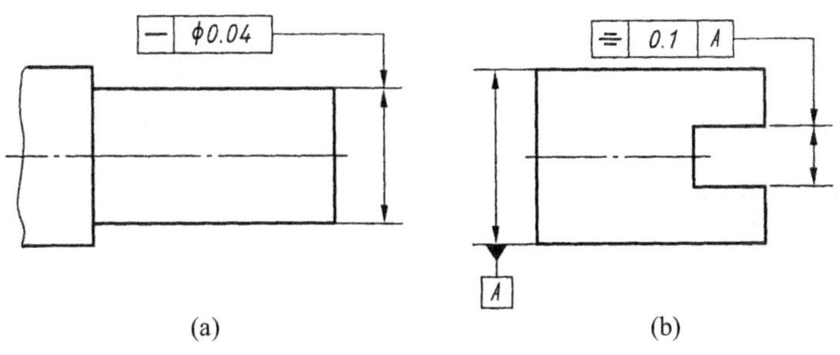

图 8-15　被测要素为轴线或中心平面时的画法

(3) 基准要素的标注　基准要素是零件上用于确定被测要素的方向和位置的点、线或面，用基准符号（字母注写在基准方格内，与一个涂黑的或空白的三角形相连）表示，表示基准的字母也应注写在公差框格内，如图 8-15(b) 所示。

带基准字母的基准三角形应按如下规定放置：

1) 当基准要素是轮廓线或轮廓面时，基准三角形放置在要素的轮廓线或其延长线上（与尺寸线明显错开），如图 8-16(a) 所示。基准三角形的画法如图 8-16(b) 所示。

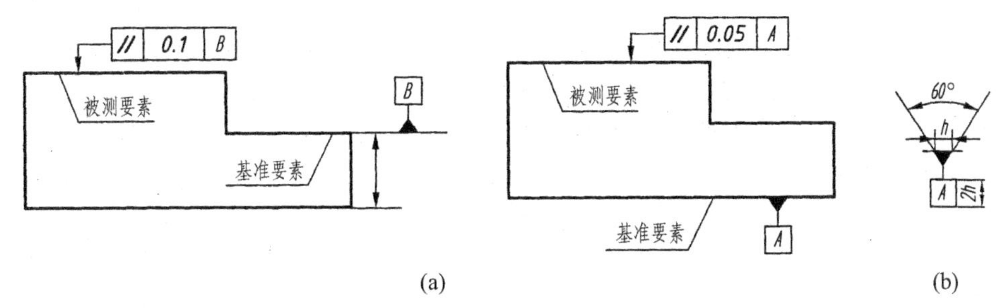

图 8-16　基准要素为轮廓线或轮廓面时的注法

2) 当基准要素是轴线或中心平面时，基准三角形应放置在该尺寸线的延长线上，如图 8-17(a) 所示。如果没有足够的位置标注基准要素尺寸的两个尺寸箭头，则其中一个箭头可用基准三角形代替，如图 8-17(b) 所示。

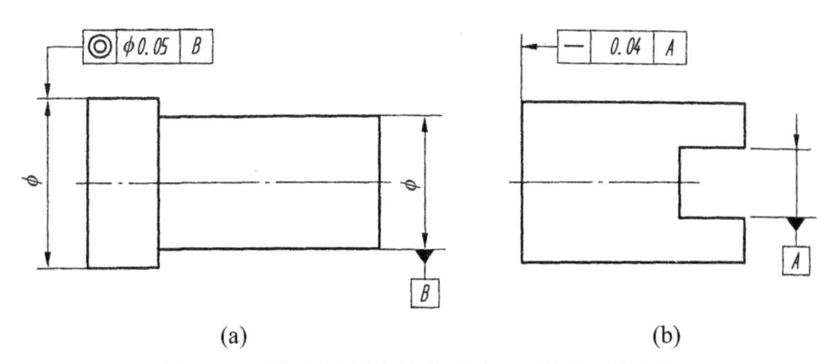

图 8-17　基准要素为轴线或中心平面时的注法

4. 几何公差标注示例

图 8-18 所示是一根气门阀杆。当被测要素为线或表面时，从框格引出的指引线箭头应指向该要素的轮廓线或其延长线。当被测要素是轴线时，应将箭头与该要素的尺寸线对齐，如 M8×1 轴线的同轴度注法。当基准要素是轴线时，应将基准符号与该要素的尺寸线对齐，如基准 A。

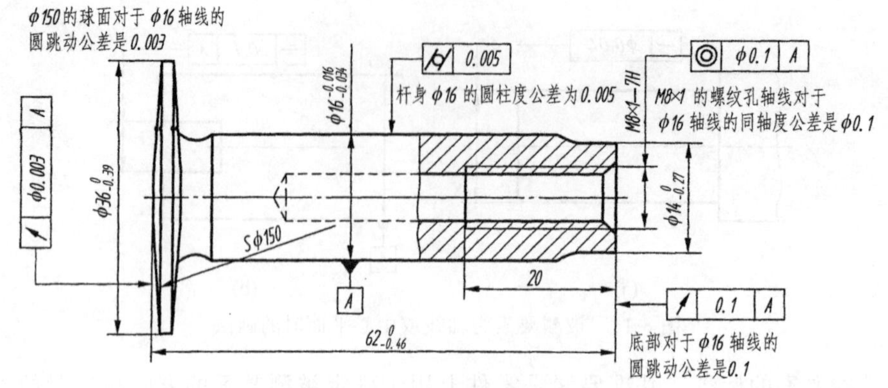

图 8-18　几何公差标注示例

第三节　表面结构的图样表示法

在机械图样上，为保证零件装配后的使用要求，除了对零件各部分结构的尺寸、形状和位置给出公差要求，还要根据功能需要对零件的表面质量——表面结构给出要求。表面结构是表面粗糙度、表面波纹度、表面缺陷、表面纹理和表面几何形状的总称。表面结构的各项要求在图样上的表示法在 GB/T 131—2006 中均有具体规定。本节主要介绍常用的表面粗糙度表示法。

一、表面粗糙度及其评定参数

零件经过机械加工后的表面会留有许多高低不平的凸峰和凹谷，零件加工表面上具有较小间距与峰谷所组成的微观几何形状特性称为表面粗糙度。表面粗糙度与加工方法、刀刃形状和走刀量等各种因素都有密切关系。

表面粗糙度是评定零件表面质量的一项重要技术指标，对于零件的配合、耐磨性，抗腐蚀性以及密封性等都有显著影响，是零件图中必不可少的一项技术要求。评定表面粗糙度的主要参数是：轮廓算术平均偏差 Ra 和轮廓最大高度 Rz，优先选用 Ra。

零件表面粗糙度 Ra 值的选用，应该既满足零件表面的功用要求，又要考虑经济合理。一般情况下，凡是零件上有配合要求或有相对运动的表面，Ra 值要小，Ra 值越小，表面质量越高，但加工成本也越高。因此，在满足使用要求的前提下，应尽量选用较大的参数值，以降低成本。常用的 Ra 数值及应用举例见表 8-5。

表 8-5　常用 Ra 数值与应用举例

$Ra/\mu m$	表面特征	主要加工方法	应用举例
25	可见刀痕	粗车、粗铣、粗刨、钻、粗纹锉刀和粗砂轮加工	非配合表面、不重要的接触面，如螺钉孔、倒角、退刀槽、机座底面等
12.5	微见刀痕	粗车、刨、立铣、平铣、钻	
6.3	可见加工痕迹	精车、精铣、精刨、铰、镗、粗磨等	没有相对运动的零件接触面，如箱、盖、套筒要求紧贴的表面，键和键槽工作表面；相对运动速度不高的接触面，如支架孔、衬套的工作表面等
3.2	微见加工痕迹		
1.6	看不见加工痕迹		

续表

$Ra/\mu m$	表面特征	主要加工方法	应用举例
0.8	可辨加工痕迹方向	精车、精铰、精镗、半精磨等	要求很好配合的接触面，如与滚动轴承配合的表面、锥销孔等；相对运动速度较高的接触面，如滑动轴承的配合表面、齿轮轮齿的工作表面等

二、表面结构的图形符号

标注表面结构要求时的图形符号种类、名称、尺寸及其含义见表 8-6。

表 8-6　表面结构符号及含义

符号名称	符号	含义
基本图形符号	H_2 H_1 60° 60° $d'=0.35mm$ (d'—符号线宽) $H_1=5mm$ $H_2=10.5mm$	未指定工艺方法的表面，当通过一个注释解释时可单独使用
扩展图形符号		用去除材料方法获得的表面；仅当其含义是“被加工表面”时可单独使用
		不去除材料的表面，也可用于表示保持上道工序形成的表面，不管这种状况是通过去除或不去除材料形成的
完整图形符号		在以上各种符号的长边上加一横线，以便注写对表面结构的各种要求

注：表中 d'、H_1 和 H_2 的大小是当图样中尺寸数字高度选取 $h=3.5mm$ 时按 GB/T 131—2006 的相应规定给定的。表中 H_2 是最小值，必要时允许加大。

三、表面结构要求在图样中的注法

① 表面结构要求对每一表面一般只注一次，并尽可能注在相应的尺寸及其公差的同一视图上。除非另有说明，所标注的表面结构要求是对完工零件表面的要求。

② 表面结构的注写和读取方向与尺寸的注写和读取方向一致。表面结构要求可标注在轮廓线上，其符号应从机件外指向并接触其表面（图 8-19）。必要时，表面结构也可用带箭头或黑点的指引线引出标注（图 8-20）。

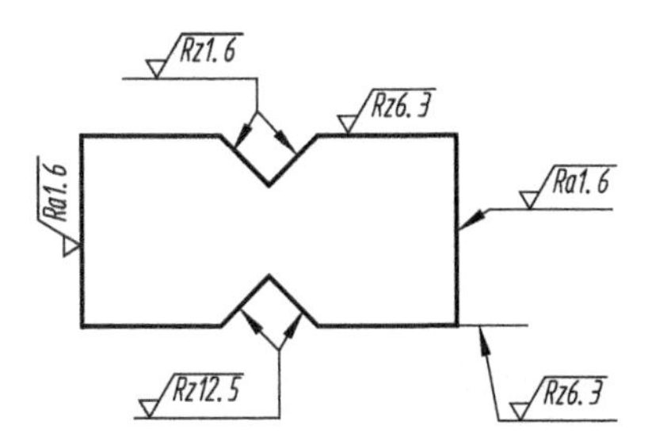

图 8-19　表面结构要求在轮廓线上的标注

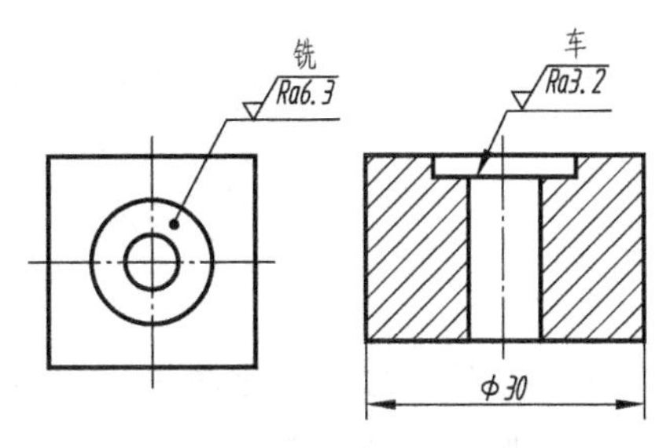

图 8-20　用指引线引出标注表面结构要求

③ 在不致引起误解时，表面结构要求可以标注在给定的尺寸线上（图 8-21）。

④ 表面结构要求可标注在形位公差框格的上方（图 8-22）。

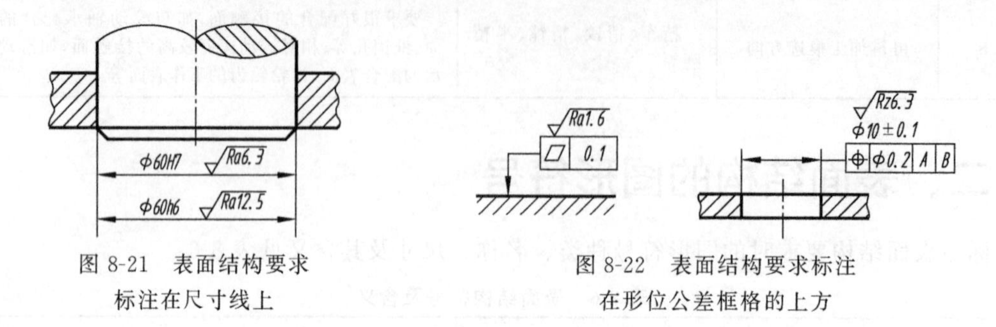

图 8-21 表面结构要求标注在尺寸线上　　图 8-22 表面结构要求标注在形位公差框格的上方

四、表面结构要求在图样中的简化注法

1. 有相同表面结构要求的简化注法

如果在工件的多数（包括全部）表面有相同的表面结构要求时，则其表面结构要求可统一标注在图样的标题栏附近。此时，表面结构要求的符号后面应有：

（1）在圆括号内给出无任何其他标注的基本符号［图 8-23(a)］；

（2）在圆括号内给出不同的表面结构要求［图 8-23(b)］；

（3）不同的表面结构要求应直接标注在图形中［图 8-23(a)、(b)］。

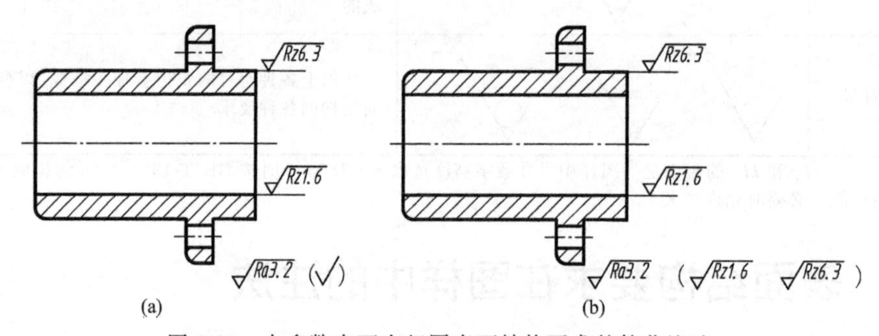

图 8-23 大多数表面有相同表面结构要求的简化注法

2. 多个表面有共同要求的注法

用带字母的完整符号的简化注法，如图 8-24 所示，用带字母的完整符号，以等式的形式，在图形或标题栏附近，对有相同表面结构要求的表面进行简化标注。

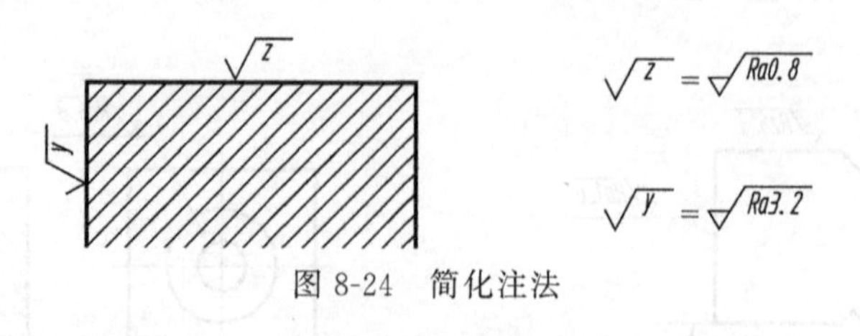

图 8-24 简化注法

只用表面结构符号的简化注法，如图 8-25 所示，用表面结构符号，以等式的形式给出对多个表面共同的表面结构要求。

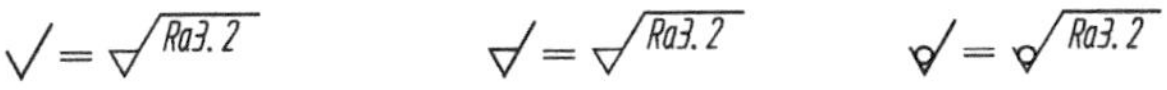

(a) 未指定工艺方法　(b) 要求去除材料　(c) 不允许去除材料

图 8-25　多个表面有共同结构要求的简化注法

3. 两种或多种工艺获得的同一表面的注法

由几种不同的工艺方法获得的同一表面，当需要明确每种工艺方法的表面结构要求时，可按图 8-26(a) 所示进行标注（图中 Fe 表示基体材料为钢，Ep 表示加工工艺为电镀）。

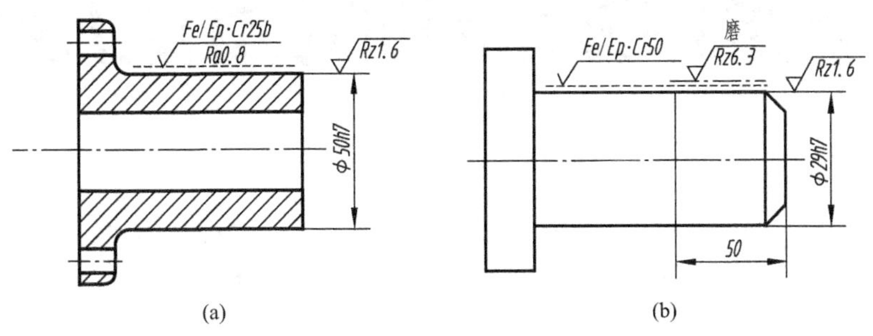

(a)　(b)

图 8-26　多种工艺获得同一表面的注法

图 8-26(b) 所示为三个连续的加工工序的表面结构、尺寸和表面处理的标注。

第一道工序：单向上限值，Rz＝1.6μm，“16％规则”（默认），默认评定长度，默认传输带，表面纹理没有要求，去除材料的工艺。

第二道工序：镀铬，无其他表面结构要求。

第三道工序：一个单向上限值，仅对长为 50mm 的圆柱表面有效，Rz＝6.3μm，“16％规则”（默认），默认评定长度，默认传输带，表面纹理没有要求，磨削加工工艺。

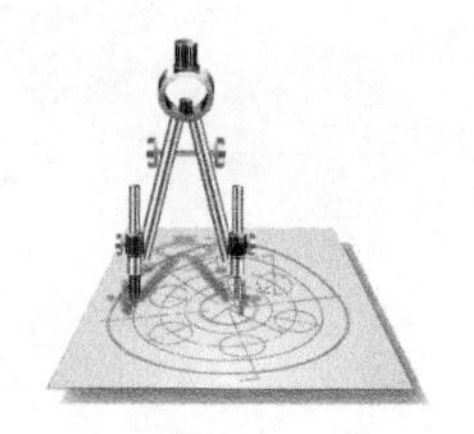

第九章 零件图与装配图的画法

机械图样是生产中的重要技术文件。零件图是表示单一零件的图样，表达零件的形状、尺寸、材质、精度等全部信息，是直接指导生产制造和零件检验的文件依据；装配图是表示机器或部件的工作原理以及零件间的相对位置、连接方式、装配关系的图样，用以指导机器或部件的装配、检验、调试、安装和维修等。

零件的表达与识读零件图，装配体的表达与识读装配图，是本章学习的重点。通过学习，掌握零件和装配体的各种表达方法，分析识读装配图中各零件的作用、结构和装配关系，理解装配体的工作原理和主要功能。

第一节 零件图概述

一、零件图与装配图的作用和关系

零件图表示零件的结构形状、大小和有关技术要求，并根据它加工制造零件。装配图表示机器或部件的工作原理、零件间的装配关系、连接方式和零件的主要结构形状，以及在装配、检验、安装时所需要的尺寸数据和技术要求。产品在设计过程中，一般先画出装配图，再根据装配图绘制零件图。装配时，根据装配图将零件装配成部件（或机器）。因此，零件与部件以及零件图与装配图之间的关系十分密切。

学习本章时，要注意零件与部件、零件图与装配图之间的关系。在识读或绘制零件图时要考虑零件在部件中的位置、作用，以及与其他零件之间的装配关系，从而理解各个零件的形状、结构和加工方法。在识读或绘制装配图时，也必须了解部件中主要零件的形状、结构和作用，以及各零件间的相互关系等。

图 9-1 为滑动轴承分解轴测图。滑动轴承是机器设备中支承轴承传动的部件，它由若干标准件（如螺栓、螺母）和专用件（根据零件在装配体中的功用和装配关系专门设计的零件，如轴承座、轴承盖等）装配而成。

图 9-2 为轴承座零件图，轴承座是滑动轴承的主要零件，它与轴承盖通过两组螺栓和螺母紧固，压紧上、下轴衬；轴承盖上部的油杯给轴衬加注润滑油；轴承座下部的底板，在滑动轴承安装时起支撑和固定作用。由此可见，零件的结构形状和大小，是由零件在机器或部

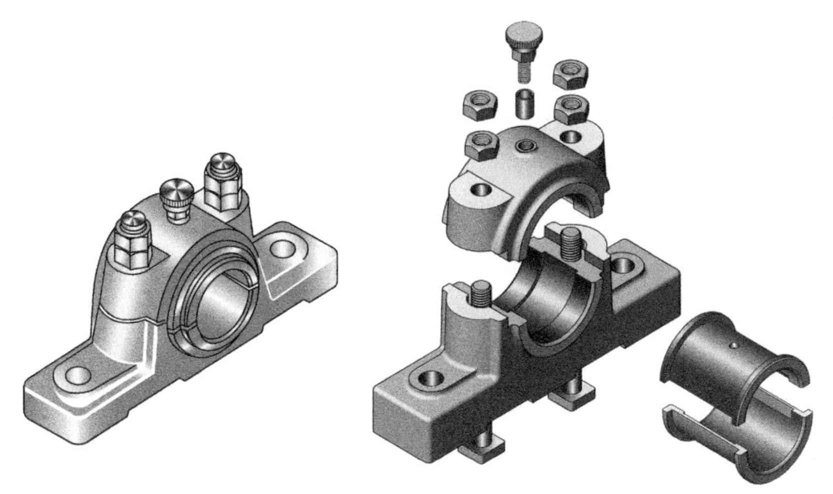

图 9-1 滑动轴承分解轴测图

件中的功能以及与其他零件的装配连接关系确定的。

二、零件图的内容

从轴承座零件图 9-2 可以看出，一张完整的零件图包括下列内容。

(1) 一组图形 通过一组图形将零件内、外部的形状和结构正确、完整、清晰、合理的表达出来。

(2) 齐全的尺寸 零件图中应正确、齐全、清晰、合理地标注出制造零件所需的全部尺寸。

(3) 技术要求 在零件图上，用规定的代号、符号、标记或文字表示零件在制造、检验和使用时所应达到的各项技术指标与要求，如尺寸公差、几何公差、表面结构和热处理等。

(4) 标题栏 在零件图的右下角画出标题栏。填写零件的名称、材料、重量、图号、比例以及制图审核人员责任签字等。

三、零件图的视图选择

零件图要求把零件的内、外结构形状正确、完整、清晰地表达出来。要满足这些要注，首先要对零件的结构形状特点进行分析，并尽可能了解零件在机器或部件中的位置、作用和它的加工方法，然后灵活地选择视图、剖视图、断面图等表示法。解决表达零件结构形状的关键是恰当地选择主视图和其他视图，确定一个比较合理的表达方案。

1. 主视图的选择

主视图是表达零件的一组图形中的核心，在选择主视图时，一般应按以下两方面综合考虑。

(1) 零件的安放状态 零件的安放状态应符合零件的加工位置或工作位置。

零件图的主视图应尽可能与零件在机械加工时所处的位置一致，如加工轴、套、轮、圆盘等零件，大部分工序是在车床或磨床上进行的，因此，这类零件的主视图应将其轴线水平放置（加工量大的在右端），以便于加工时看图。但有些零件形状比较复杂，如箱体、叉架等加工状态各不相同，需要在不同的机床上加工，其主视图宜尽可能选择零件的工作状态（在部件中工作时所处的位置）绘制。如图 9-2 所示，轴承座的主视图就是按工作位置绘制的。

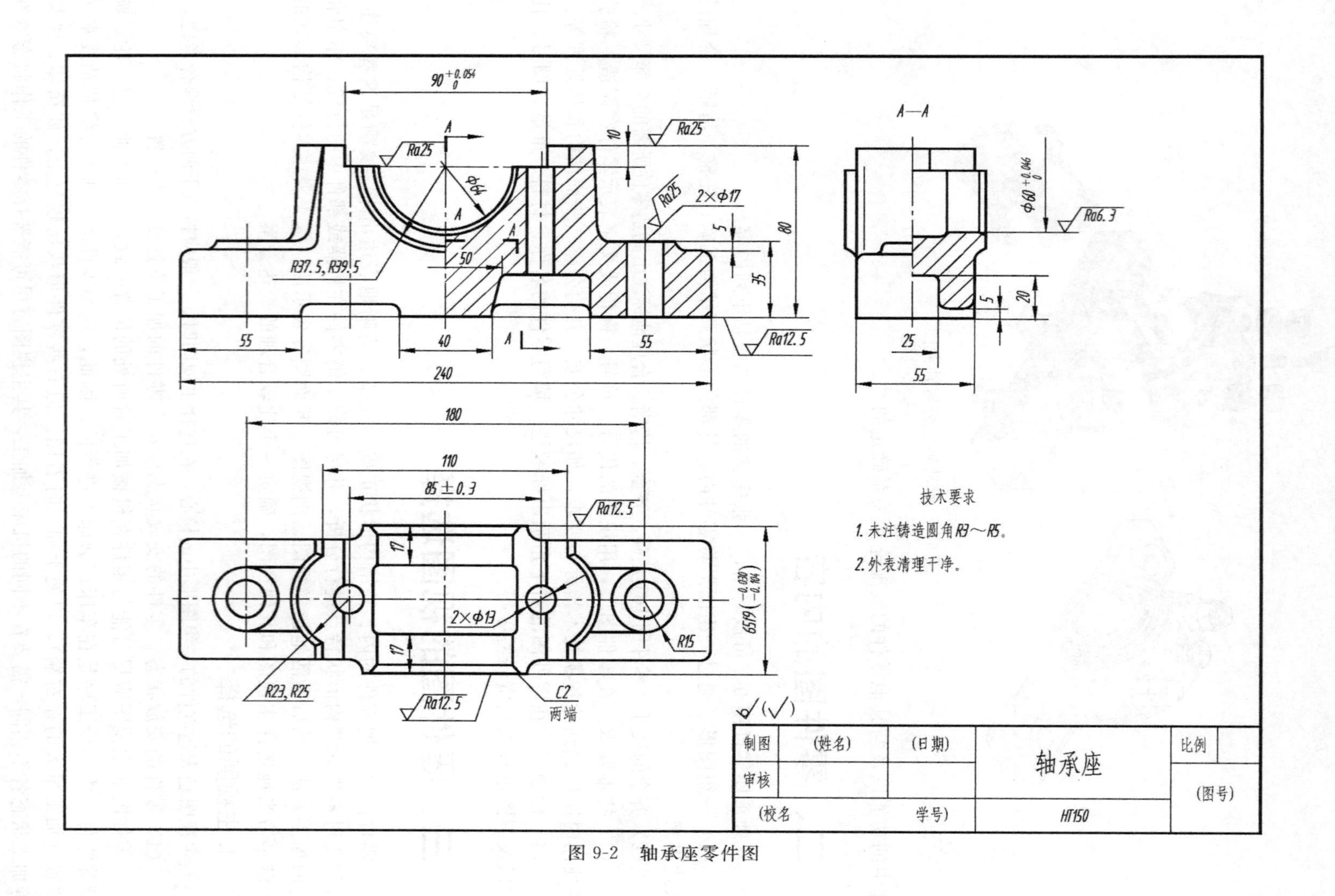

A—A
Ra25
Ra6.3
Ra12.5
2×Φ17
2×Φ13
R37.5, R39.5
R23, R25
R15
C2
两端
240
180
110
85±0.3
技术要求
1.未注铸造圆角R3～R5。
2.外表清理干净。
制图
(姓名)
(日期)
审核
(校名
学号)
轴承座
比例
(图号)
HT150

图 9-2 轴承座零件图

（2）确定主视图的投射方向　选择主视图投射方向的原则是所画主视图能较明显地反映该零件主要形体的形状特征。如图 9-3 所示的轴承盖，选择 A 向作为主视图的投射方向显然比 B 向更清楚地表达轴承盖的形体特征。

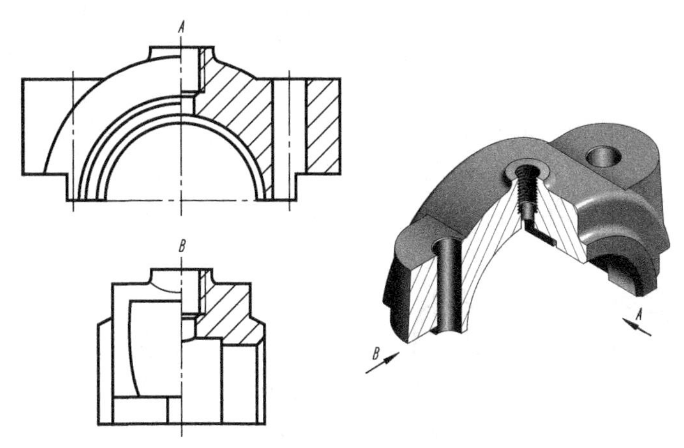

图 9-3　轴承盖主视图的选择

2. 其他视图的选择

主视图确定以后，要分析该零件还有哪些结构形状未表达清楚，再考虑如何将主视图上未表达清楚的部位辅以其他视图表达，并使每个视图都有表达重点。在选择视图时，应优先选用基本视图以及在基本视图上作剖视。总之，要首先考虑看图方便，在充分表达清楚零件结构形状的前提下，尽量减少视图的数量，力求制图简便。

3. 零件表达方案的选择

零件的表达方案是指能完整、清晰地表达某零件结构形状的若干种表示法的组合。按照零件的主体结构形状，可以将零件分为回转体和非回转体两类。

（1）回转体类零件　当零件的主体结构形状为同轴回转体时，零件的形状特征比较明显，表达方案容易确定。如轴、套、轮、圆盘等，这类零件的表达特点是：在主视图上将主体轴线水平放置（加工位置），必要时用断面图、局部剖视图、局部放大图等表示法来表达局部结构形状。

图 9-4 所示轴，采用一个基本视图（主视图）就能表示其主要形状。对于轴上的键槽、销孔等局部结构，可采用断面图、局部剖视图和局部放大图来表达。图 9-5 所示端盖，将主视图画成全剖视图，标注尺寸后，其内外结构形状已基本表达清楚了，将四个沿圆周均匀分布的圆孔采用简化画法表示后，左视图可省略不画。

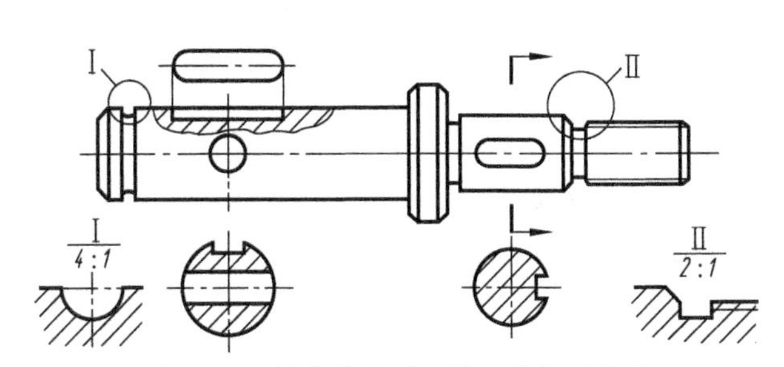

图 9-4　回转体类零件（轴）的视图表达

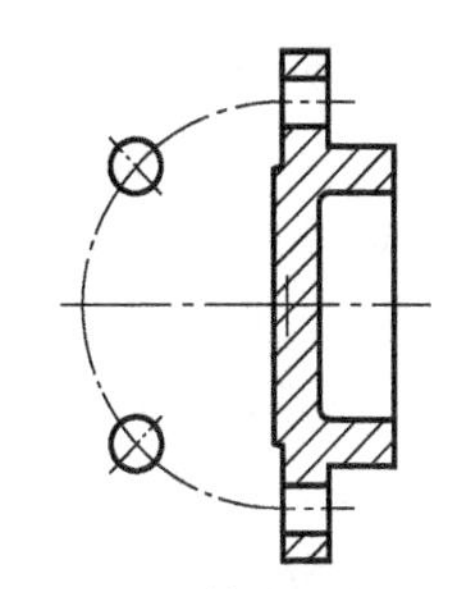

图 9-5　回转体类零件（端盖）的视图表达

(2) 非回转体类零件　当零件的主体结构形状为非同轴回转体时，零件的结构形状一般都比较复杂，同一个零件的表达方法可能有几种。这就需要分析零件的结构特点，选择恰当的表示法，从便于读图为出发点来分析不同表达方案的优缺点，确定合适的表达方案。

如图 9-6 所示的支架，上部的空心圆柱和左面的安装板通过中间的 T 形肋连接。图 9-6(a) 采用三个基本视图——主视图、俯视图和右视图表达，并通过局部剖视将空心圆柱的内、外结构形状表达清楚。图 9-6(b) 是支架的另一种表达方案。主视图表示空心圆柱、安装板和 T 形肋的主要结构形状和相对位置，俯视图表示空心圆柱的长度、安装板和肋板的宽度及前后相对位置。再用 A 向局部视图表示安装板左端面形状，用移出断面表示 T 形肋的断面形状。比较两种表达方案，显然后一种方案更加清晰、简练。

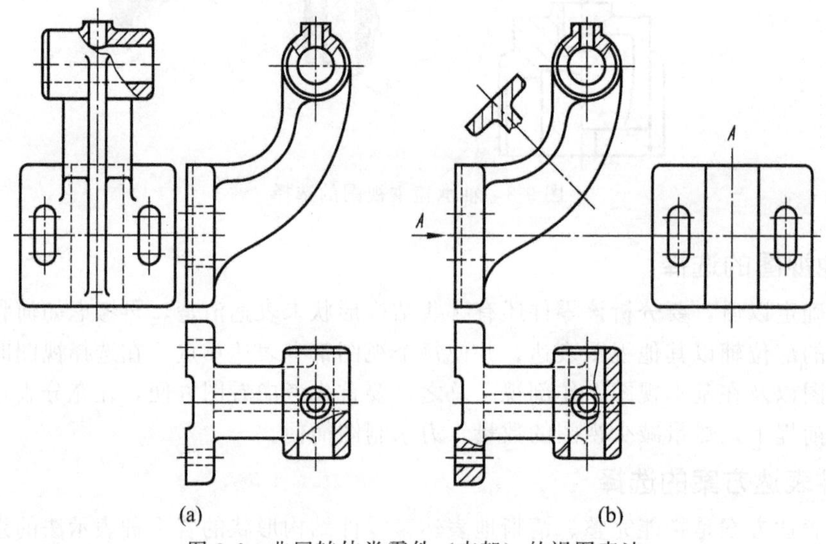

图 9-6　非回转体类零件（支架）的视图表达

【**例 9-1**】 选择图 9-7 所示轴承座的表达方案。

1. 分析零件

轴承座的功用是支承轴，其工作状态如图 9-7 所示。轴承座的主体结构由四部分组成：圆筒（包容轴或轴瓦）、支撑板（连接圆筒和底板）、底板（与机座连接）、肋板（增加强度和刚度）。此外，轴承座的局部结构如圆筒顶部有凸台和螺孔（安装油杯加润滑油），底板上有两个安装孔（通过螺栓与机座固定）。

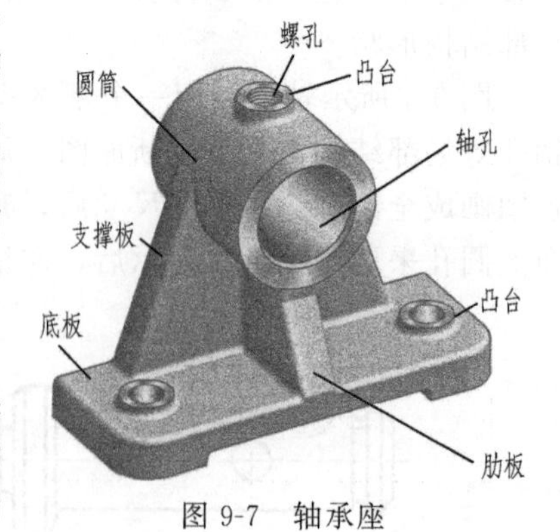

图 9-7　轴承座

2. 选择主视图

图 9-8(a) 和 (b) 都符合轴承座的工作位置，如果将图 9-8(b) 取局部剖视后 [图 9-8(c)]，对圆筒的结构形状表示很清楚，但从总体来分析，图 9-8(a) 反映结构形状明显，且各部分之间的相对位置和连接关系更清楚，表示信息量最多，所以确定作为主视图。

3. 选择其他视图

(1) 圆筒的长度、轴孔（通孔或不通孔）以及顶部的螺孔，主视图未能表达，可采用左视图或俯视图表达。但左视图能反映其加工状态，并且如果取局部剖视见图 9-8(c)，还能表明圆筒轴孔（通孔）与螺孔的连接关系，所以采用左视图比俯视图好。

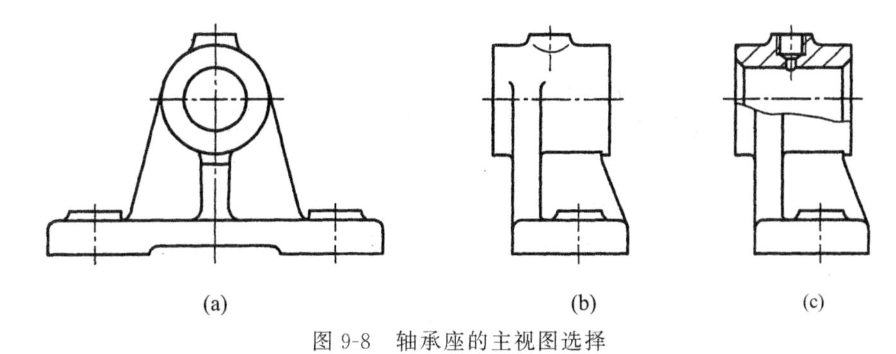
(a)　(b)　(c)

图 9-8　轴承座的主视图选择

(2) 支承板厚度主视图未能表达，也可采用左视图或俯视图表明，用左视图更明显，见图 9-8(b)。

(3) 主视图表示了肋板的厚度，但未能表达其形状，也需要通过左视图表达，见图 9-8(c)。

至此，左视图的必要性显而易见，考虑内、外形兼顾，采用局部剖视，见图 9-8(c)。

(4) 底板的形状及其宽度，主视图均未表明，虽然左视图能表示其宽度，但要确定其形状必须采用俯视图或仰视图，优先选用俯视图。至此，通过三个基本视图形成了轴承座的初步表达方案，如图 9-9 所示。返回来思考，如果选择图 9-8(c) 作为主视图，则如图 9-10 所示，显然图形布局不合理。

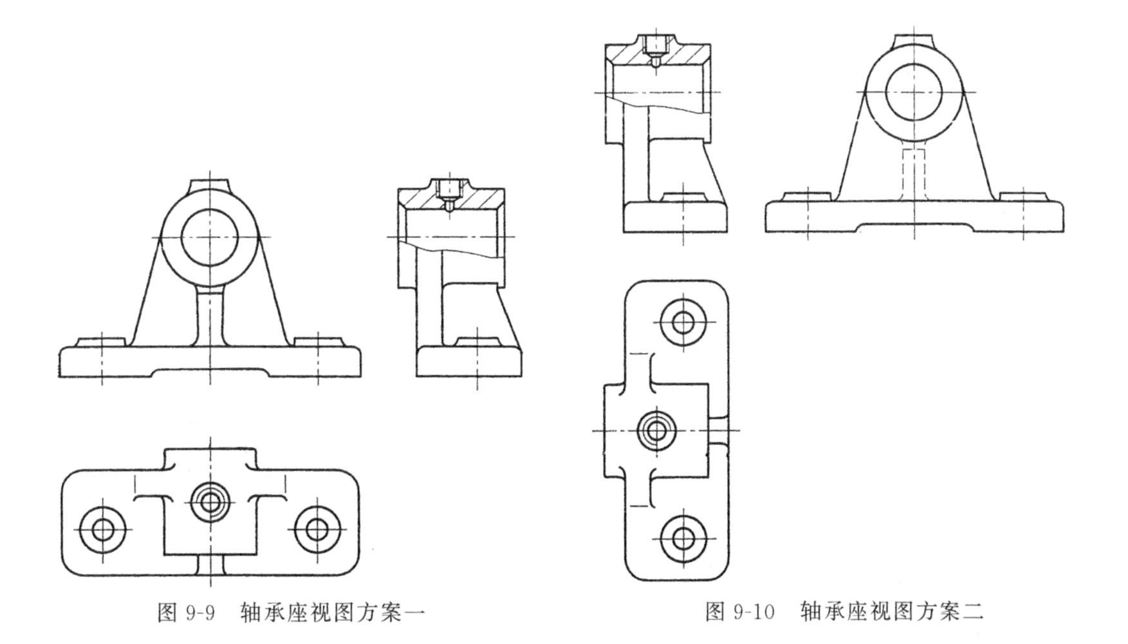

图 9-9　轴承座视图方案一　　图 9-10　轴承座视图方案二

4. 选择辅助视图，表达局部结构

(1) 底板上两个光孔的形状可在主视图上采取局部剖视表达（图 9-11）。

(2) 支撑板与肋板的垂直连接关系，在图 9-9 所示的三个基本视图中尚未表达清楚，可如图 9-11 所示，将俯视图画成全剖视图。

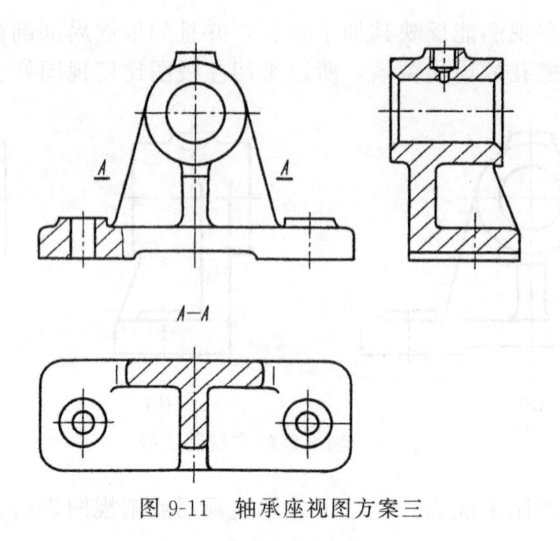

图 9-11 轴承座视图方案三

第二节 零件图的尺寸标注

零件图的尺寸标注，除了要满足前面各章讲述的正确、齐全、清晰的要求外，还要考虑标注尺寸合理，所注尺寸既符合设计要求，又满足加工工艺要求，以便于零件的加工、测量和检验。

一、选择尺寸基准

任何零件都有长、宽、高三个方向的尺寸，每个方向至少要选择一个尺寸基准。一般常选择零件结构的对称面、回转轴线、主要加工面、重要支承面或结合面作为尺寸基准。

根据基准的作用不同，基准分为下面两类。

1. 设计基准

根据设计要求用以确定零件结构的位置所选定的基准，称为设计基准，如图 9-12 所示轴承座，其高度方向的尺寸基准是安装面，长度和宽度方向尺寸基准是对称平面。由于一根轴通常要由两个轴承支撑，两者的轴孔应在同一轴线上，所以在标注高度方向尺寸时，应以底面为基准，以保证两轴孔到底面的距离相等；在标注长度方向尺寸时，应以对称平面为基准，以保证底板上两个安装孔之间的中心距及其与轴孔的对称关系，实现两轴承座安装后同轴。

2. 工艺基准

为便于零件加工和测量所选定的基准，称为工艺基准。如图 9-12 轴承座的凸台顶面是工艺基准，以此为基准测量螺孔深度。

当零件结构比较复杂时，同一方向上的尺寸基准可能不止一个，其中决定零件主要尺寸的基准称主要基准（一般为设计基准）。为加工测量方便而附加的基准称辅助基准（一般为工艺基准）。如图 9-12 所示，轴承底面是高度方向主要基准，也是设计基准，高度尺寸 58、32 都是以它为基准注出的，其中 32 是重要的设计尺寸。顶面上阶梯孔的深度尺寸 8 是以顶面为辅助基准注出的，以便于加工测量。但辅助基准与主要基准要具有直接的联系尺寸，如图 9-12 中的辅助基准是通过尺寸 58 与主要基准相联系的。

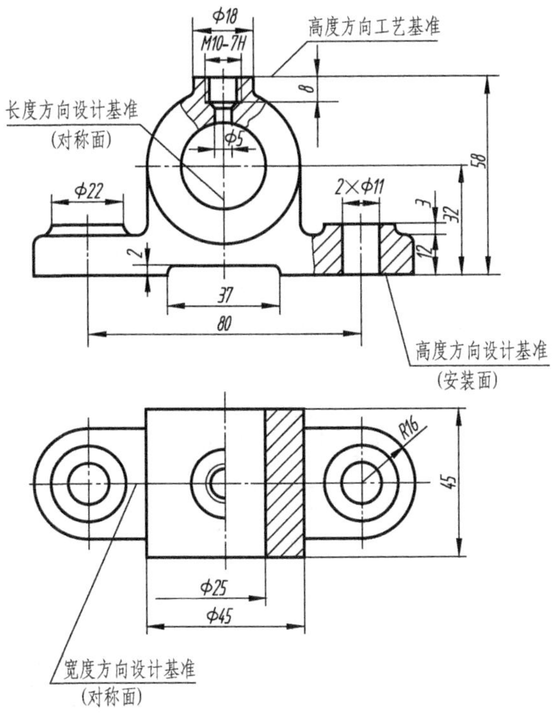

图 9-12　基准的选择

二、合理标注尺寸

1. 零件上的重要尺寸必须直接注出

重要尺寸主要是指直接影响零件在机器中的工作性能和位置关系的尺寸。常见的如零件之间的配合尺寸，重要的安装定位尺寸等。如图 9-13(a) 所示轴承座，轴承孔的中心高 h_1 和安装孔的间距尺寸 l_1 是重要尺寸，必须直接注出，而不应像图 9-13(b) 那样，重要尺寸 h_1、l_1 需依靠（h_2、h_3、l_2、l_3）间接计算得到，这样容易造成误差积累。

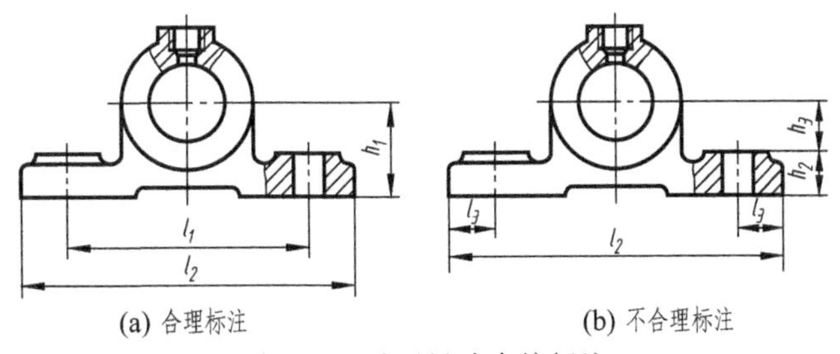

(a) 合理标注　　(b) 不合理标注

图 9-13　重要尺寸直接标注

2. 避免出现封闭尺寸链

封闭尺寸链是指首尾相接，绕成一整圈的一组尺寸。如图 9-14(a) 所示的阶梯轴，长度方向的尺寸不仅注出了 l_1、l_2、l_3，也标注了总长 l_4，首尾相接，构成封闭尺寸链，这种情况应该避免。因为尺寸 l_4 是尺寸 l_1、l_2、l_3 之和，而尺寸 l_4 有一定的精度要求，但在加工时，尺寸 l_1、l_2、l_3 都可能产生误差，这些误差就会积累到尺寸 l_4 上。所以在几个尺寸构

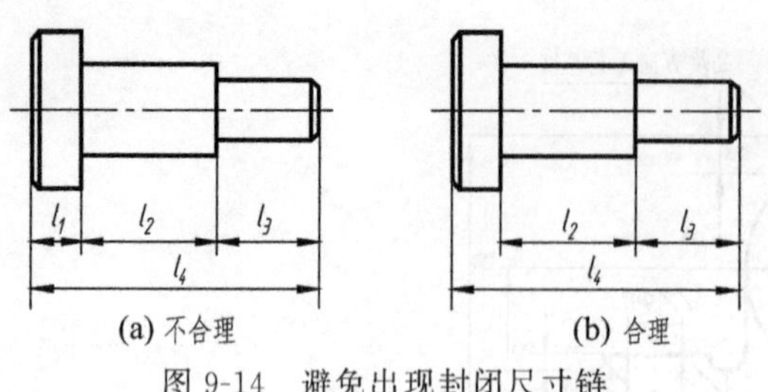

图 9-14 避免出现封闭尺寸链

成的尺寸链中，应选一个不重要的尺寸空出不注（如 l_1），以便使所有尺寸误差都积累到这一段，保证重要尺寸的精度，如图 9-14(b) 所示。

3. 标注尺寸要便于加工和测量

（1）符合加工顺序的要求　如图 9-15 所示的小轴，轴向尺寸的标注符合加工顺序，图中 51 为设计要求的重要尺寸，故需直接标注。这样，从下料到每一加工工序，均可由图中直接看出所需尺寸。

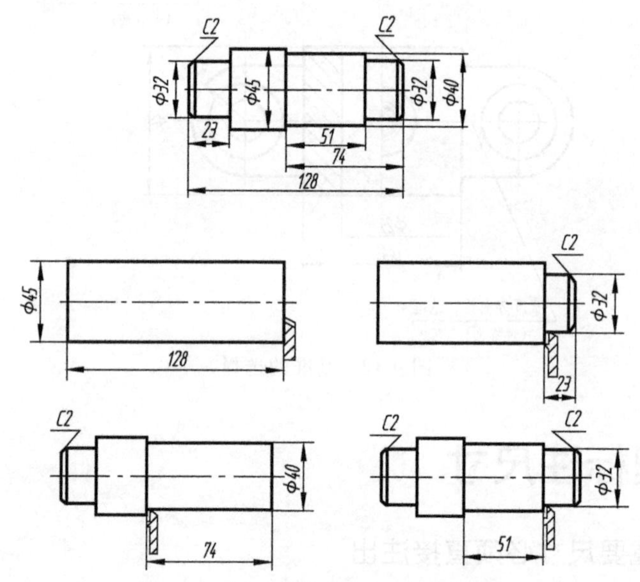

图 9-15 尺寸标注符合加工顺序要求

（2）符合加工方法的要求　如图 9-16 所示下轴衬是与上轴衬对合起来加工的，因此半圆尺寸应标注直径 ϕ 而不注半径 R。

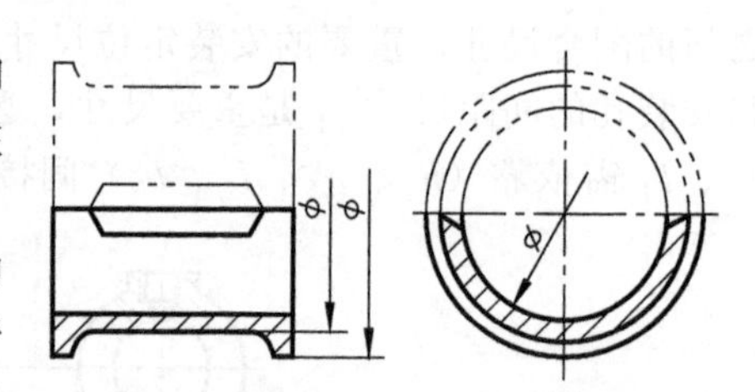

图 9-16 尺寸标注符合加工方法要求

（3）考虑测量方便的要求　如图 9-17 是常见的几种断面形状，按图 9-17(a) 所标注的尺寸，不便于测量，图 9-17(b) 标注的尺寸便于测量。图 9-18(a) 所示套筒中，尺寸 l_1 测量困难，在图 9-18(b) 中注出尺寸 l_2、l_3，检测就方便了。

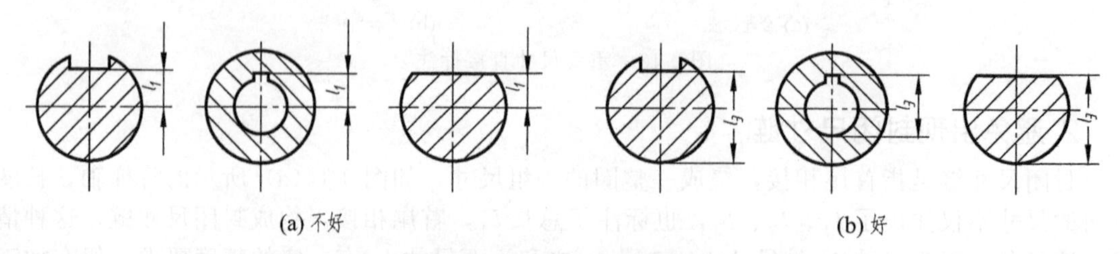

图 9-17 标注尺寸要便于测量

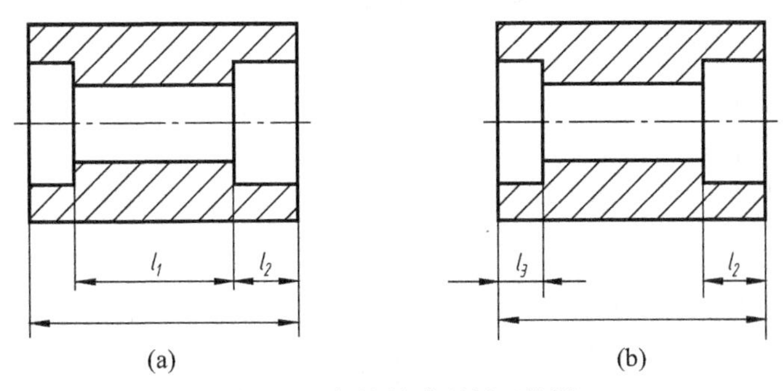

图 9-18　标注尺寸要便于检测

三、常见结构的尺寸标注

零件图中常见的底板、端面、法兰盘的尺寸标注，见图 9-19 所示。

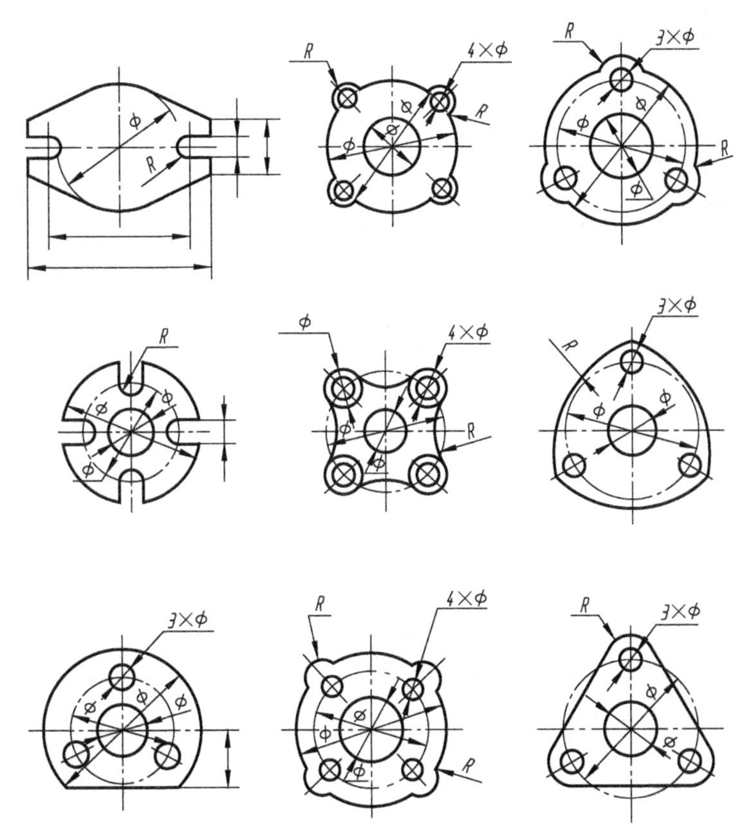

图 9-19　底板、端面、法兰盘图形的尺寸标注

国家标准《技术制图　简化表示法》(GB/T 24741—2009) 中要求标注尺寸时，应使用符号和缩写词（见表 9-1 中的说明）。

【例 9-2】 如图 9-20 所示，标注减速器输出轴的尺寸。

表 9-1　各种孔的尺寸注法

零件结构类型		简化注法		一般注法	说明
光孔	一般孔	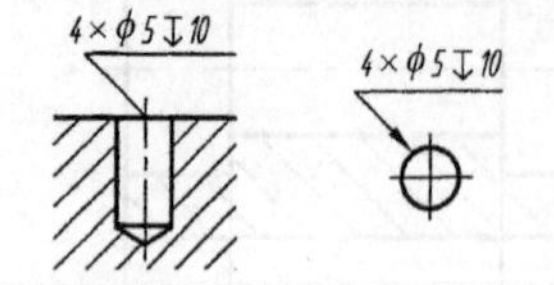 4×φ5↧10	4×φ5↧10	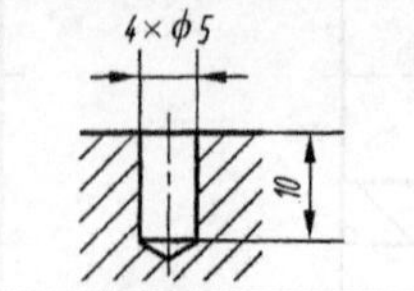 4×φ5 10	↧深度符号 4×ϕ5 表示直径为 5mm 均布的四个光孔，孔深可与孔径连注，也可分别注出
	精加工孔	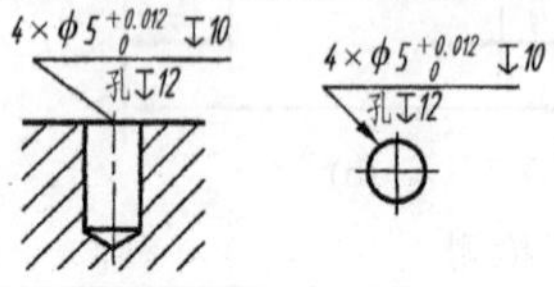 $4\times\phi5^{+0.012}_{0}$↧10 孔↧12	$4\times\phi5^{+0.012}_{0}$↧10 孔↧12	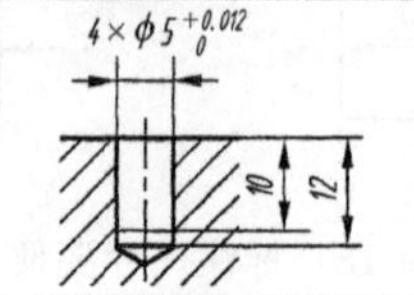 $4\times\phi5^{+0.012}_{0}$ 10　12	光孔深为 12mm，钻孔后需精加工至 $\phi5^{+0.012}_{0}$mm，深度为 10mm
	锥孔	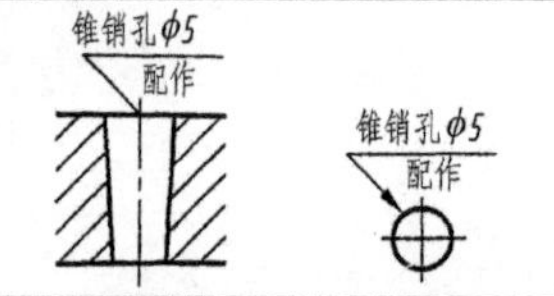 锥销孔φ5 配作	锥销孔φ5 配作	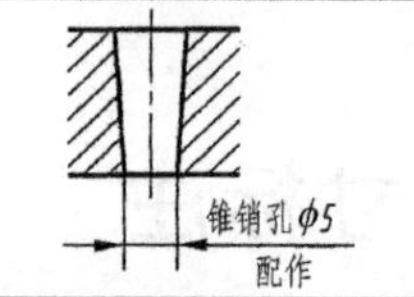 锥销孔φ5 配作	ϕ5mm 为与锥销孔相配的圆锥销小头直径(公称直径)。锥销孔通常是两零件装在一起后加工的
沉孔	锥形沉孔	4×φ7 ⌵φ13×90°	4×φ7 ⌵φ13×90°	90° φ13 4×φ7	⌵埋头孔符号 4×ϕ7 表示直径为 7mm 均匀分布的四个孔。锥形沉孔可以旁注，也可直接注出
	柱形沉孔	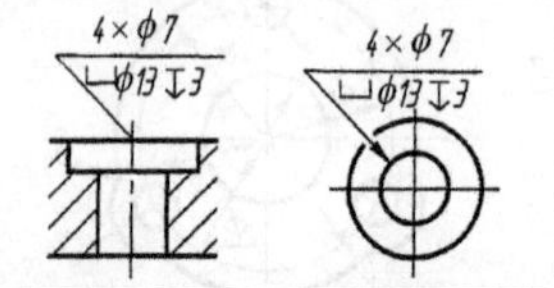 4×φ7 ⌴φ13↧3	4×φ7 ⌴φ13↧3	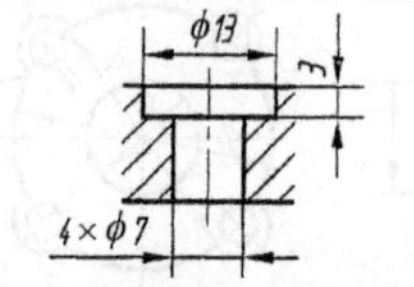 φ13 3 4×φ7	⌴沉孔及锪平孔符号 柱形沉孔的直径为料 ϕ13mm，深度为 3mm，均需标注
	锪平沉孔	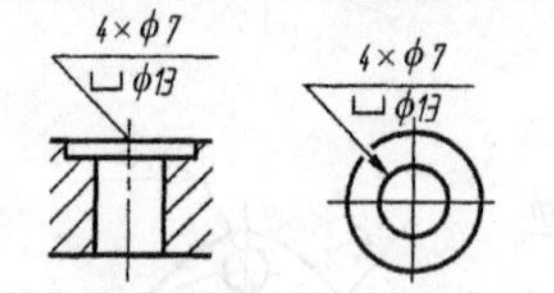 4×φ7 ⌴φ13	4×φ7 ⌴φ13	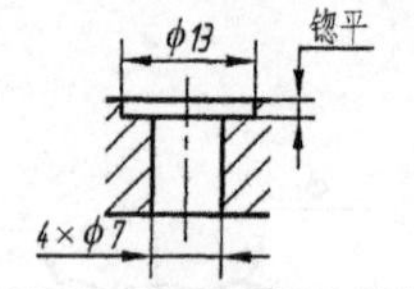 φ13 锪平 4×φ7	锪平面 ϕ13mm 的深度不必标注，一般锪平到不出现毛面为止
螺孔	通孔	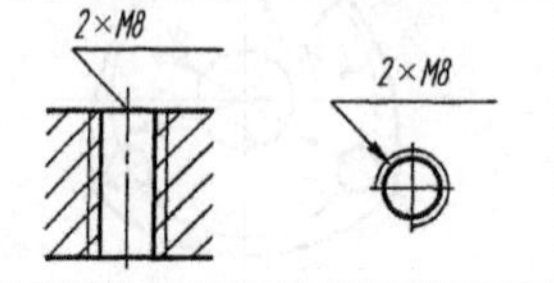 2×M8	2×M8	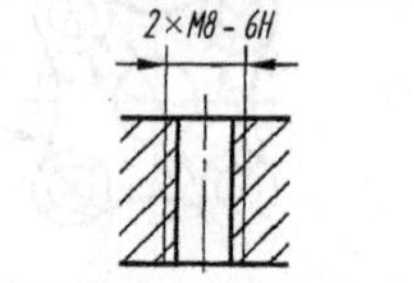 2×M8-6H	2×M8 表示公称直径为 8mm 的两螺孔(中径和顶径的公差带代号 6H 不注)，可以旁注，也可直接注出
	不通孔	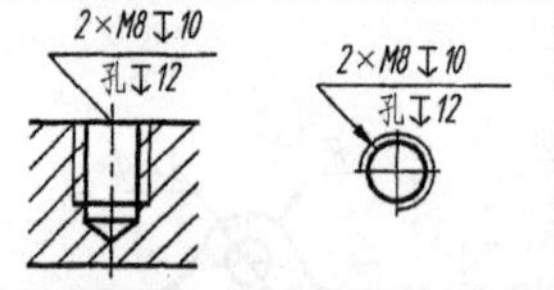 2×M8↧10 孔↧12	2×M8↧10 孔↧12	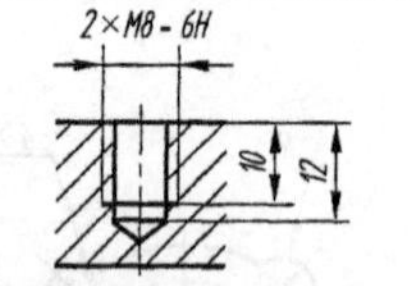 2×M8-6H 10　12	一般应分别注出螺纹和钻孔的深度尺寸(中径和顶径的公差带代号 6H 不注)

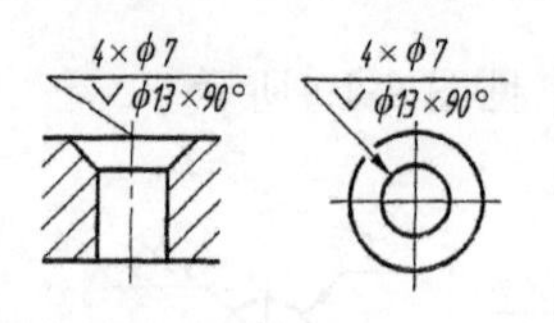

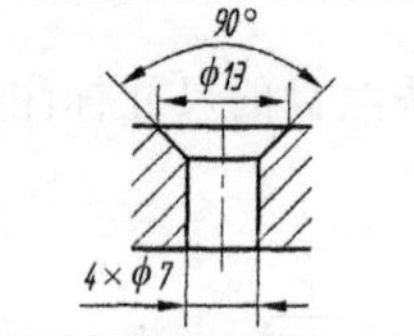

按轴的加工特点和工作情况，选择轴线为宽度和高度方向的主要基准（径向基准），端面 A 为长度方向的主要基准（轴向基准），对回转体类零件常用这样的基准，前者即为径向基准，后者则为轴向基准。标注尺寸的顺序如下：

① 由径向基准直接注出尺寸 ϕ60、ϕ74、ϕ60、ϕ55。

② 由轴向主要基准端面 A 直接注出尺寸 168 和 13，定出轴向辅助基准 B 和 D，由轴向辅助基准 B 标注尺寸 80，再定出轴向辅助基准 C。

③ 由轴向辅助基准 C、D 分别注出两个键槽的定位尺寸 5，并注出两个键槽的长度 70、50。

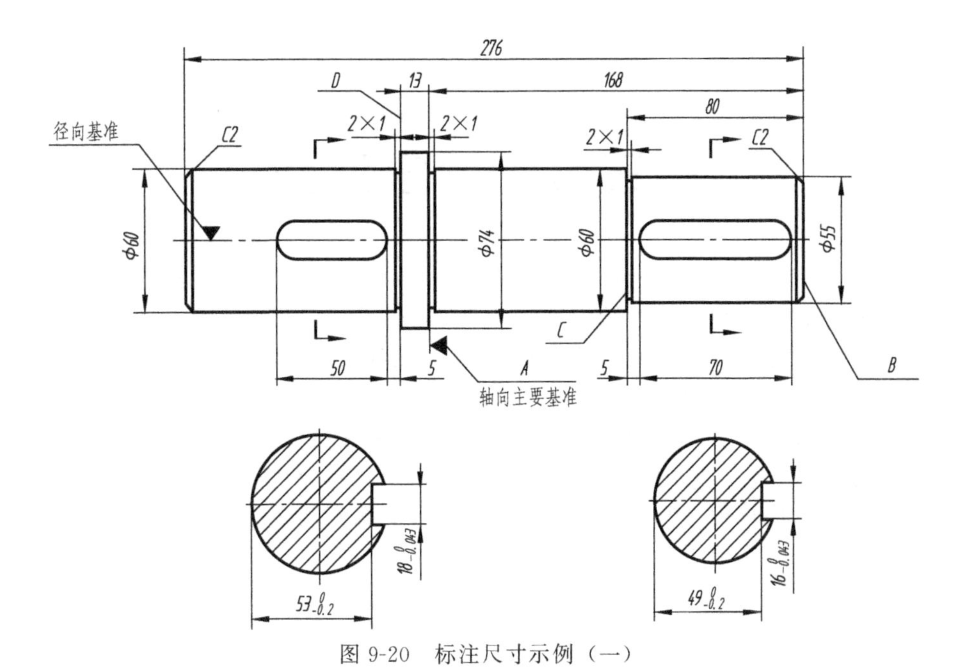

图 9-20　标注尺寸示例（一）

④ 按尺寸注法的规定注出键槽的断面尺寸（53、18 和 49、16）以及退刀槽（2×1）和倒角 $C2$ 的尺寸。

【例 9-3】 如图 9-21 所示，标注轴承挂架的尺寸。

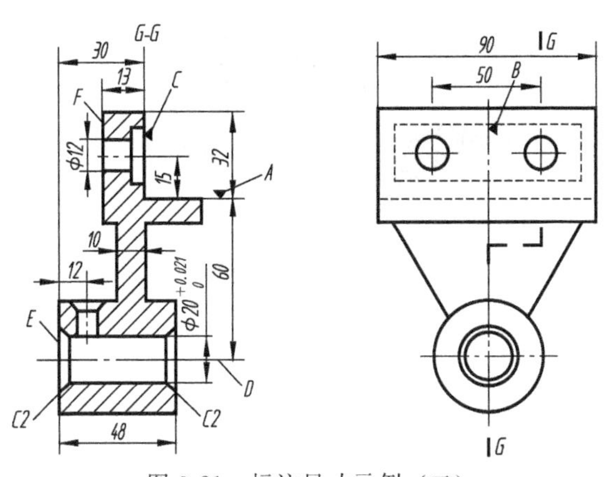

图 9-21　标注尺寸示例（二）

轴承挂架是固定在机器上支承轴转动的部件（由两个轴承挂架支承一根轴，图示仅画出一个挂架）。两个轴承挂架轴孔轴线的尺寸应精确地标注在同一条轴线上，才能保证轴的正常转动。两挂架轴孔的同轴度在高度方向上由轴线与水平安装接触面 A 之间的距离尺寸 60 保证。在宽度方向上通过两个连接螺钉装配时调整。

① 选择轴承挂架的水平安装接触面 A 为高度方向的主要基准，由此基准标注高度方向尺寸 60、15、32；

② 宽度方向主要基准选择对称面 B，由此基准标注宽度尺寸 50、90；

③ 选择安装接触面 C 为长度方向主要基准，由此基准标注长度尺寸 13、30；

④ 由辅助基准 D 注出尺寸 $\phi20$，由辅助基准 E 注出尺寸 12、48。

三个方向的主要基准 A、B、C 都是设计基准，A 又是加工 $\phi20$ 和顶面的工艺基准，B 是加工两个连接孔的工艺基准，C 又是加工平面 E 和 F 的工艺基准。

第三节　读零件图

零件图是制造和检验零件的依据，是反映零件结构、大小及技术要求的载体。读零件图的目的就是根据零件图想象零件的结构形状，了解零件的尺寸和技术要求。为了更好地读懂零件图，最好能联系零件在机器或部件中的位置、功能以及与其他零件的关系来读图。下面通过铣刀头中的主要零件来介绍识读零件图的方法和步骤。

图 9-22 所示为铣刀头的装配轴测图。铣刀头是安装在铣床上的一个部件，用来安装铣刀盘。当动力通过 V 带轮带动轴转动，轴带动铣刀盘旋转，对工件进行平面铣削加工。轴通过滚动轴承安装在座体内，座体通过底板上的四个沉孔安装在铣床上。由此可知，轴、V 带轮和座体是铣刀头的主要零件。

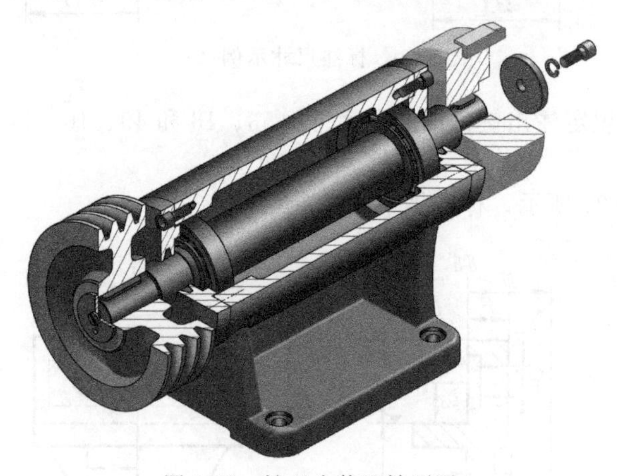

图 9-22　铣刀头装配轴测图

一、轴

1. 结构分析

由图 9-22 铣刀头装配轴测图对照图 9-23 铣刀头轴测分解图可看出，轴的左端通过普通平键 5 与 V 带轮连接，右端通过两个普通平键（双键）13 与铣刀盘连接，用挡圈和螺钉固定在轴上。轴上有两个安装端盖的轴段和两个安装滚动轴承的轴段，通过轴承把轴串安装在座体上，再通过螺钉、端盖实现轴串的轴向固定。安装轴承的轴段，其直径要与轴承的内径一致，轴段长度与轴承的宽度一致。安装 V 带轮轴段的长度要根据 V 带轮的轮毂宽度来确定。

2. 表达分析

采用一个基本视图（主视图）和若干辅助视图表达。轴的两端用局部剖视表示键槽和螺孔、销孔。截面相同的较长轴段采用折断画法。用两个断面分别表示单键和双键的

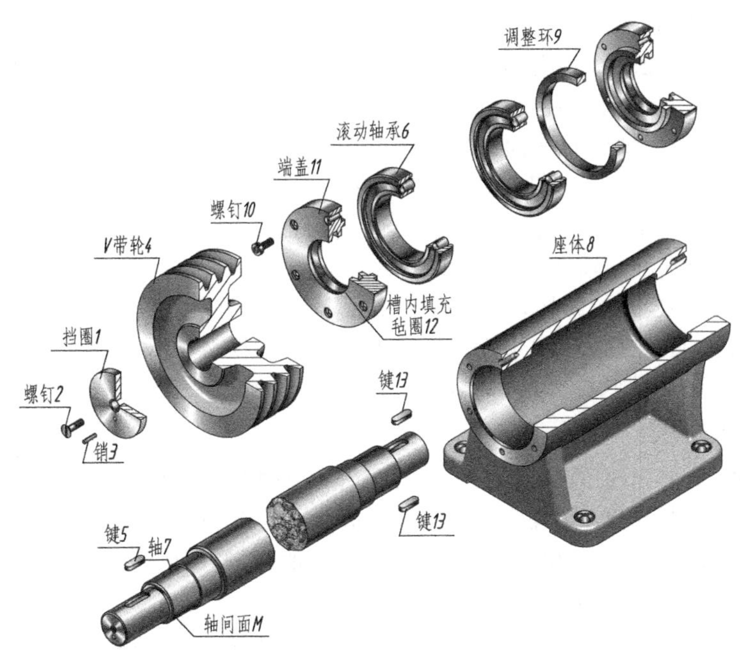

图 9-23　铣刀头轴测分解图

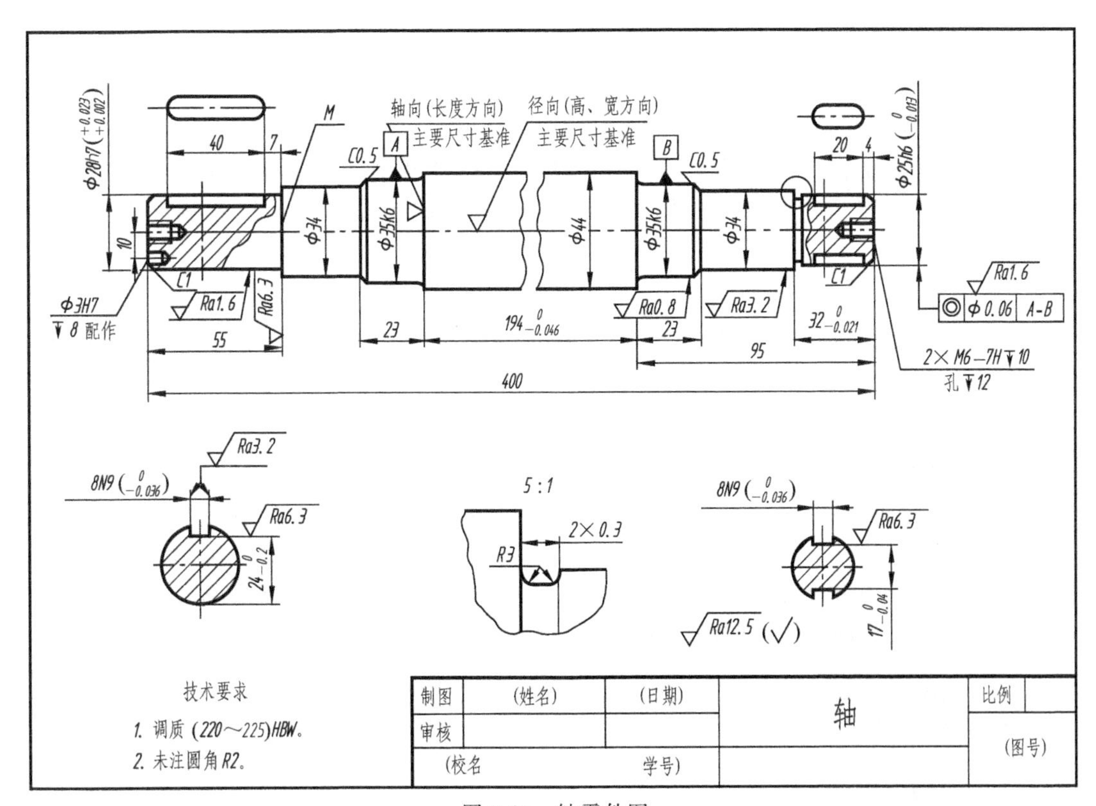

图 9-24　轴零件图

宽度和深度。用局部视图的简化画法表达键槽的形状。用局部放大图表示砂轮越程槽的结构。

3. 尺寸分析（图 9-24）

① 以水平轴线为径向（高度和宽度方向）主要尺寸基准，由此直接注出安装 V 带轮、滚动轴承和铣刀盘用的、有配合要求的轴段尺寸，如 ϕ28h7、ϕ35k6、ϕ25h6 等。

② 以中间最大直径轴段的端面（可选择其中任一端面）为轴向（长度方向）主要尺寸基准。由此注出 23、$194_{-0.046}^{\ 0}$ 和 95。再以轴的左、右端面以及 M 端面为长度方向尺寸的辅助基准。由右端面注出 $32_{-0.021}^{\ 0}$、4、20；由左端面注出 55；由 M 面注出 7、40；尺寸 400 是长度方向主要基准与辅助基准之间的联系尺寸。

③ 轴上与标准件连接的结构，如键槽、销孔、螺纹孔的尺寸，按标准查表获得。

④ 轴向尺寸不能注成封闭尺寸链，选择不重要的轴段 ϕ34（与端盖的轴孔没有配合要求）为尺寸开口环，不注长度方向尺寸，使长度方向的加工误差都集中在这段。

4. 看懂技术要求

① 凡注有公差带尺寸的轴段，均与其他零件有配合要求。如注有 ϕ28h7、ϕ35k6、ϕ25h6 的轴段，表面粗糙度要求较严，Ra 上限值分别为 1.6μm 或 0.8μm。

② 安装铣刀头的轴段 ϕ25h6 尺寸线的延长线上所指的几何公差代号，其含义为 ϕ25h6 的轴线对公共基准轴线 A—B 的同轴度误差不大于 0.06。

③ 轴（45 钢）应经调质处理（220～225HBW），以提高材料的韧性和强度。所谓调质是淬火后在 450～650℃进行高温回火。

二、V 带轮

1. 结构分析

V 带轮是传递旋转运动和动力的零件。从图 9-23 中可看出，V 带轮通过键与轴连接，因此，在 V 带轮的轮壳上必有轴孔和轴孔键槽。V 带轮的轮缘上有三个 A 型轮槽，轮壳与轮缘用幅板连接。

2. 表达分析

V 带轮按加工位置轴线水平放置，其主体结构形状是带轴孔的同轴回转体。主视图采用全剖视图，表示 V 带轮的轮缘（V 形槽的形状和数量）、幅板和轮壳，轴孔键槽的宽度和深度用局部视图表示。

3. 尺寸和技术要求分析（图 9-25）

① 以轴孔的轴线为径向基准，直接注出 ϕ140（基准圆直径）和 ϕ28H8（轴孔直径）。

② 以 V 带轮的左、右对称面为轴向基准，直接注出 50、11、10 和 15±0.3 等。

③ V 带轮的轮槽和轴孔键槽为标准结构要素，必须按标准查表，标注标准数值。

④ 外圆 ϕ147 表面及轮缘两端面对于孔 ϕ28 轴线的圆跳动公差为 ϕ0.3。

三、座体

1. 结构分析

座体在铣刀头部件中起支承轴、V 带轮和铣刀盘以及包容轴串的功用。座体的结构形状可分为两部分：上部为圆筒状，两端的轴孔支承轴承，其轴孔直径与轴承外径一致，两侧外端面制有与端盖连接的螺纹孔。中间部分孔的直径大于两端孔的直径（直接铸造不加工）；

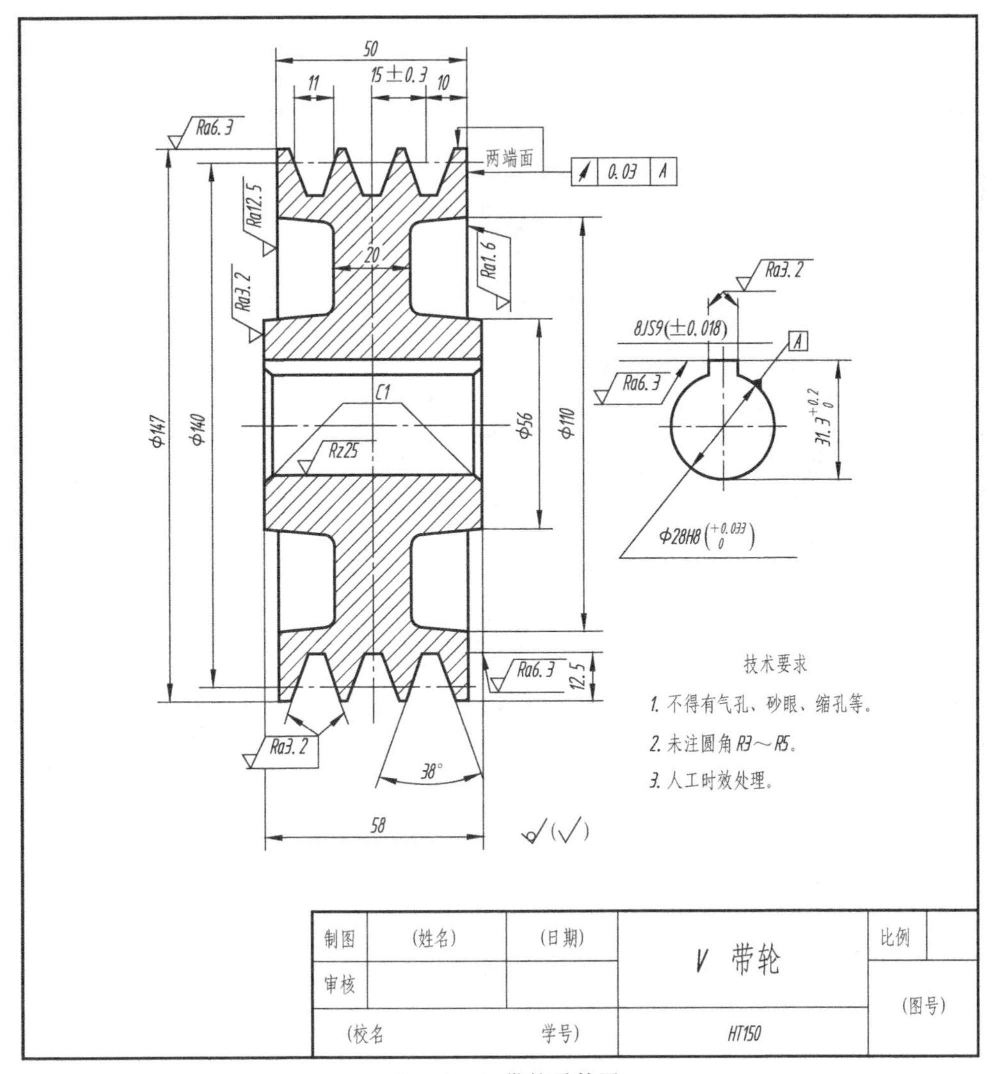

图 9-25　V 带轮零件图

下部是带圆角的方形底板，有四个安装孔，将铣刀头安装在铣床上，为了接触平稳和减少加工面，底板下面的中间部分做成通槽。座体的上、下两部分用支承板和肋板连接。

2. 表达分析

座体的主视图按工作位置放置，采用全剖视图，表达座体的形体特征和空腔的内部结构。左视图采用局部剖视图，表示底板和肋板的厚度，底板上沉孔和通槽的形状，在圆柱孔端面上表示了螺纹孔的位置。由于座体前后对称，俯视图可画出其对称的一半或局部，本例采用 A 向局部视图，表示底板的圆角和安装孔的位置。

3. 尺寸分析（图 9-26）

① 选择座体底面为高度方向主要尺寸基准，圆筒的任一端面为长度方向主要尺寸基准，前后对称面为宽度方向主要尺寸基准。

② 直接注出按设计要求的结构尺寸和有配合要求的尺寸。如主视图中的 115 是确定圆筒轴线的定位尺寸，ϕ80k7 是与轴承配合的尺寸，40 是两端轴孔长度方向的定位尺寸。左视图和 A 向局部视图中的 150 和 155 是四个安装孔的定位尺寸。

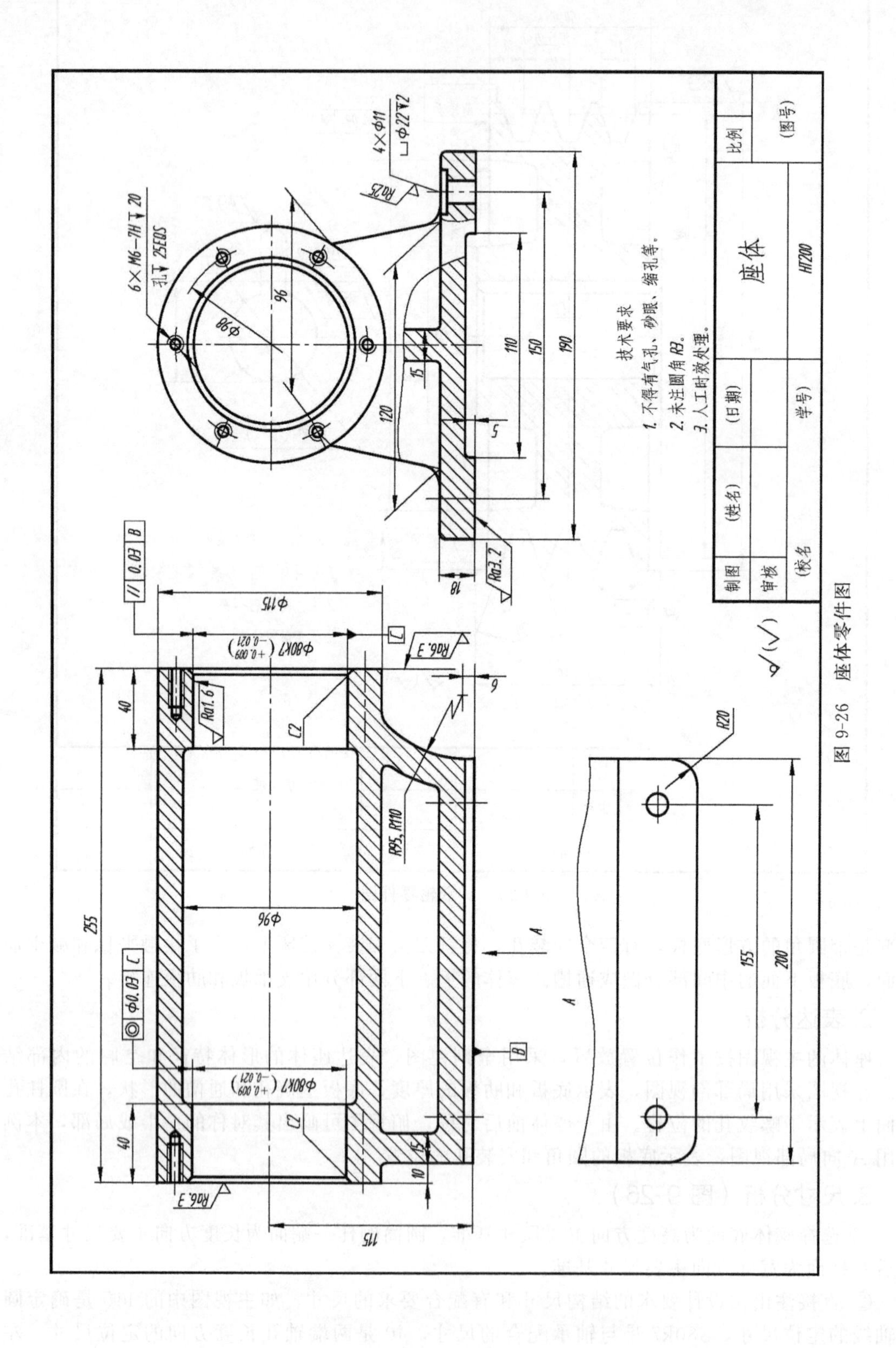

技术要求
1. 不得有气孔、砂眼、缩孔等。
2. 未注圆角R3。
3. 人工时效处理。
制图
(姓名)
(日期)
审核
(校名)
学号
座体
比例
(图号)
HT200
6×M6-7H▼20
孔▼25EQS
4×Φ11
⌴Φ22▼2
Φ98
96
110
150
190
120
15
5
18
Ra25
Ra3.2
Ra1.6
Ra6.3
Φ115
Φ80K7(+0.009 -0.021)
Φ96
Φ0.03 C
// 0.03 B
255
40
R95, R110
C2
A
B
C
R20
155
200
115
10
6

图 9-26　座体零件图

③ 考虑工艺要求，注出工艺结构尺寸，如倒角、圆角等。左视图上螺孔和沉孔尺寸的标注形式参阅表 9-1。

④ 其余尺寸以及有关技术要求请读者自行分析。

第四节　装配图的内容和图样画法

一、初识装配图和装配图的内容

图 9-27 是图 9-23 所示铣刀头的装配图。关于铣刀头的功用及其主要零件和零件间的装配关系，前面已详细叙述。现仍以铣刀头为例，初步了解识读装配图的方法和内容（图 9-27）。

1. 一组视图

用一组视图表示装配体的结构形状、工作原理、各零件间的装配连接关系以及主要零件的结构形状。

主视图采用全剖视，表示了铣刀头全部零件（16 种）和零件间的装配连接关系，主要零件轴、V 带轮、座体的结构形状；左视图采取拆去 V 带轮等零件后，显示了左端盖的形状以及六个连接螺钉的位置，左下角通过局部剖视补充表达了座体的结构形状。

2. 必要的尺寸

装配图与零件图的用途不同，因此在图样上标注尺寸的要求也不一样。装配图上不需要标注每个零件的尺寸，而只要注出以下几种尺寸。

（1）规格（性能）尺寸　表示装配体规格、性能和特征的尺寸，如轴右端安装铣刀盘（假想）、左端安装 V 带轮的轴线高度尺寸 115。

（2）装配尺寸　表示装配体零件之间配合的尺寸。如 V 带轮与轴的配合尺寸 ϕ28H8/h7，轴承与座体的配合尺寸 ϕ80K7/h6 等。

（3）安装尺寸　表示部件安装到机器上或将整机安装到基座上所需的尺寸，如座体底板上四个沉孔的定位尺寸 155、150 和安装孔 4×ϕ11 等。

（4）外形尺寸　表示装配体外形轮廓的大小，即总长（424）、总宽（200）和总高（115+147/2）尺寸，为包装、运输、安装所需的空间大小提供依据。

3. 技术要求

用符号、代号或文字说明装配体在装配、安装、调试等方面应达到的技术指标即技术要求。由于装配体的性能、用途各不相同，其技术要求也不同。一般是从装配要求考虑，如图 9-27 中的技术要求 2；从检验要求考虑，如图 9-27 中的技术要求 1。

4. 标题栏、零件序号及明细栏

在装配图上，必须对每个零件编号，并在明细栏中依次列出零件序号、代号、名称、数量、材料等，以便统计零件数量，安排生产的准备工作。同时，在看装配图时，也是根据零件序号查阅明细栏，了解零件的名称、材料和数量等，以利于看图和图样管理。

标题栏中，写明装配体的名称、图号、绘图比例以及有关人员的签名等。标题栏和明细栏的格式在国家标准 GB/T 10609.1—2008、GB/T 10609.2—2009 中已有规定。教学中学生作业可采用简化的标题栏和明细栏。

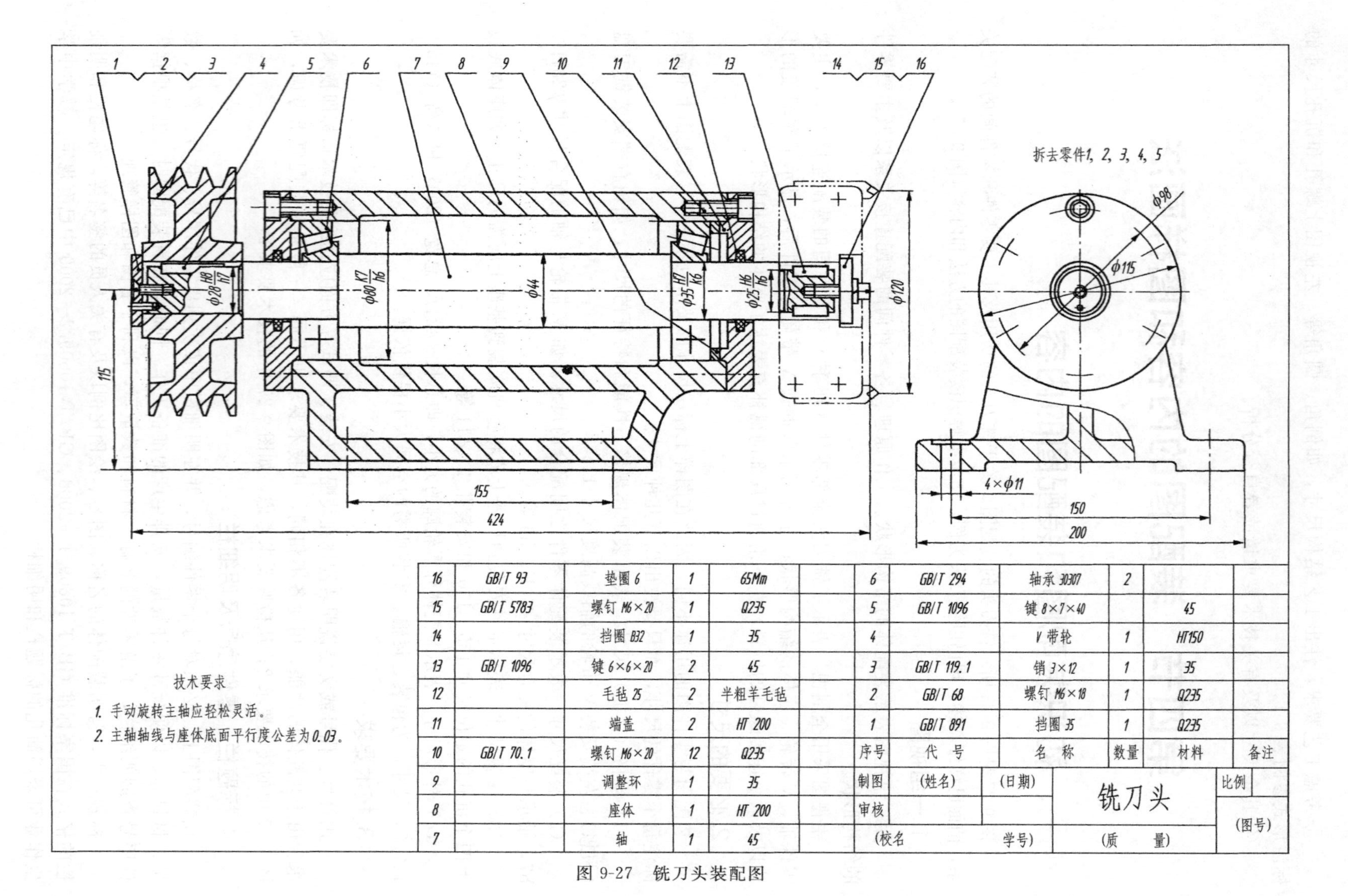
1 2 3 4 5 6 7 8 9 10 11 12 13 14 15 16
拆去零件1, 2, 3, 4, 5
φ98
φ115
φ120
φ28 H8/h7
φ80 K7/h6
φ44
φ35 H7/k6
φ25 h6/k6
115
155
424
4×φ11
150
200
技术要求
1. 手动旋转主轴应轻松灵活。
2. 主轴轴线与座体底面平行度公差为0.03。
16 GB/T 93 垫圈 6 1 65Mm
15 GB/T 5783 螺钉 M6×20 1 Q235
14 挡圈 B32 1 35
13 GB/T 1096 键 6×6×20 2 45
12 毛毡 25 2 半粗羊毛毡
11 端盖 2 HT 200
10 GB/T 70.1 螺钉 M6×20 12 Q235
9 调整环 1 35
8 座体 1 HT 200
7 轴 1 45
6 GB/T 294 轴承 30307 2
5 GB/T 1096 键 8×7×40 45
4 V带轮 1 HT150
3 GB/T 119.1 销 3×12 1 35
2 GB/T 68 螺钉 M6×18 1 Q235
1 GB/T 891 挡圈 35 1 Q235
序号 代 号 名 称 数量 材料 备注
制图 (姓名) (日期)
审核
(校名 学号)
铣刀头
(质 量)
比例
(图号)
图 9-27 铣刀头装配图

二、零件序号和明细栏

1. 零件序号的编排方法

如图 9-27 所示，在装配图中每个零件的可见轮廓范围内，画一小黑点，用细实线引出指引线，并在其末端的横线（画细实线）上注写零件序号。若所指的零件很薄或涂黑，可用箭头代替小黑点。

相同的零件只对其中一个进行编号，其数量填写在明细栏内。一组紧固件或装配关系清楚的零件组，可采用公共的指引线编号，如图 9-27 中螺钉连接序号 1，2，3 的形式。

各指引线不能相交，当通过剖面区域时，指引线不能与剖面线平行。指引线可画成折线，但只可曲折一次，如图 9-27 中的序号 9。

零件序号应按顺时针或逆时针方向顺序编号，并沿水平和垂直方向排列整齐。

2. 明细栏

明细栏是机器或部件中全部零件的详细目录，画在装配图右下角标题栏的上方，栏内分格线为细实线，左边外框线为粗实线，栏中的编号与装配图中的零、部件序号必须一致。填写内容应遵守下列规定：

（1）零件序号应自下而上。如位置不够时，可将明细栏顺序画在标题栏的左方，如图 9-27 所示。

（2）“代号”栏内，应注出每种零件的图样代号或标准件的标准代号，如 GB/T 891。

（3）“名称”栏内，注出每种零件的名称，若为标准件应注出规定标记中除标准号以外的其余内容，如螺钉 M6×18。对齿轮、弹簧等具有重要参数的零件，还应注出参数。

（4）“材料”栏内，填写制造该零件所用的材料标记，如 HT150。

（5）“备注”栏内，可填写必要的附加说明或其他有关的重要内容，例如齿轮的齿数、模数等。

三、装配图的图样画法

零件图中的各种表示法（视图、剖视图、断面图等）同样适用于装配图，但装配图着重表达装配体的结构特点、工作原理以及各零件间的装配关系。针对这一特点，国家标准制订了装配图的规定画法和特殊画法。

1. 相邻零件画法

（1）相邻零件的轮廓线画法　两个零件的接触表面（或相互配合的工作面）只用一条轮廓线表示，非接触面用两条各自的轮廓线表示（图 9-28）。

（2）相邻零件的剖面线画法　相邻的两个（或两个以上）相接触的金属零件，剖面线倾斜方向应相反，或者方向一致而间隔不等以示区别，如图 9-28 中座体与调整环以及滚动轴承的剖面线画法。

2. 假想画法

为了表示与本部件有装配关系，但又不属于本部件的其他相邻零、部件时，可采用假想画法，用细双点画线画出。如图 9-28 铣刀头主视图中的铣刀盘。

为了表示运动零件的运动范围或极限位置，可用细双点画线画出其轮廓。

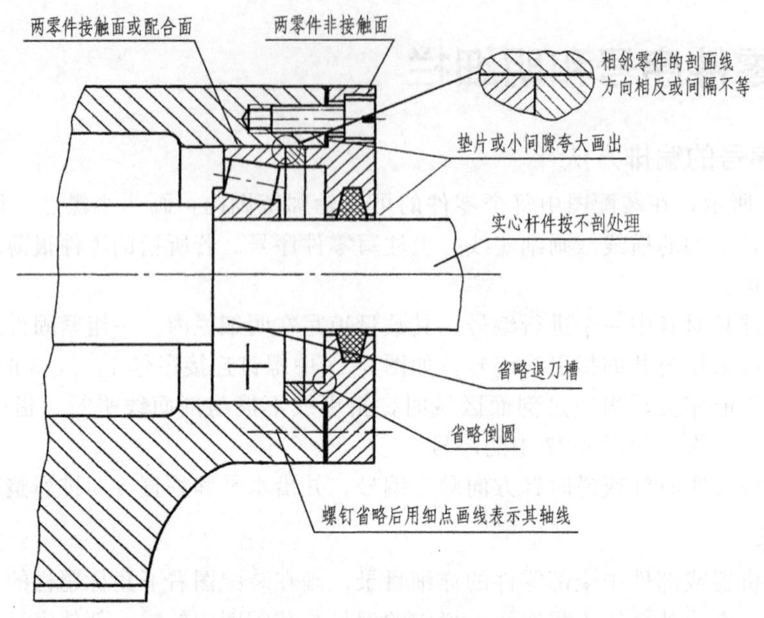

图 9-28　装配图的规定画法和简化画法

3. 夸大画法

在装配图中，对于薄片零件（如垫片）或微小间隙以及较小的斜度和锥度、无法按其实际尺寸画出，或图线密集难以区分时，可采用夸大画法，即将垫片的厚度或零件的间隙适当夸大画出（图 9-28）。

4. 简化画法

（1）实心零件画法　在剖视图中，对于紧固件以及轴、键、销等实心零件，若按纵向剖切，且剖切平面通过其轴线或对称平面时，这些零件均按不剖处理，如图 9-28 中的轴、螺钉等。如果需要特别表明这些零件上的局部结构，如凹槽、键槽、销孔等，可用局部剖视表。

（2）沿零件的结合面剖切和拆卸画法　在装配图中，当某些零件遮住了需要表达的结构和装配关系时，可假想沿某些零件的结合面剖切或假想将某些零件拆卸后绘制。需要说明时，可在相应的视图上方加注“拆去××等”。如图 9-29 俯视图右半部分是沿轴承盖与轴承座结合面剖切，拆去轴承盖等零件后画出的半剖视图。结合面上不画剖面线，被剖切到的螺栓按规定必须画出剖面线。

（3）相同规格零件组画法　装配图中相同规格的零件组（如螺钉连接），可详细地画出一处，其余用细点画线表示其装配位置（图 9-28）。

（4）组合件的简化画法　在装配图中，当剖切平面通过某些标准产品的组合件时，允许只画出其外形轮廓，如图 9-29 中的油杯。

（5）零件工艺结构的简化　在装配图中，零件的工艺结构如圆角、倒角、退刀槽等允许省略不画（图 9-28）。

（6）单独表示某个零件的画法　在装配图中，可以单独画出某一零件的视图，但必须在所画视图的上方注写该零件的名称，在相应的视图附近用箭头指明投射方向，并注写同样的字母。

四、常见零件工艺结构和装配合理结构

零件的结构形状除了应满足使用上的要求外，还应满足制造工艺的要求，即应具有合理

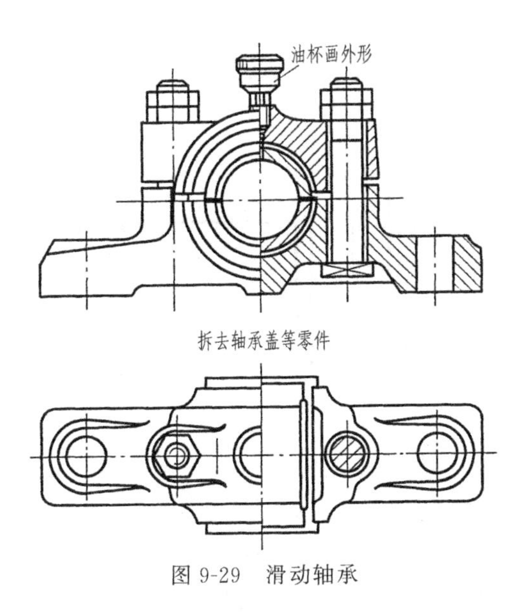

图 9-29　滑动轴承

的工艺结构，零件上常见的工艺结构，多数是通过铸造和机械加工获得。表 9-2 列出了常见的零件工艺结构。

表 9-2　零件上常见的工艺结构

内容	图例	说明
起模斜度和铸造圆角	1:20　圆角　缩孔　裂缝　3°～6°　斜度　加工成后尖角	为了起模方便，一般沿起模方向做成一定斜度，称为起模斜度。若无特殊要求时，起模斜度在图样中不必画出，也不作标注 为防止浇注时铁水将砂型尖角处冲坏和避免铸件在冷却收缩时在尖角处产生裂纹，铸件各表面相交处应做成圆角
铸件壁厚	壁厚均匀　逐渐过渡　缩孔　裂缝	为避免浇注后零件各部分冷却速度不同，而产生缩孔，裂纹等缺陷，应尽可能使铸件壁厚均匀或逐渐变化
凸台与凹坑	凸台　凹坑　接触加工面　配合　加工面	为使零件装配时表面接触良好，并减少加工面积，改善工艺性，常在零件上设计出凸台与凹坑等结构

续表

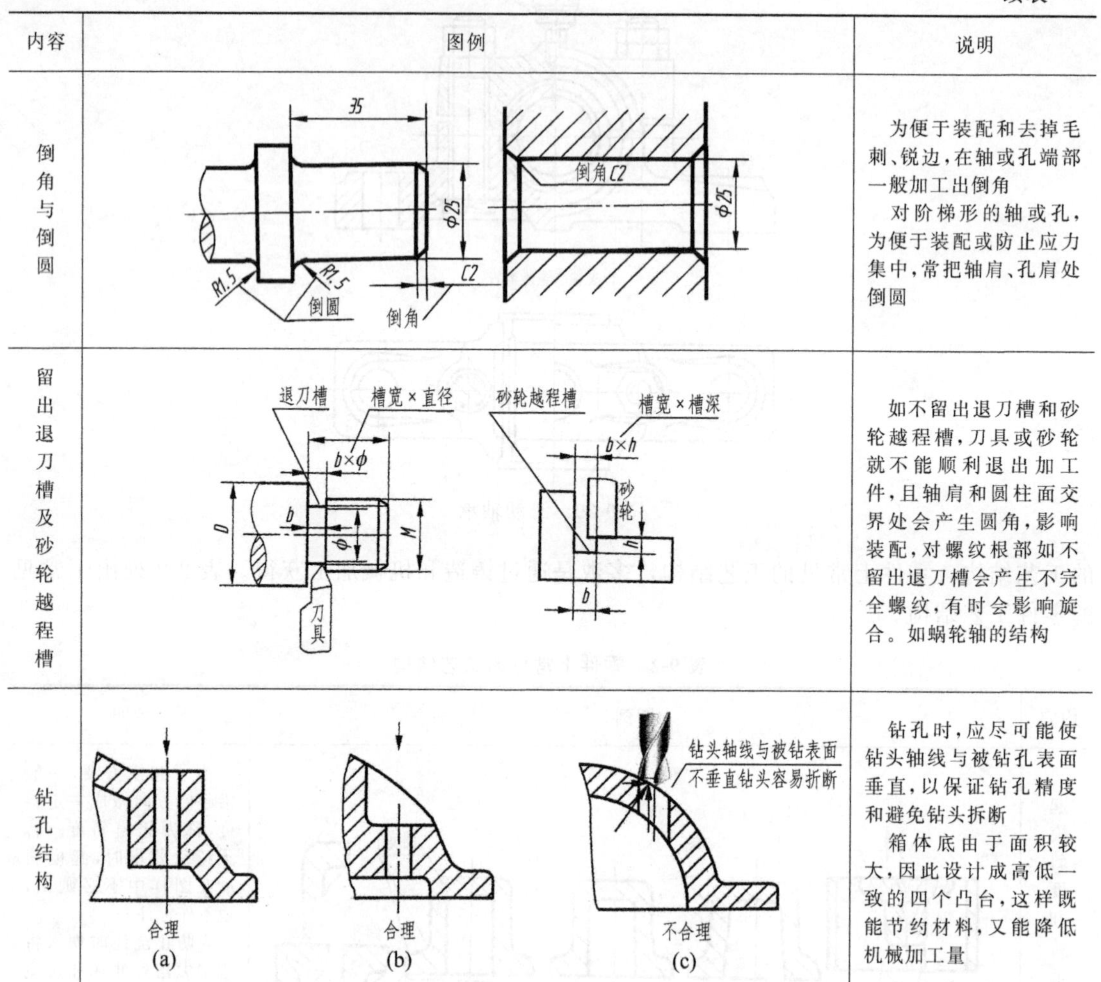

内容	图例	说明
倒角与倒圆		为便于装配和去掉毛刺、锐边，在轴或孔端部一般加工出倒角 对阶梯形的轴或孔，为便于装配或防止应力集中，常把轴肩、孔肩处倒圆
留出退刀槽及砂轮越程槽		如不留出退刀槽和砂轮越程槽，刀具或砂轮就不能顺利退出加工件，且轴肩和圆柱面交界处会产生圆角，影响装配，对螺纹根部如不留出退刀槽会产生不完全螺纹，有时会影响旋合。如蜗轮轴的结构
钻孔结构		钻孔时，应尽可能使钻头轴线与被钻孔表面垂直，以保证钻孔精度和避免钻头拆断 箱体底由于面积较大，因此设计成高低一致的四个凸台，这样既能节约材料，又能降低机械加工量

在绘制装配图时，应注意装配结构的合理性，以保证机器或部件的性能，使连接可靠，便于零件装拆。表 9-3 是常见的装配结构。

表 9-3　常见装配结构

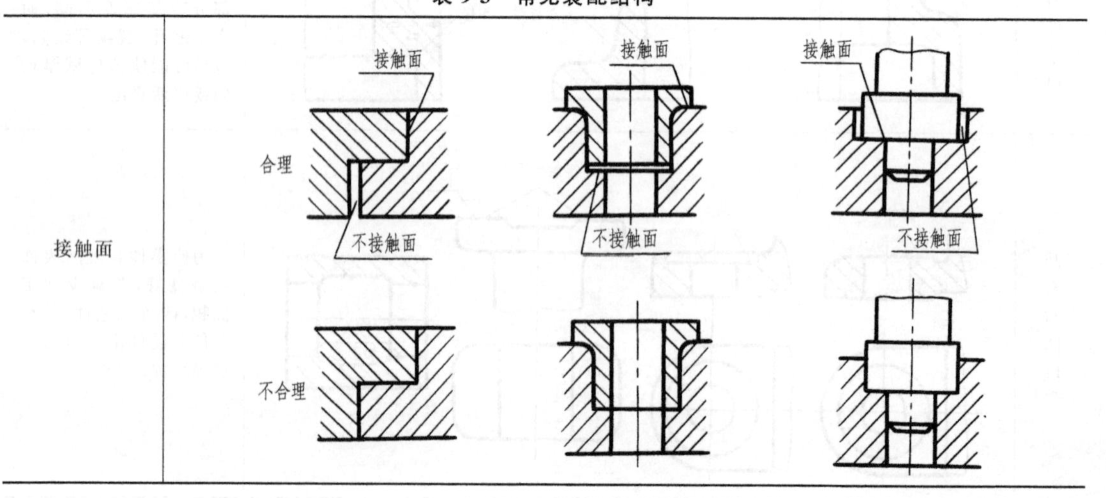

续表

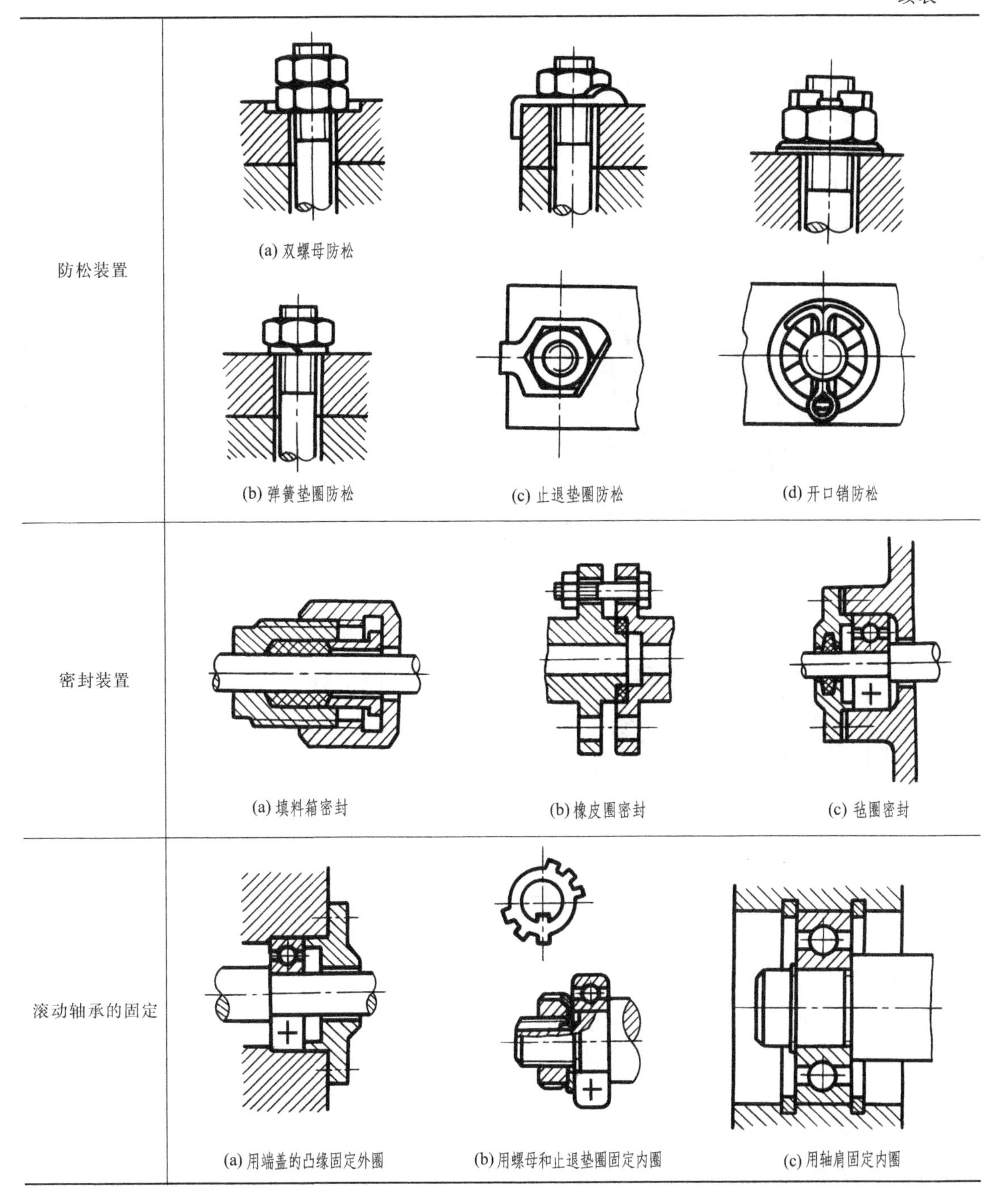

五、画装配图的方法与步骤

装配图的作用是表达机器或部件的工作原理、装配关系以及主要零件的结构形状。因此，在画装配图以前，要对所绘制的机器或部件的工作原理、装配关系以及主要零件形状、零件与零件之间的相对位置、定位方式等做仔细的分析。现以图 9-1 所示滑动轴承为例，说明画装配图的方法与步骤。

1. 确定表达方案

如图 9-30 所示，滑动轴承装配图的主视图按工作位置选取，以表达各零件之间的装配关系，同时也表达了主要零件的结构形状。由于结构对称，主视图采用半剖视，既清楚地表示了轴承座与轴承盖由螺栓连接和止口位置的装配关系，也表示了轴承座与轴承盖的外形结构。俯视图采用沿盖和座结合面剖切的表达方法，其作用除了表示下轴瓦与轴承座的关系外，主要表示滑动轴承的外形。

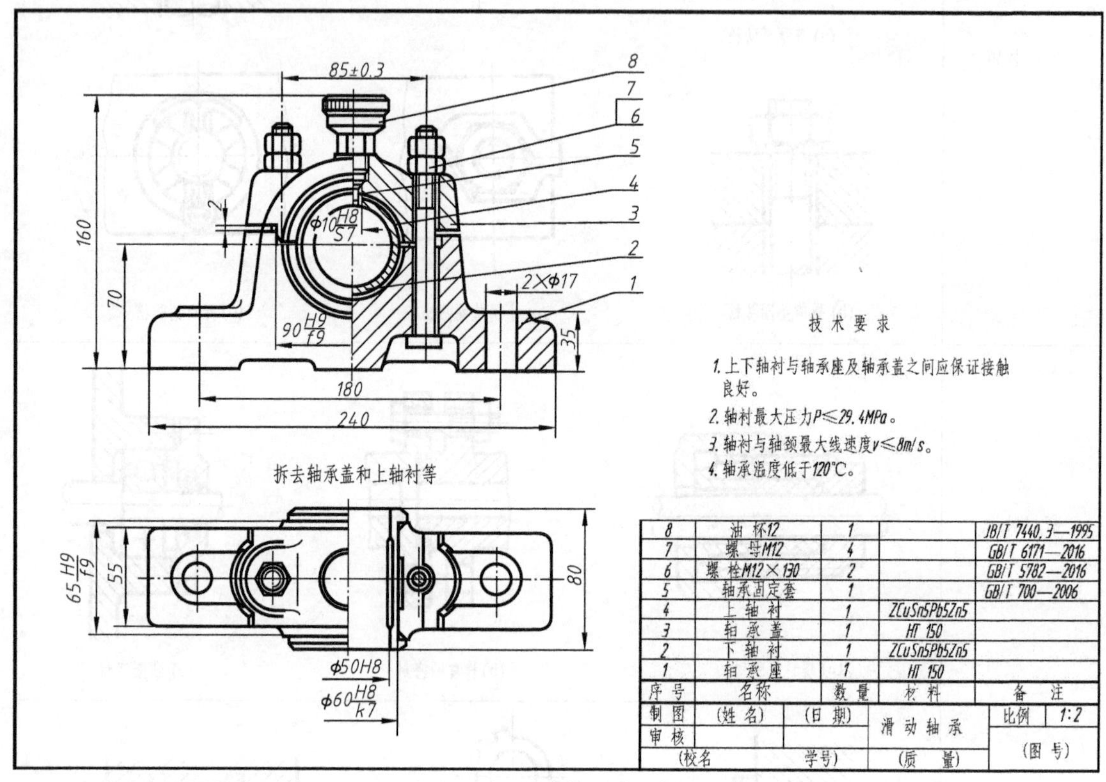

图 9-30　滑动轴承装配图

2. 选择比例和图幅

根据部件的实际大小和结构的复杂程度，选择合适的比例和图幅。确定图幅和布图时，除了考虑各视图的位置以外，还要安排标题栏、明细栏以及零件序号、标注尺寸、注写技术要求的位置。

3. 画图步骤

如图 9-31 所示，画装配图时，一般先画出各视图的作图基准线（对称中心线、主要轴线和底座的底画基线），然后从主视图开始，分别画出各个视图。

① 画主要零件轮廓线，滑动轴承的主要零件是轴承座、轴承盖和上、下轴瓦。画出轴承座的主要轮廓线后，接着画上、下轴瓦的轮廓线，再画轴承盖的轮廓线。

② 画结构细节，完成底稿。主要零件的轮廓线画好后，再继续画零件的细部结构，如螺栓连接、轴瓦固定套、油杯等。

③ 校核整理，加深图线，标注尺寸，注写零件序号和技术要求，填写标题栏和明细栏，完成全图，如图 9-30 所示。

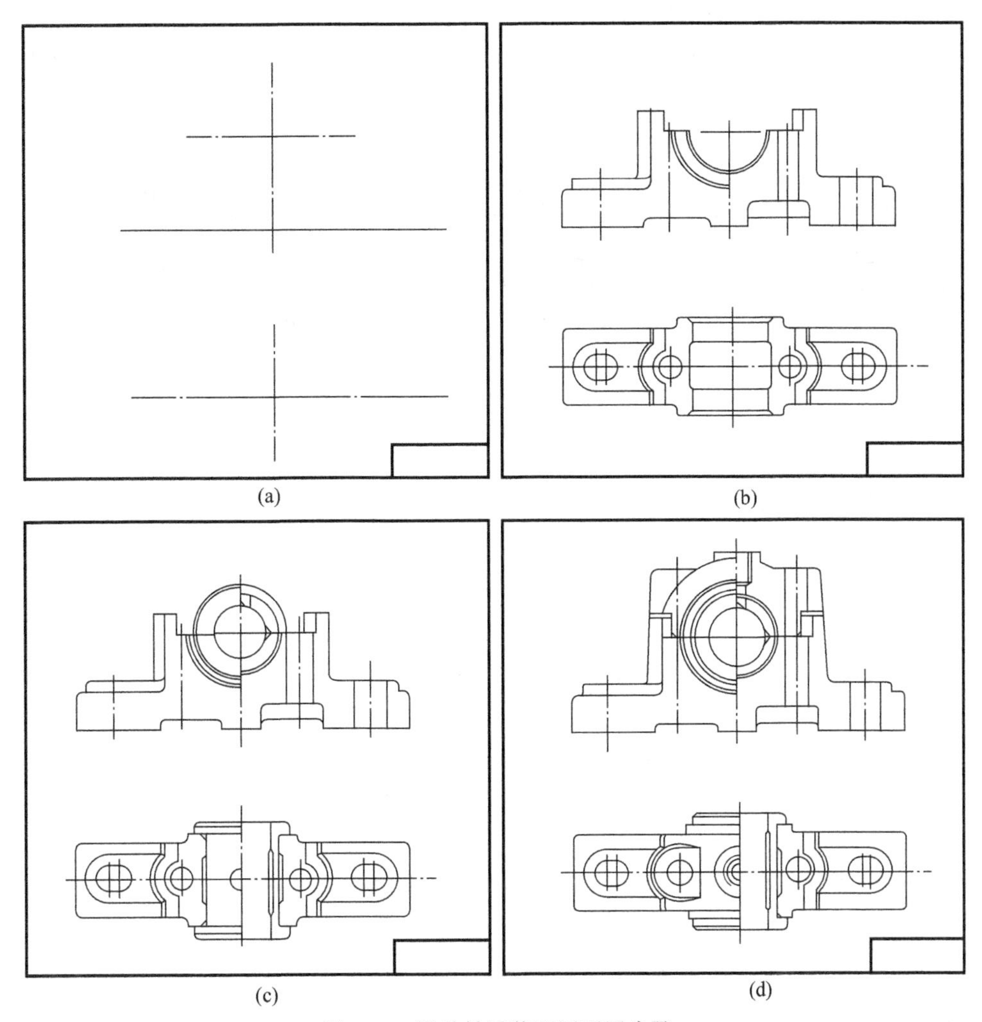

图 9-31 滑动轴承装配图画图步骤

第五节 读装配图和拆画零件图

识读或绘制机械图样，是学习本课程的主要目的。读图与绘图相比较，读图比较抽象，但读图与绘图是紧密联系的，也是相辅相成的。在学习前面各章的基础上，进一步掌握识读装配图的方法和步骤，具备识读中等复杂程度的机械图样的能力，是工程技术人员的基本素质。

不同的工作岗位，识读机械图样的目的和内容有不同的侧重和要求。有的仅需了解机器或部件的工作原理和用途，以便选用；有的为了维修而必须了解机器或部件中各零件之间的装配关系、连接方式、装拆顺序和零件结构形状；有时对设备修复、革新改造还需要拆画机器或部件中某个零件，而要进一步分析并看懂该零件的结构形状以及有关技术要求等。

【实例 1】 读减速器装配图。

减速器是安装在原动机（如电动机）和工作机械（如搅拌机）之间，用来降低转速和改变扭矩的独立传动部件。减速器由封闭在箱体内的圆柱齿轮或锥齿轮、蜗轮蜗杆等多种传动形式来实现减速。根据不同分级的传动情况，可分为单级、双级和三级减速器，如图 9-32 所示。

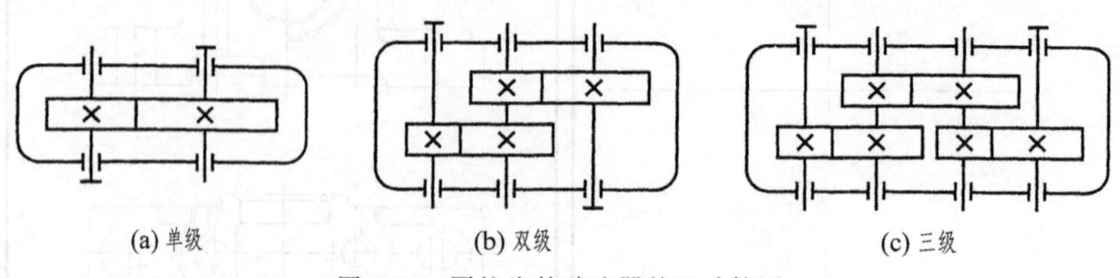

图 9-32　圆柱齿轮减速器的运动简图

图 9-33 所示为 ZDY70 型单级圆柱齿轮减速器的轴测分解图。识读减速器装配图时可对照轴测分解图帮助理解。

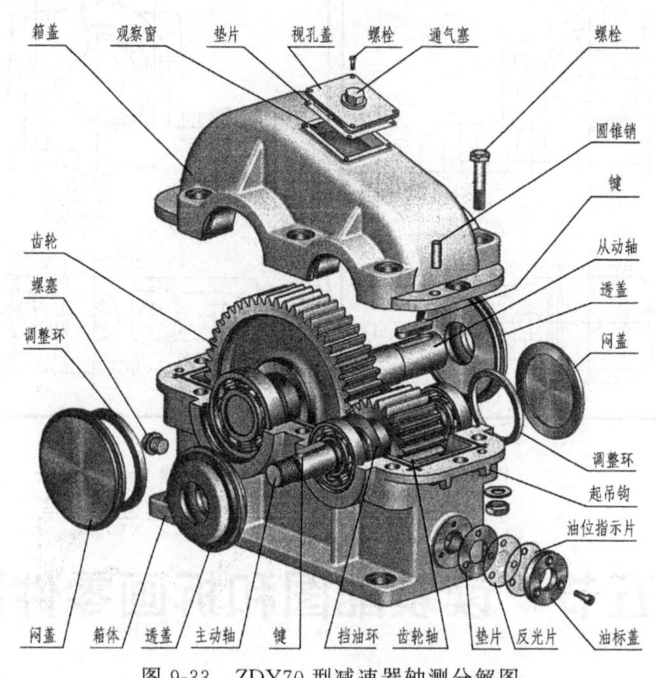

图 9-33　ZDY70 型减速器轴测分解图

1. 概括了解

由图 9-34 所示减速器装配图的零件编号和明细栏可知，减速器由 37 种零件组成，其中标准件 14 种，主要零件是轴、齿轮、箱体和箱盖等。减速器装配图采用主、俯、左三个基本视图表达其内外结构形状。图 9-34 中的主视图，是在图 9-33 中用从后向前的投射方向画出的。

① 俯视图采用沿箱体与箱盖的结合面剖切的全剖视图，集中表达了两轴系上的各零件及其传动关系。剖切前未取出螺栓及圆锥销，它们被横向切断，所以俯视图中螺栓和圆锥销应画出剖面符号（本例采用涂黑处理）。被纵向剖切的两轴属实心零件，按不剖处理。但为了反映两齿轮的啮合关系，在啮合处的齿轮轴上采用了局部剖视。

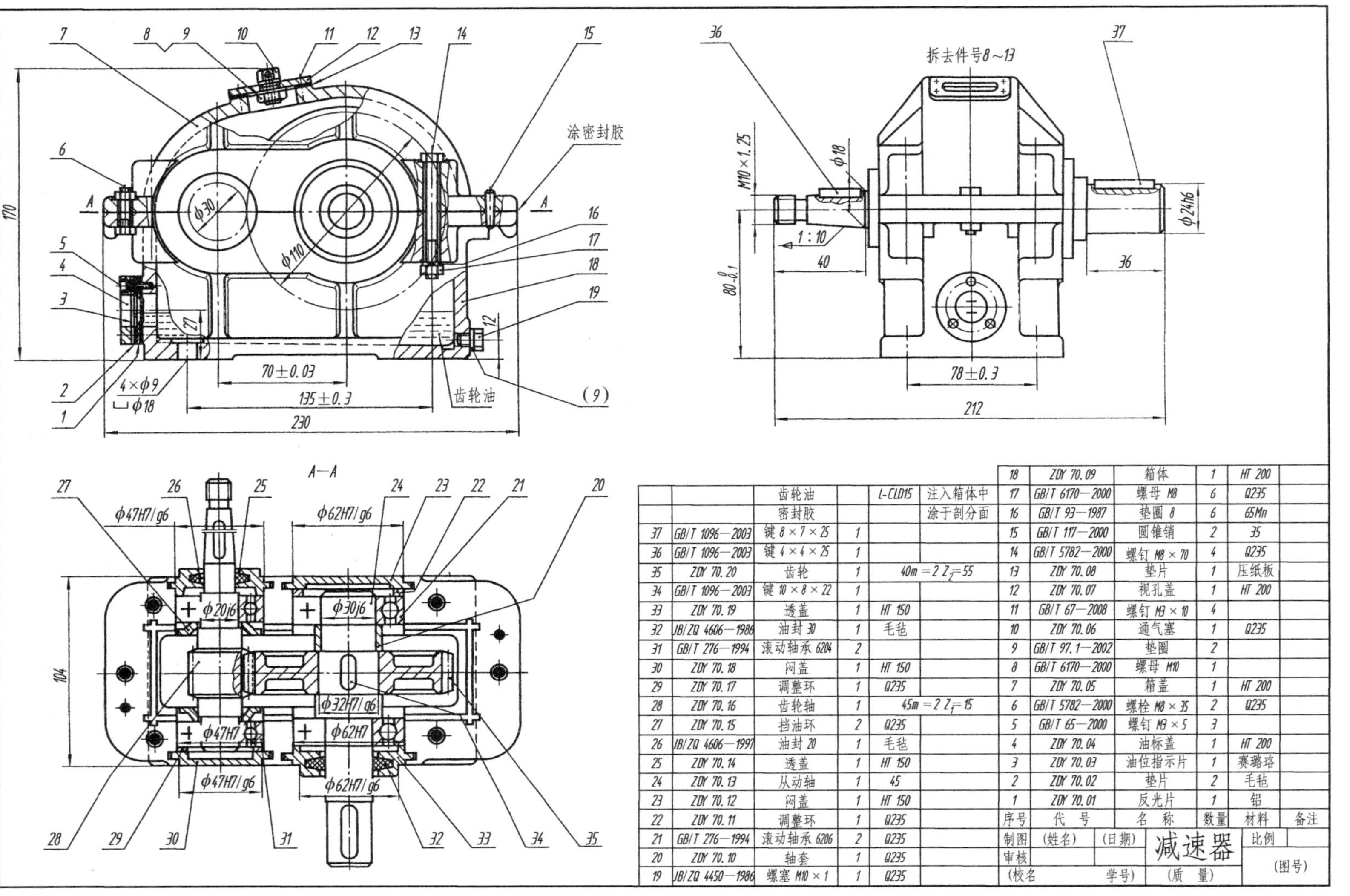

序号	代号	名称	数量	材料	备注
		齿轮油		L-CLD15	注入箱体中
		密封胶			涂于剖分面
37	GB/T 1096—2003	键 8×7×25	1		
36	GB/T 1096—2003	键 4×4×25	1		
35	ZDY 70.20	齿轮	1	40	$m=2$ $Z_2=55$
34	GB/T 1096—2003	键 10×8×22	1		
33	ZDY 70.19	透盖	1	HT 150	
32	JB/ZQ 4606—1986	油封 30	1	毛毡	
31	GB/T 276—1994	滚动轴承 6204	2		
30	ZDY 70.18	闷盖	1	HT 150	
29	ZDY 70.17	调整环	1	Q235	
28	ZDY 70.16	齿轮轴	1	45	$m=2$ $Z_1=15$
27	ZDY 70.15	挡油环	2	Q235	
26	JB/ZQ 4606—1997	油封 20	1	毛毡	
25	ZDY 70.14	透盖	1	HT 150	
24	ZDY 70.13	从动轴	1	45	
23	ZDY 70.12	闷盖	1	HT 150	
22	ZDY 70.11	调整环	1	Q235	
21	GB/T 276—1994	滚动轴承 6206	2	Q235	
20	ZDY 70.10	轴套	1	Q235	
19	JB/ZQ 4450—1986	螺塞 M10×1	1	Q235	
18	ZDY 70.09	箱体	1	HT 200	
17	GB/T 6170—2000	螺母 M8	6	Q235	
16	GB/T 93—1987	垫圈 8	6	65Mn	
15	GB/T 117—2000	圆锥销	2	35	
14	GB/T 5782—2000	螺钉 M8×70	4	Q235	
13	ZDY 70.08	垫片	1	压纸板	
12	ZDY 70.07	视孔盖	1	HT 200	
11	GB/T 67—2008	螺钉 M3×10	4		
10	ZDY 70.06	通气塞	1	Q235	
9	GB/T 97.1—2002	垫圈	2		
8	GB/T 6170—2000	螺母 M10	1		
7	ZDY 70.05	箱盖	1	HT 200	
6	GB/T 5782—2000	螺栓 M8×35	2	Q235	
5	GB/T 65—2000	螺钉 M3×5	3		
4	ZDY 70.04	油标盖	1	HT 200	
3	ZDY 70.03	油位指示片	1	赛璐珞	
2	ZDY 70.02	垫片	2	毛毡	
1	ZDY 70.01	反光片	1	铝	

制图	(姓名)	(日期)	减速器	比例	
审核				(图号)	
(校名		学号)	(质　量)		

图 9-34　ZDY70 型减速器装配图

② 主视图按减速器的工作位置确定，以表达减速器前后面的外形特征为主，并在其上，灵活地作了六处局部剖视，分别反映油标、观察窗、油池、排油孔、定位销和螺栓连接等装置和内部结构。

③ 左视图补充表达减速器整体的外形轮廓；并且反映油标及起吊钩的外形和位置。顶部采用拆卸画法是因为通气塞已在主视图中表示清楚，这样不仅简化了制图，还可显示观察窗的形状。

④ 装配图上标注了必要的尺寸：70±0.03 是两齿轮中心距的规格尺寸，该尺寸通常是减速器所命名的型号的组成部分（如 ZDY70 型）。

$80_{-0.1}^{\ 0}$、78±0.3、135±0.3 等尺寸属安装尺寸。

ϕ32H7/g6、ϕ62H7/g6、ϕ47H7/g6 等尺寸属配合尺寸。

230、212、170 为外形尺寸。

2. 工作原理

本减速器为单级传动圆柱齿轮减速器，即通过一对齿数不同的齿轮啮合旋转，动力由主动轴（28 齿轮轴）的伸出端输入，小齿轮旋转带动大齿轮 35 旋转，并通过键 34 将动力传递到 24（从动轴）输出。

减速器的减速功能是通过互相啮合的齿数差来实现的，其特征参数是传动比 i，$i=n_1/n_2=z_2/z_1$。式中的 z_1、z_2 分别表示主动轮、从动轮的齿数，n_1、n_2 分别表示主动轮、从动轮的转速。本例中，主动轮的齿数 $z_1=15$，从动轮的齿数 $z_2=55$，则传动比 $i=\frac{z_2}{z_1}=\frac{11}{3}$。当主动轮转速 $n_1=960\text{r/min}$，则从动轮将被减速为 $n_2=\frac{n_1}{i}\approx 261.8\text{r/min}$。

由上可见，传动比 i 越大，转速降低越多。通常，直齿单级圆柱齿轮减速器的传动比 $i\leqslant 5$。

3. 装配体的结构分析（图 9-34）

① 减速器有两条装配干线，一条以主动轴（齿轮轴 28）的轴线为公共轴心线，其上的小齿轮居中，由闷盖 30、两个滚动轴承 31、两个挡油环 27 和一个透盖 25、一个油封 26 装配而成，由于小齿轮的齿数较少，所以与轴做成整体，称为齿轮轴。另一条装配干线是以与齿轮 35（大齿轮）配合的从动轴 24 的轴线为公共轴心线，大齿轮居中，用键 34 将两者连接，由一个透盖 33 和一个闷盖 23、两个滚动轴承 21 和一个油封 32 装配而成。

② 轴通常由轴承支承，由于这个减速器采用圆柱齿轮传动，无轴向力，所以滚动轴承选用深沟球轴承。在减速器中，轴的位置是靠轴承和其他有关零件一起确定的，轴在工作时，只能旋转，不允许沿轴线方向移动。从俯视图可看出，齿轮轴 28 上装有滚动轴承 31、挡油环 27 等零件，闷盖 30 和透盖 25 分别顶住两个滚动轴承的外圈，滚动轴承的内圈通过挡油环 27 靠在轴的轴肩上，从而使齿轮轴在轴向定位。为了避免齿轮轴在高速旋转中因受热伸长而将滚动轴承卡住，在透盖 25 与滚动轴承外圈之间必须预留空隙（0.2～0.3mm），间隙的大小可由挡油环 27 来控制。在两轴装有闷盖 23 和 30 处的内侧装入了两个调整环（22 和 29），调整环形同垫圈，但中间的孔较大，以保证它的端面只能与轴承外圈接触，热胀伸长后的轴端可伸入调整环孔中。调整环的厚度尺寸需在装配时确定。

③ 减速器中各运动零件的表面需要润滑，以减少磨损，因此，在减速器的箱体中装有

润滑油。为了防止润滑油渗漏，在一些零件上或零件之间要有起密封作用的结构和装置。大齿轮应浸在润滑油中，其深度一般为两倍齿高。大齿轮运转时，轮齿齿面上饱蘸的油剂可带到小齿轮的齿面上，以保证两齿轮在良好的润滑状态下啮合传动，这是一种飞溅润滑方式。从俯视图看出，两条装配干线中的闷盖 23、30 和透盖 25、33 处的油封 26、32 等都能防止润滑油沿轴的表面向外渗漏。挡油环的作用是借助它旋转时的离心力，将环面上的油甩掉，以防止飞溅的润滑油进入滚动轴承内而稀释润滑脂。

（4）从主视图上还可以看出：箱盖 7 与箱体 18 用螺栓 6 和螺钉 14 连接，将轴的位置固定，并在接触面间涂密封胶，保证减速器的密封性。圆锥销 15 是使箱盖与箱体在装配时能准确对中定位。视孔盖 12 由螺钉 11 加垫片 13 固定在箱盖上，通过视孔盖上的观察窗观察和加油。润滑油必须定期更换，污油通过在螺塞 19 处的箱体上的放油孔排出，平时由螺塞 19 堵住。螺塞 19 的垫圈的序号 9 加了一个括号，因为这个垫圈与通气塞 10 处已标注的一个序号为 9 的垫圈相同，而一般在装配图中，相同零件的序号只标注一处，但这里为了便于看图，除了通气塞处的垫圈已标注的序号 9 以外，这里再加一个带有括号的序号 9，而且在明细栏中序号 9 垫圈的数量也填写 2 件。

4. 零件的结构分析

零件是组成机器或部件的基本单元，零件的结构形状、大小和技术要求，是根据该零件的作用以及与其他零件的装配连接方式，由设计和工艺要求决定的。

从设计要求考虑，零件在部件中通常是起容纳、支承、配合、连接、传动、密封或防松等作用，这是确定零件主要结构的因素（图 9-33）。

从工艺要求考虑，为了加工制造和安装方便，通常有倒圆、退刀（越程）槽、倒等结构，这是确定零件局部结构的因素。

通过对装配体和零件的结构分析，可对零件各部分结构形状的作用加深理解，并对装配图的识读也更加全面和深入。

下面着重对减速器中的从动轴和箱体进行结构分析。

从动轴（图 9-35）的主要功用是装在轴承中支承齿轮传递扭矩（或动力），轴的左端和右端轴段上的键槽分别是通过键与外部设备和齿轮连接；中间轴段通过滚动轴承支承在箱体上；中间的凸肩是为了固定齿轮的轴向位置。为了便于装配，保护装配表面，多处做成倒角、退刀槽。

箱体（图 9-36）的主要功用是容纳、支承轴和齿轮，并与箱盖连接。

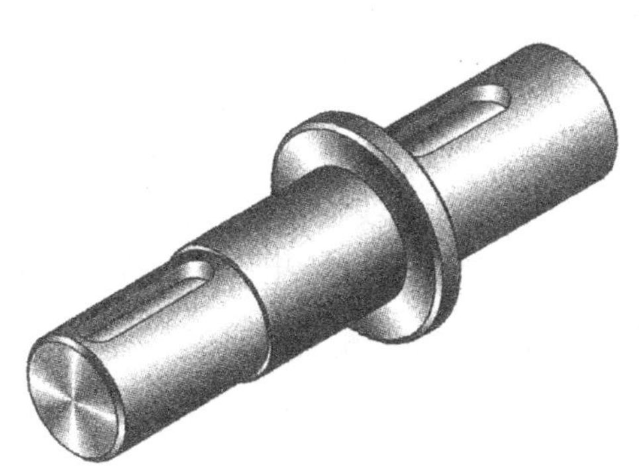

图 9-35　减速器从动轴

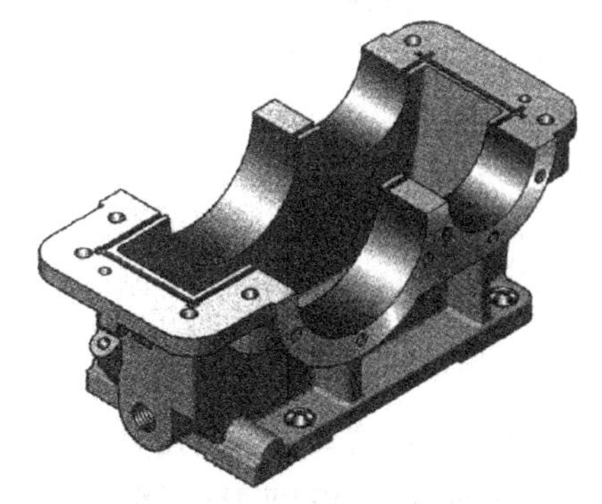

图 9-36　减速器箱体

从减速器装配图的主、俯、左视图对照箱体的轴测图分析，箱体中间的长方形空腔是容纳齿轮和润滑油的油池；箱体左下部斜凸台上的油针孔可观察油池内润滑油的高度，油针孔下面是放油孔；箱体前后的半圆弧（柱面）凸缘是为了支承主动轴和从动轴（轴的两端装有滚动轴承）；箱体的顶面上有与箱盖连接的定位销孔和螺栓孔，箱体底板上有四个安装孔，底板与半圆弧凸缘之间有加强肋；从俯视图中还可以看到在箱体顶面上有一圈矩形槽（对照图 9-34），是为了密封防止油流出的油槽，使油流回油池内。

根据上述分析，对减速器的视图表达、工作原理、装配关系以及整体结构有了比较全面的认识。如果要求拆画减速器中某个零件（如箱体），还需要更深入分析该零件在减速器中的作用与其他零件的关系，从而进一步弄清其结构形状，再按拆画零件图的方法与步骤画出零件图。

【实例 2】 读油压阀装配图并拆画油压缸零件图。

机器在设计过程中是先画出设计装配图，再由装配图拆画零件图。机器维修时，如果其中某个零件损坏时，也要将该零件拆画出来。在教学过程中识读装配图时，常要求拆画其中某个零件图来检查是否真正读懂装配图。因此，拆画零件图应该在读懂装配图的基础上进行。下面以图 9-37 所示油压阀为例，阐述拆画零件图的方法和步骤。

1. 概括了解

阀是控制流体流通的“开关”。油压阀是以压力油推动活塞，从而带动阀瓣来控制管道内的流体通或断的部件。由标题栏可知，油压阀的公称直径（DN）为 100mm，公称压力（PN）为 1.6MPa。

装配图中的主视图采用全剖视，表示了油压阀的装配关系和工作原理；左视图显示了阀的外形结构；A—A 剖视图补充了油压缸的部分结构形状。

油压阀由 30 种零件组成。其外形尺寸：长 296、宽 228、高 580，体积比较大。

2. 装配关系和工作原理

由主视图可知，铅直轴线是油压阀的主要装配干线。主要零件阀体 1 的左右两端具有与管路相接的凸缘。阀瓣 6 与密封垫圈 5 连接后，用销轴 7、开口销 8 固定在阀杆 9 上。阀杆穿过定心座 10、填料压盖 27、28，穿入油压缸 17，然后装上活塞 25，再用垫圈 19、螺母 18 阀杆与连接。最后，盖上油缸顶盖 23。

当阀瓣 6 压紧在阀体 1 中间的孔口上时（如图 9-37 主视图所示），阀门处于关闭状态，左右不通，活塞 25 处于油压缸 17 内腔的最低位置。油压缸左侧装有两个管接头 20，分别与压力油管路相接。当控制压力油从下面一个管接头进入油缸，则活塞被顶起而带动阀瓣上升，打开孔口，流体由右边进入阀体，并从左边流出。当活塞被顶起 55mm 时，阀门开足。要切断流体时，压力油自上面的管接头进入油缸，动作与开启相反，当阀瓣下移至图中位置时，则阀门关闭。

为了防止流体的泄漏，采用了密封装置。

油压阀中比较重要的装配关系：为了保证阀杆 9 运动的直线性，采用了定心座 10，使阀杆得到定心座的支承，增加了刚度，并使阀杆在运动中始终处于正中位置；活塞在油缸内往复运动采用的配合尺寸是 $\phi 75\ \frac{H7}{g6}$；阀杆与油压缸和定心座的配合尺寸是 $\phi 24\ \frac{H7}{h6}$。还有其他装配关系和配合要求，请读者自行分析。

3. 分析零件，拆画零件图

由装配图了解油压阀的装配关系和工作原理后，进一步分析每个零件在油压阀中的作用、各零件相互之间的关系以及结构形状。下面再通过拆画零件油压缸 17 为例，说明拆画零件图的步骤，并加深对装配图的理解。

（1）分析油压缸与其他零件的关系

油压缸的缸体上部，有与油缸顶盖相连的凸缘；在左侧有安装管接头的两个凸台；其下部有支承缸体的圆形底盘。由 $A—A$ 剖视图可看到，缸体与底盘之间用两条⊤形肋连接。为了安装填料压盖，油压缸中部留出较大空间。为了保证阀杆运动的直线性，要求缸体内孔 $\phi75$、支承阀杆的凸缘内孔 $\phi24$ 和油压缸底盘凸缘的 $\phi125$ 圆柱面应保证同轴度。

（2）在装配图上分离出油压缸的视图轮廓

由于在装配图上零件投影相互重叠，使油压缸的一部分轮廓被其他零件遮挡，所以从主视图上分离出来的视图轮廓是一幅不完整的图形，如图 9-38 所示。

根据对油压缸的作用与装配关系的分析，对照从左视图中分离出来的视图轮廓和 $A—A$ 剖视，按投影关系补齐所缺的轮廓线，如图 9-39 所示。油压缸底盘上与定心座圆形凹槽相配合的凸缘轮廓在主视图上大部分被遮去，左视图上被全部遮去，因此，要根据 $\phi125\ \frac{\mathrm{H8}}{\mathrm{f7}}$ 判断是圆柱形凸肩，补画出主、左视图中的图线。

（3）按表达零件的要求，确定表达方案

从装配图上分离出来的视图轮廓，不一定符合该零件的表达要求，因此要根据零件的形状特征重新考虑表达方案。

图 9-40 所示的主视图是选择装配图中左视图的投射方向画出的，并采用半剖视表达。主视图既显示了油压缸零件的形状特征，又反映了内部结构。

油压缸的左视图采用局部剖视，显示吸、压油口和凸缘上的螺孔等结构。在装配图及明细栏中可看出，油缸顶盖与油压缸连接处有 4 个螺孔；油压缸底盘上有 4 个螺栓孔（光孔），以便与定心座及阀体相连接。由于这些孔的位置在装配图上没有明确表达，经仔细分析后发现，顶面和底盘上的孔，若按前后及左右方向布置，顶板上的螺孔会与吸、压油口相通；而底盘上左右两个螺栓孔，在装配螺栓时，会与肋相碰而无法装配。因此，宜将这些孔排列在与前后对称面成 45°角的方向上，如图 9-40 中俯视图所示。

在零件图 9-40 中，A 向局部视图和肋的断面图分别表达了油压缸的局部形状。

油压缸零件图除了注出装配图上已给出的尺寸及相应的极限偏差之外，其余尺寸可从接配图中按比例量取，并适当圆整注出。

零件图上的表面粗糙度和其他技术要求，应结合设计要求，并参考同类零部件，查阅有关手册标注。

4. 拆画零件图时应注意的几方面问题

① 装配图的表达方案主要是由装配体的装配关系确定的，拆画零件图时，应根据零件的结构特点重新选择主视图的投射方向和表达方案。

② 从装配图上分离出来的零件投影轮廓，应补全被其他零件遮挡的缺线和必要的视图。画装配图时被简化的零件上的某些结构，如倒角、倒图、退刀槽等，必须按完整形状画出。

③ 装配图上已经注出的尺寸，可直接抄注到零件图上，其中的配合尺寸，应标注公差带代号，或查表注出上、下偏差数值。

④ 装配图上未注的尺寸，可按比例从装配图中直接量取，经圆整后注在零件图上。

⑤ 某些标准结构，如键槽的宽度和深度、沉孔、倒角、退刀槽等，应查阅有关标准标注。

零件各表面的表面粗糙度，可根据该表面的作用和要求来确定，有配合关系的表面，可

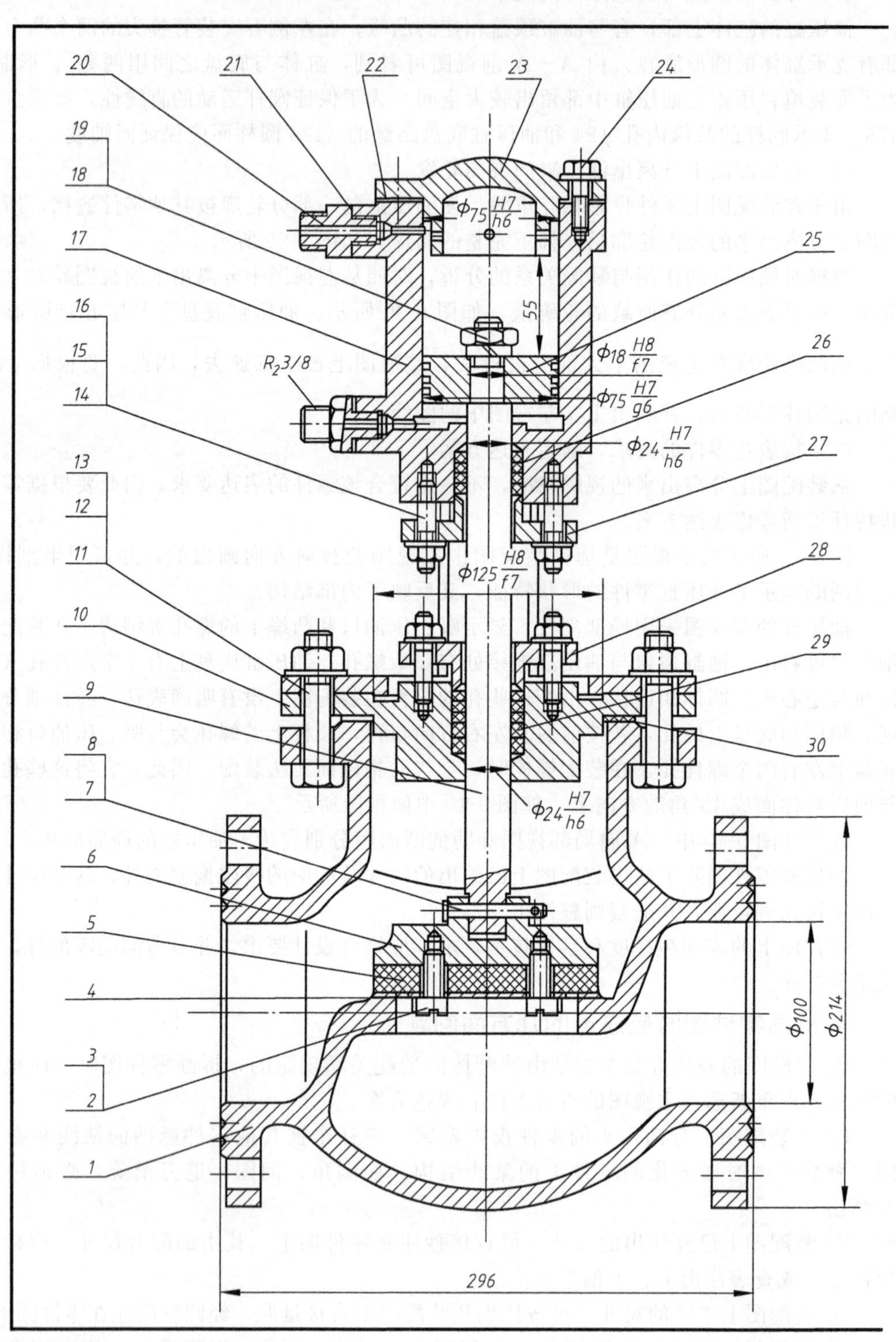
20
21
22
23
24
19
18
17
16
15
14
13
12
11
10
9
8
7
6
5
4
3
2
1
25
26
27
28
29
30
$\phi 75\frac{H7}{h6}$
55
$\phi 18\frac{H8}{f7}$
$R_2 3/8$
$\phi 75\frac{H7}{g6}$
$\phi 24\frac{H7}{h6}$
$\phi 125\frac{H8}{f7}$
$\phi 24\frac{H7}{h6}$
$\phi 100$
$\phi 214$
296

图 9-37 油压

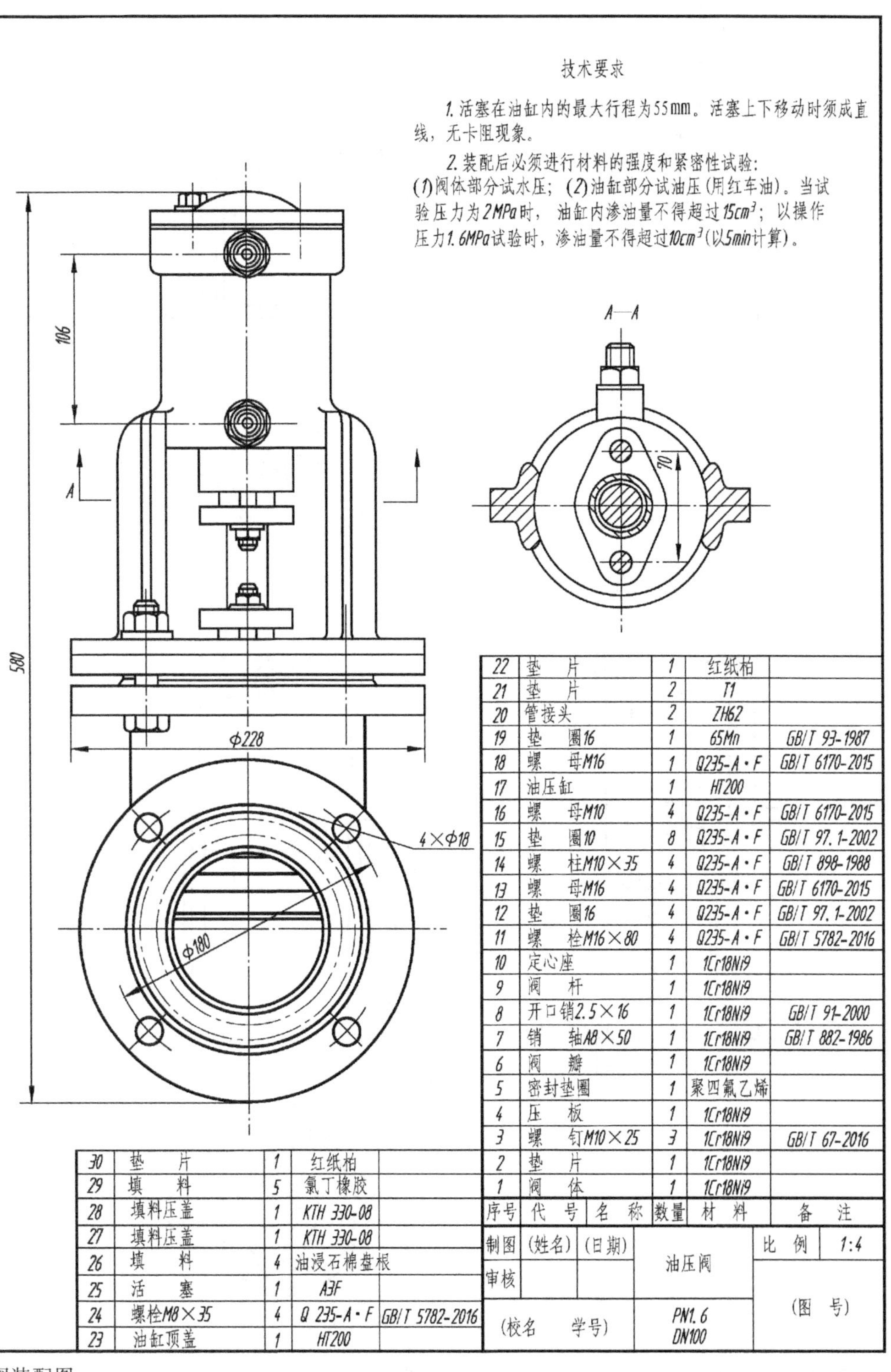
技术要求
1.活塞在油缸内的最大行程为55mm。活塞上下移动时须成直线，无卡阻现象。
2.装配后必须进行材料的强度和紧密性试验：(1)阀体部分试水压；(2)油缸部分试油压(用红车油)。当试验压力为2MPa时，油缸内渗油量不得超过15cm³；以操作压力1.6MPa试验时，渗油量不得超过10cm³(以5min计算)。
A—A
106
580
A
70
Φ228
4×Φ18
Φ180
22 垫片 1 红纸柏
21 垫片 2 T1
20 管接头 2 ZH62
19 垫圈16 1 65Mn GB/T 93-1987
18 螺母M16 1 Q235-A·F GB/T 6170-2015
17 油压缸 1 HT200
16 螺母M10 4 Q235-A·F GB/T 6170-2015
15 垫圈10 8 Q235-A·F GB/T 97.1-2002
14 螺柱M10×35 4 Q235-A·F GB/T 898-1988
13 螺母M16 4 Q235-A·F GB/T 6170-2015
12 垫圈16 4 Q235-A·F GB/T 97.1-2002
11 螺栓M16×80 4 Q235-A·F GB/T 5782-2016
10 定心座 1 1Cr18Ni9
9 阀杆 1 1Cr18Ni9
8 开口销2.5×16 1 1Cr18Ni9 GB/T 91-2000
7 销轴A8×50 1 1Cr18Ni9 GB/T 882-1986
6 阀瓣 1 1Cr18Ni9
5 密封垫圈 1 聚四氟乙烯
4 压板 1 1Cr18Ni9
3 螺钉M10×25 3 1Cr18Ni9 GB/T 67-2016
2 垫片 1 1Cr18Ni9
1 阀体 1 1Cr18Ni9
30 垫片 1 红纸柏
29 填料 5 氯丁橡胶
28 填料压盖 1 KTH 330-08
27 填料压盖 1 KTH 330-08
26 填料 4 油浸石棉盘根
25 活塞 1 A3F
24 螺栓M8×35 4 Q 235-A·F GB/T 5782-2016
23 油缸顶盖 1 HT200
序号 代号 名称 数量 材料 备注
制图 (姓名) (日期)
审核
油压阀
比例 1:4
PN1.6
DN100
(图号)
(校名 学号)

阀装配图

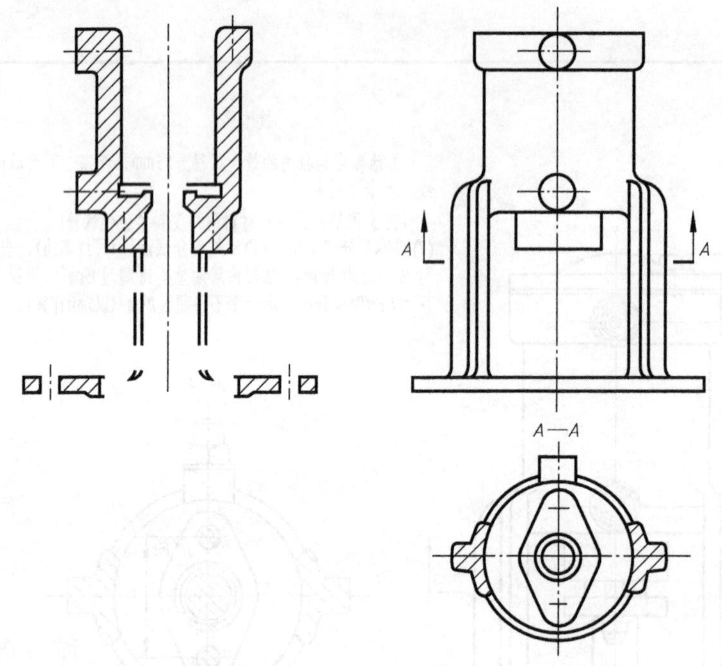

图 9-38　分离出油压缸的视图（不完整的原始图形）

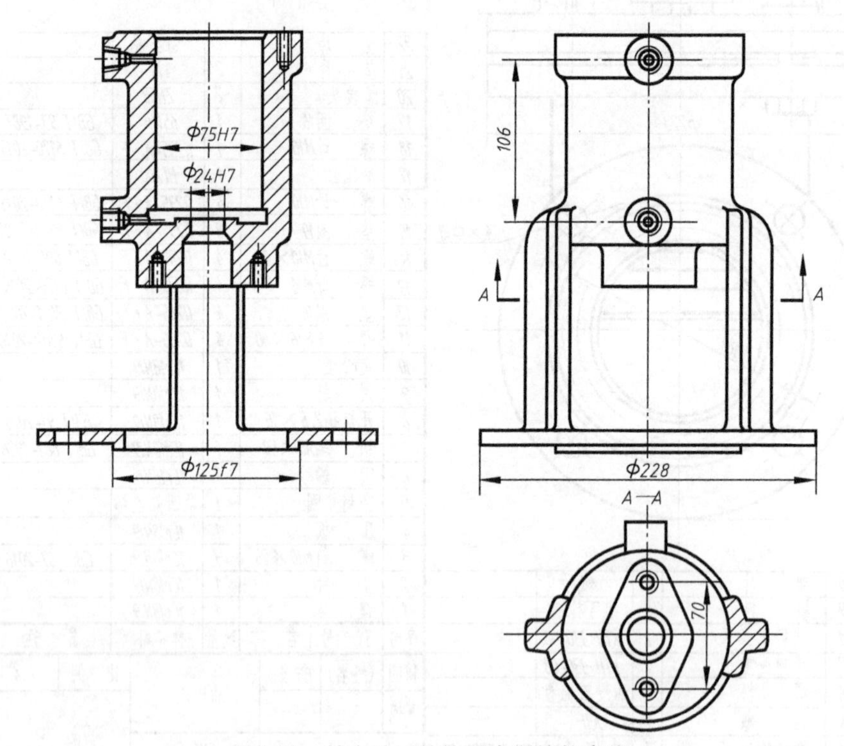

图 9-39　补齐油压缸视图中所缺轮廓线

通过查表或参考同类产品选择适当的精度和配合类别。此外，还要根据零件的作用，注写其他必要的技术要求。

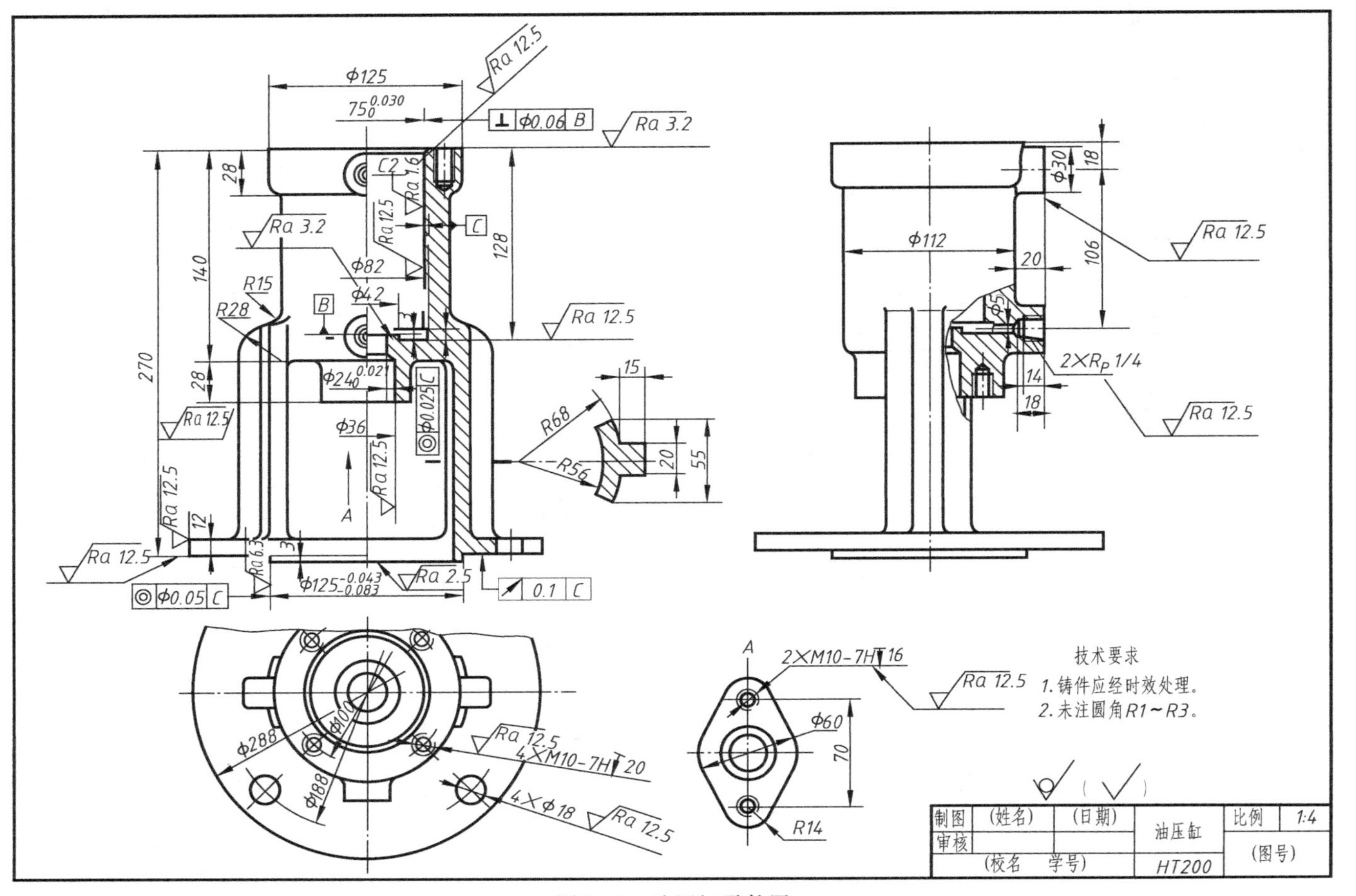

图 9-40　油压缸零件图

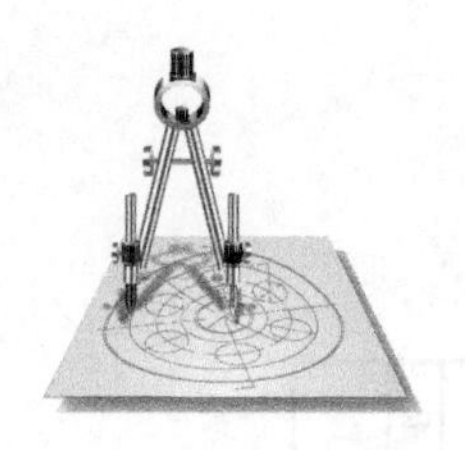

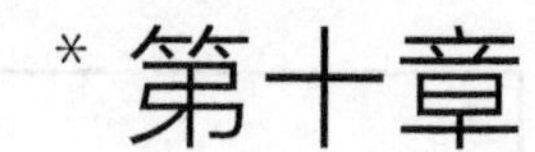

*第十章 零部件测绘

根据已有的部件（或机器）和零件进行绘制、测量，并整理画出零件工作图和装配图的过程，称为测绘。实际生产中，设计新产品（或仿造）时，需要测绘同类产品的部分或全部零件，供设计时参考；机器或设备维修时，如果某一零件损坏，在无备件又无图纸的情况下，也需要测绘损坏的零件，画出图样以满足修配时的需要。在制图课程的教学过程中，通过零部件测绘，继续深入学习零件图和装配图的表达和绘制，在实践中全面巩固前面所学的知识，培养动手能力，是理论联系实际的一种有效方法。

零部件测绘的方法一般可分为：了解测绘对象和拆卸部件、画装配示意图、画零件草图、测量尺寸、画装配图和零件工作图等步骤。现以转子油泵为例，说明测绘零部件的顺序和方法。

实例一　测绘机用虎钳

一、了解测绘对象和拆卸部件

通过观察实物，了解部件的用途、性能、工作原理、装配关系和结构特点等。

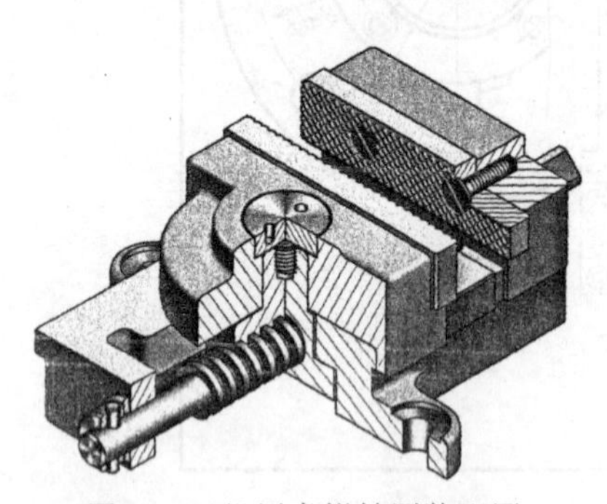

图 10-1　机用虎钳轴测装配图

图 10-1 所示机用虎钳是安装在机床工作台上，用于夹紧工件以便切削加工的一种通用工具。图 10-2 是虎钳的轴测分解图，它由 11 种零件组成，其中螺钉和圆柱销是标准件。对照虎钳的轴测装配图和轴测分解图，初步了解主要零件之间的装配关系：螺母块 9 从固定钳座 1 的下方空腔装入工字型槽内，再装入螺杆 8，并用垫圈 11、垫圈 5 以及环 6、圆柱销 7 将螺杆轴向固定；通过螺钉 3 将活动钳身 4 与螺母块 9 连接；最后用螺钉 10 将两块钳口板 2 分别与固定钳座和活动钳身连接。

虎钳的工作原理：旋转螺杆 8 使螺母块 9 带动活动钳身 4 作水平方向的左右移动，夹紧工件进行切削加工。

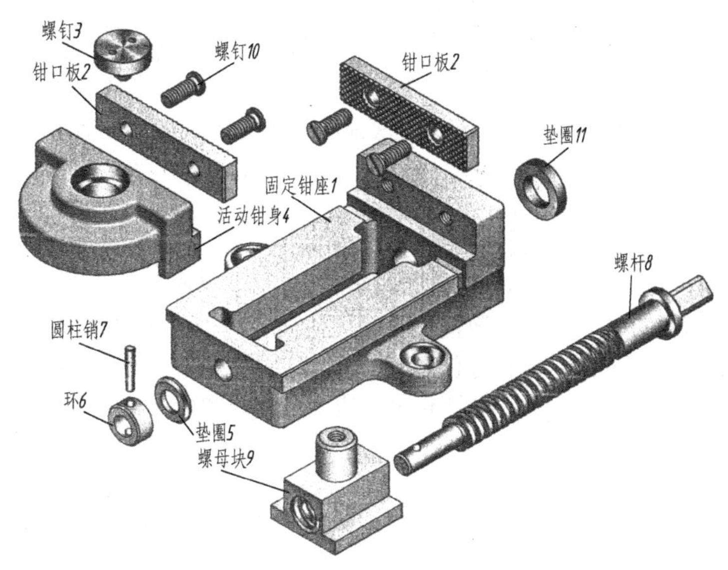

图 10-2 机用虎钳轴测分解图

二、拆卸部件和画装配示意图

在初步了解部件的基础上，依次拆卸各零件，编号并作相应记录。为了便于部件拆卸后装配复原，在拆卸零件的同时边拆边绘制部件的装配示意图，编写序号，记录零件名称和数量，如图 10-3 所示。

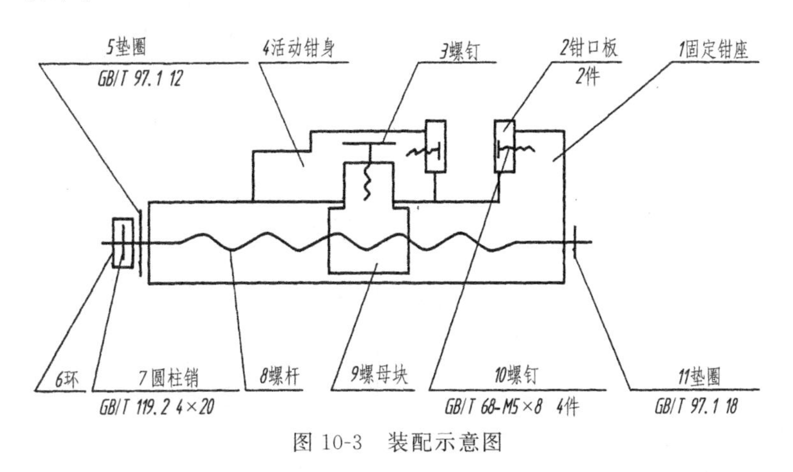

图 10-3 装配示意图

三、画零件草图

零件测绘一般在生产现场进行，因此不便于用绘图工具和仪器画图，而以徒手目测比例绘制零件的草图。零件草图是绘制部件装配图和零件工作图的重要依据，必须认真仔细。画草图的要求是：图形正确、表达清晰、尺寸齐全，并注写包括技术要求等必要的内容。

测绘时对标准件不必画零件草图，只要测量出几个主要尺寸，根据相应的国家标准确定其规格和标记，列表说明或者注写在装配示意图上。

现以机用虎钳中的活动钳身 4 为例，介绍画零件草图的方法和步骤。

（1）确定表达方案、布图。确定主视图，根据完整、清晰表达零件的需要，画出其他视图。根据零件大小、视图数量多少，选择图纸幅面，布置各视图的位置，先画出中心线及其他定位基准线，见图 10-4(a)。

（2）画出零件各视图的轮廓线，见图 10-4(b)。

（3）画出零件各视图的细节和局部结构，采用剖视、断面等表达方法，见图 10-4(c)。

（4）标注尺寸和书写其他必要的内容。先画出全部尺寸界线、尺寸线和箭头，然后按尺寸线在零件上量取所需尺寸，填写尺寸数值，最后加注向视图的投射方向和图名，如图 10-4(d) 所示。必须注意：标注尺寸时，应在零件图上将尺寸线全部注出，开检查有无遗漏后再用测量工具一次把所需尺寸量出填写，切忌边测量尺寸边画尺寸线和标注尺寸数字。

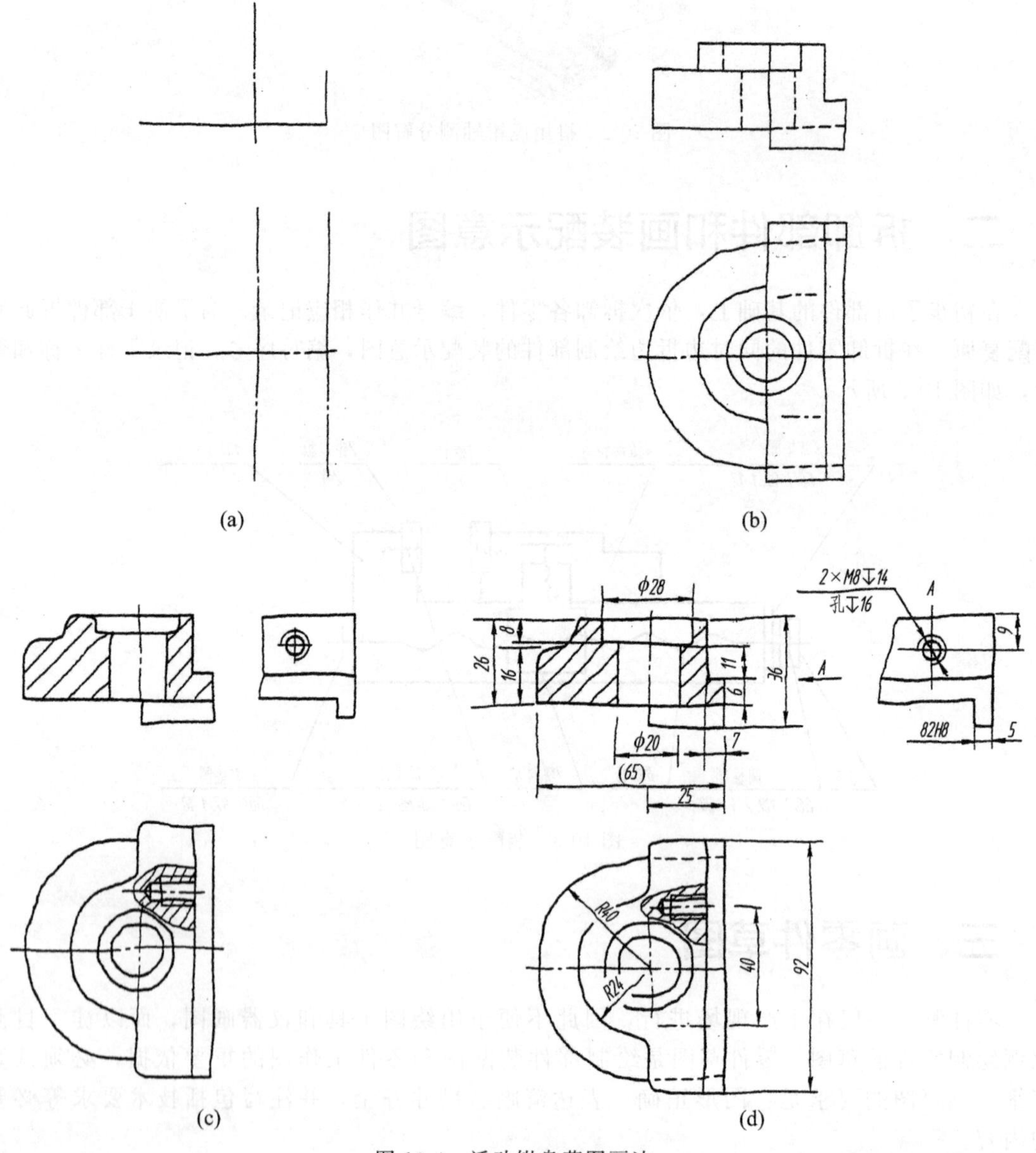

图 10-4　活动钳身草图画法

四、常用测量工具及测量方法

尺寸测量是零件测绘过程中的重要一环，常用的测量工具有钢直尺、外卡钳、内卡钳、游标卡尺和千分尺等。零件的测量方法见表 10-1。

表 10-1　零件的测量方法

<table>
<tr><td>线性尺寸</td><td>长度尺寸可以用直尺直接测量读数，如图中的长度 L_1(94)、L_2(13)、L_3(28)</td><td rowspan="2">孔间距</td><td rowspan="2">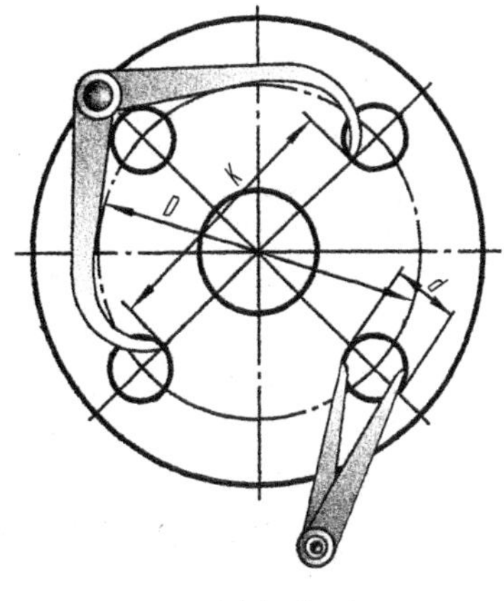

(a) $D=K+d$
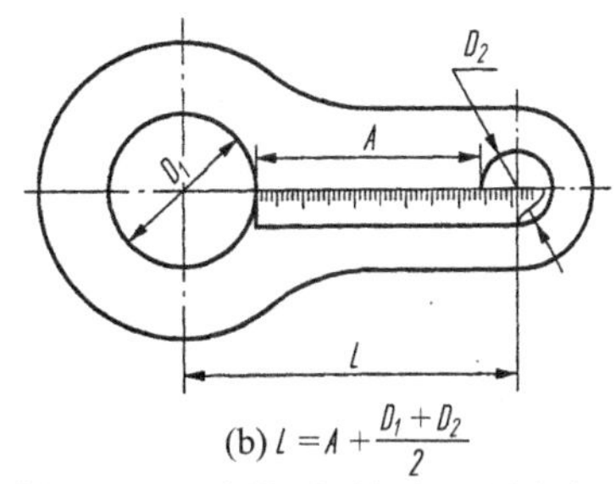

(b) $l=A+\frac{D_1+D_2}{2}$
孔间距可以用卡钳(或游标卡尺)结合直尺测出</td></tr>
<tr><td>螺纹的螺距</td><td>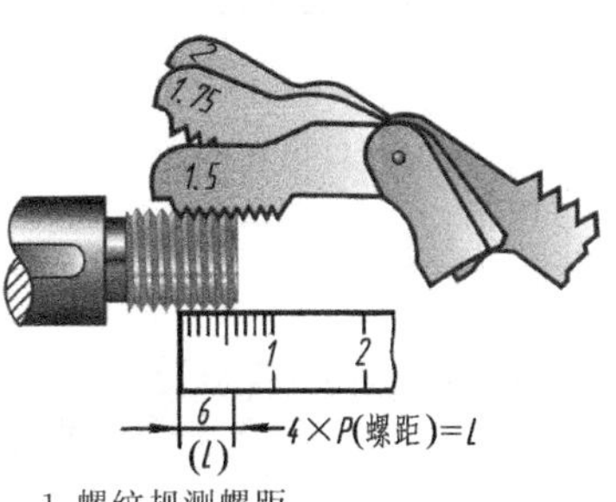

1. 螺纹规测螺距
(1)用螺纹规确定螺纹的牙型和螺距 $P=1.5$
(2)用游标卡尺量出螺纹大径
(3)目测螺纹的线数和旋向
(4)根据牙型、大径、螺距，与有关手册中螺纹的标准核对，选取相近的标准值
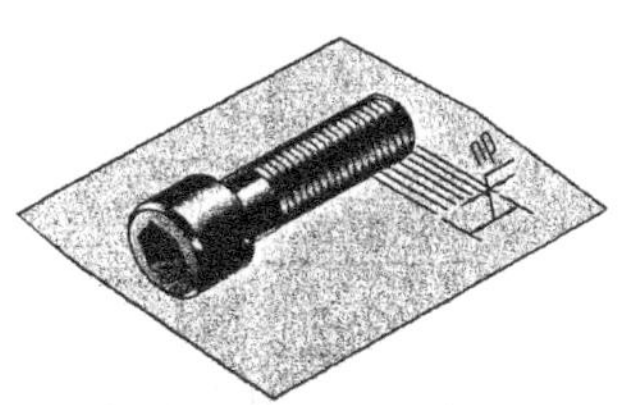
2. 压痕法测螺距
若没有螺纹规，可用一张纸放在被测螺纹上，压出螺距印痕，用直尺量出 5～10 个螺纹的长度，即可算出螺距 $P=p/n$</td></tr>
</table>

续表

<table>
<tr>
<td rowspan="2">直径尺寸</td>
<td rowspan="2">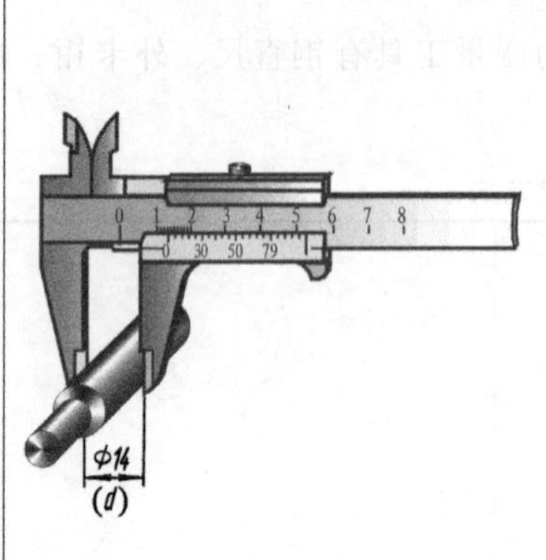
直径尺寸可以用游标卡尺直接测量读数，如图中的直径 d（ϕ14）
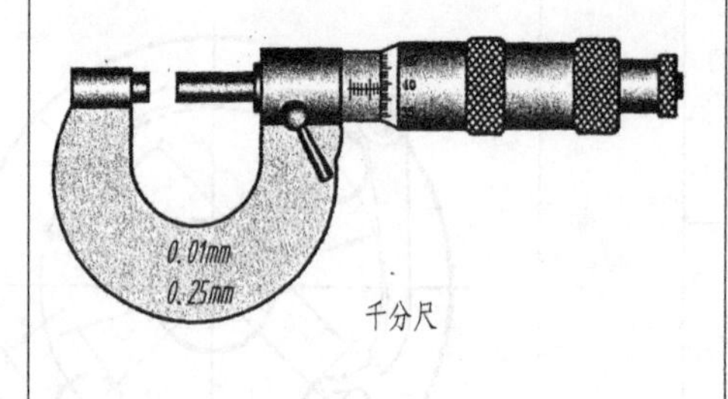
千分尺</td>
<td>壁厚尺寸</td>
<td>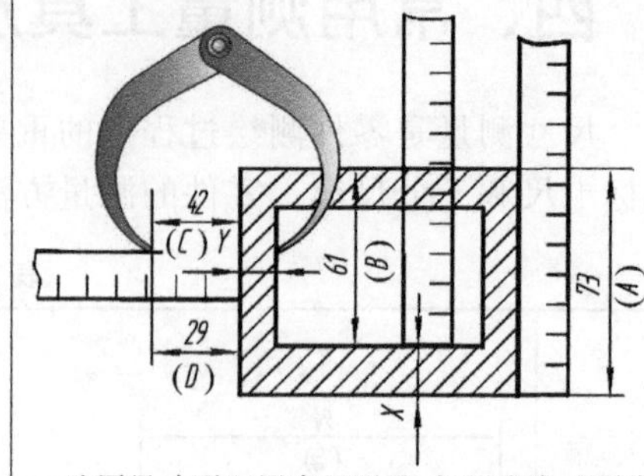
壁厚尺寸可以用直尺测量，如图中底壁厚度 $X=A-B$，或用卡钳和直尺测量，如图中侧壁厚度 $Y=C-D$</td>
</tr>
<tr>
<td>中心高</td>
<td>$H=A+\frac{D}{2}=B\ \frac{d}{2}$
中心高可以用直尺和卡钳（或游标卡尺）测出</td>
</tr>
<tr>
<td>齿轮的模数</td>
<td>1. 数出齿数 $z=16$
2. 量出顶圆直径 $d_a=59.8$
当齿数为单数而不能直接测量时，可按右下图所示方法量出（$d_a=d+2e$）
3. 计算模数 $m'=\frac{d_a}{z+2}=\frac{59.8}{6+2}=3.32$
4. 修正模数。由于齿轮磨损或测量误差，当计算的模数不是标准模数时，应在标准模数表中选用与 m' 最接近的标准模数，现应定模数为 3
5. 计算出齿轮其余各部分的尺寸</td>
<td colspan="2">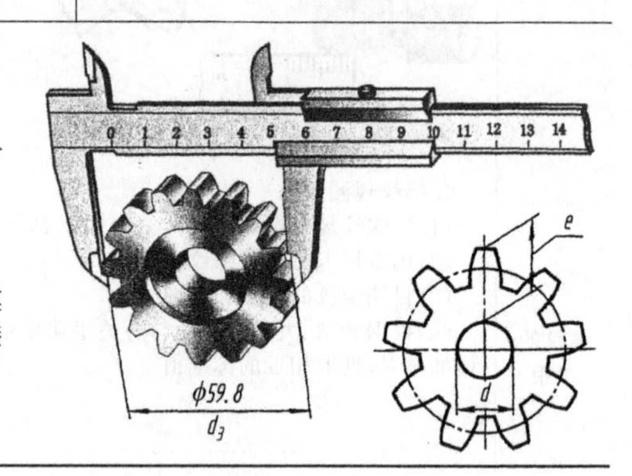</td>
</tr>
</table>

五、画部件装配图

应根据零件草图和装配示意图画出部件装配图。图 10-5 是机用虎钳的装配图，采用三个基本视图和一个表示单个零件的视图（2 号零件）来表达。主视图采用全剖视图，反映虎钳的工作原理和零件间的装配关系。俯视图反映了固定钳座的结构形状，并通过局部剖视表达了钳口板与钳座连接的局部结构。左视图采用 A—A 半剖视图。画装配图时，应考虑草图中可能存在的视图表达和尺寸标准不够妥善之处，在以后画零件工作图时要做必要的修正。

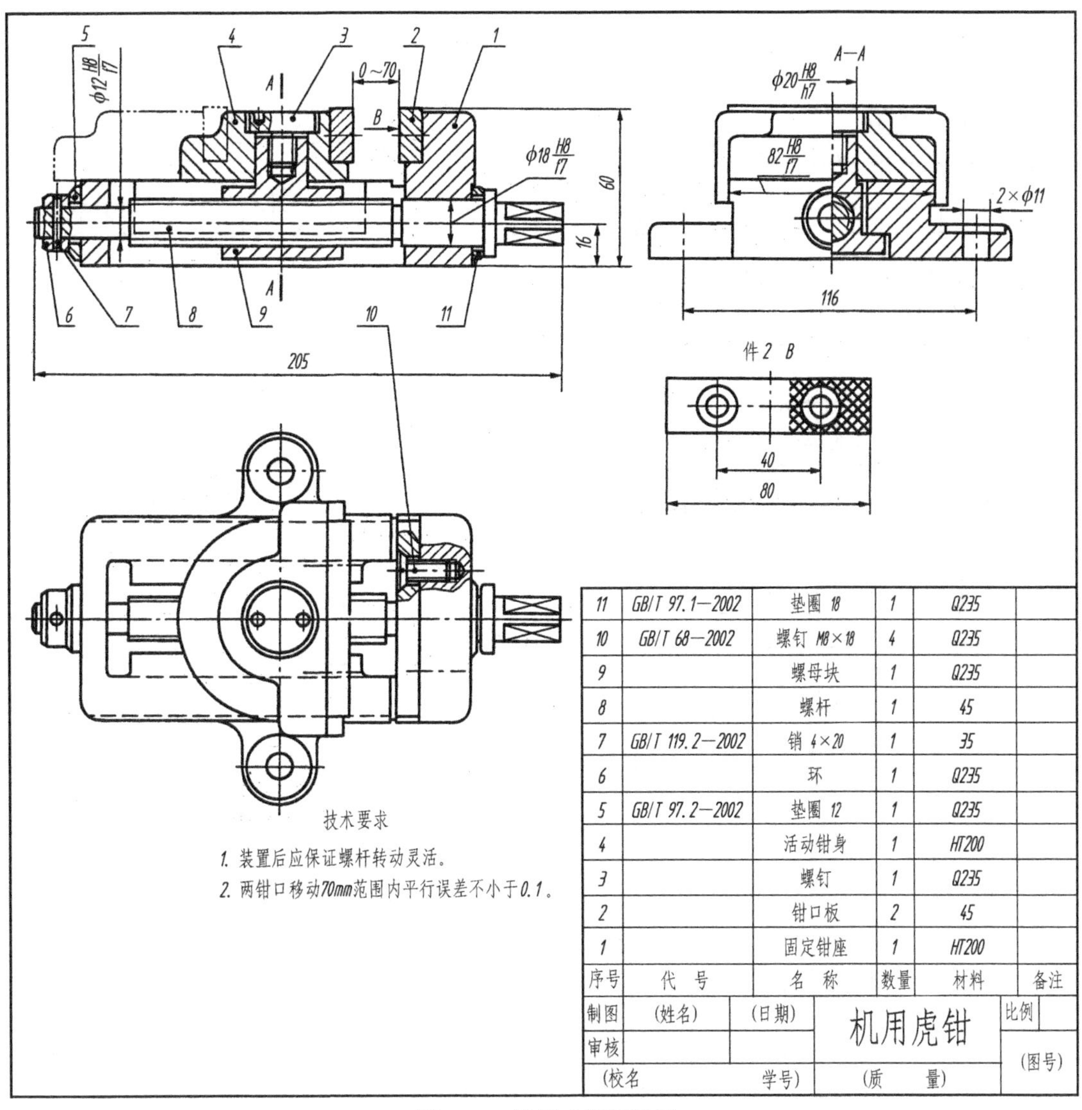

序号	代　号	名　称	数量	材料	备注
11	GB/T 97.1—2002	垫圈 18	1	Q235	
10	GB/T 68—2002	螺钉 M8×18	4	Q235	
9		螺母块	1	Q235	
8		螺杆	1	45	
7	GB/T 119.2—2002	销 4×20	1	35	
6		环	1	Q235	
5	GB/T 97.2—2002	垫圈 12	1	Q235	
4		活动钳身	1	HT200	
3		螺钉	1	Q235	
2		钳口板	2	45	
1		固定钳座	1	HT200	

图 10-5　机用虎钳装配图

六、画零件工作图

画零件工作图不是对零件草图的简单抄画，而是根据部件装配图，以零件草图为基础，对零件草图中的视图表达、尺寸标注等不合理或不够完善之处，在绘制零件工作图时予以必要的修正。图 10-6(a)、图 10-6(b)、图 10-6(c)、图 10-6(d) 分别是固定钳座、活动钳身、螺杆和螺母块的零件工作图。

测绘零、部件时应注意以下问题：

（1）为了不损坏机件，应先研究装拆顺序后再动手拆装。零件拆散后，按拆卸顺序将零件编号，妥管保管以防丢失。

（2）对零件上的制造缺陷如砂眼、缩孔、裂纹以及破旧磨损等，画草图时不应画出。零件上的工艺结构如倒角、退刀槽、越程槽等，应查有关标准确定。

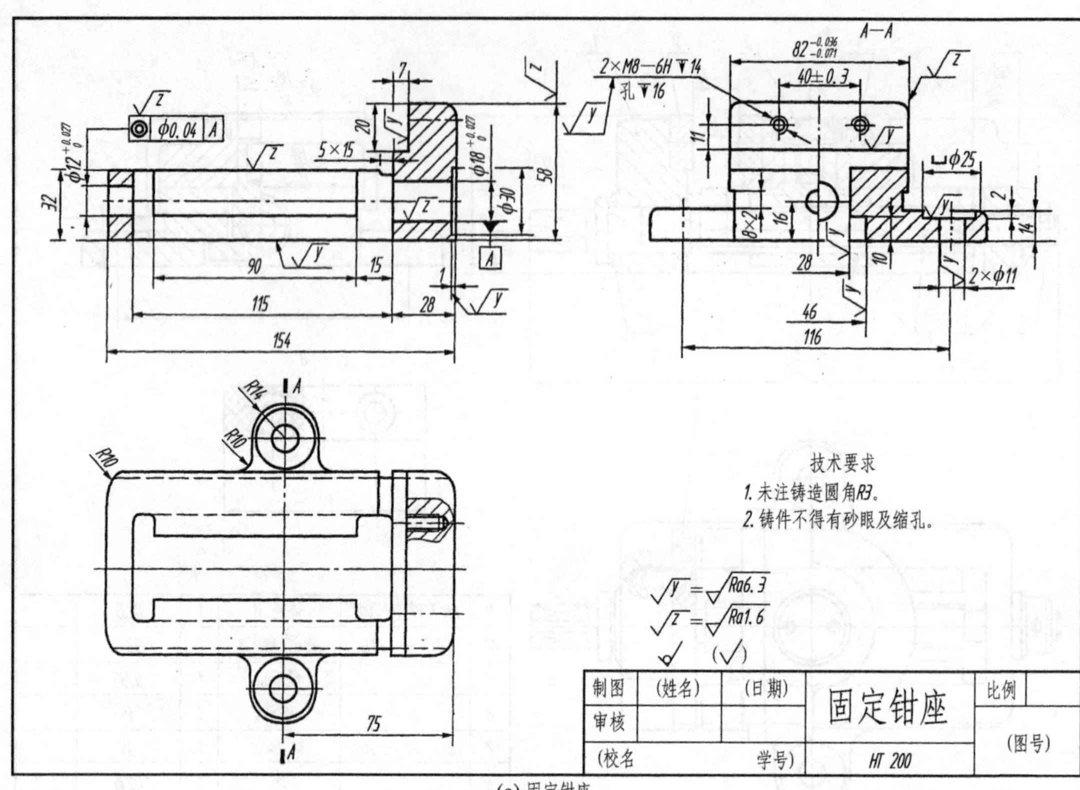

A—A
$82^{-0.036}_{-0.071}$
2×M8—6H ▼14
孔▼16
40±0.3
φ0.04 A
$\phi12^{+0.027}_{0}$
5×15
$\phi18^{+0.027}_{0}$
φ30
φ25
32
58
90
15
115
28
154
116
46
2×φ11
R14
R10
R10
75
A
技术要求
1. 未注铸造圆角R3。
2. 铸件不得有砂眼及缩孔。
Ra6.3
Ra1.6
制图
(姓名)
(日期)
固定钳座
比例
审核
(校名
学号)
HT 200
(图号)

(a) 固定钳座

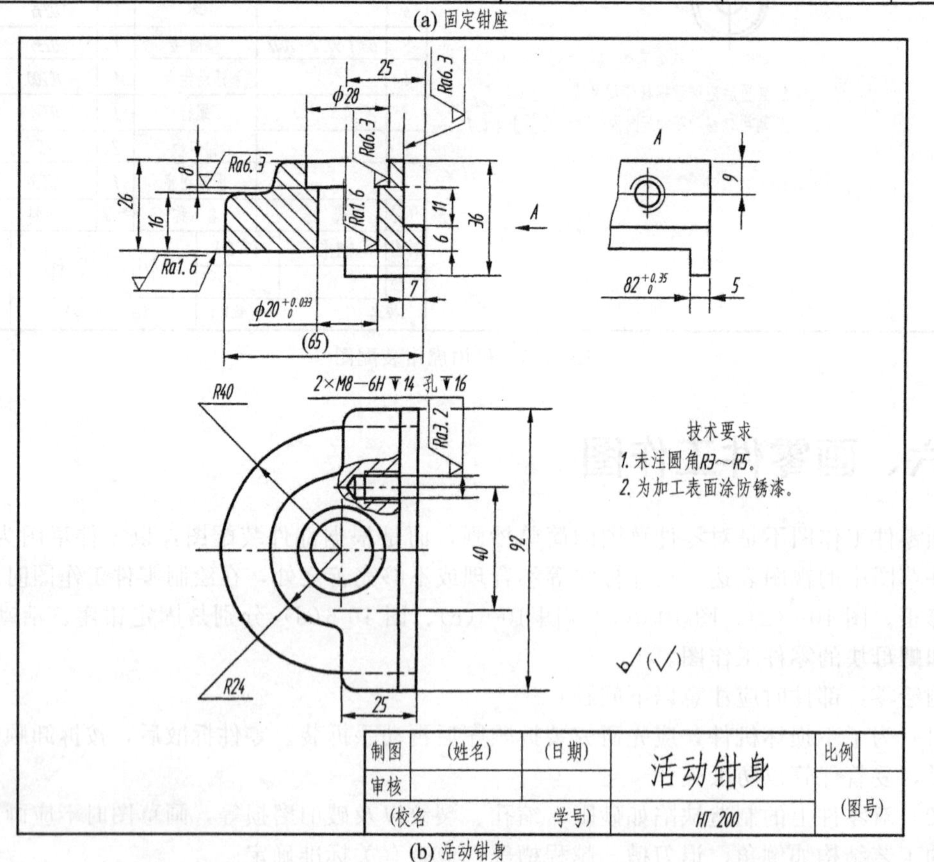

25
φ28
Ra6.3
Ra6.3
Ra1.6
Ra1.6
26
16
8
11
6
36
7
$\phi20^{+0.033}_{0}$
(65)
A
9
$82^{+0.35}_{0}$
5
R40
R24
2×M8—6H ▼14 孔▼16
Ra3.2
40
92
25
技术要求
1. 未注圆角R3～R5。
2. 为加工表面涂防锈漆。
制图
(姓名)
(日期)
活动钳身
比例
审核
(校名
学号)
HT 200
(图号)

(b) 活动钳身

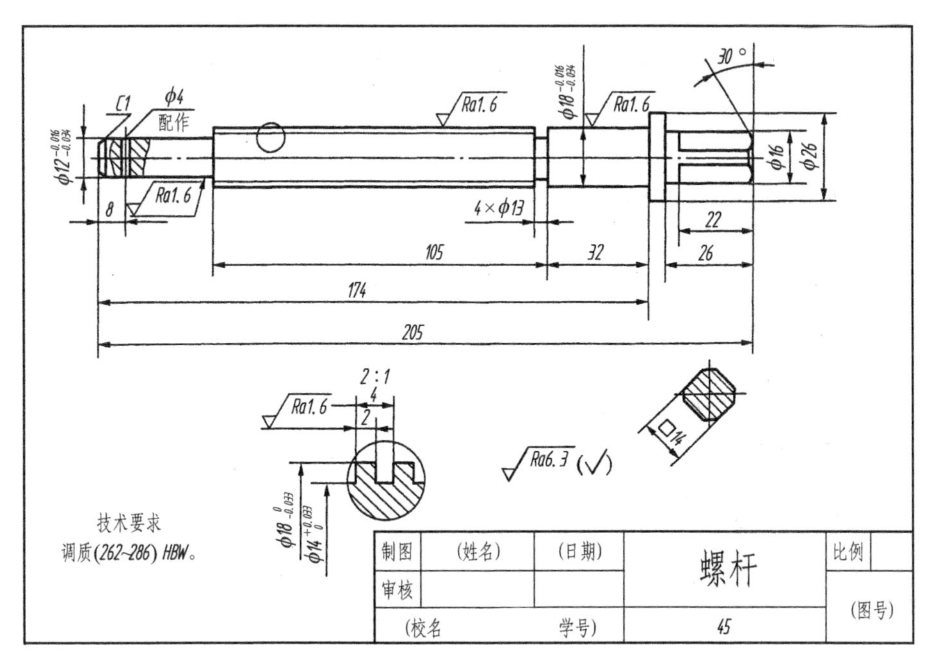

(c) 螺杆

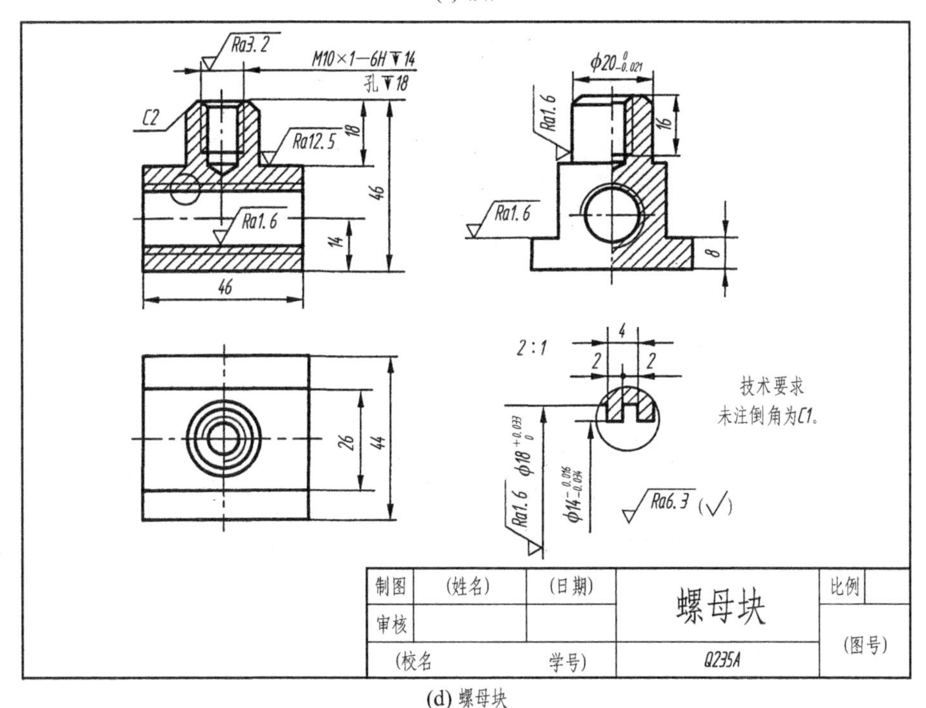

(d) 螺母块

图 10-6　机用虎钳主要零件的零件图

(3) 测量尺寸要根据零件的精度要求选用相应的量具。对非主要尺寸，测量后应尽可能圆整为整数（如 24.8mm 可取整数 25mm）。对两零件的配合尺寸和互相有联系的尺寸，应在测量后同时填入相应零件的草图中，以避免错漏。

(4) 零件的技术要求如表面粗糙度、尺寸公差和几何公差、表面处理以及材料牌号等，可根据零件的作用、工作要求等，参照同类产品的图样和资料类比确定。

实例二　测绘转子油泵

一、了解测绘对象

通过观察实物，参阅有关图纸资料，了解部件的用途、性能、工作原理、装配关系和结构特点等。

图 10-7 表示转子油泵的外形结构以及固定在机架上的情况。转子油泵是用于柴油机润滑系统中的机油泵，与齿轮油泵比较，具有结构紧凑、传动平稳、体积小、噪音小等优点。

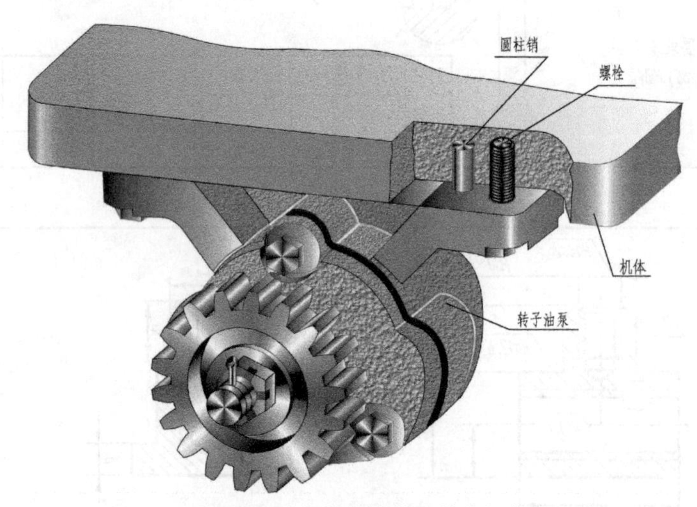

图 10-7　转子油泵的外形结构及其和机体的连接

从图 10-8 可看出：转子油泵由十六种零件组成。其中专用零件有泵体、泵盖、泵轴、衬套、内转子、外转子、垫片和传动齿轮共八种，其余八种是标准件。

泵体内腔底壁有两个月牙形油槽，分别与进、出油口相通。泵体内腔装有外转子（五个弧形齿）以及与外转子相配的内转子（四个摆线形齿），用弹性圆柱销固定在泵轴上。泵轴分别支承在泵体和泵盖的衬套里。泵盖与泵体用三个螺栓（加弹簧垫圈防松）连接，为了保证泵盖和泵体的对中，用两个圆柱销定位。传动齿轮通过普通平键与泵轴连接，泵轴左端的槽形螺母、垫圈和开口销是用来防止传动齿轮从泵轴上滑出。

转子油泵的工作原理如图 10-9 所示。当传动齿轮通过键、泵轴带动内转子绕轴线 O_1 顺时针方向旋转时，依靠内、外转子的啮合，外转子绕轴线 O_2 作同方向旋转。由于内、外转子是偏心的（偏心距 e），因而在双方的齿间形成几个独立的封闭空间。现以内转子 1、2 两齿与外转子凹腔 A 之间的封闭空间（图 10-9 中灰色部分）来说明其工作过程：当内、外转子顺时针方向转动时，从图 10-9(a)、(b) 转到图 10-9(c)，这个封闭空间逐渐变大，产生局部真空，机油从进油口通过右边的月牙形油槽吸入；继续转动时，从图 10-9(c)、(d) 到图 10-9(e)，封闭空间由大逐渐变小，压力增大，机油通过左边月牙形槽压向出油口，输往各润滑点。由于其他各齿间在旋转时均产生上述过程，因此，机油泵能持续地输油。

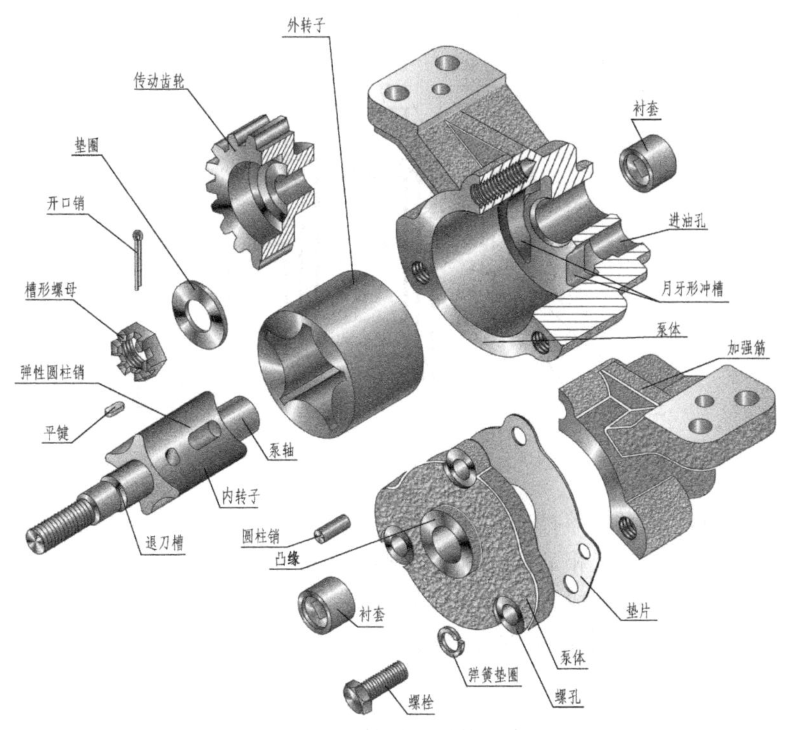

图 10-8 转子油泵的组成

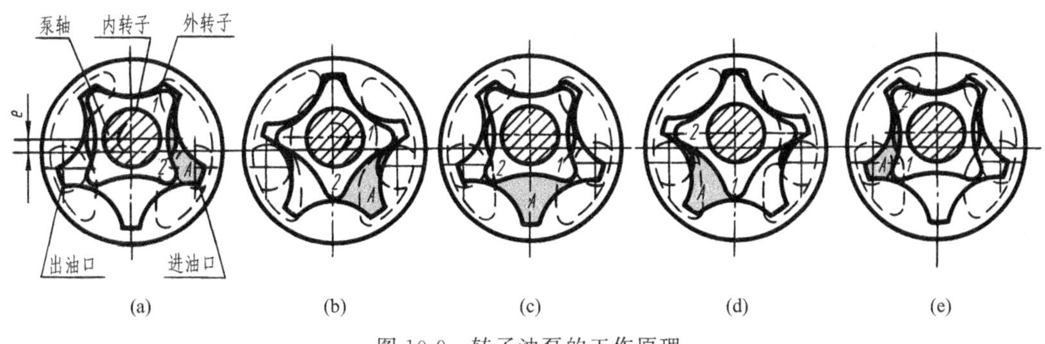

图 10-9 转子油泵的工作原理

二、拆卸部件和画装配示意图

在初步了解部件的基础上，依次拆卸各零件。零件拆下后立即编号，并作相应的记录。拆卸时，对部件中的某些零件，如转子油泵中衬套与泵体、泵盖的过盈配合，内转子与泵轴的过渡配合，在不影响测绘工作的情况下，一般可以不拆。

在分析零件的装配关系时，要特别注意零件间的配合性质。例如转子油泵的衬套与泵体、泵盖的配合，不应该有相对运动，所以是过盈配合。泵轴与衬套的配合，应该有相对运动（泵轴轴颈在衬套孔内旋转），所以是间隙配合。外转子在泵体内旋转，所以外转子与泵体也是间隙配合。

为了便于部件拆卸后装配复原，在拆卸零件的同时画出部件的装配示意图（图 10-10 所示为转子油泵装配示意图），并编上序号，记录零件的名称、数量、装配关系和拆卸顺序。

当零件数量较多时，要按拆卸顺序在每个零件上挂一个对应的标签。

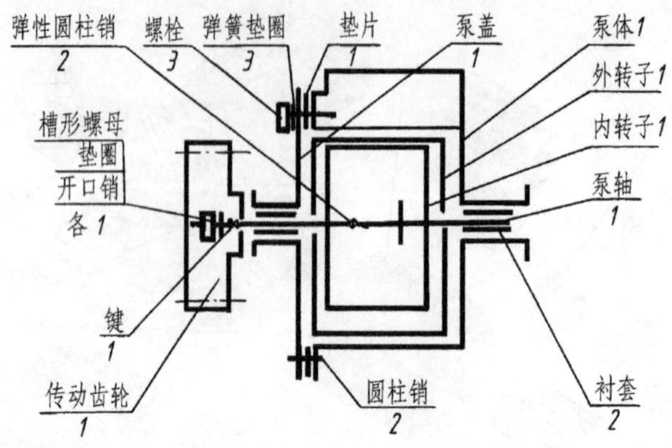

图 10-10　转子油泵装配示意图

画装配示意图时，仅用简单的符号和线条表达部件中各零件的大致轮廓形状和装配关系，一般只画一个图形。对于相邻两零件的接触面或配合面之间最好画出间隙，以便区别。零件中的通孔可按剖面形状画成开口的，使通路关系表达清楚。对于轴、轴承、齿轮、弹簧等，应按 GB/T 4460—2013 中规定的符号绘制。装配示意图中零件名称短画下的数字为该零件的数量。

三、画零件草图

零件测绘一般是在生产现场进行，因此不便于用绘图工具和仪器画图，而以草图形式绘图（以徒手、目测实物大致比例画出的零件图）。零件草图是绘制部件装配图和零件工作图的重要依据，必须认真、仔细。画草图的要求是：图形正确、表达清晰、尺寸齐全，并注写包括技术要求的有关内容。

测绘时对标准件（如螺栓、螺母、垫圈、键、销等）不必画零件草图，只要测得几个主要尺寸，从相应的标准中查出规定标记，将这些标准件的名称、数量和规定标记列表即可。转子油泵中的标准件见表 10-2。

表 10-2　转子油泵的标准件

名称	数量	规定标记
六角头螺栓	3	螺栓 GB/T 5782—2016 M8×25
弹簧垫圈	3	垫圈 GB/T 93—1987 8
六角开槽螺母	1	螺母 GB/T 6178—1986 M10
垫圈	1	垫圈 GB/T 97.1—2002 10-140HV
圆头普通平键	1	键 GB/T 1096—2003 4×10
弹性圆柱销	2	销 GB/T 879.2—2000 A5×20
圆柱销	2	销 GB/T 119.1—2000 A5×18
开口销	1	销 GB/T 91—2000 2×10

除标准件以外的专用零件都必须测绘，画出草图。下面以转子油泵的泵盖和泵体为例，说明视图表达和尺寸标注等问题。

（一）画零件的视图

1. 泵盖

（1）结构分析（图 10-11）　泵盖与泵体接触面的外形轮廓相同，泵盖上有沿圆周均匀分布的三个螺栓孔，螺栓孔处的凹坑是装弹簧垫圈和螺栓时的支承面。泵盖中间的衬套孔为了增加配合部分的长度，有一个凸缘，凸缘中心与泵盖外形轮廓中心之间是上、下偏心的。为了保证装配时泵盖与泵体对中，在泵体与泵盖上配钻两个定位销孔。考虑铸造方便，将销孔和螺栓孔的凸出部分连成一体。

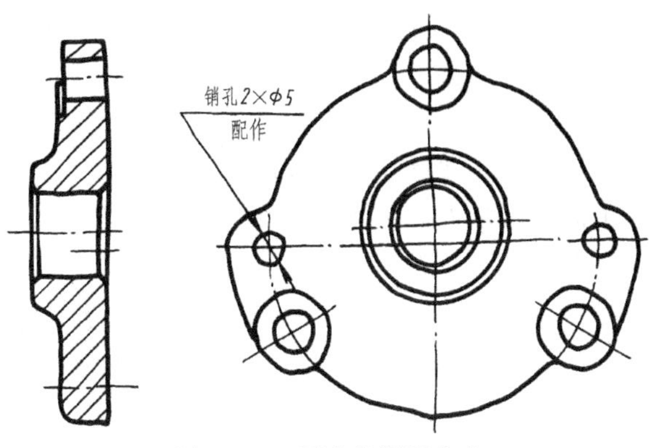

图 10-11　泵盖的视图表达

（2）视图选择与表达分析　如图 10-11 所示，主视图用全剖视，轴线成水平位置，符合加工和工作位置。左视图表示泵盖端面外形轮廓及螺栓孔、销孔的位置。

2. 泵体

（1）结构分析（图 10-12）　由图 10-8 可看出，泵体由两个部分组成：泵体内腔安放内、外转子是主体工作部分，内腔底壁有左、右两个月牙形油槽，分别与背面的进、出油口相通；泵体与机体连接的上底板是安装部分，用加强肋增加主体与上底板之间的连接强度，底板上有四个螺栓孔和两个定位销孔。

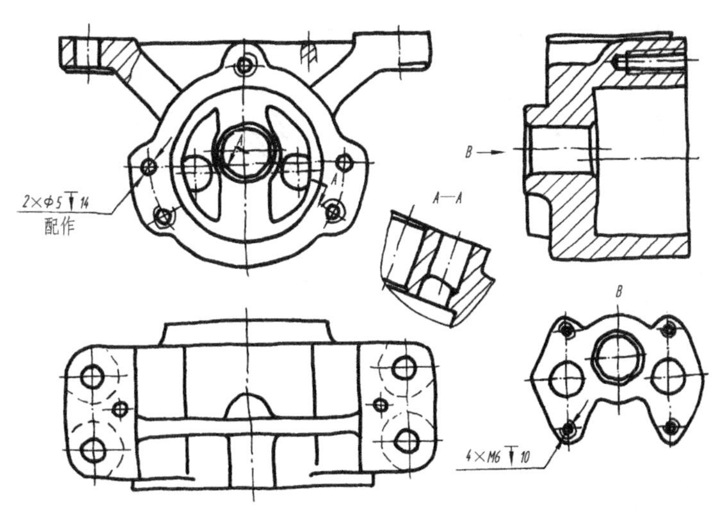

图 10-12　泵体的视图表达

（2）视图选择与表达分析　如图 10-12 所示，以能同时显示主体和底板结构形状特征的视图作为主视图。由于泵体在制造过程中加工位置多变，所以用它的工作位置（即底板向上与机体连接时的位置）作为主视图的安放位置。左视图采用全剖视，反映泵体内部形状。俯视图表示底板的外形及底板上各个孔的形状和位置，同时反映加强肋的前后位置。

月牙形油槽和进、出油孔的结构，在主视图上只能反映它们的轮廓形状，油槽和油孔的深度以及它们的连接情况，主、俯、左三个视图都不能表达清楚，所以用通过泵体衬套孔轴线的局部剖视图 $A—A$ 表示。此外，用 B 向局部视图表达泵体后端面的外形轮廓以及螺孔的位置。

（二）标注尺寸

零件视图画好以后，按零件形状并考虑加工程序，确定尺寸基准，画出全部尺寸的尺寸界线、尺寸线和箭头。然后按尺寸线在零件上量取所需的尺寸，填写尺寸数值。必须注意：标注尺寸时，应在零件图上将尺寸线全部画出，并检查有无遗漏或是否合理以后再用测量工具一次把所需尺寸量好填写数值，不可边画尺寸线，边量尺寸。

下面仍以泵盖、泵体为例分析尺寸标注方法。为叙述方便，已将尺寸数值填入。

1. 泵盖

泵盖轴孔中心 O_1 和泵盖外形轮廓中心 O_2 的偏心距 3.5 是重要尺寸，应直接注出。泵盖在车床上加工的情况，如图 10-13 主视图所示，先用夹具（图中以双点画线示意）将泵盖上 $\phi68$（其中心为 O_2）的外圆柱面夹紧，加工泵盖右侧的大端面，再由 O_2 向上偏移 3.5 确定 O_1，加工衬套孔 $\phi18$。因此，通过泵盖外形轮廓中心 O_2 的水平面是高度方向的主要尺寸基准，而通过衬套孔中心 O_2 的水平面是高度方向的辅助基准；泵盖的前后对称面是宽度方向的主要尺寸基准；高度方向尺寸的主要基准和辅助基准与宽度方向尺寸基准的交线（即通过 O_2、O_1 的轴线）则分别是泵盖的尺寸 $\phi68$、轴孔尺寸 $\phi18$ 的径向基准。长度方向的主要尺寸基准是右侧的大端面。其余尺寸读者自行分析。

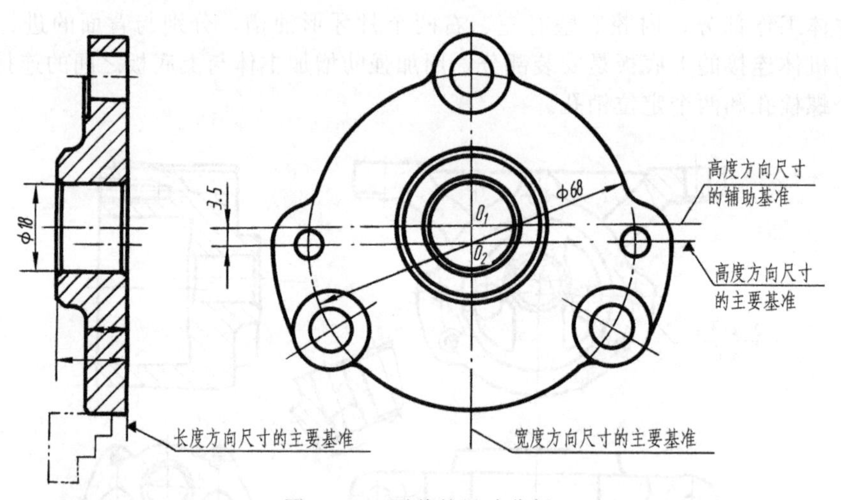

图 10-13　泵盖的尺寸分析

2. 泵体

如图 10-14，偏心距 3.5，泵体内腔与外转子配合部分的直径 $\phi50$、深度 35 等是满足工作性能要求的重要尺寸，应直接注出。考虑到转子油泵安装在机体上的定位：高度方向尺寸 43.5，长度方向的螺栓孔中心距 110，以及底板宽度方向的中心线与泵体前端面之间的距离 27.5，也应直接注出。

泵体的主要加工情况大致如下：先加工底板的支承面（主视图上最上面的平面），把该支承面作为定位基准，以高度尺寸 43.5 定出内腔 $\phi50$ 的轴线；再加工泵体的前端面（左视图中最前面的平面）和内腔孔 $\phi50$。按此加工顺序，高度方向应以底板支承面为主要尺寸基

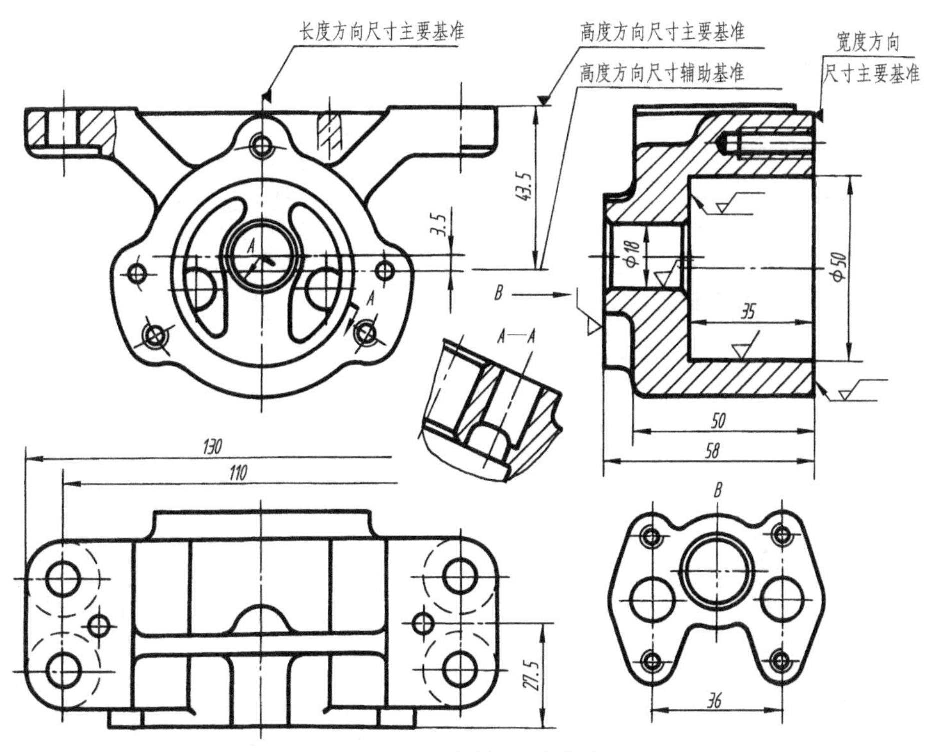

图 10-14　泵体的尺寸分析

准，过内腔轴线的水平面为辅助基准，加工了 ϕ50 的内腔后，再向上偏移 3.5 确定衬套孔的轴线位置；宽度方向应以最先加工的前端面为基准，注出各部分定形尺寸，如 35、50、58 等；长度方向以左右对称面为基准，标出定形尺寸 130、定位尺寸 110 和 36（B 向局部视图上）等。图中内腔孔和衬套孔的轴线（即相应基准面的交线）是泵体径向尺寸的基准。其余尺寸读者自行分析。

标注零件尺寸时，除了齐全、清晰外，还应考虑下述问题。

① 从设计和加工要求出发，恰当地选择尺寸基准。

② 重要尺寸（如配合尺寸、定位尺寸、保证工作精度和性能的尺寸等）应直接注出。

③ 对于部件中两零件有联系的部分，尺寸基准应统一；两零件相配合的部分，公称尺寸应相同。

④ 切削加工部分尺寸的标注，应尽量符合加工要求和测量方便。

⑤ 对于不经切削加工的部分，基本上按形体分析标注尺寸。

（三）尺寸测量

尺寸测量是零件测绘过程中的重要步骤。常用的测量工具有钢皮尺、外卡、内卡、游标卡尺和千分尺等。

测量尺寸时必须注意以下几点。

① 根据零件的精确程度，选用相应的量具。

② 有配合关系的尺寸，如孔与轴的配合，一般只要量出公称尺寸（通常测量轴比较容易），其配合性质和相应的公差，根据设计要求查阅有关手册确定。

③ 没有配合关系的尺寸或不重要的尺寸，允许将测量所得的尺寸适当圆整（调整到整数）。

④ 对于螺纹、键槽、齿轮等标准结构，其测量结果应与标准值核对，一般均采用标准

的结构尺寸，便于制造。

转子油泵中部分零件的测量方法见表10-3。

表 10-3　零件的测量方法

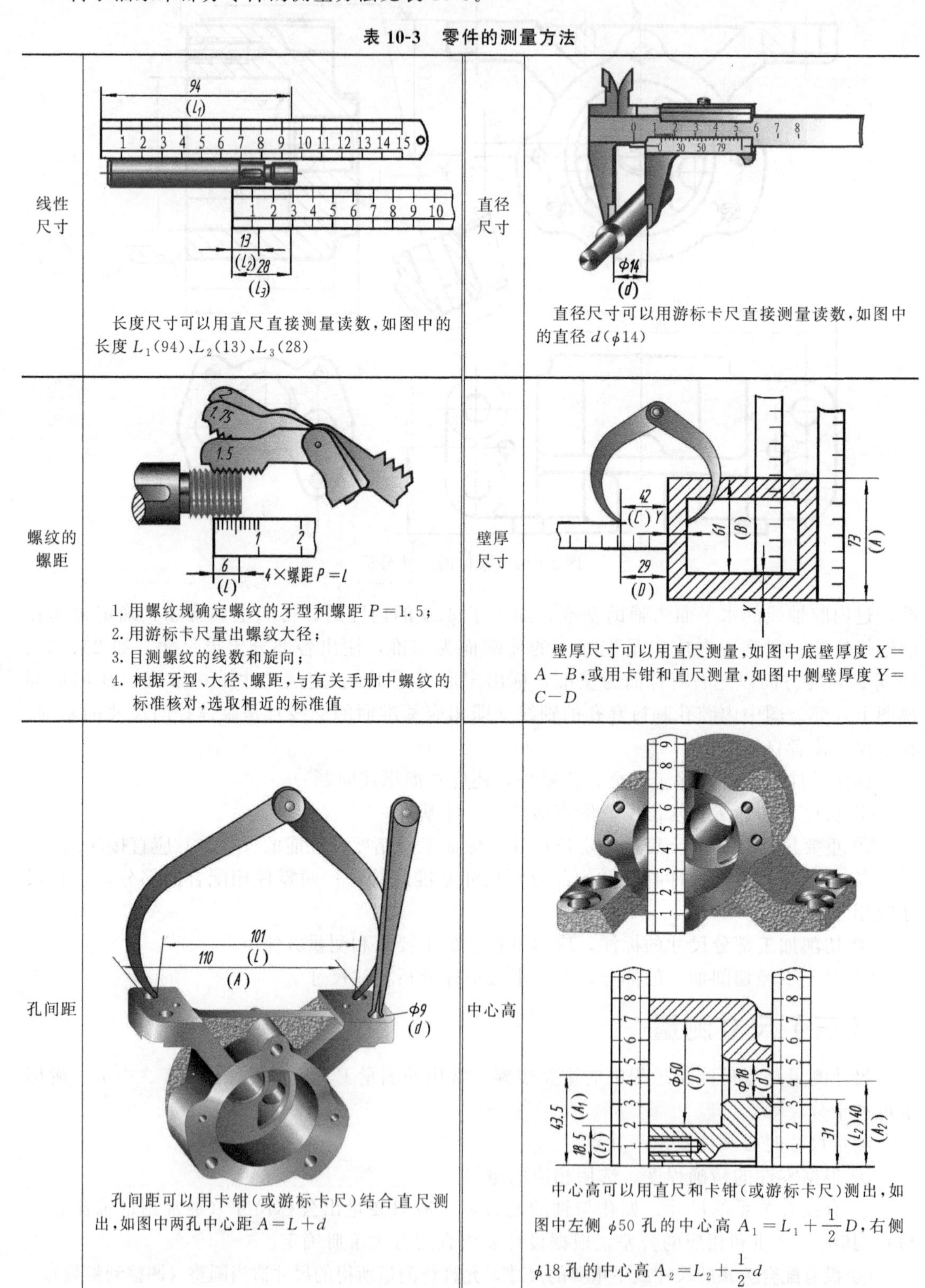

线性尺寸	长度尺寸可以用直尺直接测量读数，如图中的长度 $L_1(94)$、$L_2(13)$、$L_3(28)$	直径尺寸	直径尺寸可以用游标卡尺直接测量读数，如图中的直径 $d(\phi14)$
螺纹的螺距	1. 用螺纹规确定螺纹的牙型和螺距 $P=1.5$； 2. 用游标卡尺量出螺纹大径； 3. 目测螺纹的线数和旋向； 4. 根据牙型、大径、螺距，与有关手册中螺纹的标准核对，选取相近的标准值	壁厚尺寸	壁厚尺寸可以用直尺测量，如图中底壁厚度 $X=A-B$，或用卡钳和直尺测量，如图中侧壁厚度 $Y=C-D$
孔间距	孔间距可以用卡钳（或游标卡尺）结合直尺测出，如图中两孔中心距 $A=L+d$	中心高	中心高可以用直尺和卡钳（或游标卡尺）测出，如图中左侧 $\phi50$ 孔的中心高 $A_1=L_1+\frac{1}{2}D$，右侧 $\phi18$ 孔的中心高 $A_2=L_2+\frac{1}{2}d$

续表

曲面轮廓	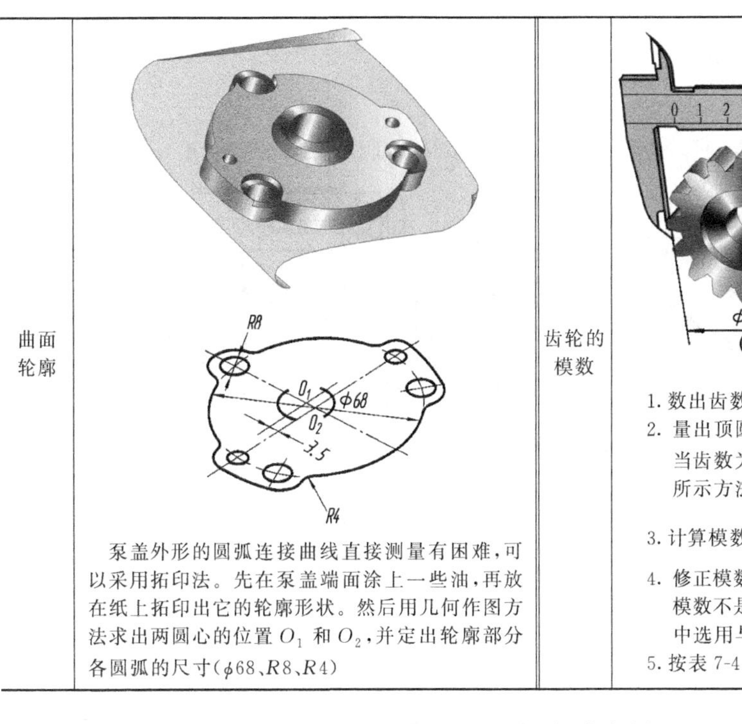 泵盖外形的圆弧连接曲线直接测量有困难，可以采用拓印法。先在泵盖端面涂上一些油，再放在纸上拓印出它的轮廓形状。然后用几何作图方法求出两圆心的位置 O_1 和 O_2，并定出轮廓部分各圆弧的尺寸（ϕ68、R8、R4）	齿轮的模数	φ59.8 (d_a') e d 1. 数出齿数 $z=18$ 2. 量出顶圆直径 $d_a'=59.8$ 当齿数为单数而不能直接测量时，可按右上图所示方法量出（$d_a'=d+2e$） 3. 计算模数　$m'=\frac{d_a'}{z+2}=\frac{59.8}{18+2}=2.99$ 4. 修正模数由于齿轮磨损或测量误差，当计算的模数不是标准模数时，应在标准模数表（表 7-3）中选用与 m' 最接近的标准模数（3） 5. 按表 7-4 计算出齿轮其余各部分尺寸

各种型号的内、外转子的尺寸系列可查阅有关资料。

四、画部件装配图

（一）转子油泵装配图的视图选择

如图 10-15(a) 所示，假想以通过泵轴轴线的铅垂面将转子油泵剖开，以箭头所示方向作为主视图的投射方向，画出全剖视图，如图 10-15(b) 能比较理想地反映油泵的主要装配关系，也符合油泵的正常工作位置。

为了表达转子油泵的工作原理，可在左视图上采用拆卸画法，将传动齿轮和泵盖等零件拆去，以显示内、外转子的运动情况，如图 10-16 中左视图所示。

因为转子油泵的前后基本对称，所以俯视图仅画一半，表示安装板上螺栓孔的位置，并用局部剖视表示圆柱销、泵体、泵盖间的装配关系。A 向局部视图表示了泵体上进、出油管的安装位置。

（二）装配图的画图步骤

① 画出各基本视图的中心线和作图基线，如图 10-17(a)。

② 画泵体的主要轮廓，如图 10-17(b)。

③ 从主视图开始，按装配关系逐个画出各零件的视图，如图 10-17(c)。必须注意画图的顺序，如内、外转子先靠在泵体内腔的底壁，用内转子和泵轴的配钻销孔确定泵轴在主视图中的左右位置，然后再画出泵盖、传动齿轮等。对于有投影关系的各个基本视图，应联系起来同时画，如内、外转子应先画左视图，再按投影关系画出其主视图。

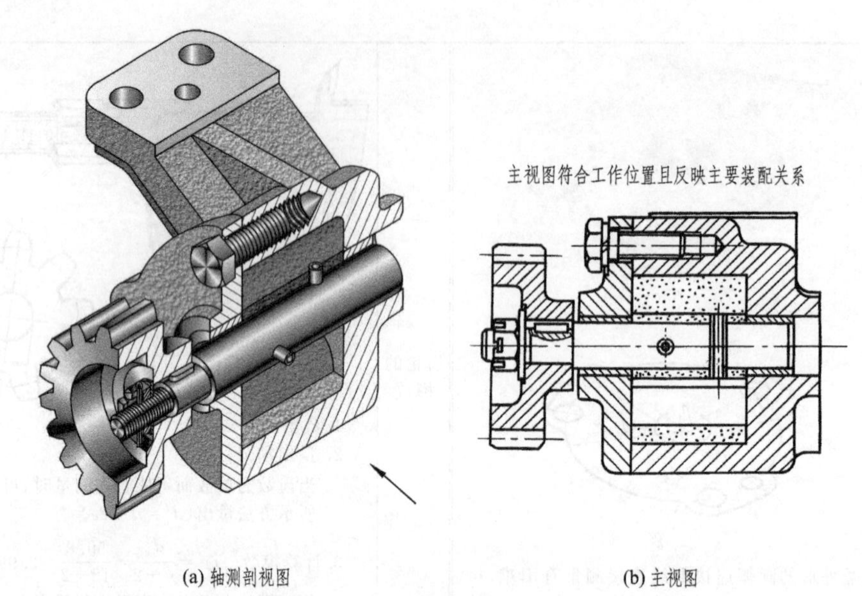

(a) 轴测剖视图　　(b) 主视图

图 10-15　转子油泵主视图的选择

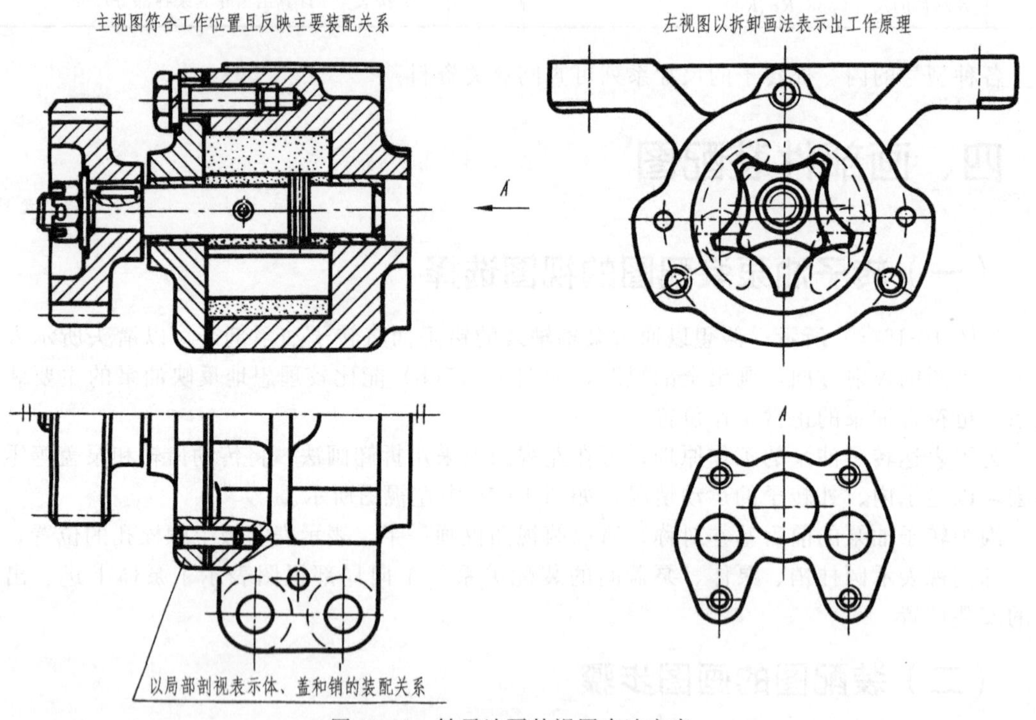

图 10-16　转子油泵的视图表达方案

④ 画俯视图和局部视图，并画全各视图中的每个细节，如图 10-17(d)。

⑤ 注写尺寸及编件号，检查核对后，加深。填写标题栏和明细栏，注写技术要求，如图 10-18 所示。

有配合关系的尺寸在装配图上要标注配合代号。有关极限与配合的选择下面做扼要介绍。

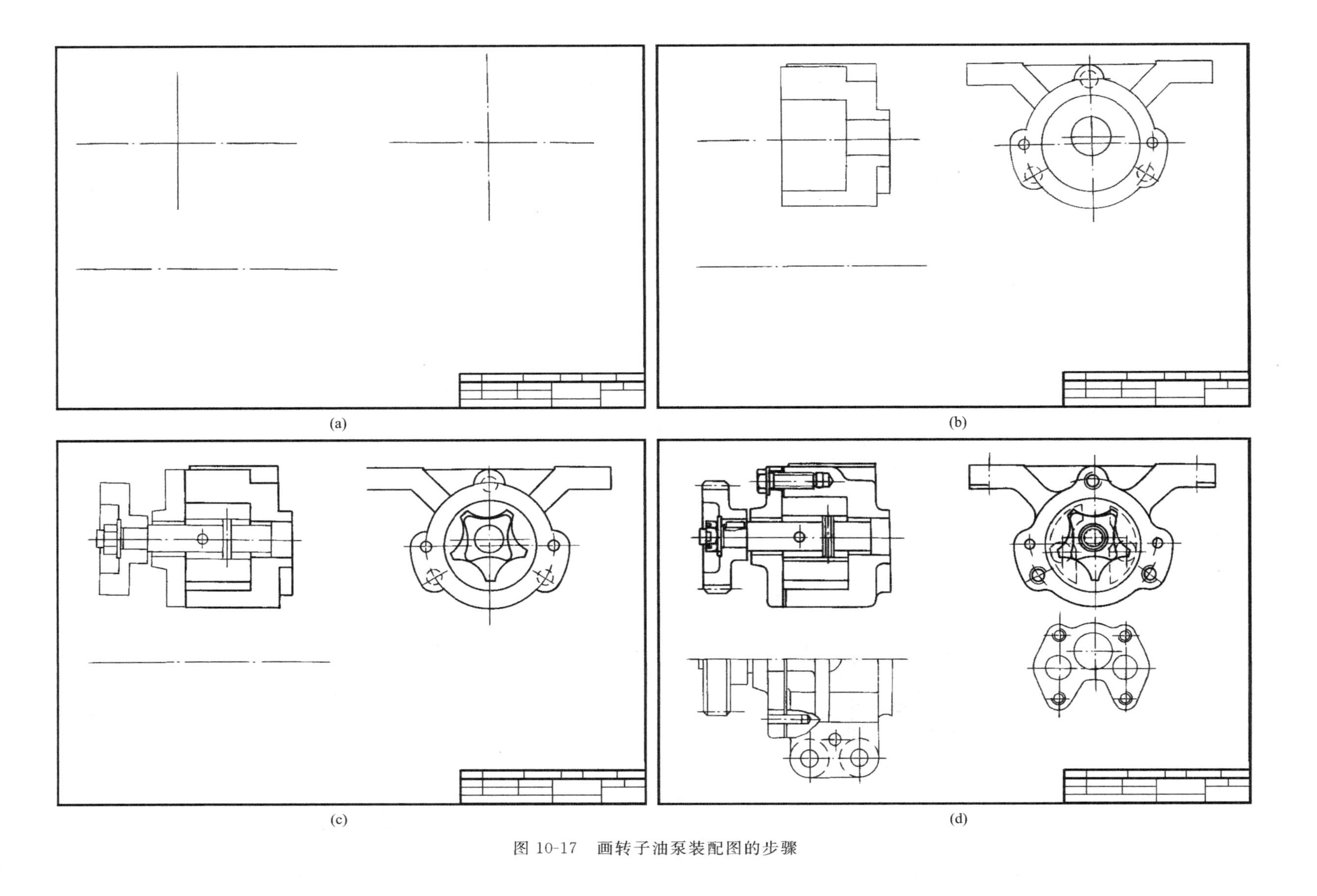

图 10-17　画转子油泵装配图的步骤

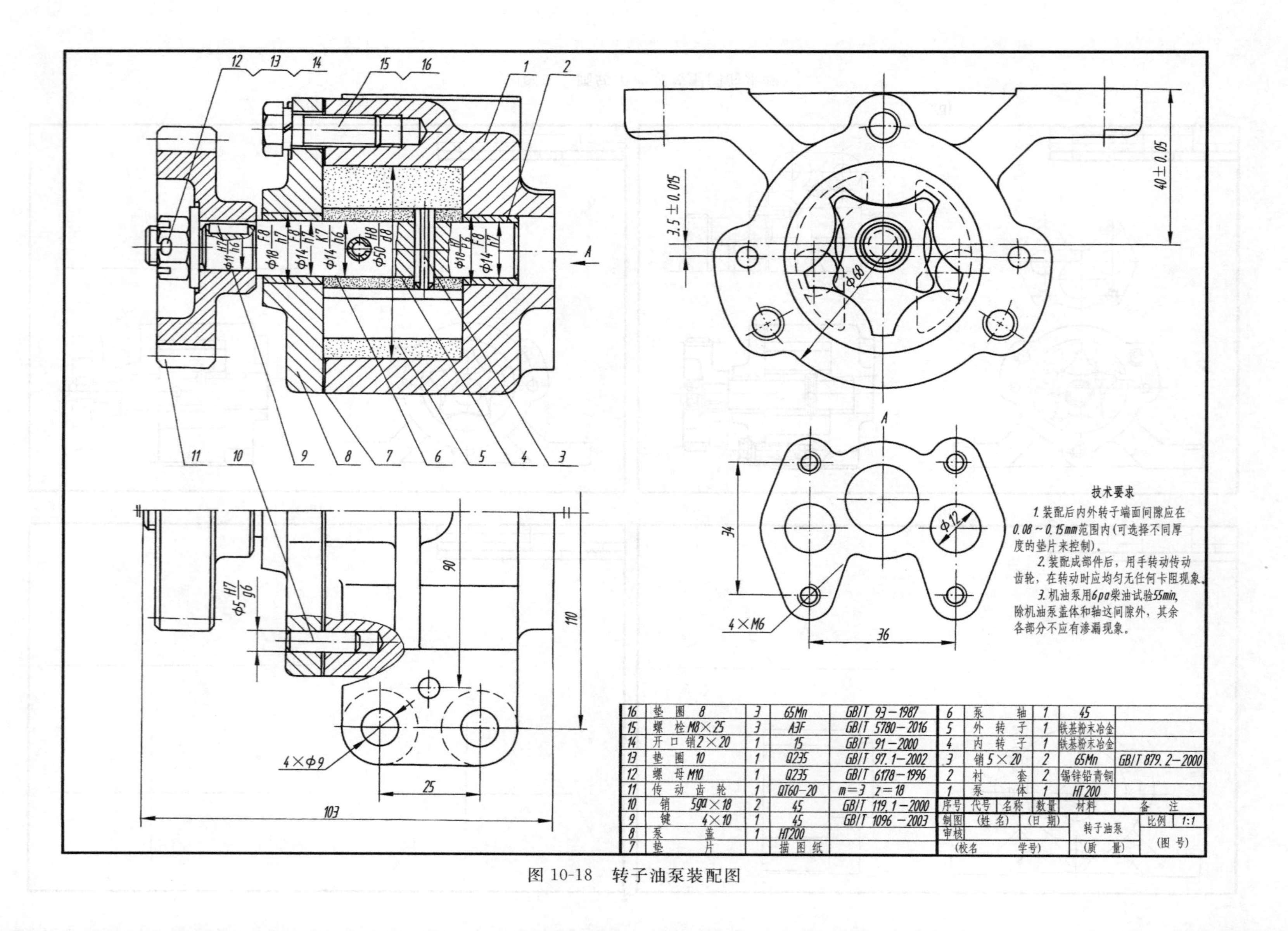

序号	名称	数量	材料	备注
16	垫圈 8	3	65Mn	GB/T 93—1987
15	螺栓 M8×25	3	A3F	GB/T 5780—2016
14	开口销2×20	1	15	GB/T 91—2000
13	垫圈 10	1	Q235	GB/T 97.1—2002
12	螺母 M10	1	Q235	GB/T 6178—1996
11	传动齿轮	1	QT60-20	m=3 z=18
10	销 5ga×18	2	45	GB/T 119.1—2000
9	键 4×10	1	45	GB/T 1096—2003
8	泵盖	1	HT200	
7	垫片		描图纸	
6	泵轴	1	45	
5	外转子	1	铁基粉末冶金	
4	内转子	1	铁基粉末冶金	
3	销 5×20	2	65Mn	GB/T 879.2—2000
2	衬套	2	锡锌铅青铜	
1	泵体	1	HT200	

图 10-18 转子油泵装配图

（三）极限与配合的选择

绘制装配图时，根据被测绘部件的要求，考虑加工制造条件，从而合理选择极限与配合，以保证部件质量和降低生产成本。选择的方法常用类比法，即与经过生产和使用验证后的某种配合进行比较，通过分析对比来合理选定。

在选择极限与配合时，主要是选择公差等级，配合制和配合类别。

1. 公差等级的选择

为了保证部件的使用性能，要求零件具有一定的精度，即公差等级，但是零件的精度越高，加工越困难，成本也越高。因此，在满足使用要求的前提下，应尽量选用较低的公差等级。

公差等级的选用可参阅表 10-4。

表 10-4　公差等级的主要应用实例

公差等级	主要应用实例
IT01～IT1	一般用于精密标准量块。IT1 也用于检验 IT6 和 IT7 级轴用量规的校对量规
IT2～IT7	用于检验工件 IT5～IT16 的量规的尺寸公差
IT3～IT5(孔为 IT6)	用于精度要求很高的重要配合。例如机床主轴与精密滚动轴承的配合、发动机活塞销与连杆孔和活塞孔的配合 配合公差很小，对加工要求很高，应用较少
IT6(孔为 IT7)	用于机床、发动机和仪表中的重要配合。例如机床传动机构中的齿轮与轴的配合、轴与轴承的配合、发动机中活塞与气缸、曲轴与轴承、气阀杆与导套的配合等 配合公差较小，一般精密加工能够实现，在精密机械中广泛应用
IT7，IT8	用于机床和发动机中不太重要的配合，也用于重型机械、农业机械、纺织机械、机车车辆等的重要配合。例如机床上操纵杆的支承配合、发动机中活塞环与活塞环槽的配合、农业机械中齿轮与轴的配合等 配合公差中等，加工易于实现，在一般机械中广泛应用
IT9，IT10	用于一般要求，或长度精度要求较高的配合。某些非配合尺寸的特殊要求，例如飞机机身的外壳尺寸，由于质量限制，要求达到 IT9 或 IT10
IT11、IT12	多用于各种没有严格要求，只要求便于连接的配合。例如螺栓和螺孔、铆钉和孔等的配合
IT12～IT18	用于非配合尺寸和粗加工的工序尺寸上。例如手柄的直径、壳体的外形和壁厚尺寸，以及端面之间的距离等

2. 配合制的选择

一般情况下，应优先选用基孔制，因为加工已给定公差等级的轴比加工同样等级的孔容易。因此，如果采用基孔制配合，则基准件孔的尺寸类型少，而轴的尺寸类型虽然多，但加工方便，对简化工艺、降低成本有利。

由于上述原因，生产中基孔制用得较多。但在某些情况下，应采用基轴制。例如：

① 不需要再经过切削加工的冷拉轴。

② 在同一公称尺寸的长轴上需装配不同的配合零件（如轴承、离合器、齿轮、轴套等）时。

③ 当与标准件配合时，配合制通常依据标准件而定。如滚动轴承属于已经标准化的部件，与轴承外圈配合的孔应按基轴制，而与轴承内圈配合的轴应按基孔制。

3. 配合种类的选择

配合种类的选择要与公差等级、配合制的选择同时考虑。选择时，应先确定配合类别：过盈、间隙或过渡配合。再根据部件的使用要求，结合实例，用类比法确定配合的松紧程度。

表 10-5 为基孔制和基轴制优先配合的选用说明，供选择时参考。

表 10-5　优先配合选用说明

基孔制	基轴制	说明
$\frac{H11}{c11}$	$\frac{C11}{h11}$	间隙非常大，用于很松的、转动缓慢的动配合；要求大公差与大间隙的外露组件；要求装配方便或高温时有相对运动的配合
$\frac{H9}{d9}$	$\frac{D9}{h9}$	间隙很大的自由转动配合。用于高速、重载的滑动轴承或大直径的滑动轴承；大跨距或多支点的支承配合
$\frac{H8}{f7}$	$\frac{F8}{h7}$	间隙不大的转动配合。用于一般转速转动配合；当温度影响不大时，广泛应用在普通润滑油（或润滑脂）润滑的支承处；也用于装配较易的中等定位配合
$\frac{H7}{g6}$	$\frac{G7}{h6}$	间隙很小的滑动配合。用于不回转的精密滑动配合或缓慢间隙回转的精密配合
$\frac{H7}{h6}$ $\frac{H8}{h7}$ $\frac{H9}{h9}$ $\frac{H11}{h11}$	$\frac{H7}{h6}$ $\frac{H8}{h7}$ $\frac{H9}{h9}$ $\frac{H11}{h11}$	均为间隙定位配合，零件可自由装拆，而工作时一般静止不动。用于不同精度要求的一般定位配合或缓慢移动或摆动配合。在最大实体条件下的间隙为零，在最小实体条件下的间隙由公差等级决定
$\frac{H7}{k6}$	$\frac{K7}{h6}$	装配较方便的过渡配合。用于稍有振动的定位配合；加紧固件可传递一定的载荷
$\frac{H7}{n6}$	$\frac{N7}{h6}$	不易装拆的过渡配合。用于允许有较大过盈的精密定位或紧密组件的配合；加键能传递大转矩或冲击性载荷。由于拆卸较难，一般大修理时才拆卸
$\frac{H7}{p6}$	$\frac{P7}{h6}$	过盈定位配合，即小过盈配合。用于定位精度特别重要时，能以最好的定位精度达到部件的刚性及对中的性能要求，而对内孔承受压力无特殊要求，不依靠配合的紧固性摩擦负荷。装配时用锤子或压力机
$\frac{H7}{s6}$	$\frac{S7}{h6}$	中等压入配合，在传递较小转矩或轴向力时不需加紧固件，若承受较大载荷或动载荷时，应加紧固件。装配时用压力机，或热胀孔、冷缩轴法
$\frac{H7}{u6}$	$\frac{U7}{h6}$	压入配合，不加紧固件能传递和承受大的转矩和动载荷。装配时用热胀孔或冷缩轴法

4. 转子油泵部件中极限与配合的选择说明

① 泵轴与内转子配合处的公称尺寸为 $\phi14$，两者要求有较高的同轴度，同时又便于装拆。又因为泵轴上同一基本尺寸的部分还要装入泵体和泵盖的衬套内，所以采用基轴制过渡配合$\left(\phi14\ \frac{K7}{h6}\right)$。

② 泵轴与衬套配合处的基本尺寸为 $\phi14$，两者有良好的润滑条件，中等转速，所以选用基轴制间隙配合$\left(\phi14\ \frac{K7}{h6}\right)$。

③ 衬套与泵体、泵盖配合处的基本尺寸为 $\phi18$，两者要求无相对运动，承受扭矩较小，轴向压力也很小，衬套的壁厚比较薄，采用基孔制过盈配合$\left(\phi18\ \frac{K7}{h6}\right)$。

④ 传动齿轮与泵轴处的基本尺寸为 $\phi11$，两者有键连接，无相对运动，但要求较高的

同轴度，可选用基孔制间隙配合$\left(\phi 11\,\frac{K7}{h6}\right)$。

⑤ 外转子与泵体配合处的公称尺寸为 $\phi 50$，两者有良好的润滑条件，但应具有相当的间隙，可选用基孔制间隙配合$\left(\phi 50\,\frac{K8}{h8}\right)$。

⑥ 圆柱销与销孔配合处的公称尺寸为 $\phi 5$，选用基孔制过渡配合$\left(\phi 5\,\frac{K7}{h6}\right)$。

（四）装配结构的合理性

在画装配图的过程中，应注意装配结构的合理性。为了保证装配质量，要求部件在工作时零件不松动，润滑油不泄漏，便于装拆等。不合理的结构会给部件装配带来困难，甚至使部件报废。熟悉合理的装配结构，对于绘制和识读机械图样都是非常必要的。

五、画零件工作图

画装配图的过程，也是进一步校对零件草图的过程。而画零件工作图则是在零件草图经过画装配图进一步校核后进行的，因此，图中的错误或遗漏应该基本上消除了。但是还必须注意，从零件草图到零件工作图不是简单地重复照抄，应再次检查及时订正。因为零件工作图是制造零件的依据，所以对于零件的视图表达、尺寸标注以及技术要求等存在的不合理或不完整之处，在绘制零件工作图时都要调整和修正。

转子油泵中专用零件的零件工作图，见图 10-19～图 10-25。

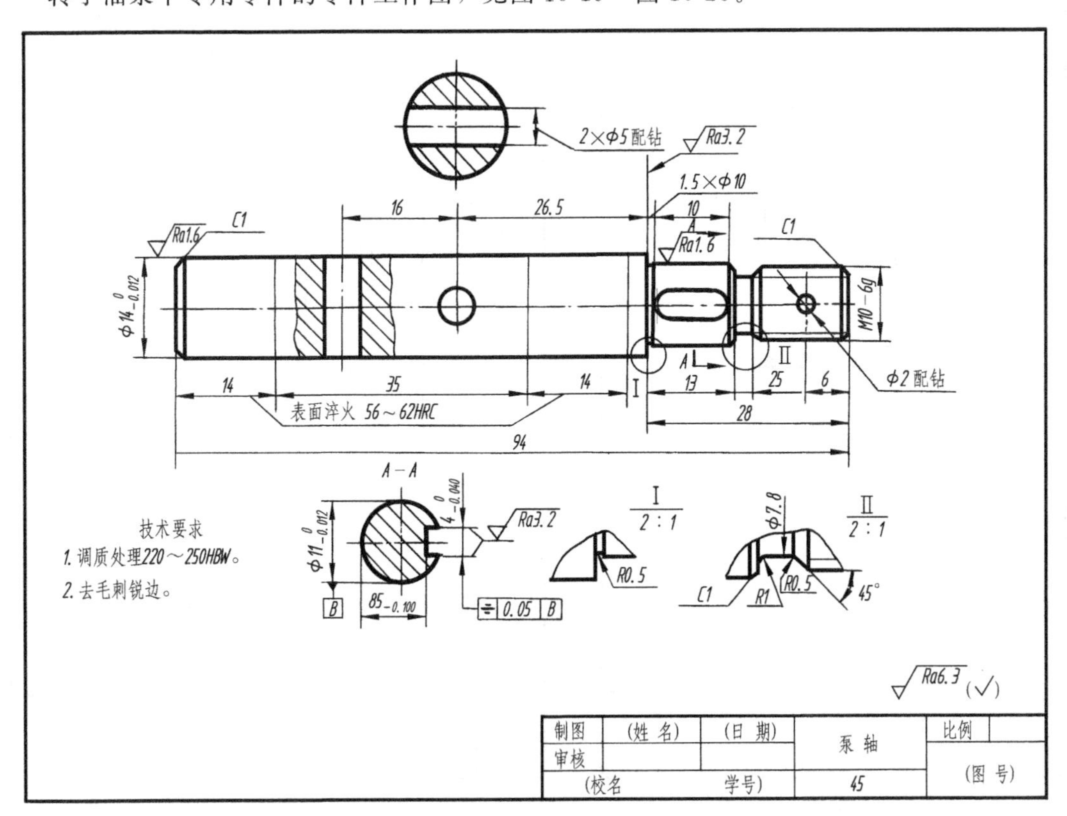

图 10-19　泵轴的零件图

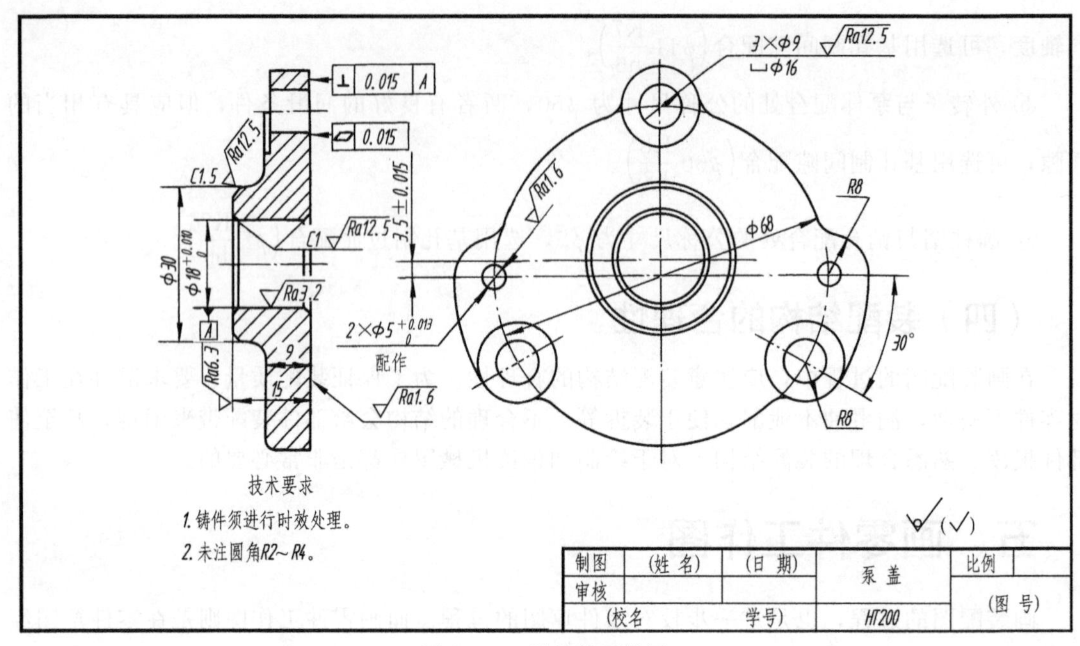

图 10-20　泵盖的零件图

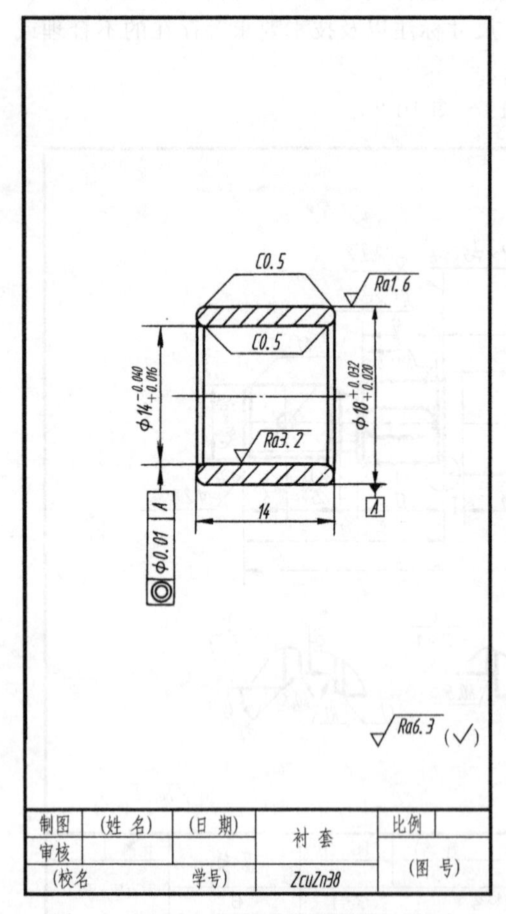

图 10-21　衬套的零件图

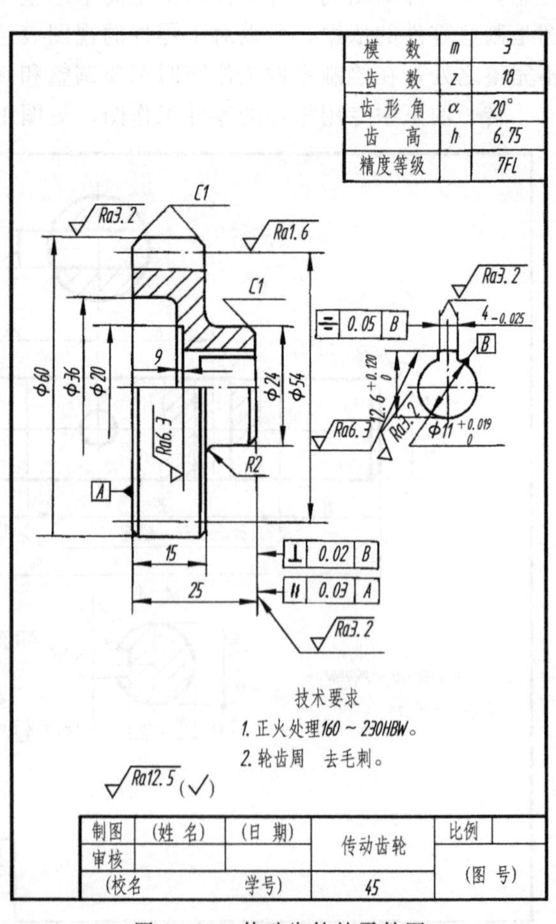

模　数	m	3
齿　数	z	18
齿形角	α	20°
齿　高	h	6.75
精度等级		7FL

图 10-22　传动齿轮的零件图

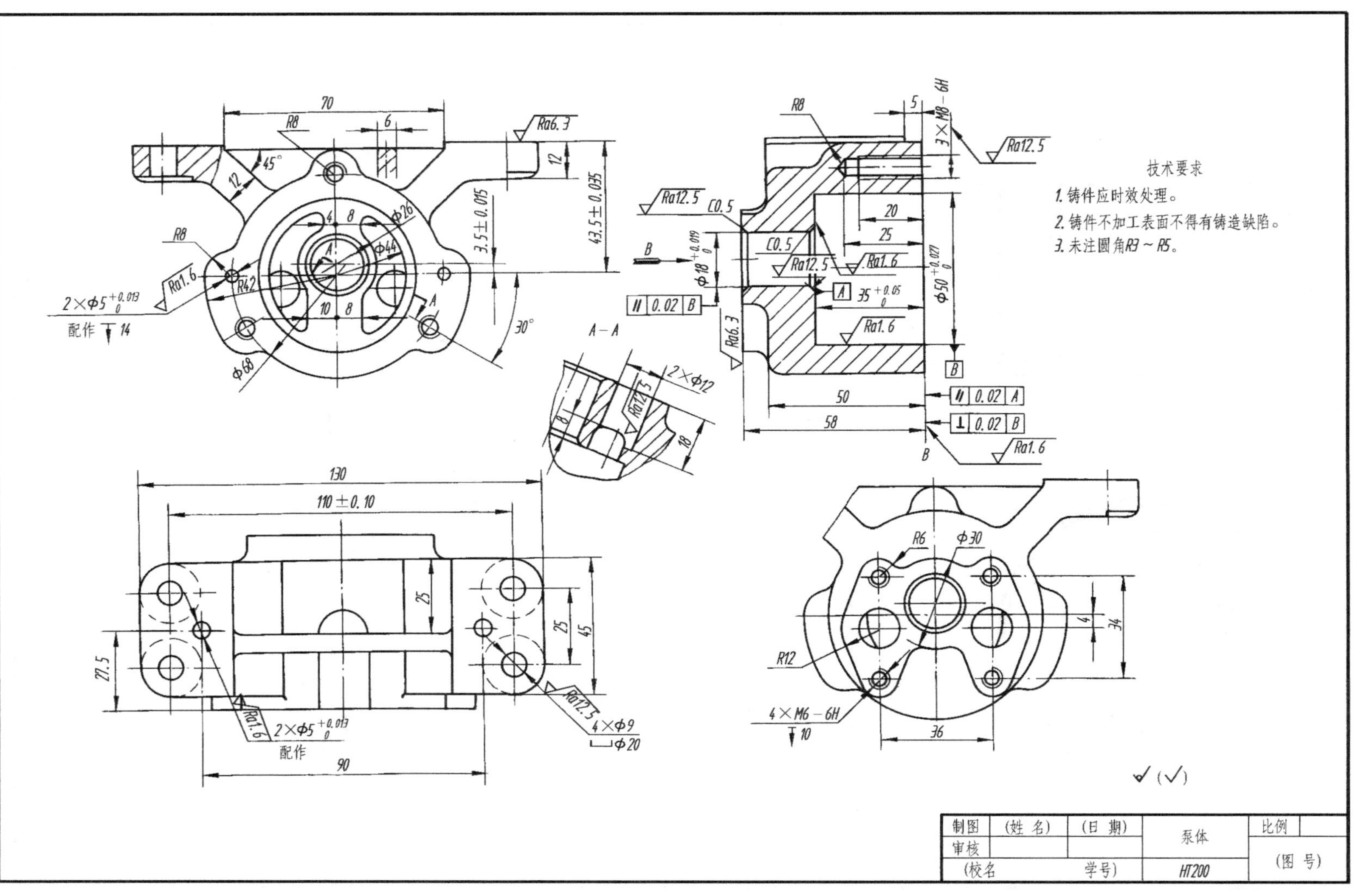

图10-23　泵体的零件图

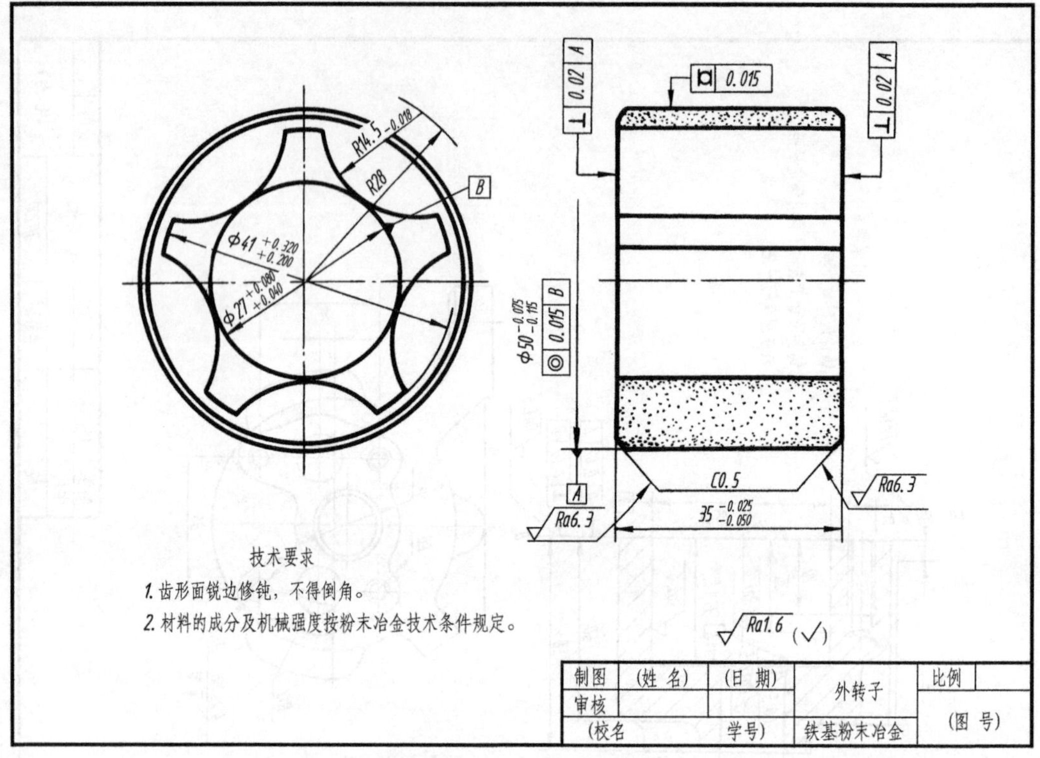

图 10-24 外转子的零件图

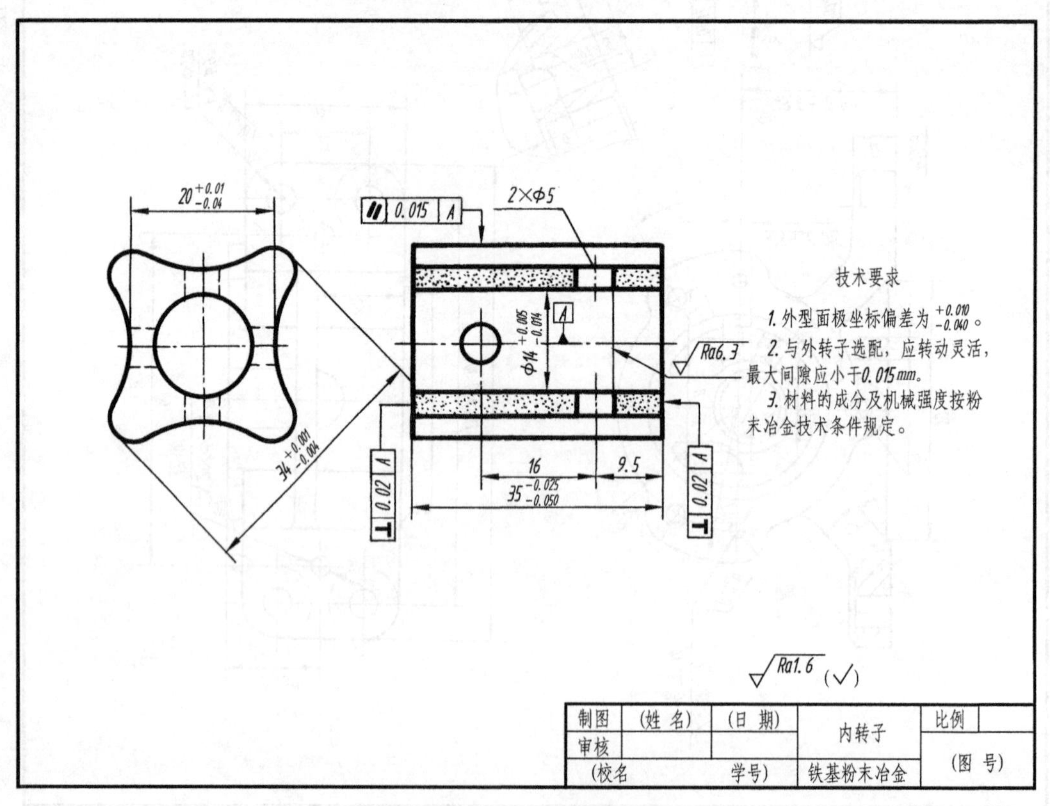

图 10-25 内转子的零件图

装配图和零件工作图全部完成后，将全部图纸做最后的校核。

装配图的校核内容如下：

① 零件之间的装配关系有无错误；

② 装配图上有无遗漏零件，按装配图上零件序号，在零件明细栏中一一对照，并在明细栏上打“√”，使装配图上零件的数目完整，不致遗漏；

③ 装配尺寸有无注错，特别是许多零件装在一起的总尺寸，必须对照零件图重新校对；

④ 技术要求有无漏注，是否合理。

零件工作图的校核内容如下：

① 视图表达是否完整、清晰，有无错误；

② 尺寸有无遗漏或标注不合理；

③ 相互配合的零件极限配合要求是否一致，公差数值有无差错；

④ 表面粗糙度有无漏注，特别是对铸造零件如果粗糙度遗漏时，该表面毛坯的加工余量就不存在了。

至此，转子油泵的测绘工作结束。

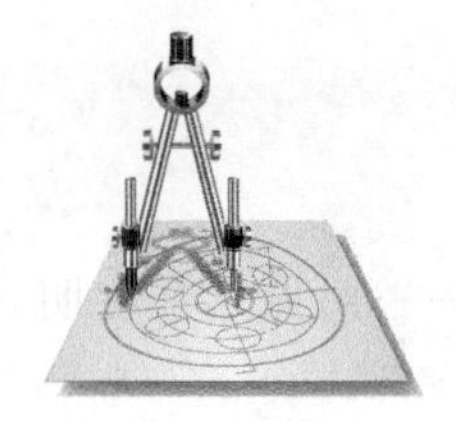

附录

附表 1　普通螺纹直径与螺距、公称尺寸

(GB/T 193—2003 和 GB/T 196—2003)

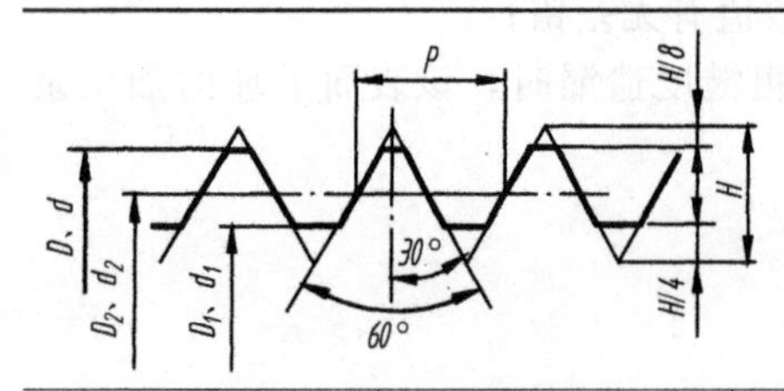

标记示例

公称直径 24mm，螺距 3mm，右旋粗牙普通螺纹，其标记为 M24

公称直径 24mm，螺距 1.5mm，左旋细牙普通螺纹，公差带代号 7H，其标记为 M24×1.5—LH

(单位：mm)

公称直径 D、d		螺距 P		粗牙小径	公称直径 D、d		螺距 P		粗牙小径
第一系列	第二系列	粗牙	细牙	D_1,d_1	第一系列	第二系列	粗牙	细牙	D_1,d_1
3		0.5	0.35	2.459	16		2	1.5,1	13.835
4		0.7	0.5	3.242		18	2.5	2,1.5,1	15.294
5		0.8		4.134	20				17.294
6		1	0.75	4.917	22				19.294
8		1.25	1,0.75	6.647	24		3	2,1.5,1	20.752
10		1.5	1.25,1,0.75	8.376	30		3.5	(3),2,1.5,1	26.211
12		1.75	1.25,1	10.106	36		4	3,2,1.5	31.670
	14	2	1.5,1.25*,1	11.835		39			34.670

注：应优先选用第一系列，括号内尺寸尽可能不用，带*号仅用于火花塞。

附表 2　梯形螺纹直径与螺距系列、公称尺寸

(GB/T 5796.2—2005、GB/T 5796.3—2005、GB/T 5796.4—2005)

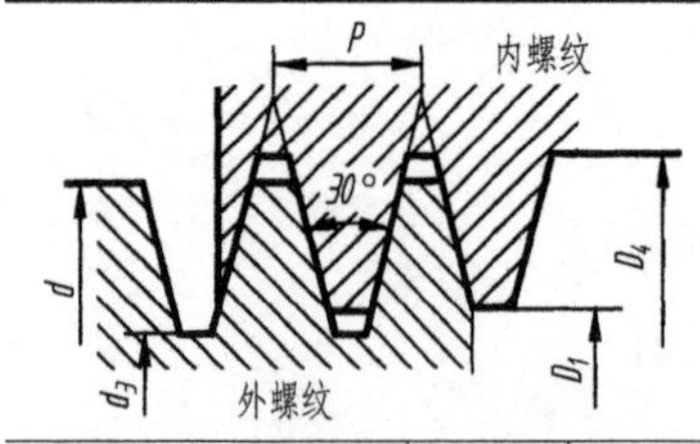

标记示例

公称直径 28mm、螺距 5mm、中径公差带代号为 7H 的单线右旋梯形内螺纹，其标记为 Tr28×5-7H

公称直径 28mm、导程 10mm、螺距 5mm，中径公差带代号为 8e 的双线左旋梯形外螺纹，其标记为 Tr28×10(P5)LH-8e

内外螺纹旋合所组成的螺纹副的标记为 Tr24×8-7H/8e

(单位：mm)

公称直径 d		螺距	大径	小径		公称直径 d		螺距	大径	小径	
第一系列	第二系列	P	D_4	d_3	D_1	第一系列	第二系列	P	D_4	d_3	D_1
16		2	16.50	13.50	14.00	24		3	24.50	20.50	21.00
		4		11.50	12.00			5		18.50	19.00
	18	2	18.50	15.50	16.00			8	25.00	15.00	16.00
		4		13.50	16.00		26	3	26.50	22.50	23.00
20		2	20.50	17.50	18.00			5		20.50	21.00
		4		15.50	16.00			8	27.00	17.00	18.00
	22	3	22.50	18.50	19.00	28		3	28.50	24.50	25.00
		5		16.50	17.00			5		22.50	23.00
		8	23.0	13.00	14.00			8	29.00	19.00	20.00

注：螺纹公差带代号：外螺纹有 9c、8c、8e、7e；内螺纹有 9H、8H、7H。

附表 3 管螺纹尺寸代号及基本尺寸

55°非密封管螺纹(GB/T 7307—2001)

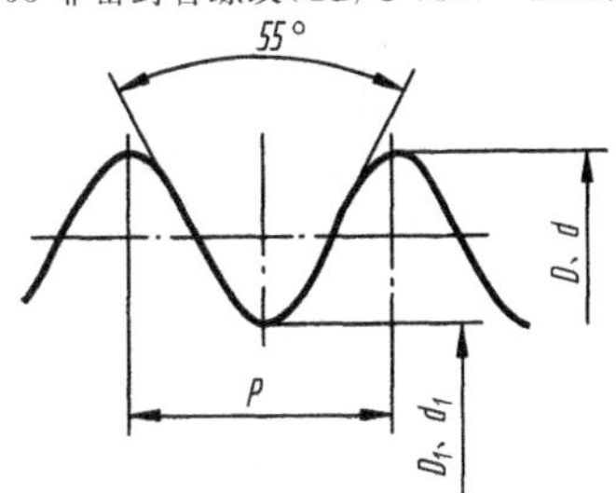

标记示例

尺寸代号为 1/2 的 A 级右旋外螺纹的标记为 G1/2A

尺寸代号为 1/2 的 B 级左旋外螺纹的标记为 G1/2B-LH

尺寸代号为 1/2 的右旋内螺纹的标记为 G1/2

尺寸代号	每 25.4mm 内的牙数 n	螺距 P/mm	大径 $D=d_1$/mm	小径 $D_1=d_1$/mm	基准距离/mm
1/4	19	1.337	13.157	11.445	6
3/8	19	1.337	16.662	14.950	6.4
1/2	14	1.814	20.955	18.631	8.2
3/4	14	1.814	26.441	24.117	9.5
1	11	2.309	33.249	30.291	10.4
1¼	11	2.309	41.910	38.952	12.7
1½	11	2.309	47.803	44.845	12.7
2	11	2.309	59.614	56.656	15.9

附表 4 六角头螺栓

六角头螺栓—A 级和 B 级(GB/T 5782—2016)

六角头螺栓—全螺纹(GB/T 5783—2016)

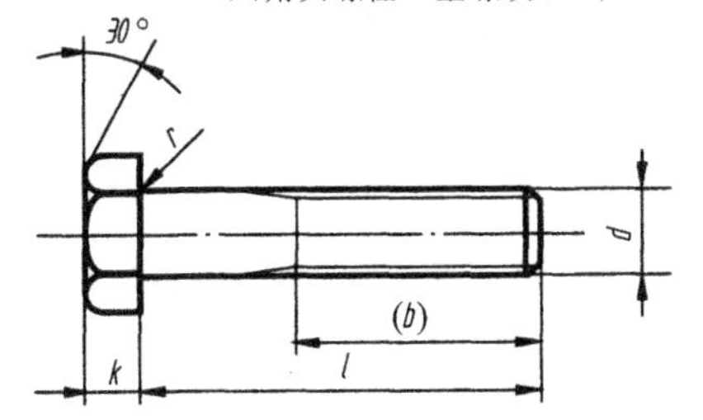

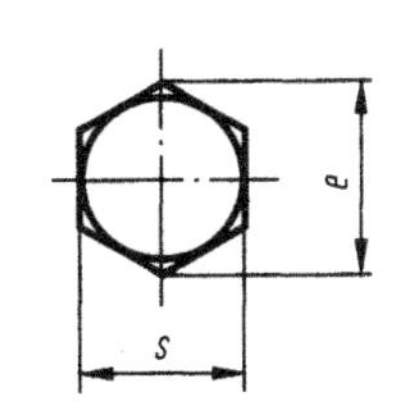

标记示例

螺纹规格 d=M12、公称长度 l=80mm、性能等级为 8.8 级、表面氧化、A 级的六角头螺栓，其标记为

螺栓 GB/T 5782 M12×80

(单位:mm)

螺纹规格 d		M3	M4	M5	M6	M8	M10	M12	M16	M20	M24	M30	M36
s		5.5	7	8	10	13	16	18	24	30	36	46	55
k		2	2.8	3.5	4	5,1	6.4	7.5	10	12.5	IS	18.7	22.5
r		0.1	0.2	0.2	0.25	0.4	0.4	0.6	0.6	0.6	0.8	1	1
e	A	6.01	7.66	8.79	11.05	14.38	17.77	20.03	26.75	33.53	39.98	—	—
	B	5.88	7.50	8.63	10.89	14.20	17.59	19.85	26.17	32.95	39.55	50.85	51.11
(b) GB/T 5782	l≤124	12	14	16	18	22	26	30	38	46	54	66	—
	125<l≤200	18	20	22	24	28	32	36	44	32	60	72	84
	l>200	31	33	35	37	41	45	49	57	65	73	85	97
l 范围 (GB/T 5782)		20~30	25~40	25~50	30~60	40~80	45~100	50~120	65~160	80~200	90~240	110~3000	140~360
l 范围 (GB/T 5783)		6~30	8~40	10~50	12~60	16~80	20~100	25~120	30~150	40~150	50~150	60~200	70~200
l 系列		6,8,10,12,16,20,25,30,35,40,45,50,55,60,65,70,80,90,100,110,120,130,140,150,160,180,200,220,240,260,280,300,320,340,360,380,400,420,440,460,480,500											

附表 5 双头螺柱

GB/T 897—1988($b_m=1d$)
GB/T 898—1988($b_m=1.25d$)
GB/T 899—1988($b_m=1.5d$)
GB/T 900—1988($b_m=2d$)

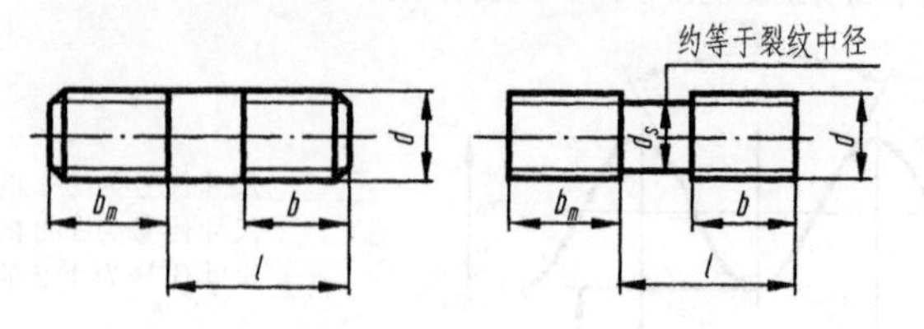

标记示例

两端均为粗牙普通螺纹,$d=10$mm、$l=50$mm、性能等级为 4.8 级、不经表面处理、B 型、$b_m=1d$ 的双头螺柱,其标记为

螺柱 GB/T 897 M10×50

若为 A 型,则标记为 螺柱 GB/T 897 AM10×50

双头螺柱各部分尺寸 (单位:mm)

螺纹规格 d		M3	M4	M5	M6	M8
b_m 公称	GB/T 897—1988			5	6	8
	GB/T 898—1988			6	8	10
	GB/T 899—1988	4.5	6	8	10	12
	GB/T 900—1988	6	8	10	12	16
$\frac{l}{b}$		$\frac{16\sim20}{6}$ $\frac{(22)\sim40}{12}$	$\frac{16\sim(22)}{8}$ $\frac{25\sim40}{14}$	$\frac{16\sim(22)}{10}$ $\frac{25\sim50}{16}$	$\frac{20\sim(22)}{10}$ $\frac{25\sim30}{14}$ $\frac{(32)\sim(75)}{18}$	$\frac{20\sim(22)}{12}$ $\frac{25\sim30}{16}$ $\frac{(32)\sim90}{22}$

螺纹规格 d		M10	M12	M16	M20	M24
b_m 公称	GB/T 897—1988	10	12	16	20	24
	GB/T 898—1988	12	15	20	25	30
	GB/T 899—1988	15	18	24	30	36
	GB/T 900—1988	20	24	32	40	48
$\frac{l}{b}$		$\frac{23\sim(28)}{14}$ $\frac{30\sim(38)}{16}$ $\frac{40\sim120}{26}$ $\frac{130}{32}$	$\frac{25\sim30}{16}$ $\frac{(32)\sim40}{20}$ $\frac{45\sim120}{30}$ $\frac{130\sim180}{36}$	$\frac{30\sim(38)}{20}$ $\frac{40\sim(55)}{30}$ $\frac{60\sim120}{38}$ $\frac{130\sim200}{44}$	$\frac{35\sim40}{25}$ $\frac{(45)\sim(65)}{35}$ $\frac{70\sim120}{46}$ $\frac{130\sim200}{32}$	$\frac{45\sim50}{30}$ $\frac{(55)\sim(75)}{45}$ $\frac{80\sim120}{54}$ $\frac{130\sim200}{60}$

注:1. GB/T 897—1988 和 GB/T 898—1988 规定螺柱的螺纹规格 d=M5~M48,公称长度 $l=16\sim300$mm;GB/T 899—1988 和 GB/T 900—1988 规定螺柱的螺纹规格 d=M2~M48,公称长度 $l=12\sim300$mm。

2. 螺柱公称长度 l(系列,mm)12,(14),16,(18),20,(22),25,(28),30,(32),35,(38),40,45,50,(55),60,(65),70,(75),80,(85),90,(95),100~260(10 进位),280,300,尽可能不采用括号内的数值。

3. 材料为钢的螺柱性能等级有 4.8、5.8、6.8、8.8、10.9、12.9 级,其中 4.8 级为常用。

附表 6　开槽圆柱头螺钉（GB/T 65—2016）、开槽沉头螺钉（GB/T 68—2016）、开槽盘头螺钉（GB/T 67—2016）

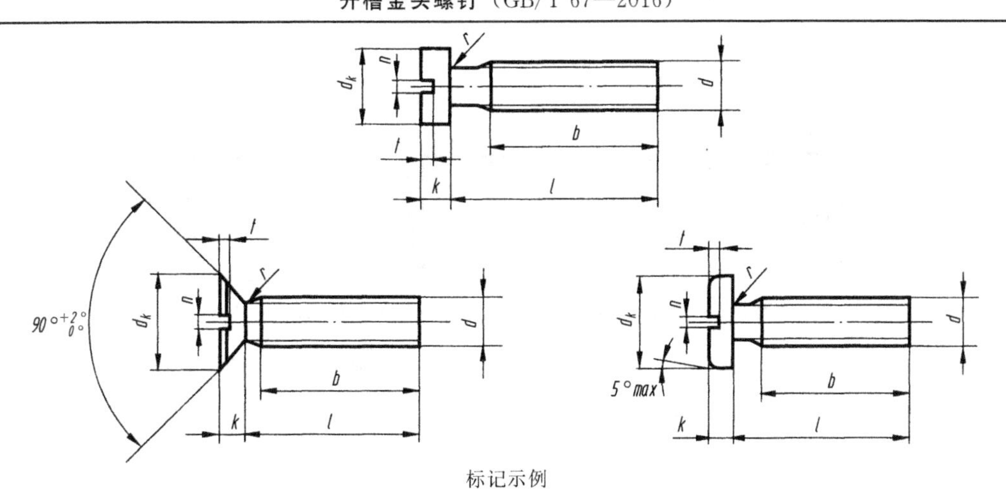

标记示例

螺纹规格 d=M5，公称长度 l=20mn、性能等级为 4.8 级、不经表面处理的 A 级开槽圆柱头螺钉，其标记为螺钉 GB/T 65 M5×20

（单位：mm）

螺纹规格 d		M1.6	M2	M2.5	M3	M4	MS	M6	M8	M10
GB/T 65—2016	d_k					7	8.5	10	13	16
	k					2.6	3.3	3.9	5	6
	t_{min}					1.1	1.3	1.6	2	2.4
	r_{min}					0.2	0.2	0.25	0.4	0.4
	l					5～40	6～50	8～60	10～80	12～80
	全螺纹时最大长度					40	40	40	40	40
GB/T 67—2016	d_k	3.2	4	5	5.6	8	9.5	12	16	23
	k	1	1.3	1.5	1.8	2.4	3	3.6	4.8	6
	t_{min}	0.35	0.5	0.6	0.7	1	1.2	1.4	1.9	2.4
	r_{min}	0.1	0.1	0.1	0.1	0.2	0.2	0.25	0.4	0.4
	l	2～16	2.5～20	3～25	4～30	5～40	6～50	8～60	10～80	12～80
	全螺纹时最大长度	30	30	30	30	40	40	40	40	40
GB/T 68—2000	d_k	3	3.8	4.1	5.5	8.4	9.3	11.3	15.8	18.5
	k	1	1.2	1.5	1.65	2.7	2.7	3.3	4.65	5
	t_{min}	0.32	0.4	0.5	0.6	1	1.1	1.2	1.8	2
	r_{min}	0.4	0.5	0.6	0.8	1	1.3	1.5	2	2.5
	l	2.5～16	3～20	4～25	5～30	6～40	8～50	8～60	10～80	12～80
	全螺纹时最大长度	30	30	30	30	45	45	45	45	45
n		0.4	0.5	0.6	0.8	1.2	1.2	1.6	2	2.5
b_{min}		25				38				
l 系列		2、2.5、3、4、5、6、8、10、12、(14)、16、20、25、30、35、40、45、50、(55)、60、(65)、70、(75)、80								

附表 7　开槽锥端紧定螺钉（GB/T 71—1985）开槽平端紧定螺钉（GB/T 73—1985）开槽长圆柱端紧定螺钉（GB/T 75—1985）

GB/T 71—1985　　GB/T 73—1985　　GB/T 75—1985

公称长度为短螺钉时，应制成 120°，U 为不完整螺纹的长度≤$2P$

标记示例

螺纹规格 d=M5，公称长度 l=12mm，性能等级为 14H 级，表面氧化的开槽平端紧定螺钉：

螺钉　GB/T 73—1985　M5×12

螺纹规格 d		M1.2	M1.6	M2	M2.5	M3	M4	M5	M6	M8	M10	M12
P		0.25	0.35	0.4	0.45	0.5	0.7	0.8	1	1.25	1.5	1.75
d_f≈		螺纹小径										
d_t	min	—	—	—	—	—	—	—	—	—	—	—
	max	0.12	0.16	0.2	0.25	0.3	0.4	0.5	1.5	2	2.5	3
d_p	min	0.35	0.55	0.75	1.25	1.75	2.25	3.2	3.7	5.2	6.64	8.14
	max	0.6	0.8	1	1.5	2	2.5	3.5	4	5.5	7	8.5
n	公称	0.2	0.25	0.25	0.4	0.4	0.6	0.8	1	1.2	1.6	2
	min	0.26	0.31	0.31	0.46	0.46	0.66	0.86	1.06	1.26	1.66	2.06
	max	0.4	0.45	0.45	0.6	0.6	0.8	1	1.2	1.51	1.91	2.31
t	min	0.4	0.56	0.64	0.72	0.8	1.12	1.28	1.6	2	2.4	2.8
	max	0.52	0.74	0.84	0.95	1.05	1.42	1.63	2	2.5	3	3.6
z	min	—	0.8	1	1.2	1.5	2	2.5	3	4	5	6
	max	—	1.05	1.25	1.25	1.75	2.25	2.75	3.25	4.3	5.3	6.3
GB/T 71—1985	l(公称长度)	2~6	2~8	3~10	3~12	4~16	6~20	8~25	8~30	10~40	12~50	14~60
	l(短螺钉)	2	2~2.5	2~2.5	2~3	2~3	2~4	2~5	2~6	2~8	2~10	2~12
GB/T 73—1985	l(公称长度)	2~6	2~8	2~10	2.5~12	3~16	4~20	5~25	6~30	8~40	10~50	12~60
	l(短螺钉)	—	2	2~2.5	2~3	2~3	2~4	2~5	2~6	2~6	2~8	2~10
GB/T 75—1985	l(公称长度)	—	2.5~8	3~10	4~12	5~16	6~20	8~25	8~30	10~40	12~50	14~60
	l(短螺钉)	—	2~2.5	2~3	2~4	2~5	2~6	2~8	2~10	2~14	2~16	2~20
l(系列)		2,2.5,3,4,5,6,8,10,12,(14),16,20,25,30,35,40,45,50,(55),60										

附表 8　Ⅰ型六角螺母（GB/T 6170—2015、GB/T 41—2016）

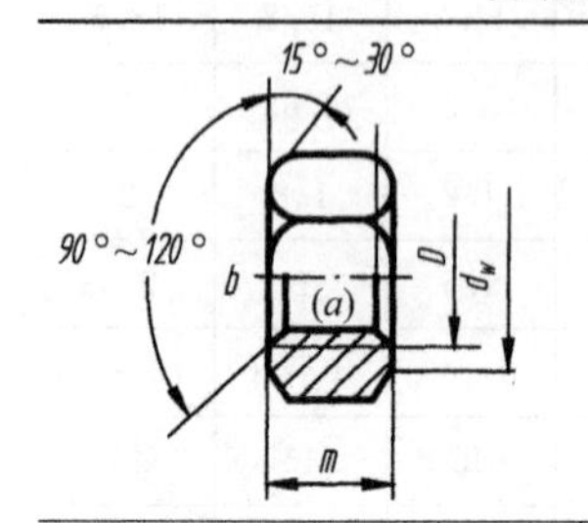

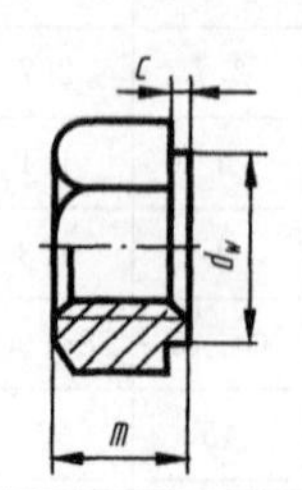

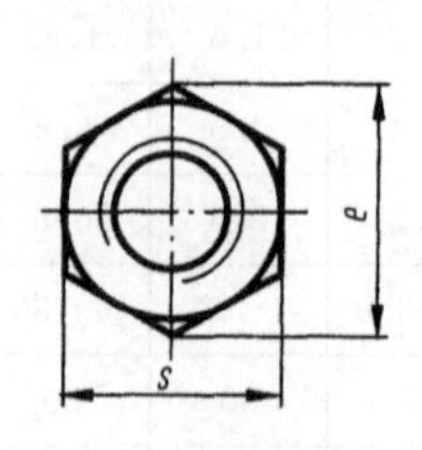

标记示例

螺纹规格 D=M12、性能等级为 8 级、不经表面处理、产品等级为 A 级的Ⅰ型六角螺母，其标记为

螺母 GB/T 6170 M12

（单位：mm）

螺纹规格 d		M3	M4	M5	M6	M8	M10	M12	M16	M20	M24	M30	M36
e	(min)	6.01	7.66	8.79	11.05	14.38	17.77	20.03	26.75	32.95	39.55	50.85	60.79
s	(max)	5.5	7	8	10	13	16	18	24	30	36	46	55
	(min)	5.32	6.78	7.78	9.78	12.73	15.73	17.73	23.67	29.16	35	45	53.8

续表

螺纹规格 d		M3	M4	M5	M6	M8	M10	M12	M16	M20	M24	M30	M36
c	(max)	0.4	0.5	0.5	0.5	0.6	0.6	0.6	0.8	0.8	0.8	0.8	0.8
d_w	(max)	4.6	5.9	6.9	8.9	11.6	14.6	16.6	22.5	27.7	33.2	42.7	51.1
	(min)	3.45	4.6	5.75	6.75	8.75	10.8	13	17.3	21.6	25.9	32.4	38.9
m	(max)	2.4	3.2	4.7	5.2	6.8	8.4	10.8	14.8	18	21.5	25.6	31
	(min)	2.15	2.9	4.4	4.9	6.44	8.04	10.37	14.1	16.9	20.2	24.3	29.4

附表 9　平垫圈—A 级（GB/T 97.1—2002）平垫圈倒角型—A 级（GB/T 97.2—2002）

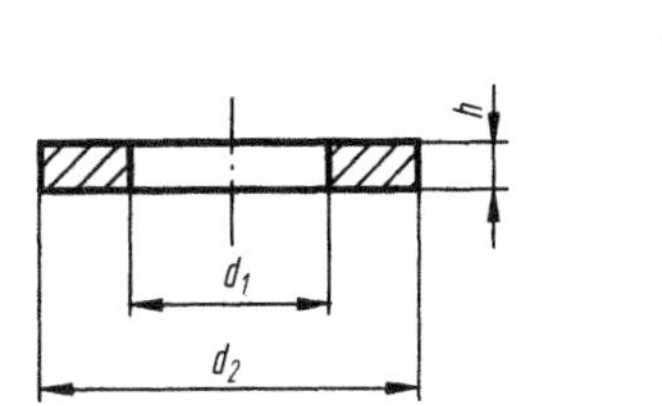

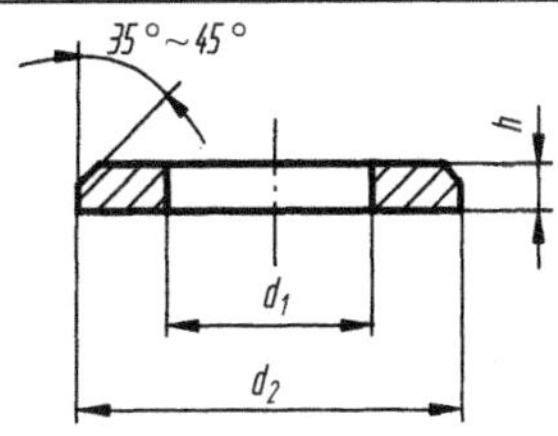

标记示例

标准系列，公称规格 8mm，由钢制造的硬度等级为 200HV 级、不经表面处理、产品等级为 A 级的平垫圈，其标记为垫圈(GB/T 97 18)

（单位：mm）

公称规格（螺纹大径 D）	2	2.5	3	4	5	6	8	10	12	14	16	20	24	30
内径 d	2.2	2.7	3.2	4.3	5.3	6.4	8.4	10.5	13	15	17	21	25	31
外径 d_2	5	6	7	9	10	12	16	20	24	28	30	37	44	56
厚度 h	0.3	0.5	0.5	0.8	1	1.6	1.6	2	2.5	2.5	3	3	4	4

附表 10　标准型弹簧垫圈（GB/T 93—1987）、轻型弹簧垫圈（GB/T 859—1987）

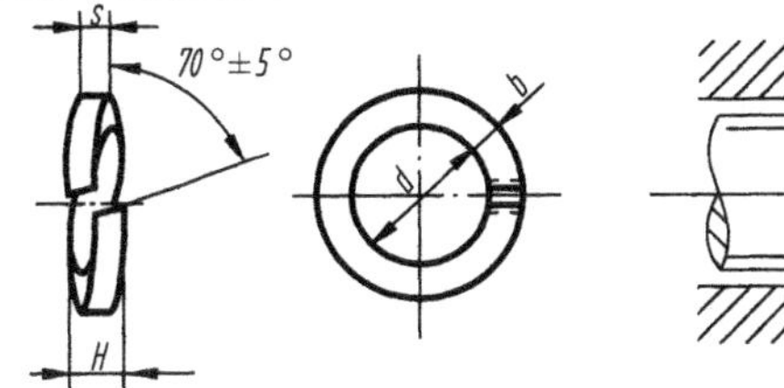

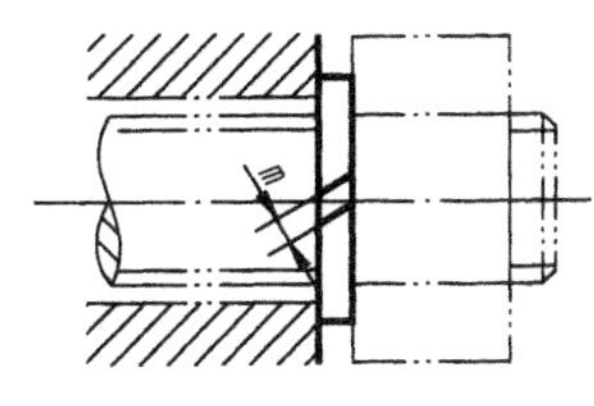

标记示例

公称直径 16mm、材料为 65Mn、表面氧化的标准型弹簧垫圈，其标记为

垫圈 GB/T 93 16

（单位：mm）

规格（螺纹大径 D）		2	2.5	3	4	5	6	8	10	12	16	20	24	30	36	42	48
d		2.1	2.6	3.1	4.1	5.1	6.2	8.2	10.2	12.3	16.3	20.5	24.5	30.5	36.6	42.6	49
H	GB/T 93—1987	1.2	1.6	2	2.4	3.2	4	5	6	7	8	10	12	13	14	16	18
	GB/T 859—1987	1	1.2	1.6	2	2.4	3.2	4	5	6.4	8	9.6	12				
$s(b)$	GB/T 93—1987	0.6	0.8	1	1.2	1.6	2	2.5	3	3.5	4	5	6	6.5	7	8	9
s	GB/T 859—1987	0.5	0.6	0.8	0.8	1	1.2	1.6	2	2.5	3.2	4	4.8	6			
$m\leqslant$	GB/T 93—1987	0.4		0.5	0.6	0.8	1	1.2	1.5	1.7	2	2.5	3	3.2	3.5	4	4.5
	GB/T 859—1987	0.3		0.	4	0.5	0.6	0.8	1	1.2	1.6	2	2.4	3			
b	GB/T 859—1987	0.8		1	1.	2	1.6	2	2.5	3.5	4.5	5.5	6.5	8			

附表 11 普通平键键槽的尺寸与公差（GB/T 1095—2003、GB/T 1096—2003） mm

轴的直径 d	键尺寸 $b\times h$	键槽											
		宽度 b						深度				半径 r	
		公称尺寸	极限偏差					轴 t_1		毂 t_2			
			正常连接		紧密连接	松连接		基本尺寸	极限偏差	基本尺寸	极限偏差		
			轴 N9	毂 JS9	轴和毂 P9	轴 H9	毂 D10					min	max
6～8	2×2	2	−0.004 −0.029	±0.0125	−0.006 −0.031	+0.025 0	+0.060 +0.020	1.2	+0.1 0	1.0	+0.1 0	0.08	0.16
8～10	3×3	3						1.8		1.4			
10～12	4×4	4	0 −0.030	±0.015	−0.012 −0.042	+0.030 0	+0.078 +0.030	2.5		1.8			
12～17	5×5	5						3.0		2.3		0.16	0.25
17～22	6×6	6						3.5		2.8			
22～30	8×7	8	0 −0.036	±0.018	−0.015 −0.051	+0.036 0	+0.098 +0.040	4.0	+0.2 0	3.3	+0.2 0		
30～38	10×8	10						5.0		3.3		0.25	0.40
38～44	12×8	12	0 −0.043	±0.0215	−0.018 −0.061	+0.043 0	+0.120 +0.050	5.0		3.3			
44～50	14×9	14						5.5		3.8			
50～58	16×10	16						6.0		4.3			
58～65	18×11	18						7.0		4.4			
65～75	20×12	20	0 −0.052	±0.026	−0.022 −0.074	+0.052 0	+0.149 +0.065	7.5		4.9		0.40	0.60
75～85	22×14	22						9.0		5.4			
85～95	25×14	25						9.0		5.4			
95～110	28×16	28						10.0		6.4			
110～130	32×18	32	0 −0.062	±0.031	−0.026 −0.088	+0.062 0	+0.180 +0.080	11.0		7.4			
130～150	36×20	36						12.0	+0.3 0	8.4	+0.3 0	0.70	1.00
150～170	40×22	40						13.0		9.4			
170～200	45×25	45						15.0		10.4			
200～230	50×28	50						17.0		11.4			
230～260	56×32	56	0 −0.074	±0.037	−0.032 −0.106	+0.074 0	+0.220 +0.100	20.0		12.4		1.20	1.60
260～290	63×32	63						20.0		12.4			
290～330	70×36	70						22.0		14.4			
330～380	80×40	80						25.0		15.4		2.00	2.50
380～440	90×45	90	0 −0.087	±0.0435	−0.037 −0.124	+0.078 0	+0.260 +0.120	28.0		17.4			
440～500	100×50	100						31.0		19.5			

注：1. 轴的直径 d 不在本标准所列，仅供参考；

2. $(d-t_1)$ 和 $(d+t_2)$ 两组组合尺寸的极限偏差按相应的 t_1 和 t_2 的极限偏差选取，但 $(d-t_1)$ 极限偏差应取负号（−）。

附表 12　圆柱销　不淬硬钢和奥氏体不锈钢（GB/T 119.1—2000）、圆柱销　淬硬钢和马氏体不锈钢（GB/T 119.2—2000）

末端形状，由制造者确定，允许倒圆或凹穴

≈15°

标记示例

公称直径 $d=6$mm、公差 m6、公称长度 $l=30$mm、材料为钢、不经淬火、不经表面处理的圆柱销，其标记为：

销　GB/T 119.1　6m6×30

公称直径 $d=6$mm、公称长度 $l=30$mm、材料为钢、普通淬火（A 型）、表面氧化处理的圆柱销，其标记为：

销　GB/T 119.2　6×30

公称直径 d		3	4	5	6	8	10	12	16	20	25	30	40	50
$c\approx$		0.50	0.63	0.80	1.2	1.6	2.0	2.5	3.0	3.5	4.0	5.0	6.3	8.0
公称长度 l	GB/T 119.1	8～30	8～40	10～50	12～60	14～80	18～95	22～140	26～180	35～200	50～200	60～200	80～200	95～200
	GB/T 119.2	8～30	8～40	12～50	14～60	18～80	22～100	26～100	40～100	50～100	—	—	—	—
l 系列		8,10,12,14,16,18,20,22,24,26,28,30,32,35,40,45,50,55,60,65,70,75,80,85,90,95,100,120,140,160,180,200												

注：1. GB/T 119.1—2000 规定圆柱销的公称直径 $d=0.6$～50mm，公称长度 $l=2$～200mm，公差有 m6 和 h8。

2. GB/T 119.2—2000 规定圆柱销的公称直径 $d=1$～20mm，公称长度 $l=3$～100mm，公差仅有 m6。

3. 当圆柱销公差为 h8 时，其表面粗糙度 $Ra\leqslant 1.6\mu$m。

附表 13　圆锥销（GB/T 117—2000）

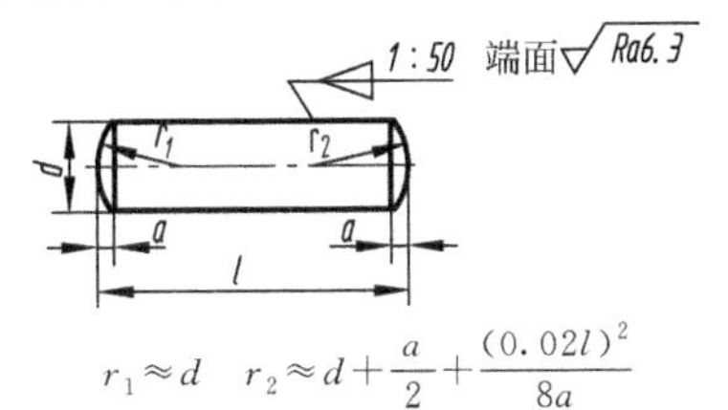

$r_1\approx d\quad r_2\approx d+\frac{a}{2}+\frac{(0.02l)^2}{8a}$

标记示例：

公称直径 $d=10$mm、公称长度 $l=60$mm、材料 35 钢、热处理硬度 28～38HRC、表面氧化处理的 A 型圆锥销，其标记为：

销　GB/T 117　10×60

（单位：mm）

公称直径 d	4	5	6	8	10	12	16	20	25	30	40	50
$a\approx$	0.5	0.63	0.8	1	1.2	1.6	2	2.5	3	4	5	6.3
公称长度 l	14～55	18～60	22～90	22～120	26～160	32～180	40～200	45～200	50～200	55～200	60～200	65～200
l 系列	2,3,4,5,6,8,10,12,14,16,18,20,22,24,26,28,30,32,35,40,45,50,55,60,65,70,75,80,85,90,95,100,120,140,160,180,200											

注：1. 标准规定圆锥销的公称直径 $d=0.6$～50mm。

2. 有 A 型和 B 型。A 型为磨削，锥面表面粗糙度 $Ra=0.8\mu$m；B 型为切削或冷镦，锥面粗糙度 $Ra=3.2\mu$m。

附表 14　滚动轴承（GB/T 276—2013、GB/T 297—2015、GB/T 301—2015）

深沟球轴承

标记示例：
滚动轴承 6308 GB/T 276

轴承型号	d	D	B
尺寸系列(02)			
6202	15	35	11
6203	17	40	12
6204	20	47	14
6205	25	52	15
6206	30	62	16
6207	35	72	17
6208	40	80	18
6209	45	85	19
6210	50	90	20
6211	55	100	21
6212	60	110	22
尺寸系列(03)			
6302	15	42	13
6303	17	47	14
6304	20	52	15
6305	25	62	17
6306	30	72	19
6307	35	80	21
6308	40	90	23
6309	45	100	25
6310	50	110	27
6311	55	120	29
6312	60	130	31
6313	65	140	33

圆锥滚子轴承

标记示例：
滚动轴承 30209 GB/T 297

轴承型号	d	D	B	C	T
尺寸系列(02)					
30203	17	40	12	11	13.25
30204	20	47	14	12	15.25
30205	25	52	15	13	16.25
30206	30	62	16	14	17.25
30207	35	72	17	15	18.25
30208	40	80	18	16	19.75
30209	45	85	19	16	20.75
30210	50	90	20	17	21.75
30211	55	100	21	18	22.75
30212	60	110	22	19	23.75
30213	65	120	23	20	24.75
尺寸系列(03)					
30302	15	42	13	11	14.25
30303	17	47	14	12	15.25
30304	20	52	15	13	16.25
30305	25	62	17	15	18.25
30306	30	72	19	16	20.75
30307	35	80	21	18	22.75
30308	40	90	23	20	25.25
30309	45	100	25	22	27.25
30310	50	110	27	23	29.25
30311	55	120	29	25	31.5
30312	60	130	31	26	33.5
30313	65	140	33	28	36.0

推力球轴承

标记示例：
滚动轴承 51205 GB/T 301

轴承型号	d	D	H	$d_{1\min}$
尺寸系列(12)				
51202	15	32	12	17
51203	17	35	12	19
51204	20	40	14	22
51205	25	47	15	27
51206	30	52	16	32
51207	35	62	18	37
51208	40	68	19	42
51209	45	73	20	47
51210	50	78	22	52
51211	55	90	25	57
51212	60	95	26	62
尺寸系列(13)				
51304	20	47	18	22
51305	25	52	18	27
51306	30	60	21	32
51307	35	68	24	37
51308	40	78	26	42
51309	45	85	28	47
51310	50	95	31	52
51311	55	105	35	57
51312	60	110	35	62
51313	65	115	36	67
51314	70	125	40	72
51315	75	135	44	77

附表 15　中心孔（GB/T 145—2001）、**中心孔表示法**（GB/T 4459.5—1999）

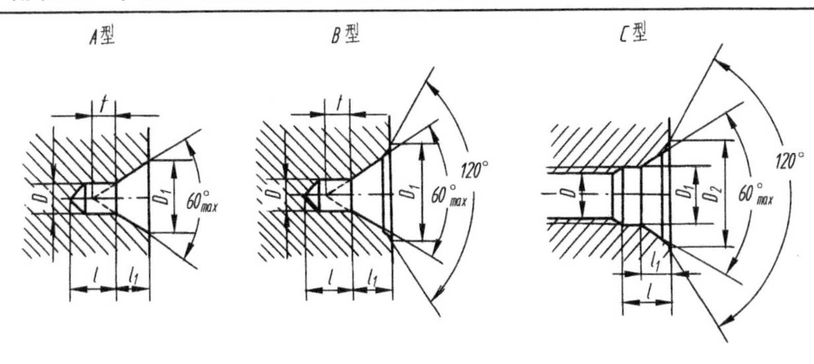

中心孔尺寸　　（单位:mm）

A、B型							C型					选择中心孔参考数据（非标准内容）		
D	A型			B型			D	D_1	D_2	l	参考	原料端部最小直径 D_0	轴状原料最大直径 D_c	工件最大重量 t
	D_1	参考		D_1	参考									
		l_1	t		l_1	t					l_1			
2.00	4.25	1.95	1.8	6.30	2.54	1.8						8	>10～18	0.12
2.50	5.30	2.42	2.2	8.00	3.20	2.2						10	>18～30	0.2
3.15	6.70	3.07	2.8	10.00	4.03	2.8	M3	3.2	5.8	2.6	1.8	12	>30～50	0.5
4.00	8.50	3.90	3.5	12.50	5.05	3.5	M4	4.3	7.4	3.2	2.1	15	>50～80	0.8
(5.00)	10.60	4.85	4.4	16.00	6.41	4.4	M5	5.3	8.8	4.0	2.4	20	>80～120	1
6.30	13.20	5.98	5.5	18.00	7.36	5.5	M6	6.4	10.5	5.0	2.8	25	>120～180	1.5
(8.00)	17.00	7.79	7.0	22.40	9.36	7.0	M8	8.4	13.2	6.0	3.3	30	>180～220	2
10.00	21.20	9.70	8.7	28.00	11.66	8.7	M10	10.5	16.3	7.5	3.8	42	>220～260	3

注：1. 尺寸 l 取决于中心钻的长度，此值不应小于 t 值（对 A 型、B 型）。
2. 括号内的尺寸尽量不采用。
3. R 型中心孔未列入。

中心孔表示法

要求	符号	表示法示例	说明
在完工的零件上要求保留中心孔		GB/T 4459.5-B2.5/8	采用 B 型中心孔 D=2.5mm　D_1=8mm 在完工的零件上要求保留
在完工的零件上可以保留中心孔		GB/T 4459.5-A4/8.5	采用 A 型中心孔 D=4mm　D_1=8.5mm 在完工的零件上是否保留都可以
在完工的零件上不允许保留中心孔		GB/T 4459.5-A1.6/3.35	采用 A 型中心孔 D=1.6mm　D_1=3.35mm 在完工的零件上不允许保留

附表 16　优先配合中轴的极限偏差（GB/T 1800.2—2009）　μm

公称尺寸/mm		公差带												
		c	d	f	g	h				k	n	p	s	u
大于	至	11	9	7	6	6	7	9	11	6	6	6	6	6
—	3	−60 −120	−20 −45	−6 −16	−2 −8	0 −6	0 −10	0 −25	0 −60	+6 0	+10 +4	+12 +6	+20 +14	+24 +18
3	6	−70 −145	−30 −60	−10 −22	−4 −12	0 −8	0 −12	0 −30	0 −75	+9 +1	+16 +8	+20 +12	+27 +19	+31 +23
6	10	−80 −170	−40 −76	−13 −28	−5 −14	0 −9	0 −15	0 −36	0 −90	+10 +1	+19 +10	+24 +15	+32 +23	+37 +28
10	14	−95 −205	−50 −93	−16 −34	−6 −17	0 −11	0 −18	0 −43	0 −110	+12 +1	+23 +12	+29 +18	+39 +28	+44 +33
14	18													
18	24	−110 −240	−65 −117	−20 −41	−7 −20	0 −13	0 −21	0 −52	0 −130	+15 +2	+28 +15	+35 +22	+48 +35	+54 +41
24	30													+61 +48
30	40	−120 −280	−80 −142	−25 −50	−9 −25	0 −16	0 −25	0 −62	0 −160	+18 +2	+33 +17	+42 +26	+59 +43	+76 +60
40	50	−130 −290												+86 +70
50	65	−140 −330	−100 −174	−30 −60	−10 −29	0 −19	0 −30	0 −74	0 −190	+21 +2	+39 +20	+51 +32	+72 +53	+106 +87
65	80	−150 −340											+78 +59	+121 +102
80	100	−170 −390	−120 −207	−36 −71	−12 −34	0 −22	0 −35	0 −87	0 −220	+25 +3	+45 +23	+59 +37	+93 +71	+146 +124
100	120	−180 −400											+101 +79	+166 +144
120	140	−200 −450	−145 −245	−43 −83	−14 −39	0 −25	0 −40	0 −100	0 −250	+28 +3	+52 +27	+68 +43	+117 +92	+195 +170
140	160	−210 −460											+125 +100	+215 +190
160	180	−230 −480											+133 +108	+235 +210
180	200	−240 −530	−170 −285	−50 −96	−15 −44	0 −29	0 −46	0 −115	0 −290	+33 +4	+60 +31	+79 +50	+151 +122	+265 +236
200	225	−260 −550											+159 +130	+287 +258
225	250	−280 −570											+169 +140	+313 +284
250	280	−300 −620	−190 −320	−56 −108	−17 −49	0 −32	0 −52	0 −130	0 −320	+36 +4	+66 +34	+88 +56	+190 +158	+347 +315
280	315	−330 −650											+202 +170	+382 +350
315	355	−360 −720	−210 −350	−62 −119	−18 −54	0 −36	0 −57	0 −140	0 −360	+40 +4	+73 +37	+98 +62	+226 +190	+426 +390
355	400	−400 −760											+244 +208	+471 +435
400	450	−440 −840	−230 −385	−68 −131	−20 −60	0 −40	0 −63	0 −155	0 −400	+45 +5	+80 +40	+108 +68	+272 +232	+530 +490
450	500	−480 −880											+292 +252	+580 +540

附表 17　优先配合中孔的极限偏差（GB/T 1800.2—2009）　μm

公称尺寸/mm		公差带												
		C	D	F	G	H				K	N	P	S	U
大于	至	11	9	8	7	7	8	9	11	7	7	7	7	7
—	3	+120 +60	+45 +20	+20 +6	+12 +2	+10 0	+14 0	+25 0	+60 0	0 −10	−4 −14	−6 −16	−14 −24	−18 −28
3	6	+145 +70	+60 +30	+28 +10	+16 +4	+12 0	+18 0	+30 0	+75 0	+3 −9	−4 −16	−8 −20	−15 −27	−19 −31
6	10	+170 +80	+76 +40	+35 +13	+20 +5	+15 0	+22 0	+36 0	+90 0	+5 −10	−4 −19	−9 −24	−17 −32	−22 −37
10	14	+205 +95	+93 +50	+43 +16	+24 +6	+18 0	+27 0	+43 0	+110 0	+6 −12	−5 −23	−11 −29	−21 −39	−26 −44
14	18													
18	24	+240 +110	+117 +65	+53 +20	+28 +7	+21 0	+33 0	+52 0	+130 0	+6 −15	−7 −28	−14 −35	−27 −48	−33 −54
24	30													−40 −61
30	40	+280 +120	+142 +80	+64 +25	+34 +9	+25 0	+39 0	+62 0	+160 0	+7 −18	−8 −33	−17 −42	−34 −59	−51 −76
40	50	+290 +130												−61 −86
50	65	+330 +140	+174 +100	+76 +30	+40 +10	+30 0	+46 0	+74 0	+190 0	+9 −21	−9 −39	−21 −51	−42 −72	−76 −106
65	80	+340 +150											−48 −78	−91 −121
80	100	+390 +170	+207 +120	+90 +36	+47 +12	+35 0	+54 0	+87 0	+220 0	+10 −25	−10 −45	−24 −59	−58 −93	−111 −146
100	120	+400 +180											−66 −101	−131 −166
120	140	+450 +200	+245 +145	+106 +43	+54 +14	+40 0	+63 0	+100 0	+250 0	+12 −28	−12 −52	−28 −68	−77 −117	−155 −195
140	160	+460 +210											−85 −125	−175 −215
160	180	+480 +230											−93 −133	−195 −235
180	200	+530 +240	+285 +170	+122 +50	+61 +15	+46 0	+72 0	+115 0	+290 0	+13 −33	−14 −60	−33 −79	−105 −151	−219 −265
200	225	+550 +260											−113 −159	−241 −287
225	250	+570 +280											−123 −169	−267 −313
250	280	+620 +300	+320 +190	+137 +56	+69 +17	+52 0	+81 0	+130 0	+320 0	+16 −36	−14 −66	−36 −88	−138 −190	−295 −347
280	315	+650 +330											−150 −202	−330 −382
315	355	+720 +360	+350 +210	+151 +62	+75 +18	+57 0	+89 0	+140 0	+360 0	+17 −40	−16 −73	−41 −98	−169 −226	−369 −426
355	400	+760 +400											−187 −244	−414 −471
400	450	+840 +440	+385 +230	+165 +68	+83 +20	+63 0	+97 0	+155 0	+400 0	+18 −45	−17 −80	−45 −108	−209 −272	−467 −530
450	500	+880 +480											−229 −292	−517 −580

附表 18　铁和钢

1. 灰铸铁(GB/T 9439—2010)、工程用铸钢(GB/T 11352—2009)

牌号	统一数字代号	使用举例	说明
HT150 HT200 HT350		中强度铸铁:底座、刀架、轴承座、端盖 高强度铸铁:床身、机座、齿轮、凸轮、联轴器、机座、箱体、支架	"HT"表示灰铸铁,后面的数字表示最小抗拉强度(MPa)
ZG230—450 ZG310—570		各种形状的机件、齿轮、飞轮、重负荷机架	"ZG"表示铸钢,第一组数字表示屈服强度(MPa)最低值,第二组数字表示抗拉强度(MPa)最低值

2. 碳素结构钢(摘自 GB/T 700—2006)、优质碳素结构钢(摘自 GB/T 699—2015)

牌号	统一数字代号	使用举例	说明
Q215 Q235 Q255 Q275		受力不大的螺钉、轴、凸轮、焊件等 螺栓、螺母、拉杆、钩、连杆、轴、焊件 金属构造物中的一般机件、拉杆、轴、焊件 重要的螺钉、拉杆、钩、连杆、轴、销、齿轮	"Q"表示钢的屈服点,数字为屈服点数值(MPa),同一钢号下分质量等级,用 A、B、C、D 表示质量依次下降,如 Q235A
30 35 40 45 65Mn	U20302 U20352 U20402 U20452 U21652	曲轴、轴销、连杆、横梁 曲轴、摇杆、拉杆、键、销、螺栓 齿轮、齿条、凸轮、曲柄轴、链轮 齿轮轴、联轴器、衬套、活塞销、链轮 大尺寸的各种扁、圆弹簧,如座板簧、弹簧发条	牌号数字表示钢中平均含碳量的万分数,例如,"45"表示平均含碳量为 0.45%,数字依次增大,表示抗拉强度、硬度依次增加,伸长率依次降低。当含锰量在 0.7%～1.2%时需注出"Mn"

3. 合金结构钢(摘自 GB/T 3077—1999)

牌号	统一数字代号	使用举例	说明
15Cr 40Cr 20CrMnTi	A20152 A20402 A26202	用于渗透零件、齿轮、小轴、离合器、活塞销 活塞销、凸轮。用于心部韧性较高的渗碳零件 工艺性好,汽车拖拉机的重要齿轮,供渗碳处理	符号前数字表示含碳量的万分数,符号后数字表示元素含量的百分数,当含量小于 1.5%时,不注数字

注:表中物质的含量均为质量分数。

附表 19　有色金属及其合金

加工黄铜(GB/T 5231—2012)、铸造铜合金(GB/T 1176—2013)

牌号或代号	使用举例	说明
H62(代号)	散热器、垫圈、弹簧、螺钉等	"H"表示普通黄铜,数字表示铜含量的平均百分数
ZCuZn38Mn2Pb2 ZCuSn5Pb5Zn5 ZCuAl10Fe3	铸造黄铜:用于轴瓦、轴套及其他耐磨零件 铸造锡青铜:用于承受摩擦的零件,如轴承 铸造铝青铜:用于制造蜗轮、衬套和耐蚀性零件	"ZCu"表示铸造铜合金,合金中其他主要元素用化学符号表示,符号后数字表示该元素的含量平均百分数
1060 1050A 2A12 2A13	适于制作储槽、塔、热交换器、防止污染及深冷设备 适用于中等强度的零件,焊接性能好	铝及铝合金牌号用 4 位数字或字符表示,部分新旧牌号对照如下: 新　旧　新　旧 1060　L2　2A12　LY12 1050A　13　2A13　LY13
ZAlCu5Mn (代号 ZL201) ZAlMg10 (代号 ZL301)	砂型铸造,工作温度在 175～300℃的零件,如内燃机缸头、活塞 在大气或海水中工作,承受冲击载荷,外形不太复杂的零件,如舰船配件、氨用泵体等	"ZAl"表示铸造铝合金,合金中的其他元素用化学符号表示,符号后数字表示该元素含量平均百分数。代号中的数字表示合金系列代号和顺序号

附表 20　常用热处理和表面处理（GB/T 7232—2012 和 JB/T 8555—2008）

名称	有效硬化层深度和硬度标注举例	说明	目的
退火	退火 163～197HBW 或退火	加热→保温→缓慢冷却	用来消除铸、锻、焊零件的内应力，降低硬度，以利切削加工，细化晶粒，改善组织，增加韧性
正火	正火 170～217HBW 或正火	加热→保温→空气冷却	用于处理低碳钢、中碳结构钢及渗碳零件，细化晶粒，增加强度与韧性，减少内应力，改善切削性能
淬火	淬火 42～47HRC	加热→保温→急冷 工件加热奥氏体化后，以适当方式冷却获得马氏体或（和）贝氏体的热处理工艺	提高机件强度及耐磨性。但淬火后引起内应力，使钢变脆，所以淬火后必须回火
回火	回火	回火是将淬硬的钢件加热到临界点（Ac_1）以下的某一温度，保温一段时间，然后冷却到室温	用来消除淬火后的脆性和内应力，提高钢的塑性和冲击韧度
调质	调质 200～230HBW	淬火→高温回火	提高韧性及强度，重要的齿轮、轴及丝杠等零件需调质
感应淬火	感应淬火 DS＝0.8～1.6，48～52HRC	用感应电流将零件表面加热→急速冷却	提高机件表面的硬度及耐磨性，而心部保持一定的韧性，使零件既耐磨又能承受冲击，常用来处理齿轮
渗碳淬火	渗碳淬火 DC＝0.8～1.2，58～63HRC	将零件在渗碳介质中加热、保温，使碳原子渗入钢的表面后，再淬火回火，渗碳深度 0.8～1.2mm	提高机件表面的硬度、耐磨性、抗拉强度等，适用于低碳、中碳（w_C＜0.40%）结构钢的中小型零件
渗氮	渗氮 DN＝0.25～0.4，≥850HV	将零件放人氨气内加热，使氮原子渗入钢表面。渗氮层 0.25～0.4mm，渗氮时间 40～50h	提高机件的表面硬度、耐磨性、疲劳强度和耐蚀能力。适用于合金钢、碳钢、铸铁件，如机床主轴、丝杠、重要液压元件中的零件
碳氮共渗淬火	碳氮共渗淬火 DC＝0.5～0.8，58～63HRC	钢件在含碳氮的介质中加热，使碳、氮原子同时渗入钢表面。可得到 0.5～0.8mm 硬化层	提高表面硬度、耐磨性、疲劳强度和耐蚀性，用于要求硬度高、耐磨的中小型、薄片零件及刀具等
时效	自然时效 人工时效	机件精加工前，加热到 100～150℃后，保温 5～20h，空气冷却，铸件也可自然时效（露天放一年以上）	消除内应力，稳定机件形状和尺寸，常用于处理精密机件，如精密轴承、精密丝杠等
发蓝处理、发黑	发蓝处理或发黑	将零件置于氧化剂内加热氧化，使表面形成一层氧化铁保护膜	防腐蚀、美化，如用于螺纹紧固件
镀镍	镀镍	用电解方法，在钢件表面镀一层镍	防腐蚀、美化
镀铬	镀铬	用电解方法，在钢件表面镀一层铬	提离表面硬度、耐磨性和耐蚀能力，也用于修复零件上磨损了的表面
硬度	HBW（布氏粳度见 GB/T 231.1—2009）；HRC（洛氏硬度见 GB/T 230.1—2009）；HV（维氏硬度见 GB/T 4340.1—2009）	材料抵抗硬物压入其表面的能力 依测定方法不同而有布氏、洛氏、维氏等几种	检验材料经热处理后的力学性能 ——硬度 HBW 用于退火、正火、调制的零件及铸件 ——HRC 用于经淬火、回火及表面渗碳、渗氮等处理的零件 ——HV 用于薄层硬化零件

注：“JB/T”为机械工业行业标准的代号。

参考文献

[1] 夏华生，等.机械制图.北京：高等教育出版社，2005.
[2] 王幼龙.机械制图.北京：高等教育出版社，2006.
[3] 钱可强.机械制图.北京：机械工业出版社，2010.
[4] 王晨曦.机械制图.北京：北京邮电大学出版社，2012.
[5] 娄琳.机械制图.北京：人民邮电出版社，2009.
[6] 王冰.机械制图.北京：机械工业出版社，2010.